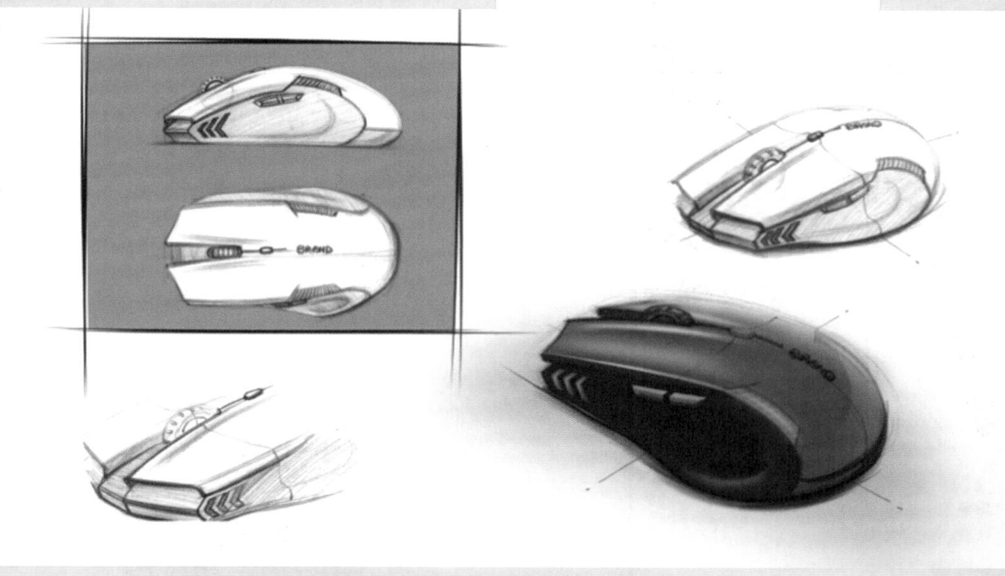


图 7-52　完成效果

图 8-1 iPhone 智能手机绘制流程

图 8-63 最终效果图

图 11-48 最终效果图

图 18-23 作品呈现效果

图 19-1 开始页面

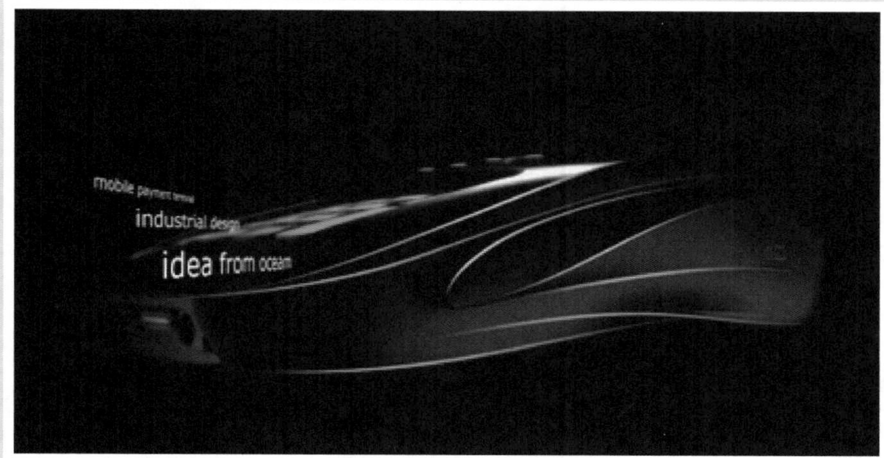


图 19-2 产品造型展示

图 19-3 产品功能展示

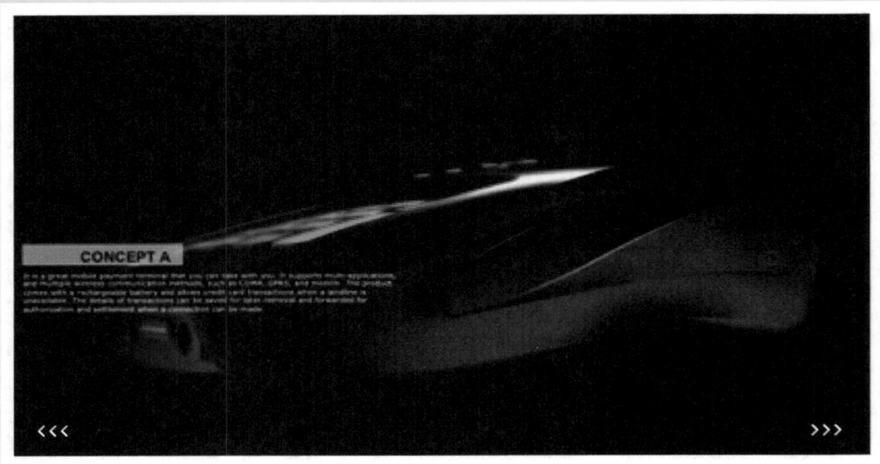


图 19-4　产品设计概念介绍

图 19-5　产品设计细节介绍 I

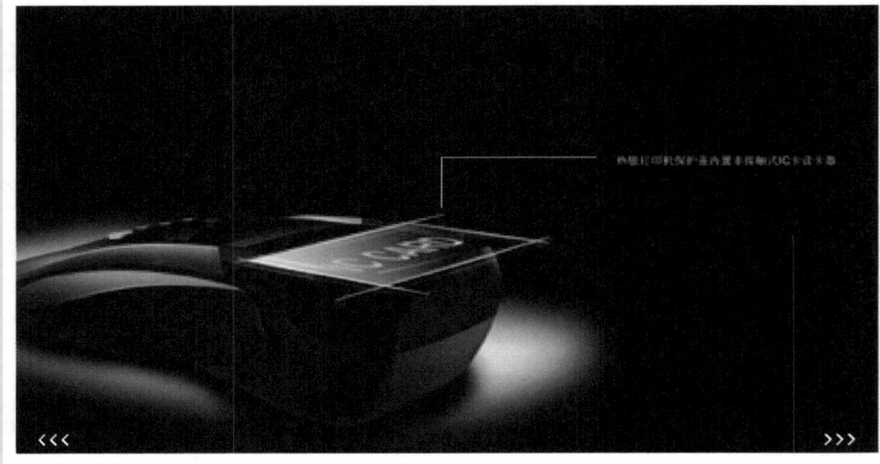

图 19-6　产品设计细节介绍 II

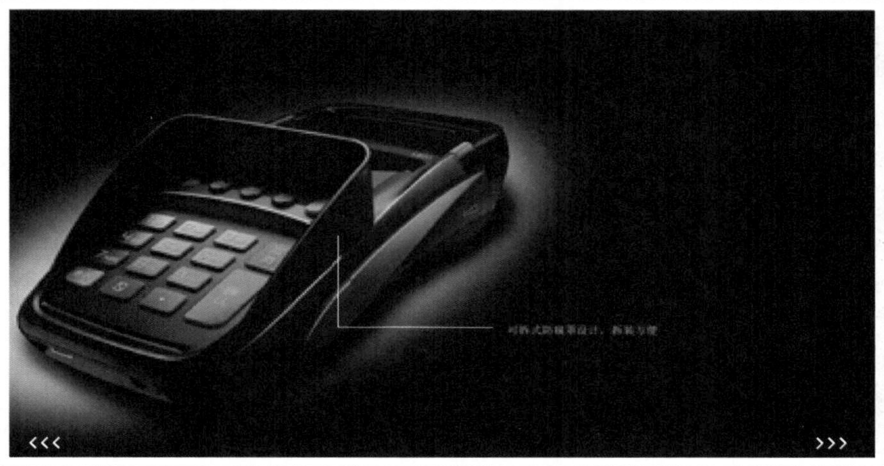

图 19-7 产品设计细节介绍 III

图 19-8 产品设计整体效果介绍

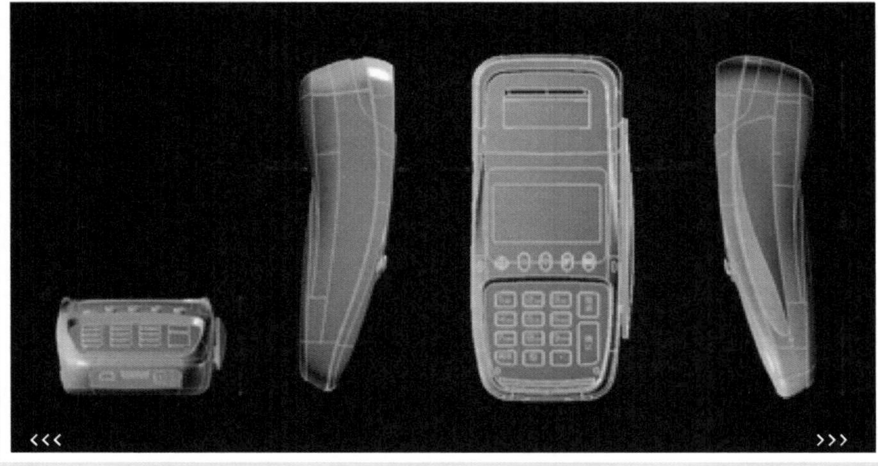

图 19-9 设计方案尺寸图

图 19-10 提案尾页

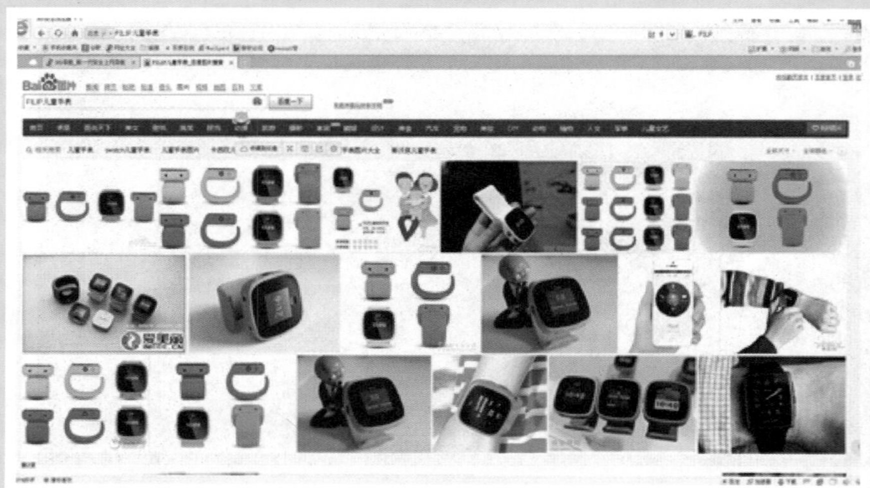

图 20-1 现代产品流行色彩

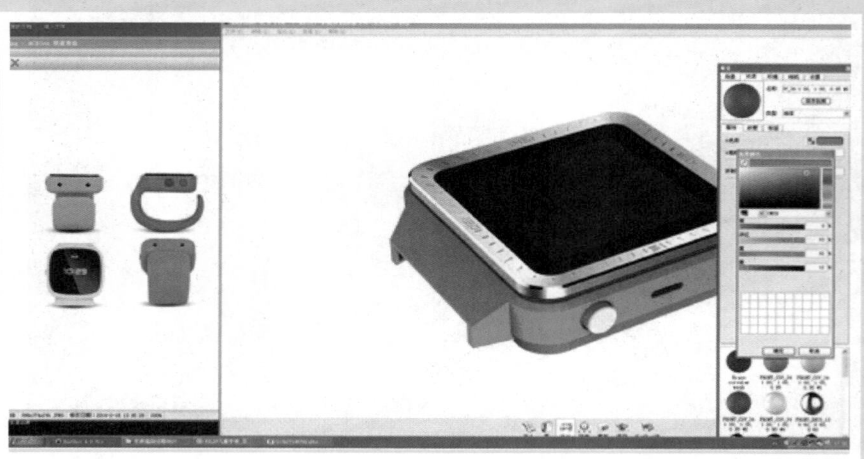

图 20-3 为塑胶壳附上色彩和材质

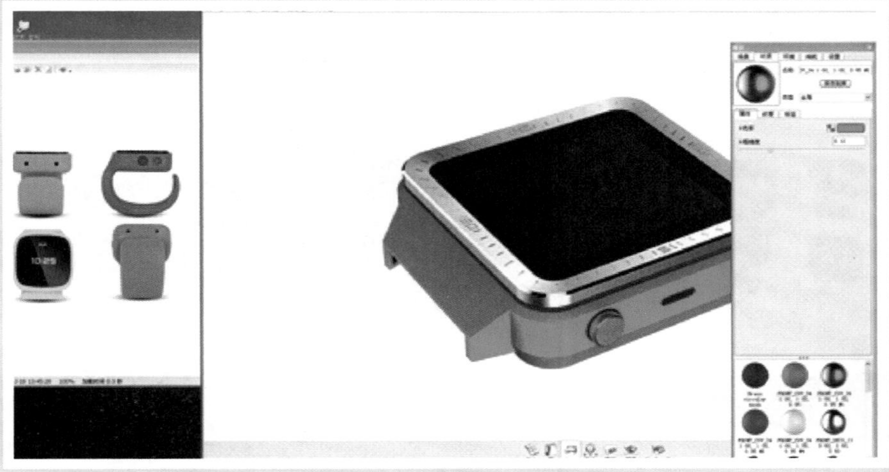

图 20-4 为旋钮附上材质和色彩

图 20-5 为表盘附上金属材质和金属色

图 20-6 为屏幕附上材质和色彩

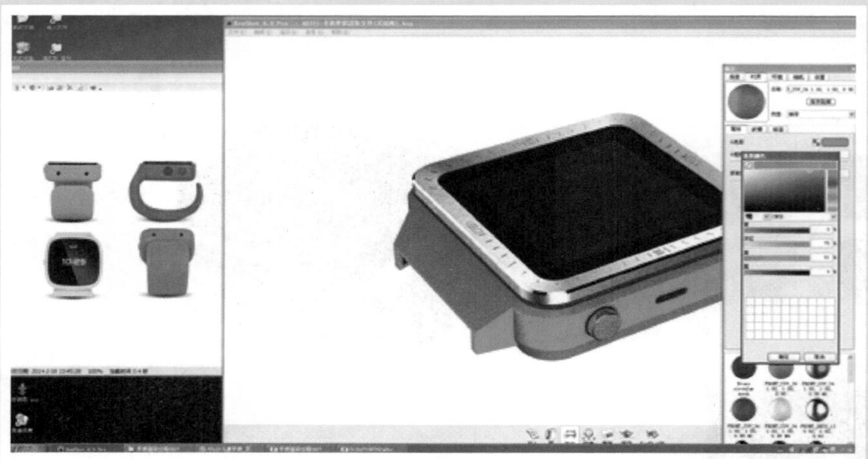
图 20-7 配色调整

图 20-15 Photoshop 打开效果图

图 20-16 Clean 通道选取选择

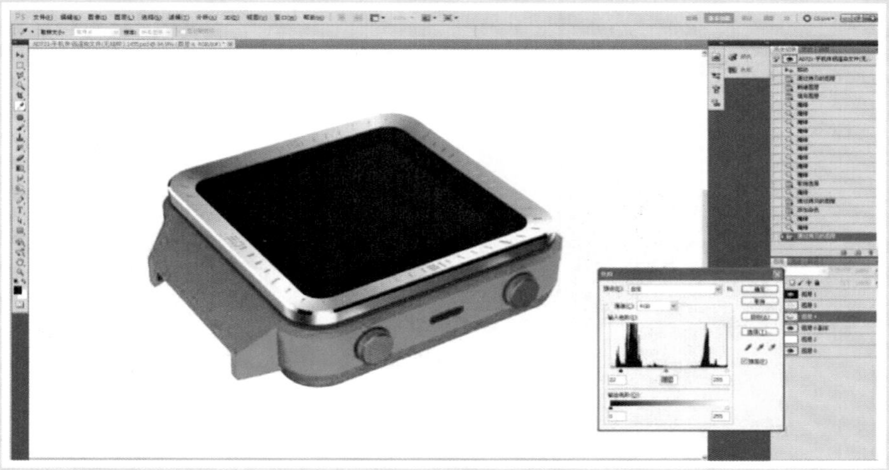

图 20-23 调整色阶

图 20-24 调整色相、饱和度及明度

图 20-31 调整红色胶壳对比度

图 20-32 调整完成后效果

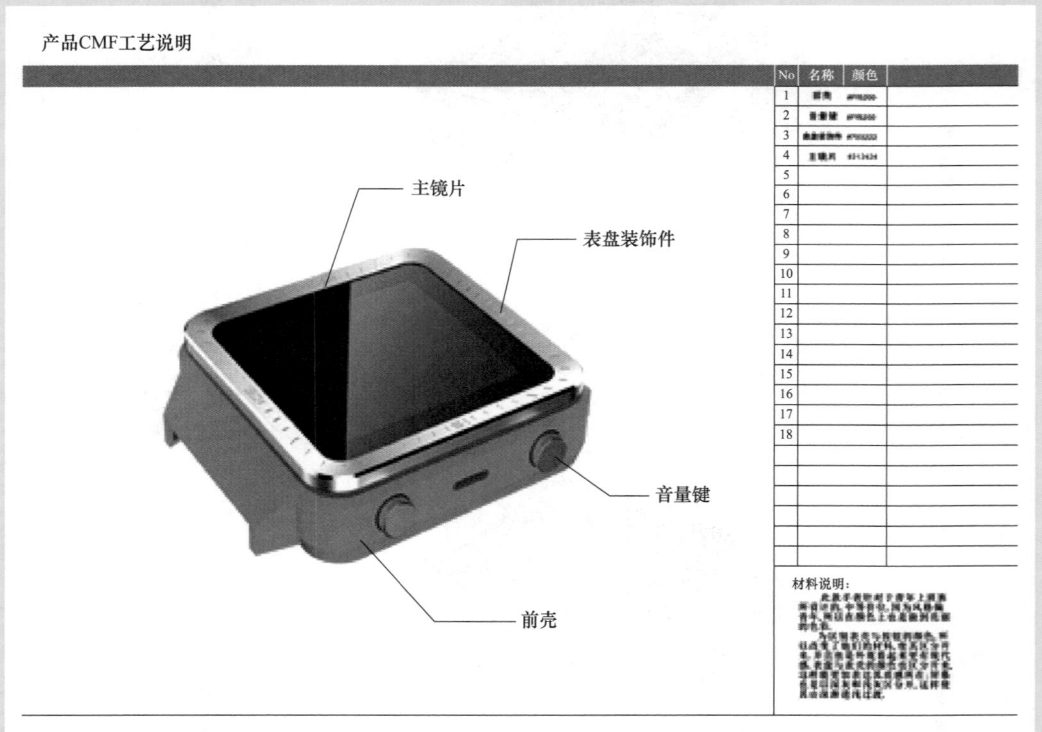


图 20-35 填写 CMF 相关色彩信息表

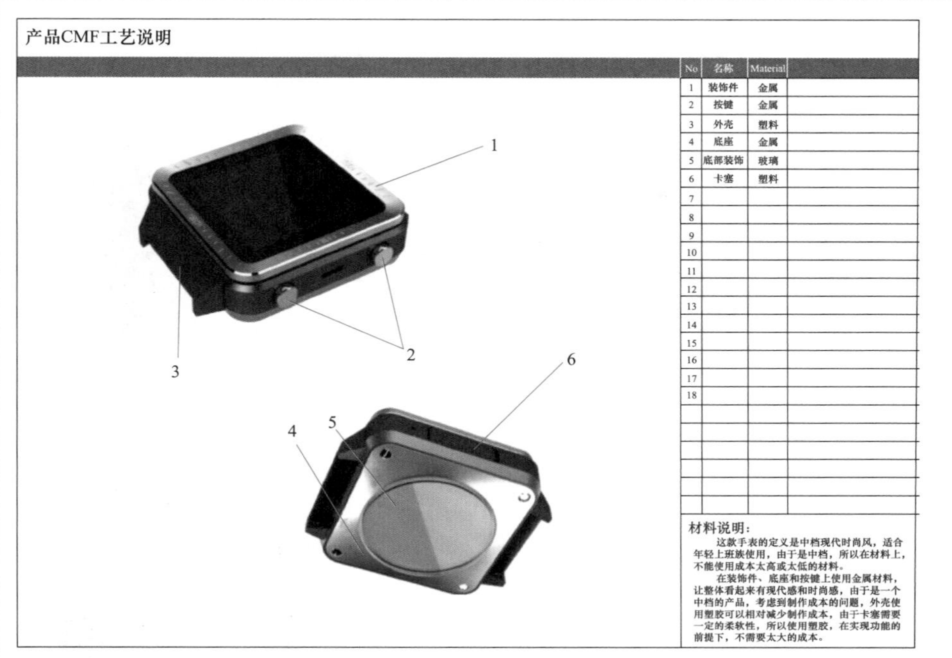

产品CMF工艺说明

| No | 名称 | Material | |
|---|---|---|---|
| 1 | 装饰件 | 金属 | |
| 2 | 按键 | 金属 | |
| 3 | 外壳 | 塑料 | |
| 4 | 底座 | 金属 | |
| 5 | 底部装饰 | 玻璃 | |
| 6 | 卡塞 | 塑料 | |
| 7 | | | |
| 8 | | | |
| 9 | | | |
| 10 | | | |
| 11 | | | |
| 12 | | | |
| 13 | | | |
| 14 | | | |
| 15 | | | |
| 16 | | | |
| 17 | | | |
| 18 | | | |

材料说明：

这款手表的定义是中档现代时尚风，适合年轻上班族使用，由于是中档，所以在材料上，不能使用成本太高或太低的材料。

在装饰件、底座和按键上使用金属材料，让整体看起来有现代感和时尚感，由于是一个中档的产品，考虑到制作成本的问题，外壳使用塑胶可以相对减少制作成本，由于卡塞需要一定的柔软性，所以使用塑胶，在实现功能的前提下，不需要太大的成本。



图 22-13 填写 CMF 表的材质部分

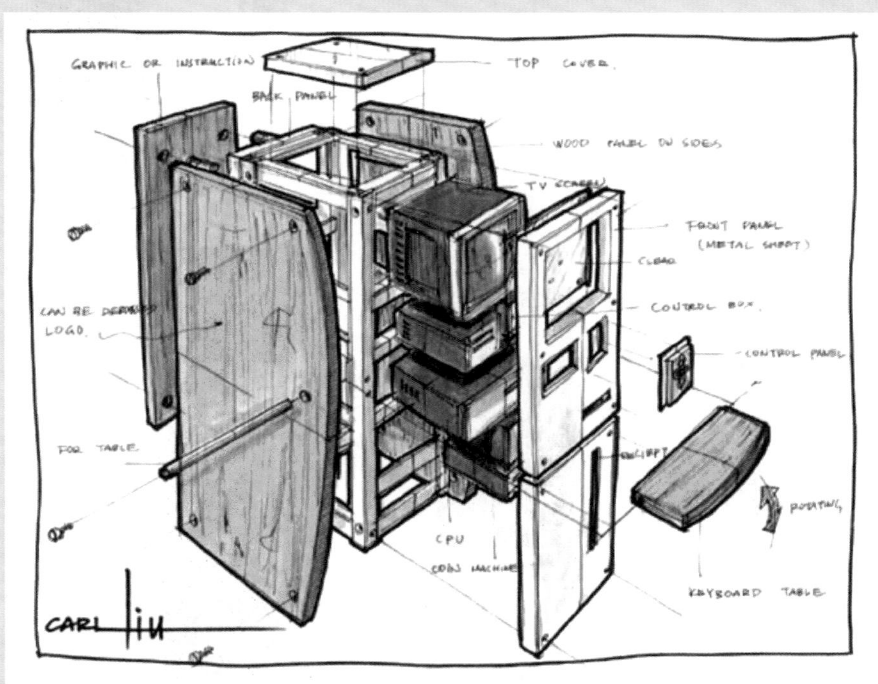


图 23-1 效果图

图 24-1 手机效果图（案例）

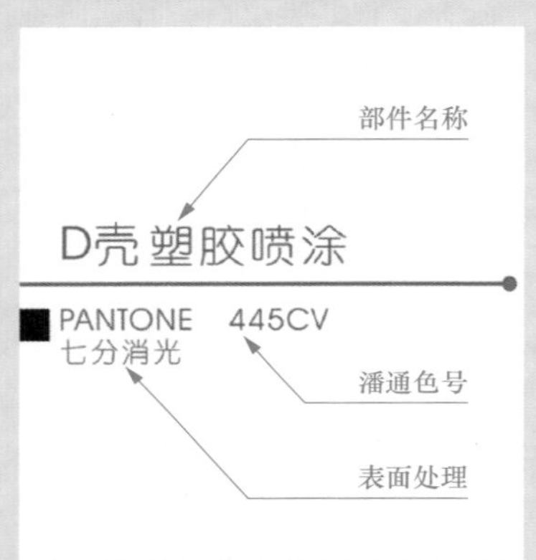


图 24-3 单部件标注

图 24-4 左视图、正视图的工艺标注

图 24-5 展开状态工艺标注

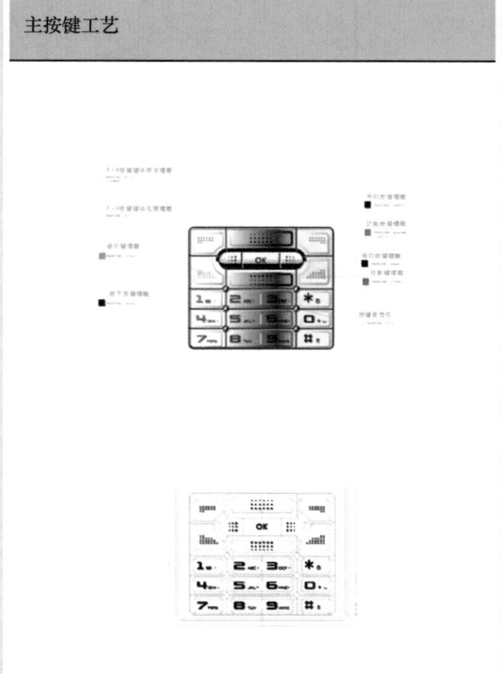


图 24-6 主按键工艺

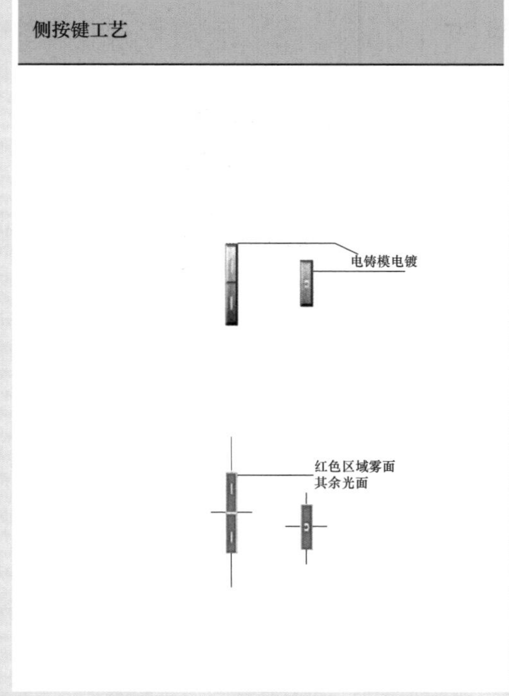


图 24-7 侧按键工艺

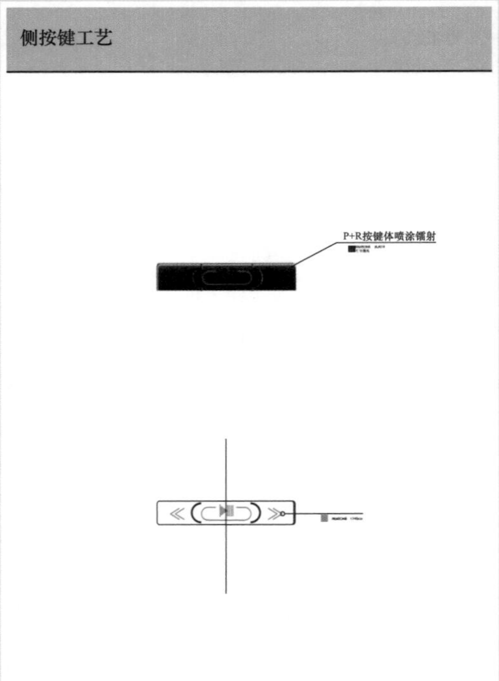


图 24-8 A 壳按键工艺

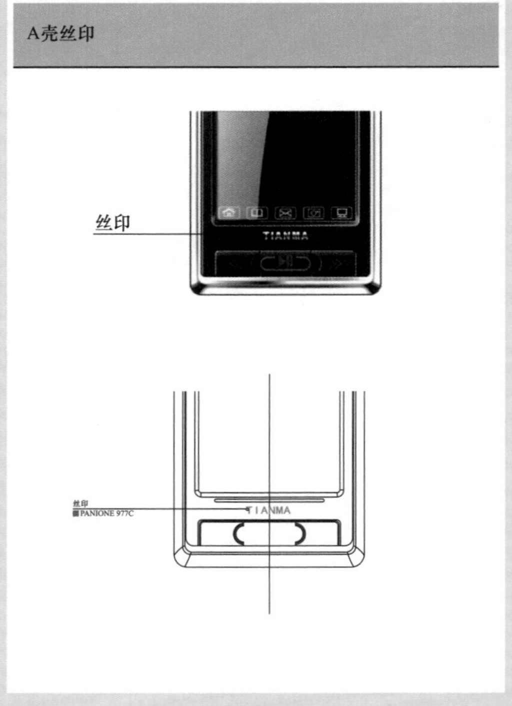


图 24-9 A 壳丝印

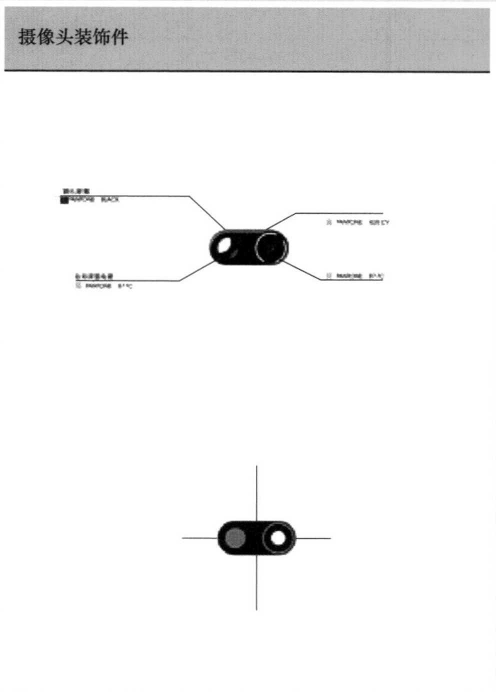


图 24-10 摄像头装饰件

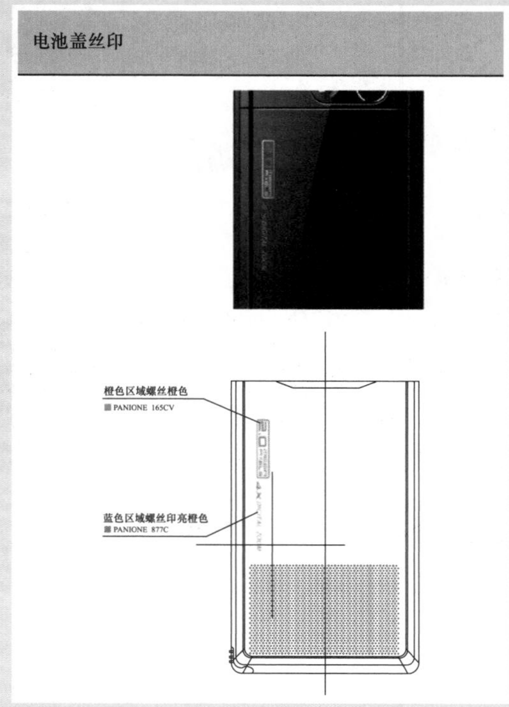


图 24-11 电池盖丝印

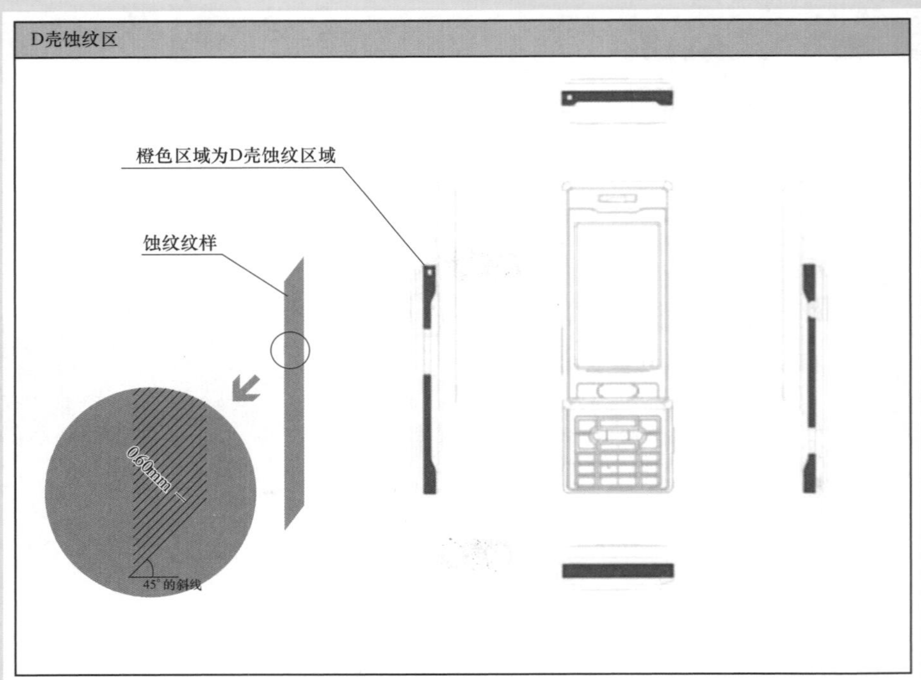


图 24-12 D 壳蚀纹菲林

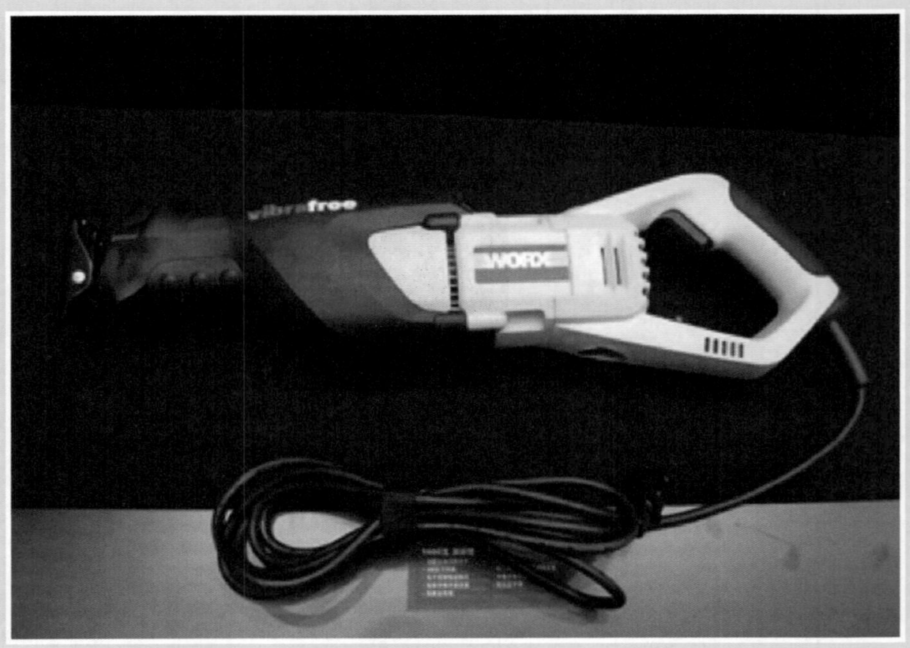


图 24-13 电动工具

高技能人才培训丛书 | 丛书主编 李长虹

# 产品造型设计及应用实例

刘 振 闵光培 编著
李长虹 主审

中国电力出版社
CHINA ELECTRIC POWER PRESS

## 内 容 提 要


本书采用任务引领训练模式编写，以工作过程为导向，以岗位技能要求为依据，以典型工作任务为载体，训练任务来源于企业真实的工作岗位。

本书共由25个训练任务构成，均基于产品造型设计职业岗位高级工等级从业人员的职业能力要求，通过系统学习这25个训练任务并达到其能力目标要求，学习者可以完全具备进行产品造型设计与开发的能力。每个任务均由任务来源、任务描述、能力目标、任务实施、效果评价、相关知识与技能、练习与思考几部分组成。训练实施采用目标、任务、准备、行动、评价五步训练法，涵盖从任务（问题）来源到分析问题、解决问题、效果评价的完整学习活动。

本书注重应用，示范操作步骤翔实且图文并茂，既可作为职业院校或企业员工培训的教材，也可供开发人员学习并提升技能使用，还可以作为从事职业教育与职业培训课程开发人员的参考书。



**图书在版编目（CIP）数据**

产品造型设计及应用实例/刘振，闵光培编著. —北京：中国电力出版社，2016.5

（高技能人才培训丛书/李长虹主编）

ISBN 978-7-5123-8965-6

Ⅰ.①产… Ⅱ.①刘…②闵… Ⅲ.①工业产品-造型设计-岗位培训-教材 Ⅳ.①TB472

中国版本图书馆CIP数据核字（2016）第040186号

中国电力出版社出版、发行

（北京市东城区北京站西街19号 100005 http://www.cepp.sgcc.com.cn）

北京市同江印刷厂印刷

各地新华书店经售

*

2016年5月第一版 2016年5月北京第一次印刷

787毫米×1092毫米 16开本 22.5印张 608千字 8插页

印数0001—3000册 定价**49.00**元

# 编委会

# 序

国务院《中国制造 2025》提出"坚持把人才作为建设制造强国的根本，建立健全科学合理的选人、用人、育人机制，加快培养制造业发展急需的专业技术人才、经营管理人才、技能人才。营造大众创业、万众创新的氛围，建设一支素质优良、结构合理的制造业人才队伍，走人才引领的发展道路"。随着我国新型工业化、信息化同步推进，高技能人才在加快产业优化升级，推动技术创新和科技成果转化发挥了不可替代的重要作用。经济新常态下，高技能人才应掌握现代技术工艺和操作技能，具备创新能力，成为技能智能兼备的复合型人才。

《高技能人才培训丛书》由嵌入式系统设计应用、PLC 控制系统设计应用、智能楼宇技术应用、产品造型设计应用、工业机器人设计应用等近 20 个课程组成。丛书课程的开发，借鉴了当今国外发达国家先进的职业培训理念，坚持以工作过程为导向，以岗位技能要求为依据，以典型工作任务为载体，训练任务来源于企业真实的工作岗位。在高技能人才技能培养的课程模式方面，可谓是一种创新、高效、先进的课程，易理解、易学习、易掌握。丛书的作者大多来自企业，具有丰富的一线岗位工作经验和实际操作技能。本套丛书既可供一线从业人员提升技能使用，也可作为企业员工培训或职业院校的教材，还可作为从事职业教育与职业培训课程开发人员的参考书。

当今，职业培训的理念、技术、方法等不断发展，新技术、新技能、新经验不断涌现。这套丛书的成果具有一定的阶段性，不可能一劳永逸，要在今后的实践中不断丰富和完善。互联网技术的不断创新与大数据时代的来临，为高技能人才培养带来了前所未有的发展机遇，希望有更多的课程专家、职业院校老师和企业一线的技术人员，参与研究基于"互联网＋"的高技能人才培养模式和课程体系，提高职业技能培训的针对性和有效性，更好地为高技能人才培养提供专业化的服务。

全国政协委员

深圳市设计与艺术联盟主席

深圳市设计联合会会长

# 丛书序

《高技能人才培训丛书》由近20个课程组成，涵盖了嵌入式系统设计应用、PLC控制系统设计应用、智能楼宇技术应用、工业控制网络设计应用、三维电气工程设计应用、产品造型设计应用、产品结构设计应用、工业机器人设计应用等职业技术领域和岗位。

《高技能人才培训丛书》采用典型的任务引领训练课程，是一种科学、先进的职业培训课程模式，具有一定的创新性，主要特点如下：

先进性。任务引领训练课程是借鉴国内外职业培训的先进理念，基于"任务引领一体化训练模式"开发编写的。从职业岗位的工作任务入手，设计训练任务（课程），采用专业理论和专业技能一体化训练考核，体现训练过程与生产过程零距离，技能等级与职业能力零距离。

有效性。训练任务来源于企业岗位的真实工作任务，大大提高了操作技能训练的有效性与针对性。同时，每个训练任务具有相对独立性的特征，可满足学员个性能力需求和提升的实际需要，降低了培训成本，提高了培训效益；每个训练任务具有明确的判断结果，可通过任务完成结果进行能力的客观评价。

科学性。训练实施采用目标、任务、准备、行动、评价五步训练法，涵盖从任务（问题）来源到分析问题、解决问题、效果评价的完整学习活动，尤其是多元评价主体可实现对学习效果的立体、综合、客观评价。

本丛书的另外一个特色是训练任务（课程）具有二次开发性，且开发成本低，只需要根据企业岗位工作任务的变化补充新的训练任务，从而"高技能人才任务引领训练课程"确保训练任务与企业岗位要求一致。

"高技能人才任务引领训练课程"已在深圳高技能人才公共训练基地、深圳市的职业院校及多家企业使用了五年之久，取得了良好的效果，得到了使用部门的肯定。

"高技能人才任务引领训练课程"是由企业、行业、职业院校的专家、教师和工程技术人员共同开发编写的。可作为为高等院校、行业企业和社会培训机构高技能人才培养的教材或参考用书。但由于现代科学技术高速发展，编写时间仓促等原因，难免有漏错之处，恳求广大读者及专业人士指正。

编委会主任　李长虹

# 前　言

工业设计（Industry Design）起源于工业革命时期，至今已有两百多年的历史。国际工业设计协会理事会（ICSID）给工业设计做出了定义：就批量生产的工业产品而言，凭借训练、技术知识、经验、视觉及心理感受，而赋予产品材料、结构、构造、形态、色彩、表面加工、装饰等以新的品质和规格。工业设计涉及心理学、社会学、美学、人机工程学、机械构造、摄影、色彩学等诸多相关学科，具有综合性、交叉性的特点。在设计行业中，狭义的工业设计往往单指产品造型设计。优良的产品造型设计不仅使产品兼具易用性和视觉美感，而且能够极大提升产品的品质和企业乃至产业的市场竞争力，因此，世界主要发达国家都将工业设计（产品造型设计）作为重点优先发展的产业之一。

近十几年，随着国民经济的发展，我国工业设计产业发展的步伐大大加快。仅以深圳为例，目前在职专业工业设计师及从业人员超过6万人，通过工业设计带来的产业附加值超过千亿元。行业的迅猛发展也对产品造型设计相关职业岗位的培训和鉴定提出了更高的要求，本书由行业协会牵头，设计公司共同参与开发，书籍内容具有鲜明职业特色和专业性。

本书设计的25个训练任务，就是基于产品造型设计职业岗位高级工等级的从业人员的职业能力目标而设定。从内容上看，本书有以下特点。

（1）全新的教材编目框架。本书完全打破传统教材的章节框架结构，基于“任务引领型一体化训练及评价模式”，全书共由25个训练任务构成，这25个任务全部来源于企业真实的工作任务，经过提炼，转化为训练任务。

（2）能力目标以企业职业岗位目标为依据。25个训练任务的能力目标，以产品造型设计职业岗位高级工等级的从业人员的职业能力为基础，并参考了机电一体化设备维修高级工、可编程序控制系统助理设计师、电气智能化助理工程师、过程控制助理工程师、运动控制助理工程师等职业岗位从业人员的岗位职责与工作任务。

（3）训练任务具有独立性、完整性，目标明确且可实现、可考评，能够满足个性化的能力提升要求。学习者可以根据自己的实际情况，独立选择训练任务，每个训练任务的成绩是独立的，在成绩有效期内，全部完成25个训练任务的学习与考评，即可获得该课程的最终成绩。训练任务的设计与实现真正实现了理论与实操的一体化，每个训练任务都有针对该训练任务的理论练习与思考题，大部分理论题的答案都可以在训练过程以及每个任务的第6个部分“相关知识与技能”中找到。

此外，在训练任务实施部分中，示范操作步骤翔实且图文并茂，每一步操作都有操作结果的效果状态图，力求做到学习者在没有老师指导的情况下，也能够完成示范操作的内容，因此非常适合学习者自学。

本书既可作为职业院校或企业员工培训的教材，也可供开发人员学习并提升技能使用，还可作为从事职业教育与职业培训课程开发人员的参考书。

本书由刘振与闵光培共同编写，全书由李长虹统一审核定稿。陈向锋对全书任务进行了规划和编制，陈飞健、王秀峰、曾准司、黄秋婷、林庆生、吴丽婷、张桓瑜、张丽敏等为本书部分内容提供了编写素材。宫主、王永才、姜臻伟、郭胜荣、林喜群、陈凯、许庆、李海涛等为本书的编写提供了无私的帮助，在此一并表示感谢！

由于时间仓促，编者水平有限，书中错误和不足之处在所难免，欢迎读者提出批评和建议。

编　者

# 目 录

# 任务 1

# 行业职业道德认知与训练

该训练任务建议用 3 个学时完成学习。

## 1.1 任务来源

职业道德是员工从事职业活动应遵循的特殊要求和行为规范，它是职工的立身之本与从业之要。学习职业道德有利于规范员工的行为、密切人际关系、促进生产经营、提升公司信誉、承载企业文化，是公司的无形资产，影响深远。

## 1.2 任务描述

通过可口可乐、机顶盒设计等案例分析明确商业秘密和竞业限制的含义，清楚了解公司关于保密和竞业限制的有关规定，理解职业道德和法律的关系，引导个人建立诚信守法的职业道德。

## 1.3 能力目标

### 1.3.1 技能目标

完成本训练任务后，你应当能（够）：

**1. 关键技能**

（1）了解关于商业保密和竞业限制的有关规定。

（2）了解职业道德和法律的关系。

**2. 基本技能**

（1）会处理同事之间的关系。

（2）会处理职工与领导之间的关系。

（3）会处理职工与企业之间的关系。

### 1.3.2 知识目标

完成本训练任务后，你应当能（够）：

（1）掌握商业秘密和竞业限制的含义。

（2）了解如何养成良好的职业素养。

### 1.3.3 职业素质目标

完成本训练任务后，你应当能（够）：

（1）养成严谨科学的工作态度。

（2）尊重他人劳动，不窃取他人成果。

（3）善于总结经验。

（4）具有团结协作精神。

## 1.4 任务实施

### 1.4.1 活动一　知识准备

（1）可口可乐保密配方的背后故事。

（2）商业秘密与竞业限制的含义。

（3）商业秘密和竞业限制的区别。

### 1.4.2 活动二　示范操作

**1. 活动内容**

良好的职业修养是每一个优秀员工必备的素质，良好的职业道德是每一个员工都必须具备的基本品质，这两点是企业对员工最基本的规范和要求，同时也是每个员工担负起自己的工作责任必备的素质。本任务经过讲解和讨论，使学员懂得如何养成良好的职业修养和职业道德。

具体要求如下：

（1）讨论1：小王刚刚进入一家工业设计公司担任设计师，他应该怎么做才能避免自己误碰到商业保密的禁区？

（2）讨论2：小李正打算从某工业设计公司离职，那么保密工作是不是在公司工作的时候才需要遵守，离开了原公司就不需要遵守了？

**2. 操作步骤**

（1）步骤一：了解商业保密的系统概述。

商业秘密的基本定义：

1）不为公众所知悉；

2）能为权利人带来经济利益；

3）具有实用性；

4）采取保密措施保护的技术信息和经营信息；

5）标明“保密文件”“受控文件”“Confidential”等字样的文件都是商业秘密。

小组讨论要明确商业保密的要点：

1）不向没有权限的人扩散和传递保密文件；

2）不用非正当手段或者非法手段去获取自己所不掌握的保密文件或信息；

3）注意具体合同的约定。

（2）步骤二：通过案例开展讨论，了解保守商业机密的重要性。

具体案例：

创维前硬件工程师谢某和软件工程师吴某参与了公司机顶盒的研制。2004年10月，谢、吴二人与港商王某签订合作协议，以该机顶盒的技术秘密入股，分别占7%、6%的股份成立香港某科技有限公司。后二人离开创维公司，化名入职王某投资的深圳某塑胶厂，负责机顶盒的研制开发工作。谢某于2005年5月将其复制的创维公司DVB-S技术以12万元的价格卖给钟某。南山法院审理认为，创维公司自行研发的DVB系列软件，属于商业秘密，判定创维公司的损失额为152.5万元。据此，法院判决谢某有期徒刑一年，并处罚金2万元，判处吴某有期徒刑10个月，并处罚金1万元。

讨论的要点：

机顶盒案例最终以侵犯商业秘密罪告终说明了什么？人才流动后可利用哪些技术？保护商业秘密是限制了创新吗？

(3) 步骤三：通过讲解和讨论，了解竞业限制的含义和具体内容。

竞业限制就是根据法律规定或者劳动合同的约定，在劳动者自营或者为他人经营与原用人单位有竞争关系的同类产品或者业务方面，对劳动者作出的限制或禁止，达到防止损害公司利益的目的。

具体讨论要求如下：

1) 了解竞业限制。

2) 认识竞业限制企业和劳动者应约定的内容。

### 1.4.3 活动三 能力提升

学员分组讨论商业机密及竞业限制的含义、内容和相关案例，随后选取代表进行总结。

具体要求如下：

(1) 讨论我国商业秘密的含义和基本内容。

(2) 讨论保守商业秘密的重要性。

(3) 讨论竞业限制的含义和具体内容要求。

(4) 分组总结和汇报。

## 1.5 效果评价

在技能训练中，效果评价可分为学习者自我评价、小组评价和老师评价三种方式，三种评价方式要相互结合，共同构成一个完整的评价系统。训练任务不同，三种评价方式的使用也会有差异，但必须以学习者自我评价为主体。

训练任务既可作为培训使用，也可用于考核评价使用，不论哪一种使用场合，对训练的效果进行评价是非常必要的，但两种使用场合评价的目的略有不同。如果作为培训使用，则效果评价应以关键技能的掌握情况评价为主，任务完成情况的评价为辅，即重点对学习者的训练过程进行评价，详细考评技能点、操作过程的步骤等；如果作为考核评价使用，则效果评价应重点对任务的完成情况进行考评，如果任务完成结果正确，质量、工艺符合要求，则可以不对关键能力目标的掌握情况进行考评，但是如果任务未完成，则考评结果为不合格，这种情形需要考评者明确指出任务未完成的原因，如果需要给出一个对应的分数，则可以根据每一项关键能力目标的掌握情况，给予合理的评分。

### 1.5.1 成果点评

由老师组织，对学生学习的成果进行展示、点评。

（1）学生展示成果。

（2）教师点评优秀成果。

（3）教师对共同存在的问题进行总结。

### 1.5.2 结果评价

**1. 自我评价**

自我评价是由学习者自己对训练任务目标的掌握情况进行评价，评价的主要内容是训练任务的完成情况和技能目标的掌握情况，任务完成情况的评价重点是自我检查有没有按照质量要求在规定的时间内完成训练任务，技能目标掌握情况的评价则是对照任务的技能目标，尤其是关键技能目标，逐条检查掌握情况。

（1）训练任务的关键技能及基本技能有没有掌握？

（2）是否按照质量要求完成训练任务？

评价情况：

**2. 小组评价**

小组评价有两种主要应用场合，一是训练任务需要小组（团队）成员合作完成，此时需要将小组所有成员的工作看作一个整体来评价，个人评价所关注的重点可能不是小组的工作重点，小组评价更加注重整个小组的共同成就，而不是个人的表现。二是训练任务是由学习者独立完成的，没有小组（团队）成员合作，这种情况下，小组评价中参与评价的成员承担第三方的角色，通过参与评价，也是一个学习和提高的过程。

在小组评价过程中，被评价人员通过分析、讲解、演示等活动，不仅可以展示学习效果，更可以全面提高综合能力。当然，从评价的具体结果指标来看，小组评价重点是对任务完成的情况进行评价，主要包括任务完成的质量、效率、工艺水平、被评价者的方案设计、表达能力等，也可以参照表1-1的评价标准进行小组评价。

（1）训练任务的目标有没有实现？效果如何？

（2）对被评价人的表达能力等其他综合能力进行评价。

评价情况：

参评人员：

**3. 老师评价**

老师评价的重点是对学习者的训练过程、训练结果进行整体评估，并在必要的时候考评学习者的设计方案、流程分析等内容，评价标准也可以参照表1-1。

**表1-1　　评价标准**

| 评价项目 | 评价内容 | 配分 | 完成情况 | 得分 | 合计 | 评价标准 |
|---|---|---|---|---|---|---|
| 安全操作 | 未按安全规范操作，出现设备及人身安全事故，则评价结果为0分 | | | | | |
| 能力目标 | 1. 符合质量要求的任务完成情况 | 50 | 是□　否□ | | | 若完成情况为“是”，则该项得满分，否则得0分 |
| | 2. 完成知识准备 | 10 | 是□　否□ | | | |
| | 3. 了解关于商业保密和竞业限制的有关规定 | 20 | 是□　否□ | | | |
| | 4. 了解职业道德和法律的关系 | 20 | 是□　否□ | | | |
| 评价结果 | | | | | | |

（1）训练任务的完成情况及完成的质量。

（2）训练过程中有没有违反安全操作规程，有没有造成设备及人身伤害。

（3）职业核心能力及职业规范。

评价情况：

考评老师：

## 1.6 相关知识与技能

### 1.6.1 可口可乐保密配方的背后

可口可乐作为世界知名的碳酸饮料品牌，在如今碳酸饮料市场萎缩的大背景下，依然是行业内的翘楚。可口可乐在激烈的市场竞争中始终保持不败的关键在于它的“保密配方”。

可口可乐公司对外公布的 2013 年全年业绩，相比 2012 年，净收入下滑了 5%，为 86 亿美元，2012 年公司的净收入为 90 亿美元。公司首席执行官 Muhtar Kent 说可口可乐同样面临“持续的全球宏观经济不景气”的挑战。2013 年销量增长 2%，低于公司预期，也没有达到长远增长目标，而碳酸饮料业 2013 年销售上涨了 1%—也是可口可乐公司贡献的，可口可乐广告如图 1-1 所示。

图 1-1　可口可乐广告

在全球范围内碳酸饮料市场萎缩已是不争的事实，消费者们开始转向更为健康的水、果汁饮料和健康饮料。包括可口可乐在内的许多公司都受到这种趋势影响。可口可乐公司主要的竞争对手百事可乐正在靠零食产品的收入填补碳酸饮料市场的不济。

市场如此难熬，品牌专家认为可口可乐的相对优势是其一直被外界过分吹嘘的“保密配方”。“神秘这个卖点总能吸引人们关注，也常常被认为是质量好。”社会心理学家和营销专家 Ben Voyer 在伦敦经济学院授课时这样讲道：“典型消费者会这么想——他们如此保护配方，产品一定很有价值。”

我们来看看可口可乐“保密配方”的故事——根据公司网站的记录，最早的配方写成于 1919 年，这比以前的报道中那个吗啡上瘾的药剂师 John Pemberton 发明出这种饮料配方的年份——1866 年还要晚半个世纪。因为在 1919 年之前，配方都是口口相传。

一个名叫 Ernest Woodruff 的商人率领一群投资商买下了这份配方，时间是 1919 年，因此配方也终于被书写在了纸张之上。“作为附加条件，Pemberton 将可口可乐的保密配方写在纸上。”可口可乐公司的网站上如此写道。从 20 世纪 20 年代开始，这份保密配方就一直被紧锁在亚特兰大的某家银行之中，1986 年后，可口可乐公司决定将保密配方作为卖点宣传，公司遂将配方转移至可口可乐公司在亚特兰大总部内的保险柜中。保险柜同时也是展示可口可乐公司历史与文化的博物馆，可口可乐总部如图 1-2 所示，可口可乐总部展示柜内部如图 1-3 所示。

图 1-2　可口可乐总部

图 1-3　可口可乐总部展示柜内部

图 1-4 可口可乐保险柜细节

可口可乐公司对外一直宣称只有两位公司的资深高层知道配方，却始终没有公布这两个人的名字或者他们身在何处。但是从一个围绕配方的广告中我们得知，知晓配方的这两个人不允许搭乘同一架飞机旅行。博物馆的安保非常到位，和电影中看到的一样，这里也配有掌纹识别系统门禁和无数密码门禁还有厚重的钢铁大门守护，装有配方的保险柜细节如图 1-4 所示。在厚墙之中是另一个保险柜，安全性能更高。在保险柜里面，就是装着“全世界保卫最森严的商业机密”的金属盒，如图 1-5 所示。

但是《For God, Country and Coca-Cola》一书的作者 Mark Pendergrast 对此表示怀疑：“可口可乐公司对配方保密是为了借助神秘营销增加销量、扼杀竞争，并且不让消费者清楚配方，也就能隐瞒他们用的便宜原料和巨额的利润。”

可口可乐公司从未将配方注册专利，因为这样意味着要公开配方。一旦专利失效，任何人都可以按照配方制造出原汁原味的世界著名饮料。几十年中不断有各种配方出现，配方作者往往声称自己拿到了古董级的配方文件，已经破解了可口可乐的原始配方。但是直到现在，可口可乐公司依然只承认自己的配方是“唯一真正配方”，可口可乐配方内容如图 1-6 所示。Mark Pendergrast 书中记载了两个版本的原始配方，一份是可口可乐背后的无名英雄 Frank Robinson 笔记的传真件，是他给这种饮料命名为可口可乐，也是他画出了著名的文字商标，在早期制造了这种饮料并为其做广告。

图 1-5 装有可口可乐配方的金属盒

那么 Mark Pendergrast 认为这份配方到底是真是假？“是真的。我认为可口可乐公司保存的配方和我书中记载的配方都是真货。都是可口可乐的原始配方。”他说。

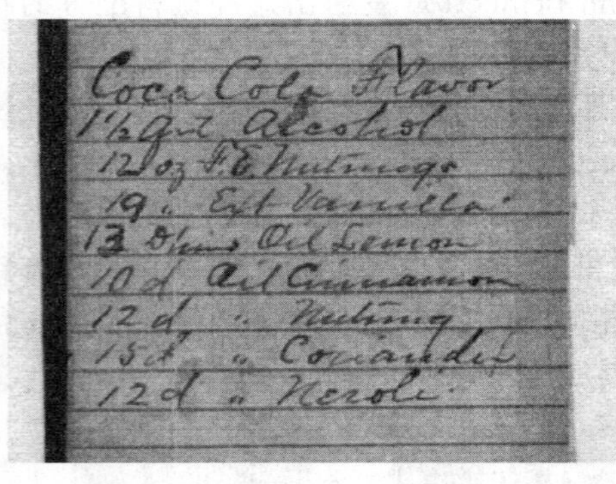

Coca Cola Flavor
1½ Qt Alcohol
12 oz F.E. Nutmegs
19. Ext Vanilla
13 Drms Oil Lemon
10 d Oil Cinnamon
12 d " Nutmeg
15 d " Coriander
12 d " Neroli

图 1-6 可口可乐配方内容

“说到底，精确的配方并不是真正的重要问题。”他说。Pendergrast 引用了他书中的一个故事，他曾经和一位可口可乐公司的发言人谈过，这位发言人说即便竞争对手拿到这份配方也无法生产出可口可乐。“就算竞争对手复刻出一样的可口可乐，为什么不直接买可口可乐？毕竟可口可乐更便宜，在全世界哪儿都能买到。”这位发言人告诉 Pendergrast。

### 1.6.2 商业秘密的含义是什么

所谓商业秘密，是指不为公众所知悉，能为权利人带来经济利益，具有实用性并经权利人采取保密措施的技术信息和经营信息。商业秘密的“不为公众所知悉”即只要不是在本行业内众所周知的普通信息，能够与普通信息保持最低的秘密或新颖限度差异的信息，都构成商业秘密。商业秘密与专利权的区别在于：专利权要求权利人在申请专利时，必须是没有同样的技术发明和实用在国内外出版物公开发表过的；但商业秘密并不要求除权利人外，在国内外绝对无人知道，而是未在本行业内被公开或众所周知。商业秘密的“不为公众所知悉”还表现在它能充分实现其商业价值而成为权利人的商业秘密。

### 1.6.3 竞业限制的含义是什么

竞业限制是用人单位对负有保守用人单位商业秘密的劳动者，在劳动合同、知识产权权利归属协议或技术保密协议中约定的竞业限制条款，即：劳动者在终止或解除劳动合同后的一定期限内不得在生产同类产品、经营同类业务或有其他竞争关系的用人单位任职，也不得自己生产与原单位有竞争关系的同类产品或经营同类业务。限制时间由当事人事先约定，但不得超过两年。竞业限制条款在劳动合同中为延迟生效条款，也就是劳动合同的其他条款法律约束力终结后，该条款开始生效。

### 1.6.4 商业秘密保护和竞业限制的区别

采取保密措施和设定竞业限制义务，都是为了保护企业的商业利益，两者联系密切，但由于两者的性质不同，区别还是比较显著的。

**1. 商业秘密是财产权利，竞业限制是限制权利**

商业秘密是一种特殊的无形的财产权，即知识产权。《反不正当竞争法》将商业秘密的主体称为“权利人”，显然是将商业秘密当作一种权利对待，《刑法》将侵犯商业秘密犯罪归入“侵犯知识产权罪”的范围中，并将侵犯商业秘密同侵犯注册商标权、专利权、著作权并列，无疑是将商业秘密视为知识产权。而且《刑法》将商业秘密的权利人称为“所有人”，表明权利人对商业秘密可以享有所有权。

竞业限制限制了劳动者的合法权利，由于离职员工不得从事与原企业相同或相似的行业，势必会导致员工无法利用这些技能谋生，限制了个人发展。但这并不表明竞业限制是违法的，因为通过协议约定限制了该员工的一部分就业权，即给员工设定了一项在一定时期内不得在约定的行业范围就业的义务，但法律同时要求用人单位给予劳动者一定的经济补偿。

**2. 商业秘密保护是无期限的，竞业限制期限最高两年**

《劳动法》第 22 条规定，劳动合同当事人可以在劳动合同中约定保守同一单位商业秘密的有关事项，是劳动者忠实义务的体现。而在劳动合同终止后，按照《合同法》第 92 条规定的后合同义务，原职工有义务遵循信用诚实的原则保密。保密义务是一种不侵犯他人商业秘密的不作为义务。即使保密协议约定的期限届满，只要他人的商业秘密的秘密性尚未丧失，并不影响保密义务的延续；那种将保密义务的期间与保密协议或者主合同的有效期限划等号的观点是错误的，不利于商业秘密的保护。

竞业限制由于不允许员工离职后使用自己熟悉的经验、技能谋生，会影响其生活的质量甚至生存。如果禁止期限规定得太长，超过了保护用人单位合法利益的必要限度，势必侵害劳动者正当的劳动权。《劳动合同法》第 24 条规定，在解除或者终止劳动合同后，前款规定的人员到与本单位生产或者经营同类产品、从事同类业务的有竞争关系的其他用人单位，或者自己开业生产或者经营同类产品、从事同类业务的竞业限制期限，不得超过两年。

**3. 保护商业秘密是无条件的，竞业限制需要支付相应的对价**

保守秘密是《劳动法》《合同法》规定的劳动者义务，属于法定义务，这种法定的不作为义务目的是防止侵犯权利人的所有权，不需要支付保密费。即使约定保密费，一方未支付费用时，保密义务人也不能以欠费为由，违反保密协议而泄密。说到底，只要商业秘密处于秘密状态，义务人就有义务永远遵守保密义务。保密协议的作用仅仅在于书面明确商业秘密的范围，同时可以约定违反保密义务的违约金，发生侵权行为时，权利人可直接按违约金索赔而无须再举证具体的损失数额。

由于竞业限制员工所掌握的赖以谋生的知识、经验和技能不能发挥，极有可能无法从事自己擅长的专业或所熟悉的工作，收入或生活质量降低在所难免，因此企业必须给予一定的经济补偿金。《劳动合同法》第 23 条规定："对负有保密义务的劳动者，用人单位可以在劳动合同或者保密协议中与劳动者约定竞业限制条款，并约定在解除或者终止劳动合同后，在竞业限制期限内按月给予劳动者经济补偿。劳动者违反竞业限制约定的，应当按照约定向用人单位支付违约金。"如果双方没有约定经济补偿或者企业没有支付，劳动者可以催告用人单位协商并支付经济补偿，用人单位拒绝支付经济补偿，劳动者可以撤消该则条款；其次，竞业限制必须慎重，约定的范围必须准确，如果任意扩大竞业限制的范围，损害了员工的劳动权、择业权，法院就会以违反宪法权利为由，确认竞业限制协议无效。

**4. 商业秘密与竞业限制的产生条件和举证责任不同**

商业秘密基于法律直接规定而产生，或者基于劳动合同的附随义务而产生，不管当事人是否有明示的约定，员工在职期间和离职以后，均承担保守企业商业秘密的义务；而员工的离职竞业限制义务，是基于当事人之间的约定而产生，没有约定则没有义务。

违反保密的行为往往是以隐蔽方式进行的，企业不容易举证，诉讼的难度较大。而违反竞业限制的行为，因为就职于竞争企业或自营竞争性业务，则是外在易见的事实，举证较易。

综上，商业秘密权利的产生来自于法律的直接规定，其效力完全取决于商业秘密的保密性，一旦秘密公开即丧失。换言之，只要商业秘密处于秘密状态，义务人就要永远保密；而竞业限制的效力，取决于协议双方约定的时间及地域范围以及支付对价款的情况而定，法律规定的竞业限制期限最长为两年。义务人违反竞业限制并不必然违反保密条款，而义务人竞业限制期满，也不影响继续保守商业秘密的义务。

**一、单选题**

1.（　）是一种社会意识形态，是做人的根本，也是社会文明进步的根本标志。

A. 道德　　B. 奋斗　　C. 情感　　D. 情操

2.（　）是职业道德的核心内容。

A. 诚信　　B. 道义　　C. 人性　　D. 良知

3.（　）是职业道德的底线。

A. 公平　　B. 诚信　　C. 法律　　D. 意识

4. 商业秘密是一种特殊的、无形的（　），即是知识产权。

A. 劳动合同　　B. 口头承诺　　C. 证书　　D. 专利技术

5. 竞业限制就是根据（　）或者劳动合同的约定。

A. 竞争关系　　B. 法律规定　　C. 专利证书　　D. 保密协议

6.（　）是职业素养的重要组成部分，也是职业素养基础。

A. 潜力　　B. 素质　　C. 职业道德　　D. 优势

7. 为人民服务是不带功利性的，是无偿的行为，这种理解是（　）的。

A. 科学　　B. 不科学　　C. 否定　　D. 肯定

8. 以下不属于应共同遵守的职业道德基本规范的是（　）。

A. 爱岗敬业　　B. 服务群众　　C. 诚实守信　　D. 投机取巧

9. 职业道德的基础和核心是（　　）。

A. 得过且过　B. 爱岗敬业　C. 大公无私　D. 乐于分享

10. 竞业限制由劳动合同、（　　）及竞业限制协议书、商业秘密保护实施细则和计算机网络管理及使用规定构成。

A. 商业秘密保护　B. 工资体系　C. 保证书　D. 承诺书

**二、多选题**

11. 加强职业道德教育，有利于（　　）。

A. 科学发展观的落实　B. 和谐社会的构建

C. 社会主义市场经济的可持续发展　D. 维护社会公平

E. 保证社会安全

12. 爱岗敬业的基本要求是（　　）。

A. 乐业，就是喜欢自己的专业，热爱自己的本职工作

B. 勤业，就是勤奋学习专业，钻研自己的本职工作

C. 精业，就是掌握专业技术，提高业务水平，精益求精

D. 热爱同事与家人

E. 与公司老板保持一致

13. 我国商业秘密的基本构成是什么？（　　）。

A. 不为公众所知悉

B. 能为权利人带来经济利益

C. 具有实用性

D. 采取保密措施保护的技术信息和经营信息

E. 标明“保密文件”“受控文件”“Confidential”等字样的文件都是商业秘密

14. 现阶段我国各行各业普遍适用的职业道德规范包括（　　）。

A. 爱岗敬业　B. 诚实守信　C. 办事公道　D. 服务群众

E. 奉献社会

15. 在处理同事之间的关系时应该遵守以下准则（　　）。

A. 自觉承担任务，工作认真

B. 尊重同事隐私，谅解同事缺点与不足

C. 关心信任对方，多帮助同事

D. 尽量避免因自己失误给同事带来麻烦，如出现问题要诚恳道歉

E. 不要对同事的优异成绩或奖励及晋升心存嫉妒

16. 职工处理与企业的关系时应遵守以下行为准则（　　）。

A. 认真完成工作任务

B. 遵守企业各项规章制度，严守企业秘密

C. 钻研业务，提高技能水平，积极为企业的发展做出贡献

D. 服从企业工作安排

E. 以上皆不是

17. 劳动者应按以下准则处理好职工与领导之间的关系（　　）。

A. 认真履行工作职责，保证质量完成工作任务

B. 奉承领导

C. 积极给领导提合理化建议，帮领导排忧解疑

D. 信任领导，维护领导威信

E. 经常越级汇报

18. 对从业人员来说，最基本的职业道德的基本要素包括（　　）。

A. 职业理想　　B. 职业态度

C. 职业义务　　D. 职业纪律

E. 职业良心、职业荣誉和职业作风

19. 职业道德的特征包括（　　）。

A. 行业性　　B. 多样性　　C. 明确性　　D. 群体性

E. 继承性和实践性

20. 关于道德的正确表述是（　　）。

A. 是人们最熟悉的一种社会意识形态

B. 道德的形成和发展是由社会经济基础、经济关系决定的

C. 从本质上说，道德是由一定的社会经济基础决定的，受经济关系制约

D. 道德一经形成，就具有一定的稳定性

E. 道德是社会生活的调节器

## 三、判断题

21. 道德是一种社会意识形态，是做人的根本，也是社会文明进步的根本标志。（　　）

22. 道德是一种认知，是人们认识社会和改造社会，认识自我和创造人生的指南。（　　）

23. 道德的实施不是依靠某种强制手段，而是通过道德灌输和教育方式进行的。（　　）

24. 职业道德是从事一定职业的人们在职业活动中应该遵循的职业行为规范的总和。（　　）

25. 职业道德是职业活动的产物，是从来就有的。（　　）

26. 诚实守信是中华民族最重要的传统美德和做人规范之一，也是职业道德的主要准则。（　　）

27. 职业纪律是社会法规和道德行为的统一，是从业人员根本利益的保障。（　　）

28. 职业道德不具有社会公德的性质。（　　）

29. 无私奉献精神不属于道德活动范畴。（　　）

30. 公正是几千年来为人所称道的职业道德。（　　）

## 练习与思考题参考答案

| 1. A | 2. A | 3. C | 4. A | 5. B | 6. C | 7. B | 8. D | 9. B | 10. A |
|---|---|---|---|---|---|---|---|---|---|
| 11. ABC | 12. ABC | 13. ABCDE | 14. ABE | 15. ABCDE | 16. ABCD | 17. ACD | 18. ABCDE | 19. CE | 20. ABCDE |
| 21. Y | 22. Y | 23. Y | 24. Y | 25. N | 26. Y | 27. Y | 28. N | 29. N | 30. N |

# 任务 2

# 工业设计师岗位《职业规划书》编制

该训练任务建议用 3 个学时完成学习。

## 2.1 任务来源

职业生涯规划是针对决定个人职业选择的主观和客观因素进行分析和测定，确定个人的奋斗目标和职业目标，并对自己的职业生涯进行合理规划的过程。职业生涯规划要求学员根据自身的“职业兴趣、性格特点，能力倾向，以及自身所学的专业知识技能等”自身因素，同时考虑到各种外界因素，经过综合权衡考虑，把自己定位在一个最能发挥自己长处的位置，以便最大限度地实现自我价值。一个职业目标与生活目标相一致的人是幸福的，职业生涯规划实质上是追求最佳职业生涯的过程。

## 2.2 任务描述

熟悉工业设计师岗位职业规划的步骤和方法，制订自己的职业规划。

## 2.3 能力目标

### 2.3.1 技能目标

完成本训练任务后，你应当能（够）：

**1. 关键技能**

（1）了解工业设计师职业规划的步骤。

（2）理解职业规划的三个维度。

（3）会制订工业设计师职业规划。

**2. 基本技能**

（1）了解职业规划与个人发展的关系。

（2）懂得工作礼仪。

### 2.3.2 知识目标

完成本训练任务后，你应当能（够）：

（1）掌握职业规划的方法。

（2）掌握工作礼仪的要求。

### 2.3.3 职业素质目标

完成本训练任务后，你应当能（够）：

（1）具备严谨科学的工作态度。

（2）具有总结训练过程和结果的习惯。

（3）具有团结协作精神。

## 2.4 任务实施

### 2.4.1 活动一　知识准备

（1）职业规划的重要性。

（2）制订职业规划的方法。

（3）制订职业规划的步骤。

### 2.4.2 活动二　示范操作

**1. 活动内容**

职业规划是针对职业困惑、面向职业发展的一系列服务的统称。本任务训练将向学员讲解职业规划的意义、方法和步骤，随后要求学员制订自己关于工业设计师岗位的职业规划。

具体要求如下：

（1）理解职业规划的意义。

（2）理解职业规划的方法和步骤。

（3）制订个人关于工业设计师角色的职业规划。

**2. 操作步骤**

（1）步骤一：制订自己工作计划的方法，结果如图 2-1 所示。

（2）步骤二：建立你的工作态度，结果如图 2-2 所示。

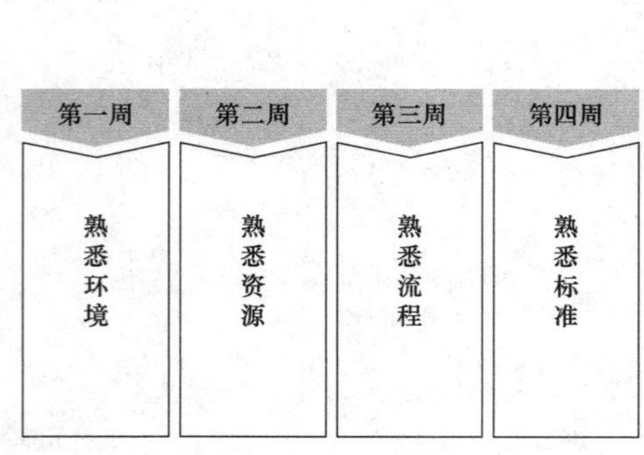


图 2-1　工作态度

图 2-2　工作任务

（3）步骤三：安排你的工作任务，结果如图 2-3 所示。

（4）步骤四：了解公司平台可以给予你什么，结果如图 2-4 所示。

（5）步骤五：了解个人职业规划的方法，结果如图 2-5 所示。

（6）步骤六：理解职业规划的三个维度，结果如图 2-6 所示。

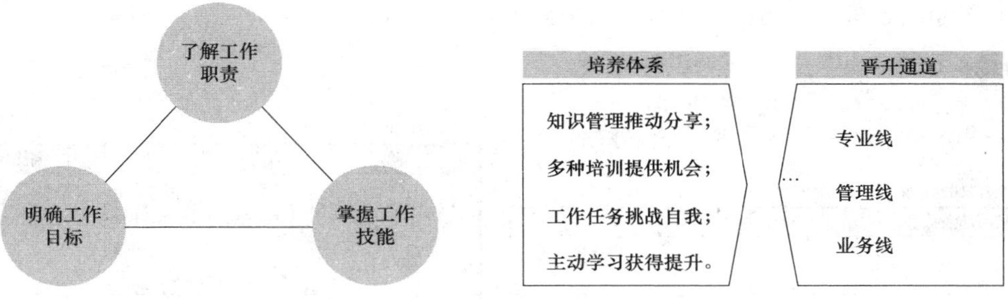


图 2-3　工作计划　　　　图 2-4　公司平台

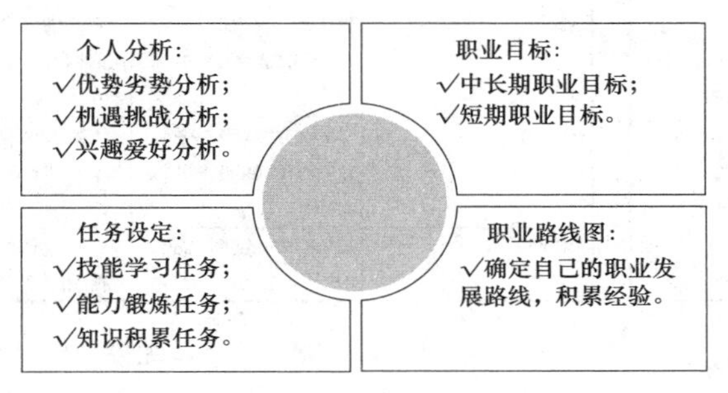


图 2-5　职业规划方法

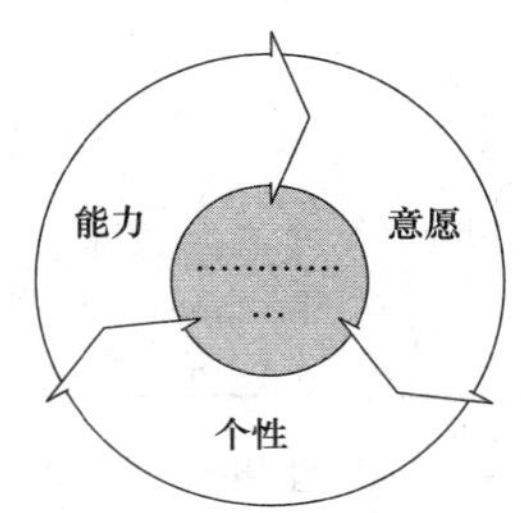


图 2-6　职业规划的三个维度

（7）步骤七：设计职业规划书首页。职业规划书首页主要包括岗位名称、个人基本形象等内容，结果如图 2-7 所示。

（8）步骤八：设计职业规划书内容的目录框架。职业规划书的主要内容包括序言、自我认知、岗位及行业认知、职业生涯规划、小结 5 个部分，结果如图 2-8 所示。

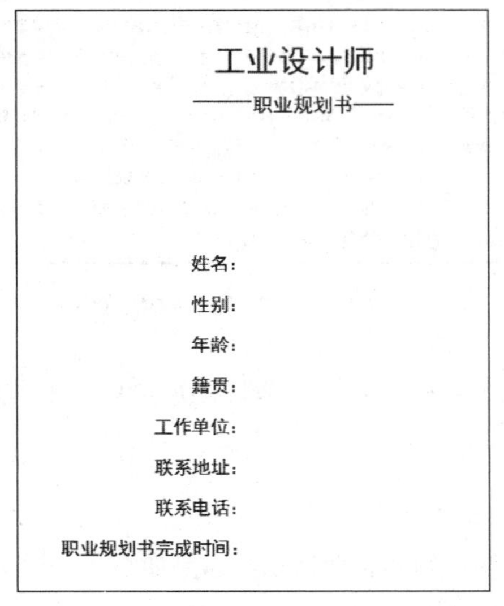


图 2-7　职业规划书首页

——目录——

序言

1. 自我认知

1.1 性格及职业价值观
1.2 能力特点
1.3 兴趣爱好

2. 岗位及行业认知

2.1 岗位及行业环境分析
2.2 目标职业岗位分析

3. 职业生涯规划

3.1 确定目标和路径
3.2 制订行动计划
3.3 动态分析调整

4. 小结

图 2-8　职业规划书提纲

（9）步骤九：进行自我认知分析。

1）分析列举自己的性格与职业价值观，结果如图 2-9 所示。

2）分析自己的能力特点及优势，结果如图 2-10 所示。

**1. 自我认知**

人生最强大的敌人往往是自己，想要成功首先得从自我认识开始，基于本人对自己的认识、朋友对我的评价的前提之下，我进行了客观的自我分析。

**1.1 性格及职业价值观**

| 性格及职业价值观 | 优点 | 缺点 |
|---|---|---|
| 自信 | 在某些方面比别人有优势 | 盲目自信，导致事情完成的并不理想 |
| 稳重 | 做事踏实，不会过于轻浮 | 由于比较稳重而显得保守，无法发挥出自己的潜能 |
| 情绪化 | 比较考虑别人的感受，乐于帮助别人 | 受身边环境影响比较明显 |
| 随和 | 别人容易接受自己 | 做事考虑不够全面，不计较个人得失，显得比较随便 |
| 责任感（完美主义） | 做事认真负责，完成任务质量高 | 要求过高，很多时候让自己不知足 |
| 独立自主 | 凡事能够独立思考，拥有独立完成工作的能力 | 不懂利用身边的关系，很多事情都太过于自主，走了很多弯路 |

图 2-9　性格与职业价值观分析

**1.2 能力特点**

| 能力 | 优势 | 能力特点 |
|---|---|---|
| 交际 | 懂得如何与别人沟通，清楚表达自己的意思，让别人愿意接受自己，人际关系好，有困难时别人愿意帮助自己 | 工作期间，广泛参加活动，使自己的交际能力得到优化 |
| 策划 | 统筹、策划集体活动，分工明确，做到事半功倍，合理利用资源 | 和部门领导共同策划了羽毛球比赛等活动 |
| 创新 | 思维活跃，不受传统观念影响，经常有意想不到的收获 | 自小形成的思想，对一切新鲜的事物很好奇，能够发挥想象力 |
| 逻辑推理 | 对事情的发展能预先判断，并预先做好防范措施，使事情顺利完成 | 从小喜欢独处，善于观察事情的本质，推理逻辑感很强 |
| 书面表达 | 在文案方面比较得心应手，文字表达清楚，让人一目了然 | 从小对文学很感兴趣，书面表达能力是强项 |

图 2-10　能力特点及优势分析

3）分析自己的兴趣爱好及优势，结果如图 2-11 所示。

（10）步骤十：进行职业岗位及行业认知分析。

1）岗位和相关的行业环境进行分析，结果如图 2-12 所示。

**1.3 兴趣爱好**

| 兴趣爱好 | 具体行动 | 优势 |
|---|---|---|
| 体育（篮球、羽毛球、乒乓球） | 体育（篮球、羽毛球、乒乓球） | 在体育活动中，提高团体合作精神，得到强健的体魄，为学习、工作提供良好的身体素质，并从中认识朋友，扩大交际圈 |
| 音乐 | 加入音乐组织，自行学习各种乐器，经常参加业余音乐活动 | 以音乐作为舒缓工作压力的重要途径 |
| 设计 | 对创新产品设计保持敏感和关注，以设计的眼光打造生活空间和工作环境 | 从小的一个梦，做设计师，改造生活环境，创造新产品 |

图 2-11　兴趣爱好及优势分析

**2. 岗位及行业认知**

**2.1 岗位及行业环境分析**

近年来，随着我国新型工业化、信息化、城镇化和农业现代化进程的加快，文化创意和设计服务已贯穿在经济社会各领域各行业，呈现出多向交互融合态势。文化创意和设计服务具有高知识性、高增值性和低能耗、低污染等特征。推进文化创意和设计服务等新型、高端服务业发展，促进与实体经济深度融合，是培育国民经济新的增长点、提升国家文化软实力和产业竞争力的重大举措，是发展创新型经济、促进经济结构调整和发展方式转变、加快实现由"中国制造"向"中国创造"转变的内在要求，是促进产品和服务创新、催生新兴业态、带动就业、满足多样化消费需求、提高人民生活质量的重要途径。

在文化创意产业中，工业设计行业与国家工业化、信息化的转型升级联系最为密切，也是国家优先发展的战略扶持行业。

图 2-12　岗位及行业环境分析

2）目标职业岗位分析，包含岗位名称、岗位的工作内容、岗位的任职资格认定、岗位群内任职前景等，结果如图 2-13 所示。

（11）步骤十一：进行职业生涯规划分析。

1）确定个人发展的目标和路径，结果如图 2-14 所示。

2）制订行动计划。行动计划分为短期计划，中期计划和长期计划，结果如图 2-15 所示。

3）设定对职业规划动态分析调整的情况，结果如图 2-16 所示。

（12）步骤十二：对个人职业规划进行小结。

个人职业规划小结是职业规划书的重要组成部分，通过对之前内容的小结，可以坚定自身的职业理想，为后续的行动实施打下良好的基础，结果如图 2-17 所示。

2.2 目标职业岗位分析

| 分析项目 | 内容 |
| --- | --- |
| 目标职业岗位 | 工业设计师 |
| 岗位说明 | 工业设计师是从事工业设计的职业者，要求能熟练使用工业造型 Rhino、Photoshop、CorelDRAW 及。HyperShot、KeyShot 渲染等设计软件，了解 CAD,Pro/E 等结构软件文件格式的输出导入，有一定的设计理念，熟悉产品开发设计流程、能掌握产品工程结构可行性、了解产品色彩搭配之合理性及产品表面加工工艺，能将设计创意付诸于产品实际 |
| 工作内容 | 1、产品设计调研；<br>2、产品创意构思；<br>3、手绘草图、手绘效果图绘制；<br>4、电脑效果图制作；<br>5、设计提案制作；<br>6、设计后期跟进 |
| 任职资格 | 工业设计师的认证有两种：一种是劳动部门的；另外一种是信息产业部的，后者已开发并付诸实践 |
| 岗位群内任职前景 | 工业设计师岗位群对应到设计公司的产品造型设计需求。大型设计公司和企业内部会在内部设立诸多岗位，诸如助理工业设计师、工业设计师、交互设计师等岗位人才在公司发展前景广阔 |

图 2-13　目标职业岗位分析

**3.职业生涯规划**

**3.1 确定目标和路径**

① 近期职业目标

进入工业设计公司工业设计师岗位任职，从助理设计师做起，不断吸取本行业的技术经验，提高自身技术水平。认认真真工作，踏踏实实做事。处理好与同事和领导之间的关系。参加助理工业设计师资格认证考试并取得成功。

② 中期职业目标

经过两年左右的学习和努力，成为合格工业设计师。

③ 长期职业目标

经历不同产品项目历练，并努力使自己转型为高级工业设计师。

④ 职业发展路径

助理工业设计师 —— 工业设计师 —— 工业设计部经理 —— 产品设计总监

图 2-14　个人发展目标和路径

3.2 制订行动计划

| | |
| --- | --- |
| 短期计划（未来 1 年） | 1. 加强设计软件的操作能力，和资深设计师多交换意见，多参考和学习成功的产品结构设计案例；<br>2. 拿到助理工业设计师证书；<br>3. 关注行业动态，加深工作历练。尽可能参与各种项目开发与合作 |
| 中期计划（未来 2 年） | 1. 成为合格产品工业设计师，工作稳定，争取一批设计产品案例上市；<br>2. 在工作中不断学习并熟练技能，改善家庭经济状况，具备经济独立能力；<br>3. 掌握好本行业的相关知识和技能，成为公司的骨干力量，善于和其他设计师打交道，要有交际能力，同时也要认识更多的专业人士 |
| 长期计划（未来 5 年） | 1. 成为高级工业设计师；<br>2. 结合自己已掌握的知识和实际经验，不断摸索创新，形成自己独特的工作特点；<br>3. 能结合更多行业力量，带动基层设计工作人员来创造社会财富 |

图 2-15　岗位相关行动计划

**3.3 动态分析调整**

根据实际，以自己的理想为准则，一切围绕成为产品结构设计总监的理想调整。

图 2-16　职业规划动态调整情况

**4.小结**

计划定好固然好，但更重要的，在于其具体实施并取得成效。这一点时刻都不能被忘记。任何目标，只说不做到头来都只会是一场空。然而，现实是未知多变的。定出的目标计划随时都可能受到各方面因素的影响。这一点，每个人都应该有充分心理准备。当然，包括我自己。因此，在遇到突发因素、不良影响时，要注意保持清醒冷静的头脑，不仅要及时面对、分析所遇问题，更应快速果断的拿出应对方案，对所发生的事情，能挽救的尽量挽救，不能挽救的要积极采取措施，争取做出最好矫正。相信如此以来，即使将来的作为和目标相比有所偏差，也不至于相距太远。其实，每个人心中都有一座山峰，雕刻着理想、信念、追求、抱负。每个人心中都有一片森林，承载着收获、芬芳、失意、磨砺。但是，无论眼底闪过多少刀光剑影，只要没有付诸行动，那么，一切都只是镜中花，水中月，可望而不可及。一个人，若要获得成功，必须得拿出勇气，付出努力、拼博、奋斗。成功，不相信眼泪；成功，不相信颓废；成功，不相信幻影。成功，只垂青有充分磨砺充分付出的人。未来，掌握在自己手中。未来，只能掌握在自己手中。人生好比是海上的波浪，有时起，有时落，三分天注定，七分靠打拼！爱拼才会赢！坐而写不如站而行，用毛主席的话作为结束语：最无益莫过于一日曝，十日寒，恒为贵，何必三更眠，五更起。为了我的辉煌人生，我会笑对挑战，奋力拼搏，因为我的未来不是梦。

图 2-17　个人职业规划小结

## 2.4.3　活动三　能力提升

学员通过理解职业规划的意义、方法和步骤，制订自己关于工业设计师岗位的职业规划。具体要求如下：

（1）理解职业规划的意义。

（2）理解职业规划的方法和步骤。

（3）制订个人关于工业设计师角色的职业规划。

## 2.5 效果评价

效果评价参见任务1，评价标准见附录。

## 2.6 相关知识与技能

### 2.6.1 案例1　职业规划的重要性

小英职校毕业后，劳务输出去日本工作了3年，回国后不久，就来到职业规划所咨询怎样找个好工作。小英职校学的是服装设计，可她对服装设计并不感兴趣。不过在日本的这3年，她的日语学得还不错，而且性格也比较活泼。职业规划人员就为她设计了3年计划。第一年，找一家日资企业工作，不计薪水高低，以便在工作中能强化日语。凭她的条件，找这样一份工作应该不难。业余时间，进修日语及办公自动化，参加日语二级能力考试。等日语读、写都有了一定水平后，找一份日语翻译或办公室文员工作，在工作中锻炼各方面经验，熟悉日资企业的企业文化及管理理念。业余时间，读夜大，提升自己各方面的素质。等夜大毕业后，所在公司如有好的发展机会，则继续努力。如发展机会不大，则可换一家公司。如一切顺利，3年后，小英应该有一份不错的白领工作。

一年过去了，小英日语过了二级，跳槽到一家日资大公司做翻译。在面试中凭借熟练的口语及电脑操作，在与几位应届大学生的竞争中脱颖而出。

目前，她对自己的工作很满意，也充满自信。和她一起去日本的几位小姐妹，有的结婚生孩子不工作了，有的还在流水线上重复着简单劳动，与她相比，相差太大了。她很庆幸听从了职业规划人员的建议。

**1. 案例点评**

职业规划是指个人发展与组织发展相结合，通过对主客观因素分析、总结和测定，确定一个人的奋斗目标，并为实现这一目标，而预先进行的系统安排。它是人的职业生涯发展的真正动力和加速器，其实质是追求最佳职业生涯发展道路的过程。职业规划的作用在于帮助你树立明确的目标与管理，运用科学的方法、切实可行的措施，发挥个人的专长，开发自己的潜能，克服发展困阻，避免人生陷阱，不断修正前进的方向，最后获得事业的成功。

职业规划的目的绝不只是帮助个人按照自己的资历条件找到一份工作，达到和实现个人目标，更重要的是帮助个人真正了解自己，为自己定下事业大计，筹划未来，进一步详尽估量主、客观条件和内外环境优势和限制，在“衡外情、量己力”的基础上，设计出符合自己特点的、合理而又可行的职业发展方向。

“有计划不会忙，有信心不会慌，有预算不会愁”，人生之于时间、金钱、体力皆是有限的，如果能有计划地规划职业生涯，就可努力有目标，前进有动力。虽然努力不一定会成功，但不努力一定不会成功。年轻人设计职业规划，不可太急功近利，追求速成。好高骛远会导致在择业中眼高手低，反而成为就业的障碍。每一个人的兴趣爱好、能力特点都不相同，只有设计好自己的发展方向，在平时的工作中朝着自己既定的目标不断努力，不断提高，才会有美好的前程。

**2. 相关知识链接**

制订职业发展规划，主要内容应包括5个方面。

（1）确定职业目标。

（2）确定成功标准。

（3）制订职业发展计划。

（4）明确需要进行的培训和准备。

（5）列出大概的时间安排。

在制订好计划之后，具体可以按如下步骤进行。

（1）自我分析。分析自己的能力和个性，尽量用笔写下来，哪些应该保留，哪些必须改正。必要时可以到专业机构接受心理测试，帮助自己进行分析。认真思考自己的过去、现在和未来。考虑自己能干什么，有哪些成就，自己的职业梦想又是什么。

（2）自我诊断。诊断问题发生的领域，是家庭问题、自身问题，还是环境问题，或是其中两者或三者的共同作用；诊断问题的难度，是否需要学习新技能，是否需要个人改变态度与价值观；诊断自己与公司相互配合情况，自己是否在公司内部适当的部门发挥专长，和其他同事的团结协作怎样，自己对公司有什么贡献以及公司对自己的职业生涯设计和自己制订的职业生涯规划是否冲突等。

（3）制订职业发展计划。个人的职业生涯道路应该由低至高拾级而上，如从财务分析员做起，然后是主管会计、财务部主任，最终升为公司财务副总裁。如公司不适合自己的发展，就应考虑换一家新公司，可以按着职业生涯道路来安排工作。职业生涯道路计划应该详细说明职业生涯道路的每一职位所需的学历、工作经历、技能和知识。比如，你的工作可能有哪些变动？不同的工作内容对你有哪些要求？

（4）明确需要哪些培训和准备。列个目录：比如，按照职业生涯道路的发展，是否需要学习？需要扩大权利？需要增加经验？再想，什么你做得好？什么你做得不好？如何应用你的优势？现在应该停止做什么？开始做什么？培训和准备的时间如何安排？上述问题也可以同朋友、同事或专业咨询人员探讨或研究。

### 2.6.2 案例 2 兴趣为事业引路

乔治·威廉·切尔兹，是美国的一位著名出版商。乔治出生于巴尔的摩，13 岁时加入了美国海军。乔治早年在书店打工的时候就对书籍产生了浓厚的兴趣，此后也一直保持着这种兴趣，一年多的海军生活也没有使其兴趣改变。

乔治结束海军服役后就回到了费城。他迫切需要一份工作，但是他没有去五金店、裁缝店，也没有去铁路上找什么体力活，而是直接去了书店。最后，一家费城的书店录用了他，工资是每个月 12 美元。

乔治工作的这家书店刚好和当地的一家日报——《费城公共基石报》在同一幢楼里，天长日久，乔治和这家日报的员工也混熟了，他慢慢意识到高品质的报纸和杂志对日常生活有着重要的影响。虽然《费城公共基石报》的风格并不符合这种理念，但他认为可以加以改造。所以，乔治开始想象自己将来拥有这家日报的情景。这个念头一直埋在他的心里，他也期待着有朝一日能实现它。乔治在书店干了 4 年，在积攒了一笔钱后，他决定自己开一家书店。他的老板知道他志向远大，虽然觉得惋惜，也没有过多地挽留他。乔治当时只有 19 岁，但他对纽约、波士顿一带的出版业行情已经了如指掌。因为他在书店的时候，就经常参加在这些城市举办的半年一度的图书市场订货会。那些出版商都熟悉他，也非常看重他的人品。当他们知道乔治要自立门户时都很热心，表示只要力所能及，就一定会尽力帮忙。

乔治的书店干得不错，得到了同行们的好评。不久，费城最著名的彼特森出版公司看中了他，并邀请他加盟。他经过慎重考虑，接受了新的职位。干了不到一年之后，公司改名为“切尔兹和彼特森联合出版公司”，由他拍板的一些项目获得了巨大的成功，公司事业蒸蒸日上。

乔治在出版业做了这么久，有了足够的经验和能力，觉得可以向自己早年的目标进军了。1864年，他如愿以偿，成功收购了《费城公共基石报》。当时这份报纸已经江河日下，濒临倒闭。在被收购的前一年，它的亏损额是15万美元。乔治了解这一点，但他并没有被吓倒，他相信，自己原先设想的那种高品质报纸一定会有市场，也会给自己带来成功。所以，收购一结束，他马上就着手改革报纸的风格。

乔治把报纸上原有的那些枯燥的、不健康的内容，包括不上台面的庸俗报道，会毒害青年、腐蚀心灵、诲淫诲盗的作品，捕风捉影、添油加醋的名人秘史及粗俗不堪、玩世不恭的痞子文学等在其他刊物上几乎是招徕读者必不可少的作料，都大刀阔斧地予以删除。他的这种原则在报纸的广告上也表现了出来。凡是与公共道德不符的，有色情、暴力倾向的广告，他一律拒绝刊登。而后加重报纸的文学性，提高它的品位，内容比原来增加了很多，价格上也相应做了调整。改造完成之后，报纸重新问世，结果，凭借它不落俗套、诚实可信的风格一举占领了市场。

事业的成功使切尔兹成了百万富翁。1888年，两大政党的头面人物出面游说他代表本党竞选美国总统，当时美国正在经历内战之后的重建和发展，南北矛盾依然尖锐，有人希望以这种理由说服切尔兹出山。两家支持民主党的报纸许诺，如果他代表民主党参选，他们愿意各出10万美元作为竞选基金，一家铁路公司的总裁也开出了5万美元的支票。面对这些诱人的条件，切尔兹不为所动。他明确表示，自己对政治事务没有任何兴趣，对自己没有任何兴趣的事，也是不会干好的。

**1. 案例点评**

在众多的职业中，想从事某种职业的愿望，往往表明了你的职业兴趣。在选择职业时，兴趣是必不可少的重要因素。美籍华人杨振宁说："成功的真正秘诀是兴趣。"乔治·威廉·切尔兹正是坚持从自己的兴趣出发，从一个书店的店员开始做起，逐步发展到独立开书店，加盟出版公司，最后成功地收购了《费城公共基石报》，成为一名百万富翁。也正因为对政治没有丝毫兴趣，他拒绝了两大政党的游说，没有去参加总统竞选，一心一意专注于自己的出版事业。

选择职业时，求职者不妨多多想一想：你喜欢什么职业？喜欢干什么样的工作？只有有了兴趣，人做事才会有积极性。研究表明，一个人如果怀着兴趣从事某种工作，可以发挥他全部才能的80%以上，可以在工作过程中充满创造性和主动性，并且不易疲劳，效率也高。相反，如果从事的是他没有兴趣的工作，那么这种工作便会在他的心理上成为一种负担，他也只能发挥自己全部才能的20%～30%，而且在工作时会表现得比较被动、工作态度十分消极，其工作效率通常较低，工作业绩也往往不佳。做一份能胜任、同时又是自己喜欢的工作，才是人生真正的乐事。

**2. 相关知识链接**

人的职业兴趣会受到以下一些因素的影响。

(1) 社会历史条件的影响。在不同的历史时期，形成过不同的职业"热点"。随着社会经济的发展和改革开放的深入，职业兴趣也受到了很大的影响。在这种情况下，人们求职的"热门"和"冷门"不断地转换。

(2) 来自家庭的影响。著名学者邓拓专门写了《自学与家传》的文章，论述了中国家族培养后代职业兴趣的成功经验。社会上"杂技世家""教师世家""中医世家"随处可见，就证明了家族文化对兴趣的影响。

(3) 社会环境和社会实践活动的影响。社会实践活动包括：访问、参观，也包括一个人在社会生活中所接触到的种种职业活动。这些活动可以使人的视野开阔，从而激发一个人想从事某种职业的愿望。从这个意义上讲，社会实践活动是萌发兴趣的摇篮，同时社会实践活动也是培养和发展兴趣的必由之路。

### 2.6.3 案例3 天生我材必有用

威尔逊毕业于著名的纽约大学研究生院。大学毕业时，曾有几家著名企业有意邀请他去工作，他都一一谢绝，继续上了研究生课程。他希望研究生毕业后能留在母校继续研修博士课程，可因为家庭的关系，威尔逊放弃了深造的机会，留在了母校的教研室里做了助教，从此便一头埋在了工作中。

开始时，威尔逊和前辈、同事都相处得很好，因为业余时间当家庭教师和大学机关报的编辑，他的额外收入也增加了不少，日子过得很充实。可随着时间的流逝，他发现大学并非像他想象的那样神圣。“学阀”和派系构成了极其复杂的人际关系，要想周旋于其中，必须巧妙地运用处世哲学。可对于威尔逊来说，这恐怕是他最不擅长的事情了，他甚至没有交到一两个可以促膝交谈的好朋友，常常一个人闷闷不乐。

在家人的建议下，威尔逊去做了性格适应性检查。结果表明，他的性格是超内向型，属于那种特别孤独的类型，而非社交型。别说俱乐部活动、人际社交，就连课堂讨论、体育活动他都很少参加。可以说他是个只专注于学习的人。威尔逊感到很绝望。后来，他又到曾邀请过他的那些著名企业走了一趟，结果没有被任何一个企业所录用。

最后威尔逊怀着极度的失意，决定报考公务员。结果，他幸运地以优异成绩通过了考试，就职于政府的统计局。这种工作恰恰是他那种性格适合的，于是他得以充分地发挥他的潜力，工作也很愉快。

**1. 案例点评**

在社会生活中，人们似乎正在被实际的需要所逼迫，不断地改变着自己的先天性格。然而，有些本人认为是缺点而为此终日烦恼的性格特点，对于某些工作来说，却可能恰好是优势。所以，与其浪费时间拼命去改造自己的性格，还不如去认识自己的长处，扬长避短，这样不是更好吗？威尔逊通过性格适应性测试，充分了解了自己的性格类型，放弃了不适合的大学助教工作，选择了独立性较强、避免过多与人打交道的统计局公务员的工作，所以工作得很愉快。

如果你苦于不了解自己的性格类型，找不到适合自己性格的工作，一方面你可以向亲戚朋友征求对自己的看法、查阅相关的资料，另一方面也可以在工作中了解自己的性格，相信会找到适合你性格的最佳职业的。

**2. 相关知识链接**

美国著名职业指导专家约翰·亨利·霍兰德（John Henry Holland）提出的人格（性格）类型与职业类型匹配理论，是沿用至今一直被公认为有效的、重要的就业指导理论。人格指个人在对人、对己、对事物，乃至适应环境时所显示的独特个性，实际上也就是他的性格。霍兰德从心理学价值观理论出发，经过大量的职业咨询指导实例积累，提出了职业活动意义上的人格分类，即实际型、调研型、艺术型、社会型、企业型、常规型6种基本类型。相应的，他也将社会职业分为上述6种基本类型。当属于某一类型的人选择了相应类型职业时，即达到匹配。

（1）实际型，也称现实型。这种类型的人喜欢技艺性或机械性的工作，能够独立钻研业务，完成任务，长于动手并以“技术高”为荣，但缺乏社交能力，适合从事的工作主要是熟练的手工工作。水暖工、木工、机床操作工、维修工等属于这一类型的职业。

（2）调研型，也称调查型、研究型或思维型。这类人喜欢智力性、抽象性、思考性、独立性的工作，有较高的智力水平和科研能力，注重理论但不重视实际，考虑问题偏于理想化，缺乏说服他人、领导他人的能力。科学研究、技术发明、计算机程序设计等属于该类型的职业。

（3）艺术型。这种类型的人有创造力，乐于创造新颖、与众不同的成果，渴望表现自己的个性，实现自身的价值。做事理想化、追求完美、不重实际。具有一定的艺术才能和个性。善于表达，怀旧，心态较为复杂。演员、导演、艺术设计师、雕刻家、建筑师、摄影家、广告制作人、歌唱家、作曲家、乐队指挥、小说家、诗人、剧作家等属于这一类型的职业。

（4）社会型。这种类型的人喜欢与人交往、不断结交新的朋友，善言谈，愿意教导别人。关心社会问题，渴望发挥自己的社会作用。寻求广泛的人际关系，比较看重社会义务和社会道德。教育工作者（教师、教育行政人员），社会工作者（咨询人员、公关人员）等属于这一类型的职业。

（5）企业型。这种类型的人追求权力、权威和物质财富，具有领导才能。喜欢竞争，敢冒风险，有野心、抱负。为人务实，习惯以利益得失、权利、地位、金钱等来衡量做事的价值，做事有较强的目的性。项目经理、销售人员、营销管理人员、政府官员、企业领导、法官、律师等属于这一类型的职业。

（6）常规型。这种类型的人尊重权威和规章制度，喜欢按计划办事，细心、有条理，习惯接受他人的指挥和领导，自己不谋求领导职务。喜欢关注实际和细节情况，通常较为谨慎和保守，缺乏创造性，不喜欢冒险和竞争，富有自我牺牲精神。秘书、办公室人员、记事员、会计、行政助理、图书馆管理员、出纳员、打字员、投资分析员等属于这一类型的职业。

**一、单选题**

1. 你的工作态度应做到（　　）。

A. 自己是对的，因为自己是很优秀的成绩毕业

B. 不要和同期的同事分享任何经验，以免抢了自己的机会

C. 倾听前辈和同期同事的意见，向前辈学习新的知识

D. 在和同期的同事合作的时候，遇到事故就将所有的责任推到同事的身上

2. 职业规划有几个维度？（　　）

A. 两个　　B. 三个　　C. 四个　　D. 五个

3. 在工作中你需要（　　）。

A. 自己单独一个人就可以了

B. 只做杂事专门在上司面前抢功劳

C. 啥事不管，只做好自己的小职员就行了

D. 多多向前辈虚心请教，和同事交流经验

4. 你入公司后第一周的计划大概情况是（　　）。

A. 什么都不做，等人来教

B. 主动地和各位前辈和同期同事打招呼，熟悉环境

C. 粗略地看看，觉得这样就可以了

D. 当有人来带领你熟悉环境的时候，却不当回事

5. 你入职后，需要学习更多的知识，可你去进修的话就没有多余的时间玩乐休息了，这时候你会选择（　　）。

A. 放弃，太累了有工作就行了干吗还要学习

B. 中途退出，兴致勃勃地去上了夜大发现很辛苦就退出了

C. 坚持上完夜大，努力地去进修了几门专业拿到证书

D. 果断不去，自己还要玩和休息呢，干吗要去

6. 当你有优秀的资格证书，但是却没有丰富的工作经验的时候，你会选择（　　）。

A. 去一家公司做白工，增长自身的经验

B. 直接去应聘部长之类的管理

C. 在双选会的时候选择与自身能力不符的职位

D. 选择高薪的职业

7. 制订好计划后，要进行步骤是（　　）。

A. 自我分析—自我诊断—制订职业发展计划—明确需要哪些培训和准备

B. 自我分析—制订职业发展计划—自我诊断—明确需要哪些培训和准备

C. 自我诊断—自我分析—制订职业发展计划—明确需要哪些培训和准备

D. 自我诊断—明确需要哪些培训和准备—自我分析—制订职业发展计划

8. 你上班的时候遇到主管塞给你一份资料，让你整理，可是你手头上却还有一份马上要用的文本资料要整理（已完成了一半），你跟主管说，主管说等你弄完资料后再整理也行，你应该（　　）。

A. 使劲跟主管说你完成不了，让主管把资料给其他人

B. 保证努力完成工作，整理完文本资料后，马上整理主管给你的资料

C. 让同事帮你完成然后跟主管邀功说是你自己完成的

D. 不理会手中的文本资料，直接整理主管的资料

9. 当你发现你并不知道自己的性格该选择什么工作时，你应该（　　）。

A. 询问亲戚的意见

B. 直接选择专业对口就行了

C. 性格什么的可以改，所以不加理会

D. 默默忍受，只愿意做高薪的工作，不管适不适合自己的性格

10. 你设计出满怀信心的产品，却被主管查出很多问题，你应该（　　）。

A. 很不开心，觉得主管不懂自己的构思

B. 表面上虚心接受，背后却死活不改自己的设计

C. 虚心接受，并且主动请教主管相关问题，听取意见

D. 跟同事抱怨说主管其实什么都不会等

**二、多选题**

11. 你的工作态度可以是（　　）。

A. 学习　　B. 认真负责　　C. 合作　　D. 敷衍

E. 奉承

12. 对于任何安排给你的工作都应该（　　）。

A. 了解工作职责　　B. 明确工作目标　　C. 看别人如何安排　　D. 推给别人做

E. 抵制

13. 当你进入公司第三周的时候，你应该已经熟悉了公司的（　　）。

A. 工作环境　　B. 同事　　C. 熟悉资源　　D. 周边的快餐厅

E. 股东组成

14. 职业规划中的个人分析包含（　　）。

A. 直接看学业　　B. 机遇挑战　　C. 优势劣势　　D. 兴趣爱好

E. 恋爱情况

15. 职业发展规划包括（　　）。
A. 确定职业目标　　B. 制订职业发展计划
C. 不需要安排培训　　D. 不需要确定成功基准走一步算一步
E. 制订产业规划
16. 你接到一份工作后，需要（　　）。
A. 了解工作　　B. 明确工作目标
C. 直接百度　　D. 马马虎虎的理解工作的大概
E. 交给他人去做
17. 个人职业规划中，任务设定包括（　　）几部分。
A. 技能学习　　B. 直接抄袭别人的　　C. 知识积累　　D. 锻炼自身能力
E. 借用他人成果
18. 你有什么资源能提升你自身能力（　　）。
A. 部门　　B. 网络　　C. 人员　　D. 应酬
E. 恋人
19. 当你的专业不是你喜欢的兴趣时，你应该（　　）。
A. 将自己的兴趣和专业结合　　B. 去做职场规划测试
C. 将兴趣转化为自己的工作　　D. 查看自己的能力是否符合这个兴趣
E. 自暴自弃
20. 人的职业兴趣会受到以下哪些因素的影响（　　）。
A. 社会历史条件　　B. 家庭因素
C. 社会环境和社会实践活动　　D. 外部因素
E. 老板评价

**三、判断题**

21. 个人仪态是您个人的名片，也是公司的名片。（　　）
22. 适当修饰是个人形象的加分项、过度修饰则是扣分项。（　　）
23. 遵规守纪，尊重自己也尊重他人。（　　）
24. 工作台面的整洁是给别人看的，不是给自己看的。（　　）
25. 未经许可可以使用他人的办公用具和资料。（　　）
26. 守时只是有时候做做看就行了，踩点到是可以的。（　　）
27. 开放的心态让你融入团队。（　　）
28. 分享会让你的知识减少。（　　）
29. 尊重他人的隐私，不发布、不传播。（　　）
30. 推诿塞责可以让你逃离任何责任，安然无事。（　　）

## 练习与思考题参考答案

| 1. C | 2. B | 3. D | 4. B | 5. C | 6. A | 7. A | 8. B | 9. A | 10. C |
|---|---|---|---|---|---|---|---|---|---|
| 11. ABC | 12. ABC | 13. ABC | 14. BCD | 15. AB | 16. AB | 17. ACD | 18. AB | 19. ABCD | 20. ABC |
| 21. Y | 22. Y | 23. Y | 24. N | 25. N | 26. N | 27. Y | 28. N | 29. Y | 30. Y |

# 任务 3

# 行 业 现 状

该训练任务建议用 3 个学时完成学习。

## 3.1 任务来源

工业设计是一门以工业化大批量生产为前提条件，涉及科学和艺术等范畴的新兴边缘学科。我国制造业的蓬勃发展（特别是长三角、珠三角地区），给工业设计师和工业设计产业带来了机会。要做一名合格的工业设计师，就必须了解我国工业设计的行业现状。

## 3.2 任务描述

通过任务训练和学习了解我国工业设计相关产业特点，理解和总结当前工业设计发展的国际趋势，随后作出小结。

## 3.3 能力目标

### 3.3.1 技能目标

完成本训练任务后，你应当能（够）：

**1. 关键技能**

（1）理解工业设计基本概念。

（2）总结我国工业设计发展行业现状。

**2. 基本技能**

（1）了解我国制造业的基本情况。

（2）了解当今工业设计发展的国际趋势。

### 3.3.2 知识目标

完成本训练任务后，你应当能（够）：

（1）掌握我国制造业的发展现状。

（2）掌握我国当前工业设计产业发展的基本思路。

### 3.3.3 职业素质目标

完成本训练任务后，你应当能（够）：

（1）具备严谨科学的工作态度。

（2）具有知识总结的能力。

（3）养成团结协作精神。

## 3.4 任务实施

### 3.4.1 活动一　知识准备

（1）我国制造业发展的基本情况。

（2）我国工业设计发展的现状。

（3）国际工业设计行业发展趋势。

### 3.4.2 活动二　示范操作

**1. 活动内容**

通过任务训练讲解使学员了解我国制造业发展情况、国内工业设计行业发展现状、国际工业设计行业发展趋势。随后学员进行分组讨论，进行小组总结和汇报。

具体要求如下：

（1）分析理解我国制造业发展情况与趋势。

（2）分析理解国内工业设计的国际趋势。

（3）了解当今工业设计的国际趋势。

（4）进行小组讨论。

（5）小组总结和汇报。

**2. 操作步骤**

（1）步骤一：了解我国制造业背景，分析其发展趋势。我国制造业的蓬勃发展，特别是长三角、珠三角地区，给工业设计师和工业设计产业带来了机会。国内外众多人士纷纷预测我国将是一个全新的制造业中心——世界工厂。成为制造业中心是否就意味着将成为区域工业设计中心？要弄清这个问题，就必须弄清制造业与工业设计的关系，以及我国制造业的背景。我们把制造业的发展分为以下的三个阶段。

1）OEM模式。原配件生产阶段，是制造业的初级阶段。产品的外形及结构基本上是国外厂家制定的或者是仿造的。例如：目前的长三角、珠三角，许多私营企业都是靠承接国外订单生存。

2）ODM模式。原创设计管理，也有人称其为设计代工。在此阶段，企业能够设计生产有自己独特的产品。

3）OBM模式。原创品牌管理，是制造业的最高级阶段。企业有自主品牌，企业的价值不是靠产品来体现，而是由独特的品牌表达。例如：世界著名企业“安利”“壳牌”等。

很显然，主导企业竞争力的因素，在OEM模式阶段是劳动力的价格；在ODM模式阶段是科学技术水平；在OBM模式阶段是文化价值观。

我国制造业基本处于OEM模式阶段，大部分企业靠仿造或承接国外订单产品生存，如我国的摩托车行业，虽然已发展成为一个庞大的产业，但从起步开始，在外形和结构上，就是仿国外产品，到如今这种状况还没多大改变；ODM模式在我国还很少，这与我国对知识产权的保护不够，企业热衷于仿造，开发新产品兴趣不高有关；OBM模式在我国还没出现，这与我们的体制、文化、科技等各方面条件不成熟有关，我国曾出现过几个有望进入OBM模式的企业，但都在如日中天时突然倒下。据统计，中国香港的制造企业中，OEM模式占85%，ODM模式和OBM模式占15%。同香港的数字比较，中国大陆制造企业中OEM模式占的比例更多。

（2）步骤二：分析理解我国工业设计发展现状。OEM模式、ODM模式、OBM模式都会对工业设计教育和工业设计师提出适合自身的要求。工业设计教育、工业设计实践、工业设计研究都要根据这种产业模式的变迁而随时进行调整。制造业的发展的阶段性，决定了工业设计发展的阶段性。与OEM模式对应的是生产型的工业设计，与ODM模式对应的是营销型的工业设计，与OBM模式对应的是策略型的工业设计。

1）生产型的工业设计。生产型的工业设计强调设计与生产的紧密结合。天花乱坠的概念设计在此阶段没有太大的市场。产品造型的改良是工业设计师的核心工作，产品结构的优化和生产成本的控制是工业设计工作中的重要问题。对于企业来说，没有太多的预算花在工业设计上，大部分企业都没有自己的工业设计部门，即使委托外边的工业设计公司进行设计，设计费用也相对较低。这个时期的口号是："能够方便地生产的设计才是好设计"。这种类型的工业设计要求工业设计师有较高的产品造型能力，并且对各种生产手段要比较熟悉，能根据产品的特点和生产的数量决定适合的材料，并能有效地和工程师进行沟通。这种熟悉生产和具有较高产品造型能力的工业设计师，笔者称之为务实型工业设计师。优秀的务实型工业设计师，只能诞生于工业设计公司和企业内的设计部门。

2）营销型的工业设计。当制造业发展到一定程度后，厂家关注的重点会逐渐转向潜在的顾客。营销型的工业设计将同市场营销策略和活动紧密结合起来。从某种程度上来说，工业设计将成为整合营销传播的一个环节。整合营销传播强调的是，企业倾其内外之全部资源，发出统一的声音，去争取顾客。工业设计显然是其中至关重要的一环。没有好的设计，就没有好的产品；没有好的产品，整合营销传播便是"王婆卖瓜，自卖自夸"。当然，工业设计也要根据整合营销传播的基本要求，即和其他资源一道，发出统一的声音。

营销型的工业设计对设计实践提出了新的要求。第一个明显的改变是先调研，后设计。在生产型设计时代，不需要有细致的调研，最多也只要求进行二手资料调研，设计师接到任务后，翻看一些产品资料集，东拼西凑，马上构思产品的形态。而营销型的工业设计理念是用户为本，焦点小组法、观察法（观察生活中的用户）等方法将在实际的设计工作中普遍应用。工业设计师也要参与很多部分的调研活动。第二个改变是，单打独斗式的工业设计将不再流行，团队合作将变得至关重要，企业没有一批设计师的团结协作不可能有好产品。第三个改变是，对各部门的协调要求更高，工业设计师不仅跟生产部门、管理部门合作，而且跟市场营销人员的合作也要更加密切。

工业设计师光有手上功夫（产品造型能力和设计表现能力）还不行，还要能表达（设计的好处要能说出来，让用户有充分的购买理由）。对于这一阶段出现的工业设计师，我们可称之为"协调型设计师"。这一工业设计形态下的口号是："卖得好的设计才是好设计"。

3）策略型的工业设计。在自主品牌时代，设计将成为商业策略的一部分，设计策略将成为企业策略的重要部分（但对于设计策略能否成为企业战略的一部分，尚不得而知，这需要实践去检验）。设计也许能够在这一时期创造出新的商业模式，如亚马逊的网上售书模式。决策型工业设计师将在这一阶段涌现出来。

由于我们对这种策略型的工业设计认识还不十分清晰，但是有些趋势是可以估计出来的。首先，产品形象识别成为可能，每个品牌都要有自己的个性，这种个性也将体现在企业的所有产品中；其次，设计的对象会有所拓宽。中国传统向来重有形之物，轻无形之事。事与物同等重要，即产品和服务一样值得重视。企业不光销售产品，还销售服务。既然有产品设计，为何没有服务设计？无形之事将成为未来的设计的重要对象。再将目光向远眺望，实现体验设计（Experience Design）也不是没有可能。第三，设计方法上将更加强调团队合作，团队成员将来自更广阔的领域，如哲学家、心理学家、材料专家、软件专家等。这一设计模式的口号是："设计创造品牌和体验"。

我们可以将工业设计分成三个发展阶段，但却不能完全将其割裂开。现实中的工业设计产业发展的道路要复杂得多，各阶段的过渡也非常模糊。即使在当今 OEM 模式占主要地位的情形下，营销型工业设计也在某种程度上存在，只是没有生产型工业设计普及罢了。当然，即使到了营销型设计时代，也需要大量懂生产、造型能力强的所谓务实型工业设计师。虽然制造业的三个阶段，都会对设计师和设计服务提出自身独特的要求，但是，只有 ODM 模式大行其道之后，工业设计业的春天才会来临。要提高我国制造业的层次，必须大力发展 ODM 模式和 OBM 模式。目前我国的制造业正面临结构性调整，逐步由劳动密集型向科技型转变，各企业重视开发有自主知识产权的产品，政府也在加强知识产权的保护。我国制造业中，ODM 模式和 OBM 模式正逐步发展，作为区域制造业中心，将来也有可能成为区域工业设计中心。

（3）步骤三：了解当今工业设计发展的国际趋势。根据美国工业设计协会最近一次对工业设计的国际趋势进行的总结和预测，当今工业设计的发展具有以下国际趋势。

1）强劲的经济发展势头将促进消费，并为优秀的产品提供巨大的市场。

2）对消费者的需求将更加关注。

3）针对小公司、家庭、办公室以及家用电脑的设计将受到更多的关注。

4）如何克服技术难关仍是对设计师们的挑战。

5）大的分销商逐渐成为中间消费者，削减成本是他们所关心的设计焦点。

6）设计师们与商界结成更紧密的合作关系。

7）在亚洲及其他地区市场，机会和竞争迅速增加。

通过对工业设计发展趋势的分析和了解，我们不难看出，市场是巨大的，设计师们面临前所未有的机遇。当前最关键的任务是什么？是开发新产品，开拓新市场，而不是靠现有产品的激烈竞争求生存。我们必须具有宏观的眼光和对未来趋势的预测能力，才能把握住方向尽量减少失败的发生。怎样把握我国工业设计的方向，这是一个关系我国工业设计及整个制造业的重要问题。

一段时期，设计师为了迎合企业利润最大化的要求，为了降低成本，偷工减料，粗制滥造，不顾人性要求，质量和服务低劣。造成市场上假伪劣商品盛行，"水货"成为最流行的词语，大大降低了产品信誉，我国产品在国际上也沦落为地摊货。

在这方面，日本的经验值得我们借鉴。日本的工业设计从 20 世纪 50 年代开始起步，将其特有的民族文化融入设计中，使其更具实用性。

日本人在学习他国经验时，能对各国有益的知识进行广泛的学习，并融会贯通，最终成为己用。他们在技术上主要学习的是美国，但其设计上并没有照搬美国的豪华风格，而是根据本国空间狭小，资源缺乏的实际，充分考虑产品节省能源，减少空间。他们还把本国人民生活中形成的以榻榻米为标准的模数体系，与从德国引入的模数概念结合起来，设计出日本民众喜爱的小型化、标准化、多功能化的产品。这种设计理念使日本的工业设计仅用 30 年形成了被世界承认的风格。

而我国的工业设计起步也将近 30 年了，在国际上却远没取得应有的地位。面对我国制造业发展的新形势，面对工业设计发展的国际趋势，我国设计师应该怎样把握机遇，再不要走弯路，迎头赶上国际先进水平？日本的经验和我们的教训都说明，盲目模仿是行不通的，一定要端正设计理念，适应科学技术发展，立足本民族实际，表现出自己的民族风格。

（4）步骤四：进行分组讨论。

（5）步骤五：汇报小组讨论情况并总结。

### 3.4.3 活动三 能力提升

通过任务训练讲解使学员了解我国制造业发展情况、国内工业设计行业发展现状、国际工业设计行业发展趋势。随后学员进行分组讨论，进行小组总结和汇报。

具体要求如下：

（1）分析理解我国制造业发展情况与趋势。

（2）分析理解国内工业设计的国际趋势。

（3）了解当今工业设计的国际趋势。

（4）进行小组讨论。

（5）小组总结和汇报。

## 3.5 效果评价

效果评价参见任务 1，评价标准见附录。

## 3.6 相关知识与技能

工业设计是指以工学、美学、经济学为基础对工业产品进行设计。工业设计行业是生产性服务业的重要组成部分，其发展水平是工业竞争力的重要标志之一。

### 3.6.1 分析我国工业设计行业分类

随着工业设计领域的日益拓宽，不同领域又具有各自的特点，我们可以从不同的角度对工业设计的领域进行划分，具体的分类有：交通工具、电子产品、设备仪器、家电、生活用品、家具、玩具、服务等行业。然后，再分析我国工业设计行业发展环境。

**1. 工业设计行业政策环境分析**

（1）国家层面的政策。工业设计行业在国内刚刚进入产业化阶段，处于导入期，受政策环境的影响较大。近年来，国家出台了一系列促进工业设计产业化进程的政策和资助。

（2）地方层面的政策。各地方政府对工业设计行业也比较重视，相继出台了各项扶持政策。

**2. 工业设计行业技术环境分析**

行业技术活跃程度分析：截至 2013 年 6 月，我国工业设计技术的专利申请数量总数为 9303 项。近年来，我国工业设计申请专利数呈现上升趋势，但 2012 年以来呈现下降趋势，2012 年为 2114 项；2013 年 1～6 月，仅为 308 项，具体如图 3-1 所示。

### 3.6.2 分析我国工业设计行业热门技术

从我国工业设计技术的专利技术申请分布来看，09-03（圆桶和木桶）分布量最多，拥有 557 项专利技术；其次是 11-02（小件饰物、有切平面的宝石、壁炉架和墙壁装饰品，包括花瓶）、

07-02（烹调用具和容器），分别有 305 项和 301 项，其余的均在 300 项以下。

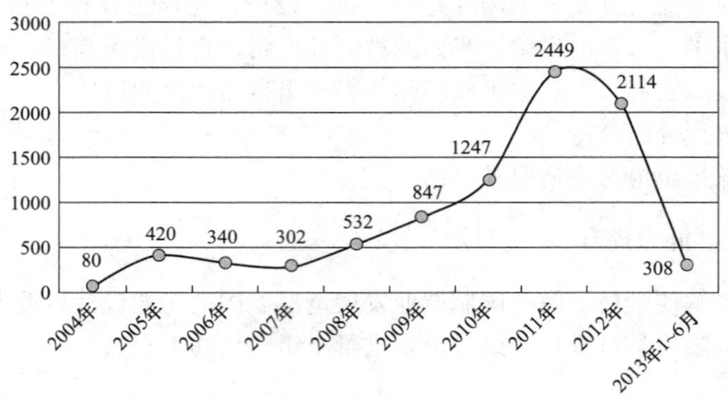


图 3-1　2004～2013 年 6 月工业设计技术相关专利申请数量变化图（单位：项）

### 3.6.3 分析我国工业设计行业发展状况

中国工业设计行业从 20 世纪 70 年代末开始发展，至今已有 30 多年的时间。期间，出现了一批工业设计专业企业，工业设计服务水平逐步提高，行业发展已初具规模。据《2014～2018 年中国工业设计行业发展模式与前景预测分析报告》前瞻数据显示：截至 2013 年年底，我国从事工业设计的企业数以万计，其中具有一定规模的有 1500 多家；行业从业人员 30 多万人，年产值近千亿元人民币；有 200 多所院校开设了工业设计专业，有的大企业也成立了工业设计部门，如美的集团投巨资建立的工业设计中心等。此外，为推动工业设计行业发展，还创建了北京 DRC 工业设计创意产业基地、无锡工业设计园等工业设计创意产业基地。

### 3.6.4 分析我国工业设计行业的发展前景

设计的历史，说得远一点，从人类第一次使用石头做工具，第一次装饰洞穴就开始了。实际上，工业设计起源于英国的工业革命，至今已有 250 多年。由于历史的原因，在我国比较系统地引进工业设计的理念、方法的 30 多年中，前 20 多年发展缓慢。随着科学发展观的贯彻落实，转变发展方式的需求，近 10 年来工业设计发展的步伐大大加快。胡锦涛总书记、吴邦国委员长、温家宝总理等国家领导人有过多次相关重要指示和批示；国家“十一五”“十二五”规划及政府工作报告都将发展工业设计列入其中；2010 年，工信部等 11 个部委联合发布了专门文件《关于促进工业设计发展的若干指导意见》；2011 年年底，国务院发出的《工业转型升级规划（2011—2015 年）》，以及国务院办公厅发出的《关于加快发展高技术服务业的指导意见》这两份重要文件，都具体强调了要发展工业设计。北京、上海、广东、浙江、江苏、深圳等 20 多个省、市和直辖市都制定了促进工业设计发展的政策措施。在“大环境”大大改善的情况下，一些原来领先的企业继续领跑，一批新兴企业急步向前，涌现了一批领军人物和优秀产品，许多产品不但获得了中国创新设计红星奖，还获得了国际上知名的奖项。

以深圳为例。数据显示，2011 年深圳各类工业设计机构近 5000 家，在职专业工业设计师及从业人员超过 6 万人。2010 年度工业设计产值近 20 亿元，2011 年工业设计产值增长也在 25%以上，而通过工业设计带来的产业附加值超过千亿元。同时，深圳已经形成具有集聚效应的创意设计产业园区 45 个，广东省工业设计示范基地和企业共 6 家。2011 年，上善工业设计有限公司设计的一款专门适于老人、小孩等人群开启的小瓶盖，一举摘得 2011 年德国红点奖。

### 3.6.5 总结

在我国设计产业取得长足发展，北京、长三角、珠三角地区设计产业呈现欣欣向荣局面的同时，总体水平上还与成熟的发达地区有较大的差距。但我国工业设计产业仍具有较大的发展潜力，问题就在于如何正确合理地引导，这就需要借鉴国外先进国家发展的经验，找出适合我国发展的模式，实现我国工业设计产业的腾飞。

展望未来，我国工业设计行业“爆炸式”发展期即将到来。行业巨大的市场空间为企业发展创造了机遇，同时行业也面临着激烈的竞争。

**一、单选题**

1. 工业设计定义：就批量生产的工业产品而言，凭借训练、技术知识、经验及视觉感受而赋予材料、结构、形态、（　　）、表面加工及装饰以新的品质和规格。

A. 外观　　B. 色彩　　C. 肌理　　D. 外形

2. 现代工业设计已经是联系技术与应用、企业与（　　）现实与未来的重要桥梁。

A. 设计师　　B. 政府　　C. 公司　　D. 消费者

3. 我国制造业基本处于（　　）模式阶段。

A. OEM　　B. OMG　　C. OAM　　D. ODM

4. 企业不光销售产品，还销售（　　）。

A. 创意　　B. 理念　　C. 服务　　D. 商品

5. 大的分销商逐渐成为中间消费者，（　　）是他们所关心的设计焦点。

A. 商品外观　　B. 商品实用性　　C. 削减成本　　D. 商品构思

6. 工业设计的领域划分有：（　　）、家具、服务等行业。

A. 生活用品　　B. 医疗器具　　C. 珠宝首饰　　D. 汽车

7. 以深圳为例。数据显示，2011 年深圳各类工业设计机构近 5000 家，在职专业工业设计师及从业人员超过 6 万人。2010 年度工业设计产值近（　　）元。

A. 2 亿　　B. 40 亿　　C. 4 亿　　D. 20 亿

8. 工业设计起源于英国的工业革命，至今已有（　　）。

A. 200 多年　　B. 250 多年　　C. 300 多年　　D. 350 多年

9. 设计师们与（　　）结成更紧密的合作关系。

A. 商场　　B. 商界　　C. 商人　　D. 商品

10. 当今工业设计的发展具有以下国际趋势：强劲的经济发展势头将促进（　　），并为优秀的产品提供巨大的市场。

A. 消费　　B. 生产　　C. 设计　　D. 投资

**二、多选题**

11. OBM 模式在我国还没出现，这与我们的（　　）等各方面条件不成熟有关，我国曾出现过几个有望进入 OBM 模式的企业，但都在如日中天时突然倒下。

A. 体制　　B. 文化　　C. 科技　　D. 设计

E. 制造

12. 设计师们面临前所未有的机遇。当前最关键的任务是什么？（　　）。

A. 开发新产品　B. 开发新能源　C. 开拓新资产　D. 开拓新市场
E. 努力赚钱

13. 工业设计是指以（　）为基础对工业产品进行设计。
A. 力学　B. 工学　C. 美学　D. 经济学
E. 成功学

14. 从不同的角度对工业设计的领域进行划分，包括有（　）等行业。
A. 交通工具　B. 电子产品　C. 设备仪器　D. 家电
E. 金融

15. 工业设计行业是生产性服务业的（　）部分，其发展水平是工业竞争力的（　）之一。
A. 重要发展　B. 重要消费　C. 重要组成　D. 重要标志
E. 基本概念

16. 企业不光销售产品，还销售服务。既有（　）设计，也有（　）设计。
A. 产品　B. 艺术　C. 外形　D. 服务
E. 地理

17. 在自主品牌时代，设计将成为（　）的一部分，（　）将成为（　）的重要部分。
A. 设计策略　B. 商业策略　C. 企业策略　D. 产品策略
E. 城市规划

18. 工业设计师光有手上功夫如（　）还不行。
A. 产品造型能力　B. 营销实战能力　C. 设计表现能力　D. 管理规划能力
E. 策划能力

19. 工业设计师不仅跟（　）合作，而且跟市场营销人员的合作也要更加密切。
A. 设计部门　B. 生产部门　C. 行政部门　D. 管理部门
E. 财务部门

20. 营销型的工业设计理念是用户为本，（　）等方法在实际的设计工作中普遍应用。
A. 思维导向法　B. 焦点小组法　C. 观察法　D. 调研法
E. 游说法

**三、判断题**

21. 不能够方便地生产的设计才是设计。（　）

22. 单打独斗式的工业设计将不再流行。（　）

23. 企业没有一批设计师的团结协作不可能有好产品。（　）

24. 我国设计师应该把握机遇，盲目模仿，一定要端正设计理念，适应科学技术发展，立足本民族实际，表现出自己的民族风格。（　）

25. 工业设计的领域有：玩具等行业。（　）

26. 工业设计行业在国内刚刚进入产业化阶段，处于导入期，受环境的影响较大。（　）

27. 设计师为了迎合企业利润最大化的要求，为了降低成本，偷工减料，粗制滥造，不顾人性要求，质量和服务低劣。造成市场上山寨商品盛行。（　）

28. 营销型工业设计在某种程度上存在，只是没有生产型工业设计普及罢了。（　）

29. 既然有产品设计，为何没有服务设计？将目光放远，实现体验设计没有可能。（　）

30. 团队合作变得至关重要，假如企业没有一批设计师的团结协作是不可能有好产品的。（　）

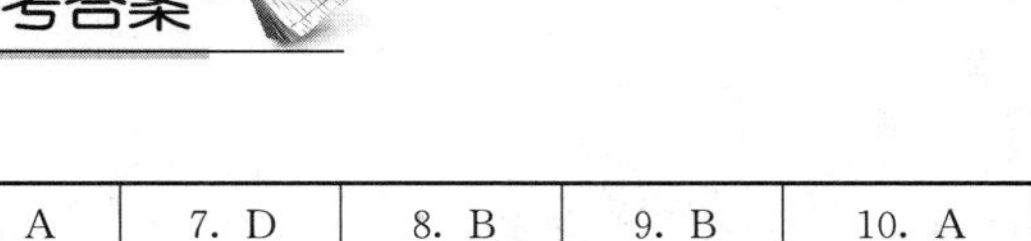

## 练习与思考题参考答案

| 1. B | 2. D | 3. A | 4. C | 5. C | 6. A | 7. D | 8. B | 9. B | 10. A |
|---|---|---|---|---|---|---|---|---|---|
| 11. ACD | 12. AD | 13. BCD | 14. ABCD | 15. CD | 16. AD | 17. ABC | 18. AC | 19. BCD | 20. BC |
| 21. N | 22. Y | 23. Y | 24. N | 25. N | 26. N | 27. Y | 28. Y | 29. N | 30. Y |

# 任务 4

# 设计方法与流程认知及训练

该训练任务建议用 3 个学时完成学习。

## 4.1 任务来源

设计行业从业人员不仅需要了解设计的含义，更需要知道如何成为一个好的设计师。别人需要什么？我需要怎么去理解？我们需要如何构建这个过程？因此，学员必须深入了解设计方法与流程。

## 4.2 任务描述

通过训练任务讲解，使学员理解典型工业设计流程与方法，随后进行分组讨论和汇报总结。

## 4.3 能力目标

### 4.3.1 技能目标

完成本训练任务后，你应当能（够）：

**1. 关键技能**

（1）理解工业设计的基本方法。

（2）理解并能制定典型工业设计流程。

**2. 基本技能**

（1）会查阅基本设计资料。

（2）会分析和调整设计工作中出现的问题。

### 4.3.2 知识目标

完成本训练任务后，你应当能（够）：

（1）掌握基本的设计方法。

（2）掌握设计流程的基本步骤。

### 4.3.3 职业素质目标

完成本训练任务后，你应当能（够）：

（1）具有严谨科学的工作态度。
（2）具备较强的学习能力。
（3）具备一定的规划能力。
（4）养成团结协作精神。

## 4.4 任务实施

### 4.4.1 活动一 知识准备

（1）设计公司各部门职责。
（2）设计开发管理主要内容。

### 4.4.2 活动二 示范操作

**1. 活动内容**

通过任务训练讲解使学员了解工业设计基本的方法和流程。随后学员针对典型产品开发案例进行分组讨论，进行小组总结和汇报。

具体要求如下：
（1）分析理解典型工业设计基本方法。
（2）分析理解典型工业设计基本流程。
（3）针对典型产品案例进行小组讨论。
（4）小组总结和汇报。

**2. 操作步骤**

（1）步骤一：需求分析。明确产品的功能要求，以满足目标用户的需求，这是设计的起点，也是所有设计工作的根本出发点。设计阶段充分考虑用户需求也可以避免后续因产品适销不对路而形成的浪费。随着时间、地点和用户特征的变化，产品需求也会产生变化，这种变化往往也是提升产品品质以及产品升级换代的基础。

（2）步骤二：信息分析。设计过程中的信息主要是指市场信息、科学和技术信息，以及测试过程的信息。设计师必须要能获取产品设计项目相关全面的，完整的，准确的，可靠的信息，利用这些信息来正确地指导产品规划，方案设计和详细设计，并提高和持续改进的设计方案。

（3）步骤三：创新分析。大胆创新的设计，有利于打破传统概念和做法的束缚，创造独特的发明原理和全新的机械结构。

（4）步骤四：系统分析。每个机械产品可以被看作是一个悬而未决的技术系统，产品设计是以系统理论的方法，确定其功能结构，通过分析、综合和决策评估，使产品达到全面最佳的效果。

（5）步骤五：趋同分析。为了寻找合理的产品创新方案，往往会综合运用发散思维和收敛思维方法。通过新产品方案与现有产品技术与工艺的对比，寻找彼此之间合理的契合点，确保创新产品的可行性和市场价值的最大化。

（6）步骤六：优化分析。包括方案的优化、设计参数优化、整体方案的优化。即高效、优质、经济的设计任务。

（7）步骤七：继承分析。前人的成就，有选择地吸收、创新，为我所用，这是继承的原则。精明的设计师通过继承分析，集中精力解决设计方案的核心问题，可以更有效的创新设计。

(8) 步骤八：效益分析。设计必须保证效益，包括技术和经济效益，还要考虑社会效益。

(9) 步骤九：时效分析。缩短设计和开发时间，以抢先占领市场。同时，在设计过程中，要预测可能发生的同类产品的变化，在产品开发阶段，就要确保产品的设计到市场上短时间内不会过时。

(10) 步骤十：定量分析。评估程序选择、建模技术美学、技术性能和经济效益，并尽可能采用科学的定量方法。

### 4.4.3 活动三　能力提升

学员首先应了解工业设计基本的方法和流程，随后针对典型产品开发案例进行分组讨论，进行小组总结和汇报。

具体要求如下：

(1) 分析理解典型工业设计基本方法。

(2) 分析理解典型工业设计基本流程。

(3) 针对典型产品案例进行小组讨论。

(4) 小组总结。

(5) 小组汇报。

## 4.5 效果评价

效果评价参见任务1，评价标准见附录。

## 4.6 相关知识与技能

### 4.6.1 设计公司各部门职责

(1) 商业策划中心：开发客户、前期客户需求整理、商务工作、合同签订、配合客户做设计输入文档、项目发起。

(2) 项目中心：针对市场经理发起项目的需求，安排项目经理和项目助理，由项目经理组织项目团队，制作项目计划书，监控项目执行。

(3) 研究院：根据项目需求，安排相关研究人员进入项目组进行设计研究工作，指定研究计划，输出可指导设计执行的研究报告。

(4) 设计中心：根据项目需求，安排相关设计师进入项目组，进行详细设计工作，包括设计研究、概念设计、外观设计、UI设计、包装设计等。

(5) 技术中心：根据项目需求，安排相关工程师进入项目组，进行详细设计工作，包括总体方案设计、结构设计、机构设计等。

(6) 从设计专家评审委员会及商业策略专家评审委员会选出不少于10位专家，成立专家小组。负责制定项目产出目标、任命项目经理、支持项目组的组建，并按本程序规定执行评审职责。其中项目产出目标由《设计市场工作流程》中组建专家小组制定。

(7) 项目组：包括被指派为项目可交付成果和项目目标而工作的人员。根据合同服务内容，一般由项目经理、市场经理、行业设计总监、结构工程师、造型设计师、项目助理、研究设计师等组成。负责制订、执行项目计划，并根据项目进展情况更新项目计划，最终实现项目目标的团队。

### 4.6.2 设计开发管理主要内容

#### 1. 设计工作总流程

作为行业的标杆级设计公司，嘉兰图设计公司的工作项目流程具有一定的代表性，嘉兰图公司设计工作总流程如图 4-1 所示。

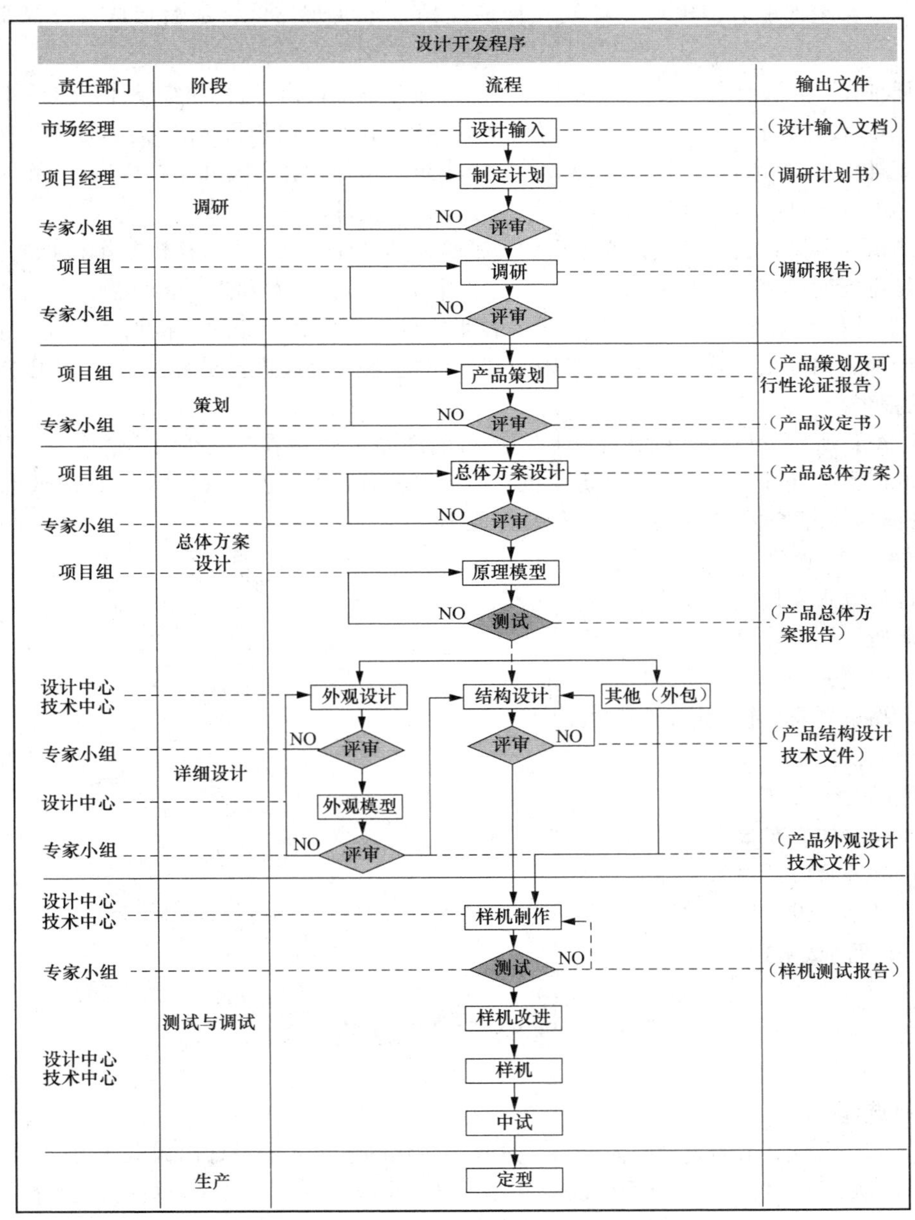


图 4-1　典型设计工作总流程

#### 2. 流程分析

（1）调研：了解项目任务目标，挖掘客户及用户需求，明确设计方向和创新机会。首先根据项目需求，制订调研计划，经过专家小组评审后，进行市场调研、用户调研、体验研究，技术研究等工作，通过对上述工作的数据统计、现象分析、对比研究、整理总结等，形成《调研报告》。

（2）策划：项目组根据《调研报告》，对需求进行归类和排序，结合现有技术背景和市场情况，进行产品策划，寻找产品机会，并形成《产品议定书》。

（3）总体方案设计：项目组根据《产品议定书》，为实现产品策划的功能、性能等指标，规划出几种可行的技术实现路线，并进行可行性验证，通过原理样机来进行测试，发现并解决问题，经过专家小组评审后，找到一种或几种最佳的技术实现路线，最后形成《产品总体方案报告》。

（4）详细设计：设计师与工程师根据《产品总体方案报告》，进行详细设计，包括外观设计、结构设计、UI设计、软硬件设计、包装设计等，在产品的外观设计环节，专家小组对外观设计方案和外观样机进行评审，结构设计环节，专家小组对结构设计方案和结构样机进行评审，最终形成《产品外观设计技术文件》和《产品结构设计技术文件》。

（5）测试与调试：在详细设计完成后，为了验证其设计成果，进行样机制作和调试、测试过程，提前暴露问题并解决，避免和减少生产过程中出现影响成本和进度的问题。把经过评审的《产品外观设计技术文件》和《产品结构设计技术文件》发放到专业的样机加工厂商，进行样机制作，设计师跟踪其制作效果，加工完成后设计师与工程师一起进行组装、测试、调试，并形成《样机测试报告》。

（6）生产：所有设计图纸确认完毕后，进行的产品生产环节，包括供应链管理，采购管理等。其中的产品打样环节，由设计师提供色彩样板和表面纹理样板，并对生产样品进行签样或确认，工程师检查和测试生产样品，并进行签样或确认。

**3. 相关文件/表单**

（1）设计输入文档。

（2）调研计划书。

（3）调研报告。

（4）产品策划及可行性论证报告。

（5）产品议定书。

（6）产品总体方案。

（7）产品总体方案报告。

（8）产品外观设计技术文件。

（9）产品结构设计技术文件。

（10）样机测试报告。

**一、单选题**

1.（　　）应该有不同观念的人参与，只有多样化的思考才能设计出大众认可的产品。

A. 团队会议　　B. 合作会议　　C. 小组会议　　D. 视频会议

2.（　　）的目标是直接向用户传达产品信息和使用感受。

A. 工业设计师　　B. 平面设计师　　C. 室内设计师　　D. 动画设计师

3. 项目组根据（　　），对需求进行归类和排序，结合现有技术背景和市场情况，进行产品策划，寻找产品机会，并形成《产品议定书》。

A. 方案报告　　B. 市场调研　　C. 调研报告　　D. 产品议定书

4. 头脑风暴法是由现代创造学的创始人美国学者（　　）于 1939 年首次提出。

A. 塞尔特　　B. 希伯来　　C. 埃布尔　　D. 阿历克斯·奥斯本

5. （　　）是一种社会意识形态，是做人的根本，也是社会文明进步的根本标志。

A. 道德　　B. 奋斗　　C. 情感　　D. 情操

6. 调研：了解项目任务目标，挖掘客户及用户需求，明确（　　）和创新机会。

A. 设计调研　　B. 调研方向　　C. 设计方向　　D. 设计要求

7. （　　）包括被指派为项目可交付成果和项目目标而工作的人员。

A. 项目组　　B. 设计组　　C. 方案组　　D. 工程组

8. （　　）根据项目需求，安排相关设计师进入项目组，进行详细设计工作，包括设计研究、概念设计、外观设计、UI 设计、包装设计等。

A. 市场部　　B. 工程部　　C. 拓展部　　D. 设计中心

9. （　　）的目的是为了设计用户体验的流程，而客户需求的是对他（她）有利的产品，或者带来价值的东西。

A. 空间设计　　B. 交互设计　　C. 平面设计　　D. 家具设计

10. （　　）负责开发客户，前期客户需求整理，商务工作，合同签订，配合客户做设计输入文档，项目发起。

A. 商业策划中心　　B. 设计中心　　C. 市场部　　D. 结构设计中心

**二、多选题**

11. 产品打样环节，设计师提供（　　）和（　　），并对生产样品进行签样或确认，工程师检查和测试生产样品，并进行签样或确认。

A. 生产样板　　B. 色彩样板　　C. 表面纹理样板　　D. 图片样板

E. 实物样板

12. 所有设计图纸确认完毕后需要哪些相关文件（　　）。

A. 设计输入文档　　B. 调研计划书　　C. 调研报告　　D. 产品议定书

E. 产品总体方案

13. 在详细设计完成后，为了验证其设计成果，进行（　　）和（　　）、（　　）过程。

A. 样机制作　　B. 调试　　C. 测试　　D. 调节

E. 运行

14. 设计师与工程师根据《产品总体方案报告》，进行详细设计，包括（　　）、结构设计、（　　）、软硬件设计、（　　）等。

A. 外观设计　　B. UI 设计　　C. 包装设计　　D. 室内设计

E. 平面设计

15. （　　）根据项目需求，安排相关研究人员进入项目组，进行设计研究工作，指定研究计划，输出可指导设计执行的研究报告。

A. 研究院　　B. 设计院　　C. 市场部　　D. 工程部

E. 施工部

16. 项目中心针对市场经理发起的项目需求，安排（　　）和（　　），由项目经理组织项目团队，制作项目计划书，监控项目执行。

A. 项目经理　　B. 设计师　　C. 项目助理　　D. 施工人员

E. 以上皆不是

17. 在产品的外观设计环节，专家小组对（　　）和（　　）进行评审。

A. 结构设计方案　B. 结构样机　　C. 外观设计方案　　D. 外观样机

E. 效果图设计方案

18. 从设计专家评审委员会及商业策略专家评审委员会选出不少于（　　）位专家，成立专家小组。

A. 5　　B. 10　　C. 11　　D. 8

E. 15

19. 负责制定项目（　　）、（　　）、支持（　　）的组建，并按本程序规定执行评审职责。

A. 工程组　　B. 产出目标　　C. 任命项目经理　　D. 项目组

E. 设计组

20. 设计中心包括（　　）等。

A. 设计研究　　B. 概念设计　　C. 外观设计　　D. UI设计

E. 包装设计

**三、判断题**

21. 商业策划中心的职责：开发客户，后期客户需求整理，商务工作，合同签订，配合客户做设计输入文档，项目发起。（　　）

22. 一个产品设计需要一个好的过程，需要有正确的定位和不同观念相融合的过程。（　　）

23. 策划项目组根据《调研报告》，对需求进行归类和排序，结合现有技术背景和市场情况，进行产品策划，寻找产品机会，并形成《产品议定书》。（　　）

24. 结构设计环节，专家小组对结构设计方案和结构样机进行评审，最终形成《产品外观设计技术文件》和《产品结构设计技术文件》。（　　）

25. 项目产出目标由《设计市场工作流程》中组建专家小组制定。（　　）

26. 设计中心安排相关工程师进入项目组，进行详细设计工作，包括总体方案设计、结构设计、机构设计等。（　　）

27. 技术中心根据项目需求，安排相关设计师进入项目组，进行详细设计工作，包括设计研究、概念设计、外观设计、UI设计、包装设计等。（　　）

28. 调研目组了解项目任务目标，挖掘客户及用户需求，明确设计方向和创新机会。（　　）

29. 通过原理样机来进行测试，发现并解决问题，经过专家小组评审后，找到一种或几种最佳的技术实现路线，最后形成《产品总体方案报告》。（　　）

30. 在详细设计完成后，为了验证其设计成果，进行样机制作和调试、测试过程，提前暴露问题并解决，避免和减少生产过程中出现影响成本和进度的问题。（　　）

## 练习与思考题参考答案

| 1. A | 2. A | 3. C | 4. D | 5. A | 6. C | 7. A | 8. D | 9. B | 10. A |
|---|---|---|---|---|---|---|---|---|---|
| 11. BC | 12. ABCDE | 13. ABC | 14. ABC | 15. A | 16. AC | 17. CD | 18. B | 19. BCD | 20. ABCDE |
| 21. N | 22. Y | 23. Y | 24. Y | 25. Y | 26. N | 27. N | 28. Y | 29. Y | 30. Y |

# 任务 5

# 透视基础训练

该训练任务建议用 3 个学时完成学习。

## 5.1 任务来源

在创意阶段，设计师将主要运用手绘的方式表达设计概念，手绘图必须符合基本透视原则，以准确的产品创意形态，避免设计图稿中出现视觉缺陷和产生误解。

## 5.2 任务描述

在空白纸张上绘制基本立方体的一点透视图、两点透视图、三点透视图；绘制透视准确，没有视觉缺陷的简单产品透视图稿。

## 5.3 能力目标

### 5.3.1 技能目标

完成本训练任务后，你应当能（够）：

**1. 关键技能**

（1）会采用一点透视图法、二点透视图法、三点透视图法绘制物体的基本形态。

（2）会合理规划图纸线条。

（3）绘制出透视准确，没有视觉缺陷的产品透视图稿。

**2. 基本技能**

（1）会用手绘工具画出理想的、流畅的线条（直线、曲线、圆等）。

（2）会完成较好的视觉构图，并在完成的作品上签署名字与日期。

### 5.3.2 知识目标

完成本训练任务后，你应当能（够）：

（1）掌握一点透视图、二点透视图、三点透视图的基本原理，运用平行透视法表现物体和空间。

（2）掌握规划图纸线条的基本方法。

（3）理解简单产品手绘图的透视画法。

### 5.3.3 职业素质目标

完成本训练任务后，你应当能（够）：

（1）具有严谨认真的工作态度。

（2）善于学习和交流。

（3）养成总结训练过程和结果的习惯，为下次训练总结经验。

（4）合理的透视图绘制技巧。

## 5.4 任务实施

### 5.4.1 活动一　知识准备

（1）透视的基本概念。

（2）研究透视的根本目的。

（3）设计透视的特点。

（4）透视原理对于设计的重要意义。

### 5.4.2 活动二　示范操作

**1. 活动内容**

学习绘制基本立方体的三点透视图、两点透视图、一点透视图，运用两点透视绘制完成微波炉的基本形态。

具体要求如下：

（1）学习绘制立方体的三点透视图。在白纸上绘制一条直线，找出立方体顶面及灭点位置；根据顶面侧棱长度完成顶面透视图；画出垂线并寻找灭点，确定高度位置，连线并完成图稿。

（2）学习绘制立方体的两点透视图。在白纸上绘制一条直线，定立方体的高度；连接上下灭点，完成高度连线；连线画出立方体的侧棱；绘制不同视角下立方体的高和灭点；绘制侧棱完成多个视角立方体的透视图。

（3）学习绘制立方体的一点透视图。在白纸上绘制一条直线，定立方体的中心于直线中点；绘制不同视角下立方体正面；连接灭点、侧棱、绘制多个不同视角下立方体透视图。

（4）运用透视技法绘制简单面包机产品。根据两点透视法绘制面包机的外形控制线；绘制完成面包机的造型圆角；绘制面包机的按键；加深外轮廓，添加细节；擦掉辅助线。

**2. 操作步骤**

（1）步骤一：绘制立方体的三点透视图。

1）用手绘的方式在 A4 纸上画一条直线，找出立方体顶面的位置，在直线上定灭点并连接手绘直线，结果如图 5-1 所示。

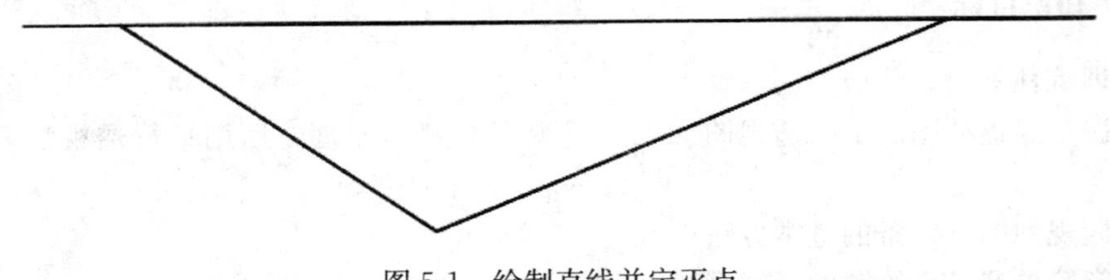

图 5-1　绘制直线并定灭点

2）定立方体顶面侧棱长度，完成立方体的顶面，绘出侧棱长度，结果如图 5-2 所示。

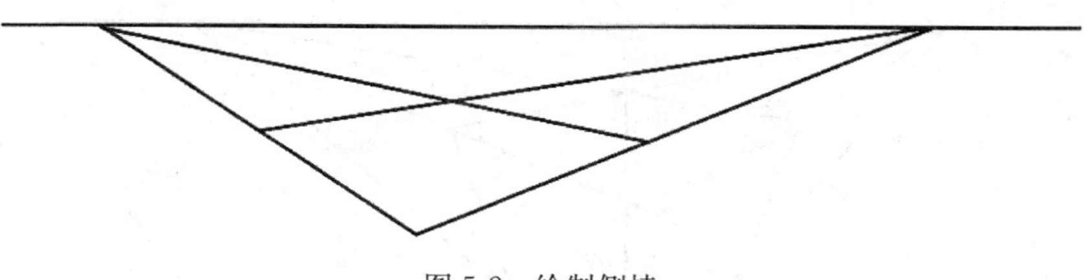

图 5-2 绘制侧棱

3）绘制垂线，结果如图 5-3 所示。

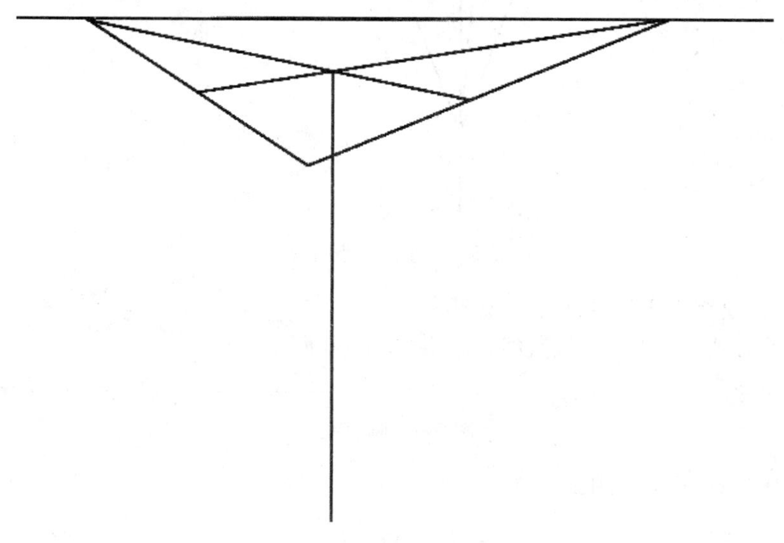

图 5-3 绘制垂线

4）在垂线上定灭点并连接，结果如图 5-4 所示。

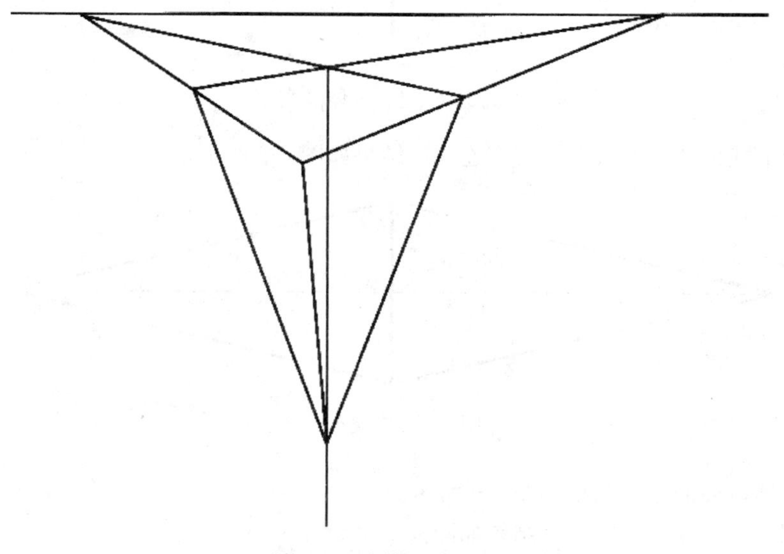

图 5-4 连接垂线灭点

5）定立方体的高，连接灭点，完成立方体的三点透视图，结果如图 5-5 所示。

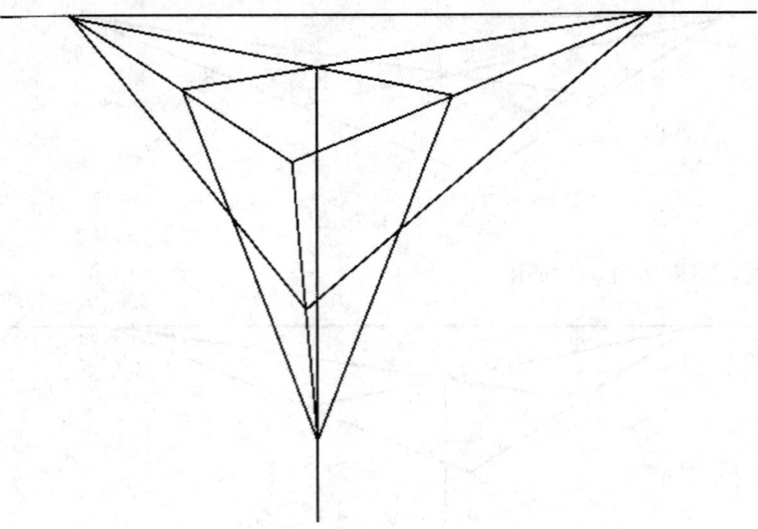

图 5-5　连接灭点完成

（2）步骤二：绘制立方体的两点透视图。

1）用手绘的方式在 A4 纸上画直线，结果如图 5-6 所示。

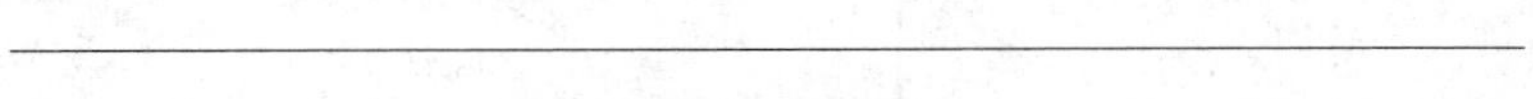

图 5-6　画直线

2）定立方体的高，结果如图 5-7 所示。

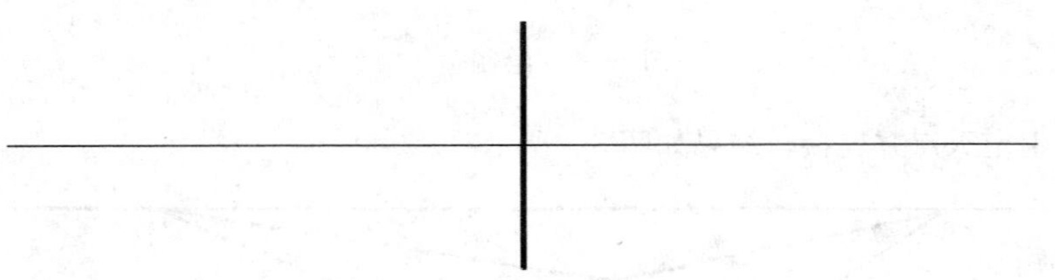

图 5-7　定立方体的高

3）在直线上找出两边的灭点并与高连接，结果如图 5-8 所示。

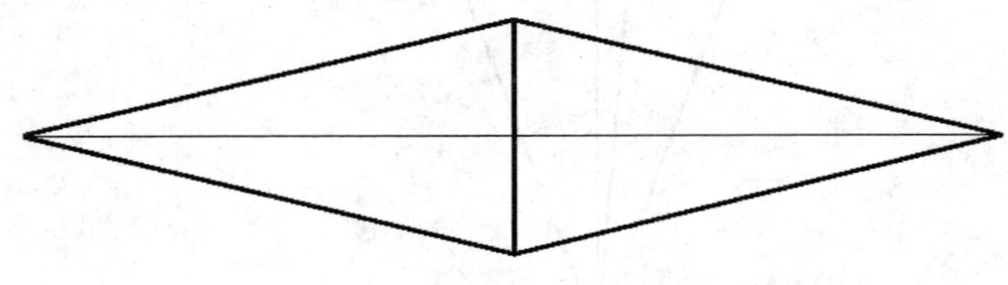

图 5-8　连接灭点

4）作立方体侧面的棱，结果如图 5-9 所示。

5）作不同视角下立方体的高，结果如图 5-10 所示。

6）连接灭点，结果如图 5-11 所示。

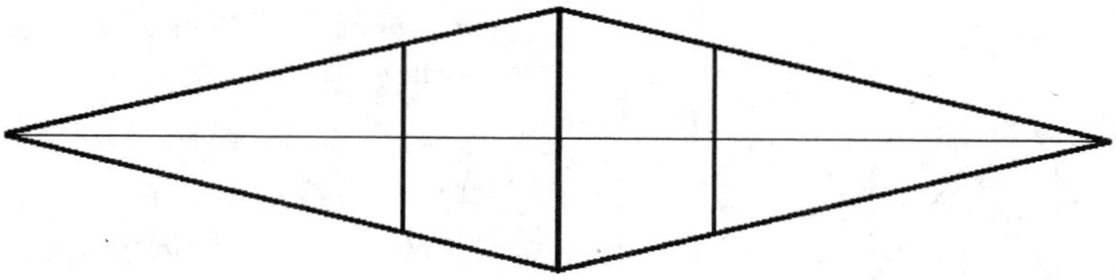

图 5-9　作棱完成立方体

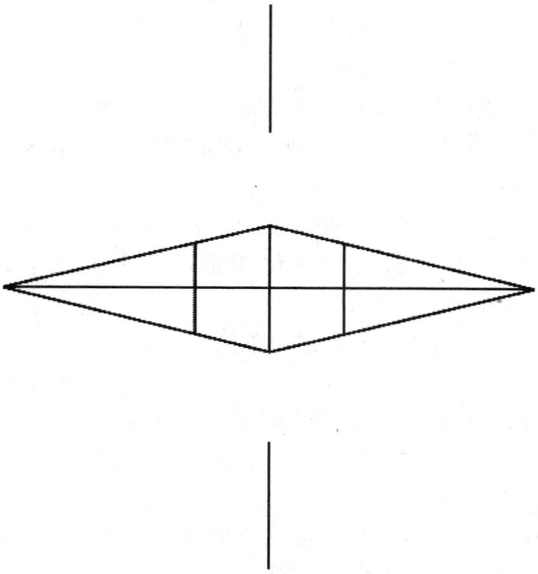

图 5-10　作不同视角下的高

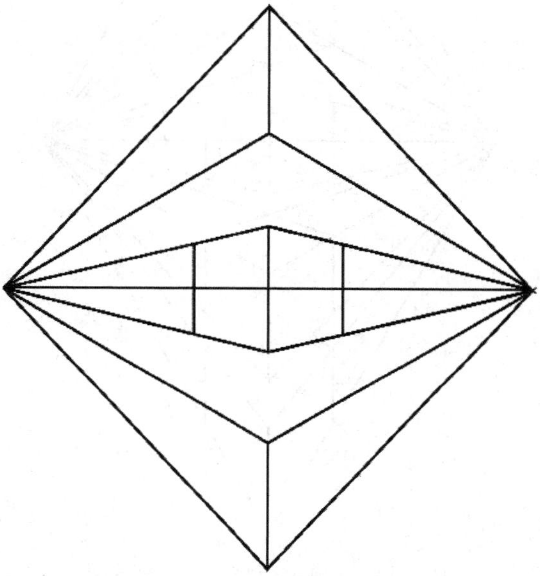

图 5-11　连接灭点

7）作出立方体的顶面与底面，结果如图 5-12 所示。

8）作立方体的侧面，结果如图 5-13 所示。

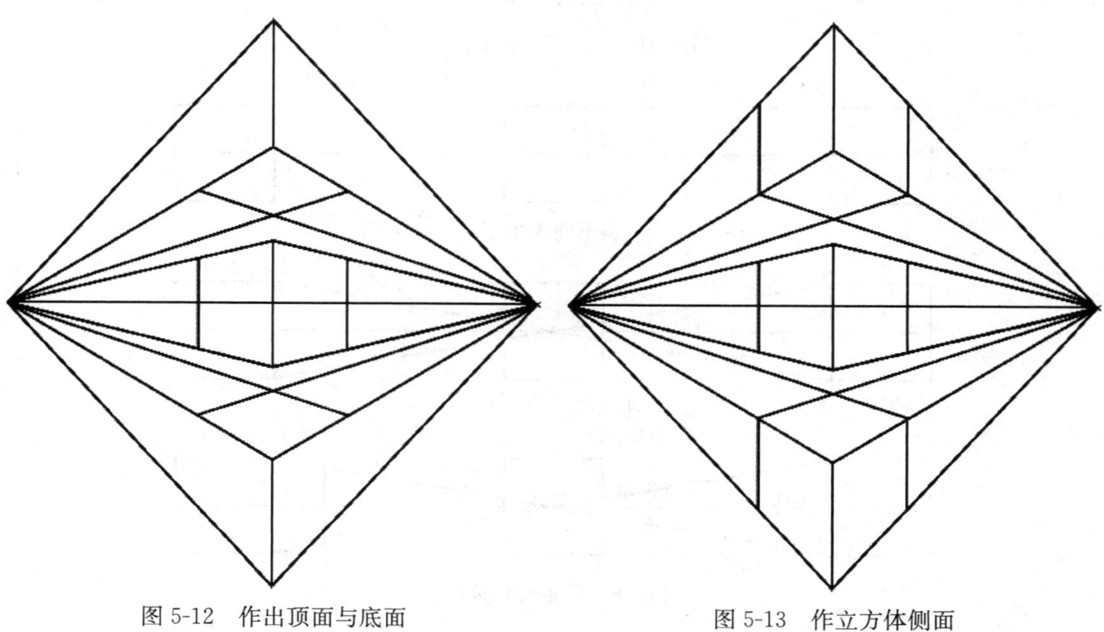

图 5-12　作出顶面与底面

图 5-13　作立方体侧面

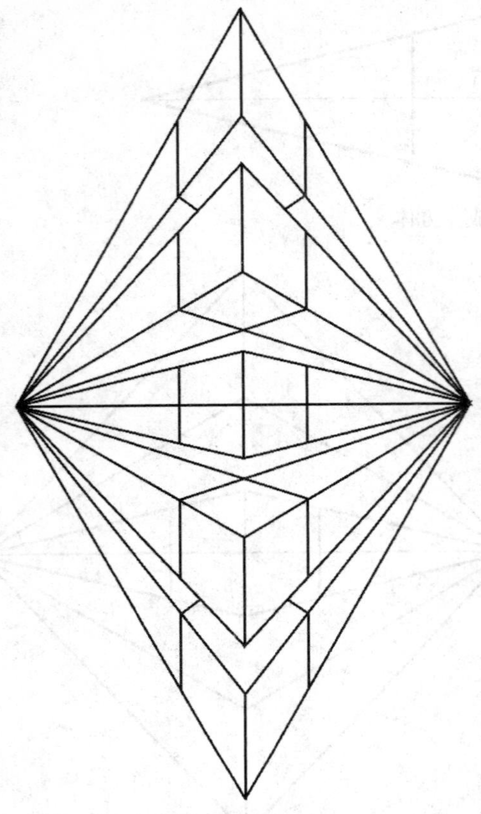

图 5-14　完成立方体的两点透视图

9）重复上述步骤完成立方体的两点透视图，结果如图 5-14 所示。

（3）步骤三：绘制立方体的一点透视图。

1）用手绘的方式在 A4 纸上画一条直线，在直线的中点作立方体的正面，立方体的中心点与直线相交作灭点，绘制直线与正方形，结果如图 5-15 所示。

2）绘制不同视角下的立方体正面，结果如图 5-16 所示。

3）连接灭点，结果如图 5-17 所示。

4）作垂线，完成立方体的侧面，结果如图 5-18 所示。

5）绘制不同视角下的立方体的正面，平齐“2)”中绘制的立方体正面，结果如图 5-19 所示。

6）连接灭点，结果如图 5-20 所示。

7）绘制垂线，与“4)”中绘制的垂线平齐，完成立方体的侧面，结果如图 5-21 所示。

8）绘制水平线，完成立方体底面，结果如图 5-22 所示。

9）根据上述方法完成另外三个视角下的立方体，结果如图 5-23 所示。

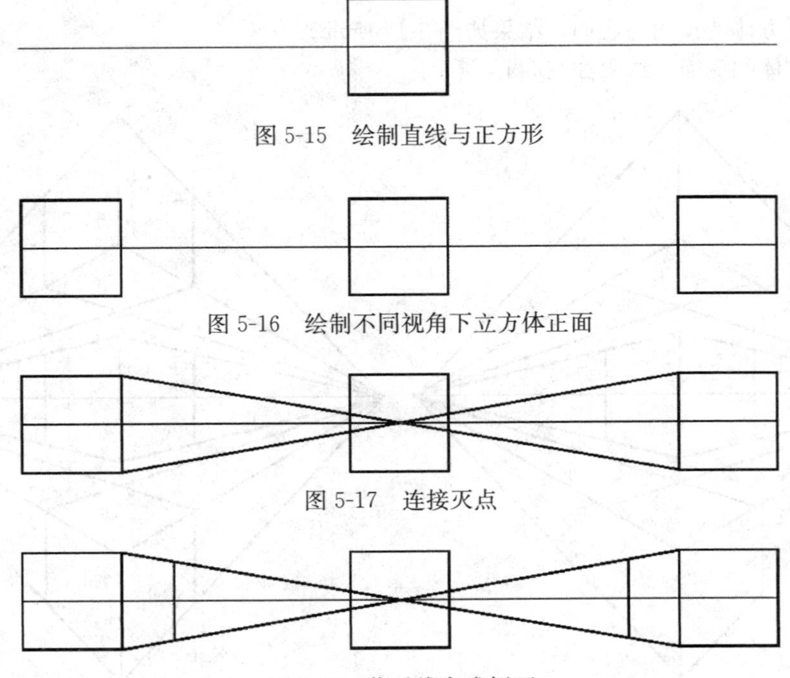

图 5-15　绘制直线与正方形

图 5-16　绘制不同视角下立方体正面

图 5-17　连接灭点

图 5-18　作垂线完成侧面

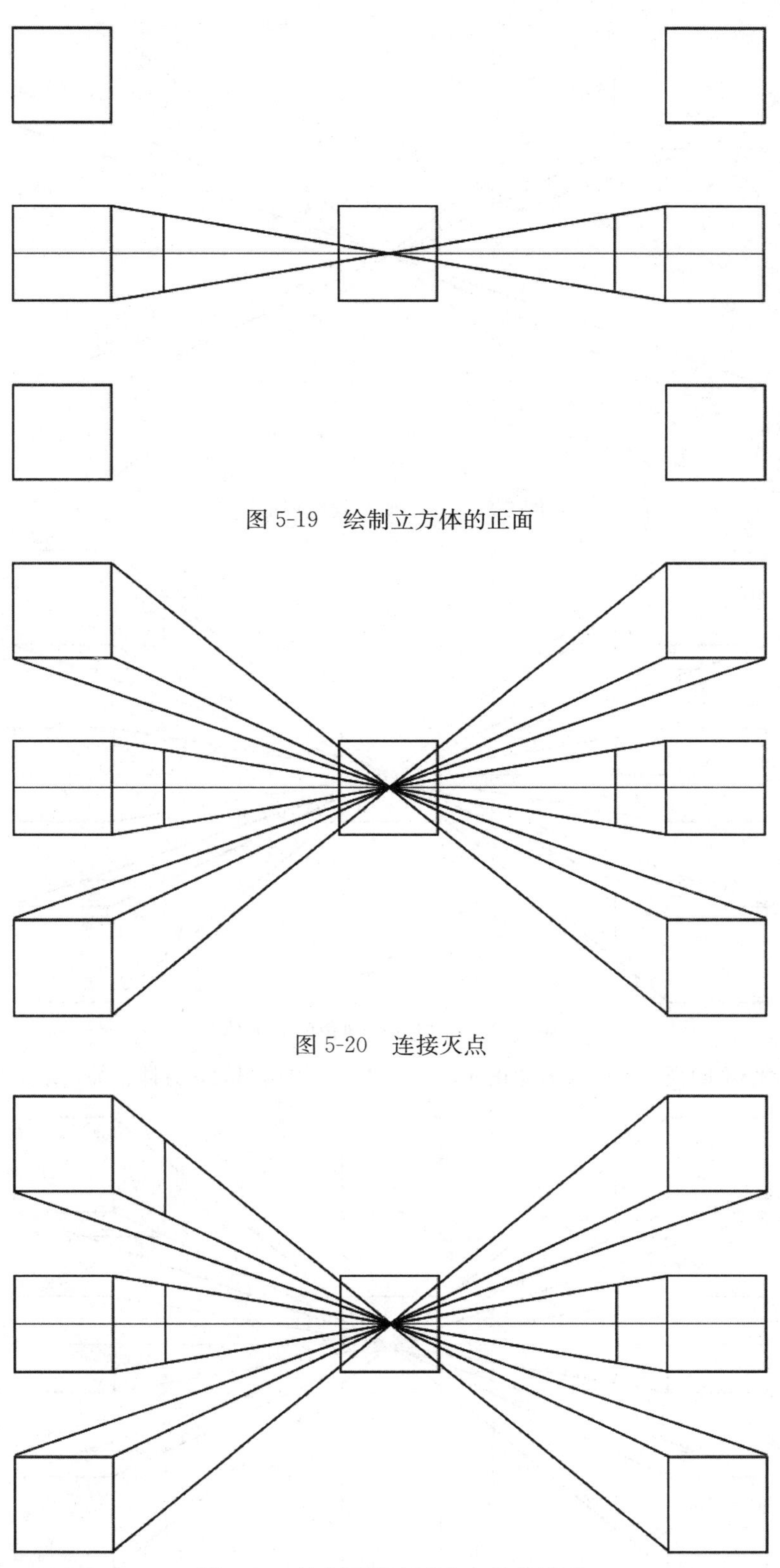

图 5-19　绘制立方体的正面

图 5-20　连接灭点

图 5-21　绘制垂线完成立方体的侧面

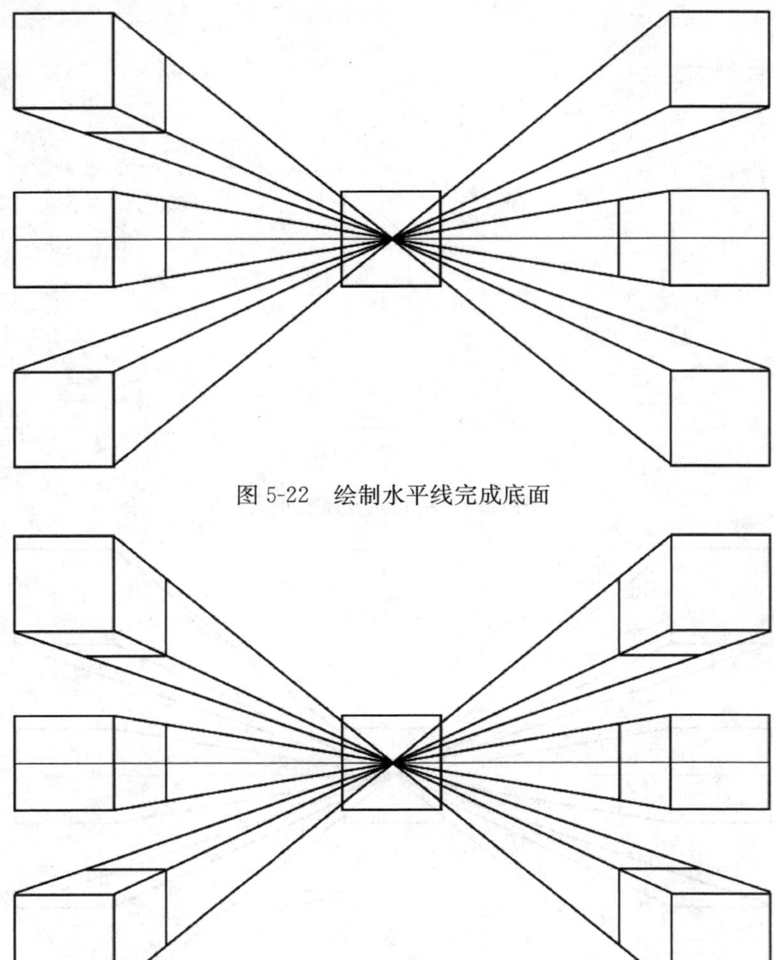

图 5-22　绘制水平线完成底面

图 5-23　完成三个视角的立方体

10）绘制两个不同视角下的立方体正面，平齐“5)”中绘制的立方体正面，结果如图 5-24 所示。

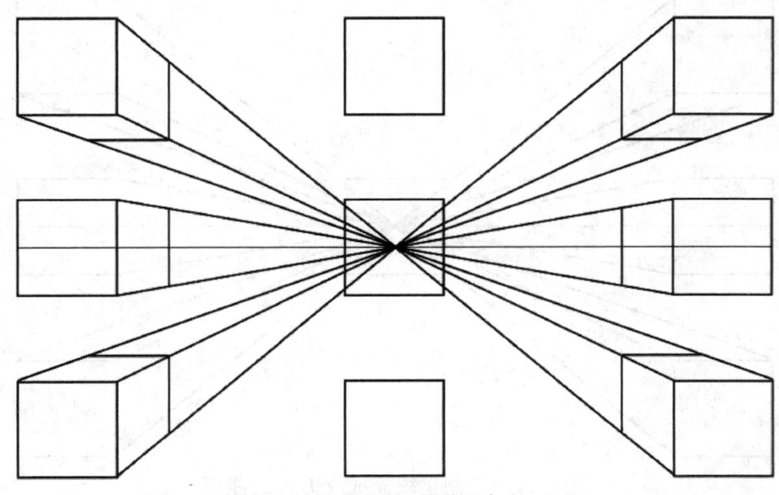

图 5-24　绘制两个不同视角的正面

11）连接灭点，结果如图 5-25 所示。

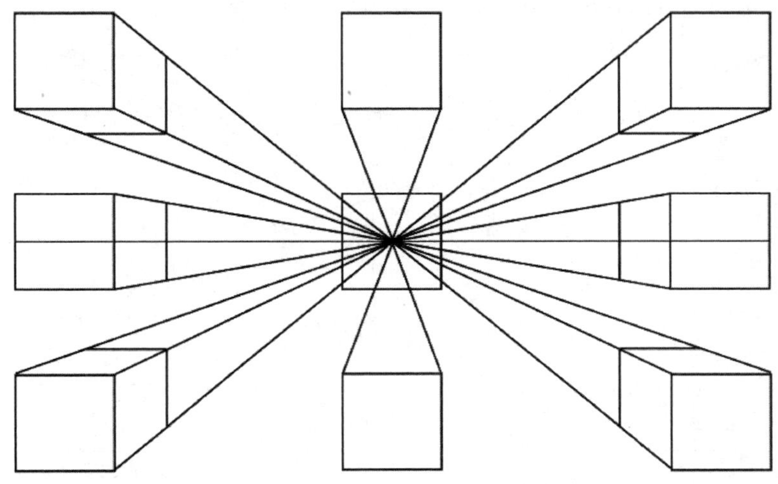

图 5-25　连接灭点

12）绘制水平线，与“10)”中绘制的水平线平齐，完成透视图，结果如图 5-26 所示。

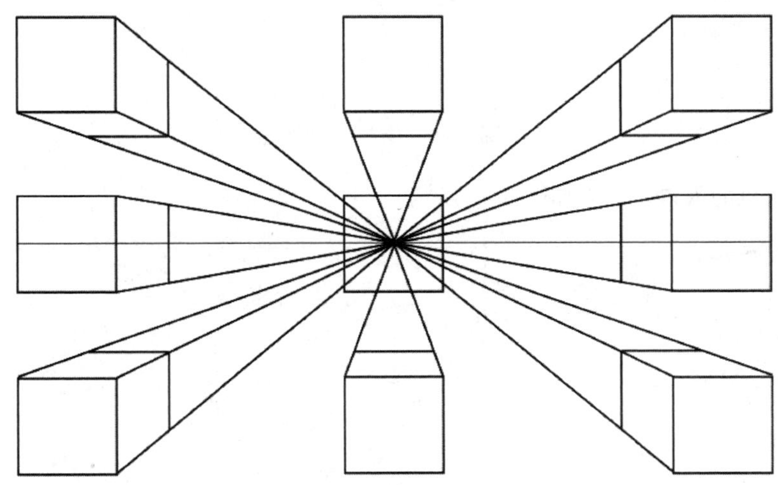

图 5-26　完成透视图

（4）步骤四：绘制面包机透视图。

1）参照步骤二中立方体两点透视的方法绘制出面包机的外形，结果如图 5-27 所示。

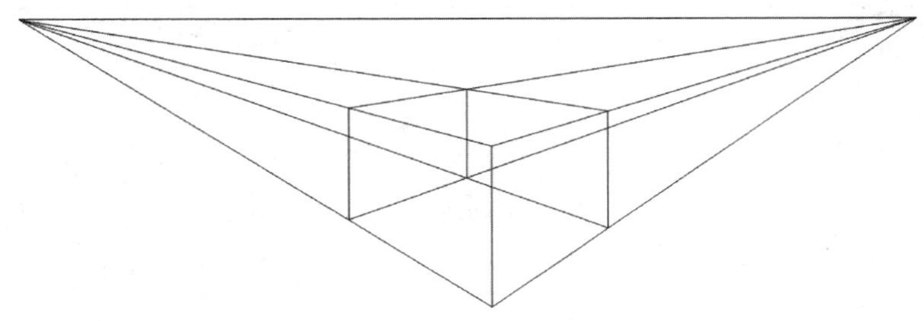

图 5-27　绘制面包机的外形

2）绘制面包机的圆角。

a. 根据两点透视的方法找出圆角的 4 个点，结果如图 5-28 所示。

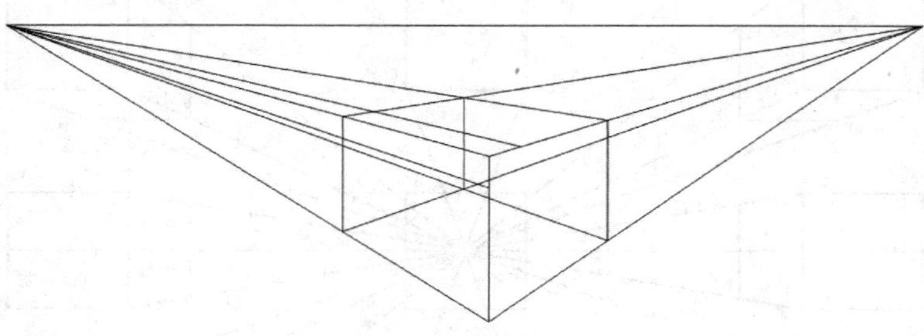

图 5-28　找出圆角的 4 个点

b. 绘制出圆角，结果如图 5-29 所示。

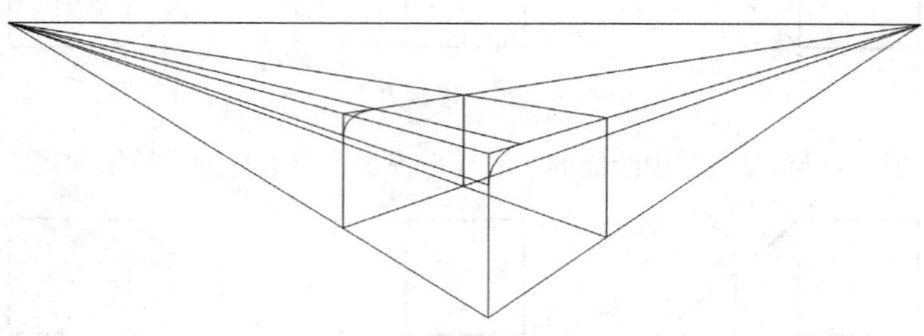

图 5-29　绘制出圆角

c. 定出面包机的入口，结果如图 5-30 所示。

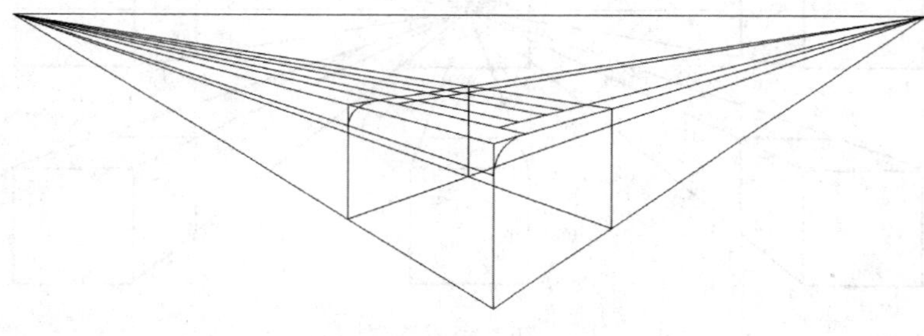

图 5-30　面包机入口

3）定面包机的按键，结果如图 5-31 所示。

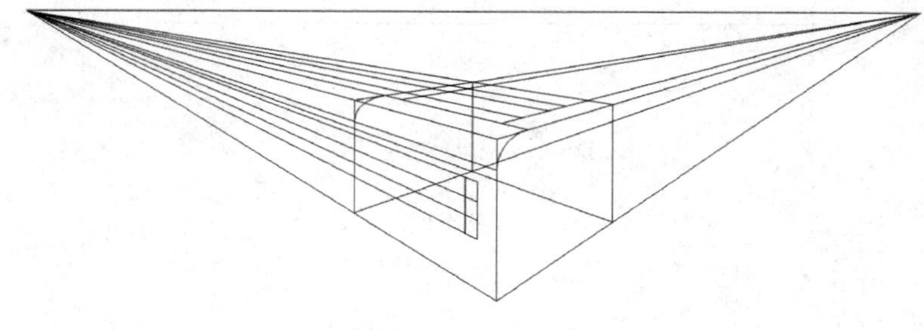

图 5-31　面包机按键

4）加深外轮廓，结果如图 5-32 所示。

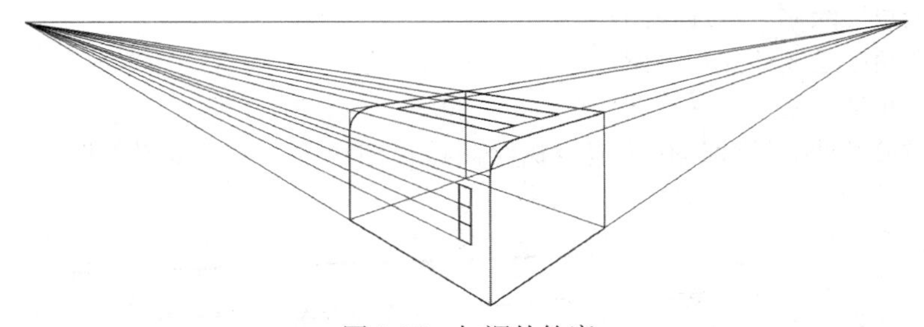

图 5-32　加深外轮廓

5）绘制细节。

a. 去掉辅助线，结果如图 5-33 所示。

b. 绘制细节，完成面包机绘制，结果如图 5-34 所示。

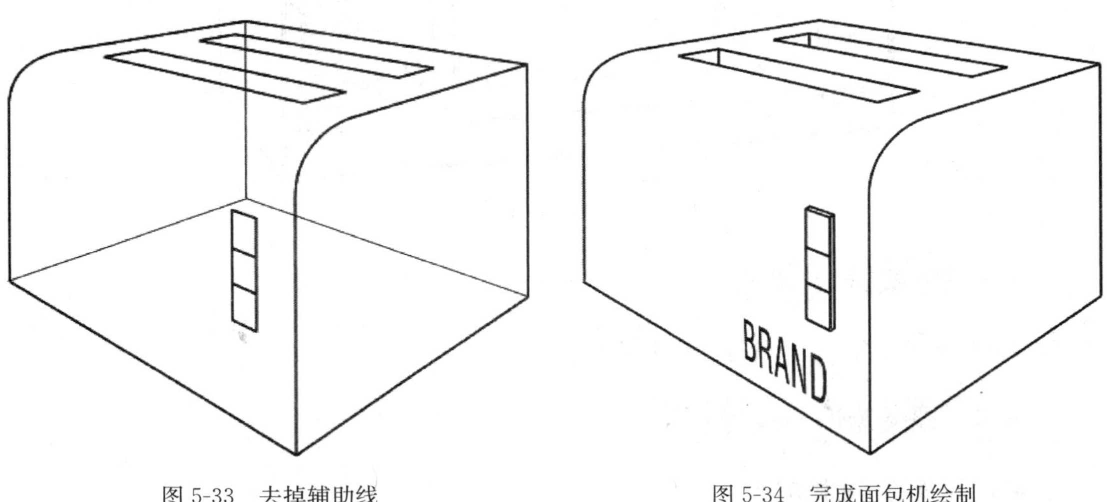


图 5-33　去掉辅助线　　　　图 5-34　完成面包机绘制

## 5.4.3 活动三　能力提升

根据如图 5-35 所示的微波炉照片，绘制出产品透视图线稿。

图 5-35　微波炉

具体要求如下：

（1）找一个角度绘制三点透视图。

（2）找一个角度绘制两点透视图。

（3）找一个角度绘制一点透视图。

（4）参照微波炉产品照片运用透视技法绘制透视图线稿，完成效果如图 5-36 所示（注意：必须保留灭点和辅助线）。

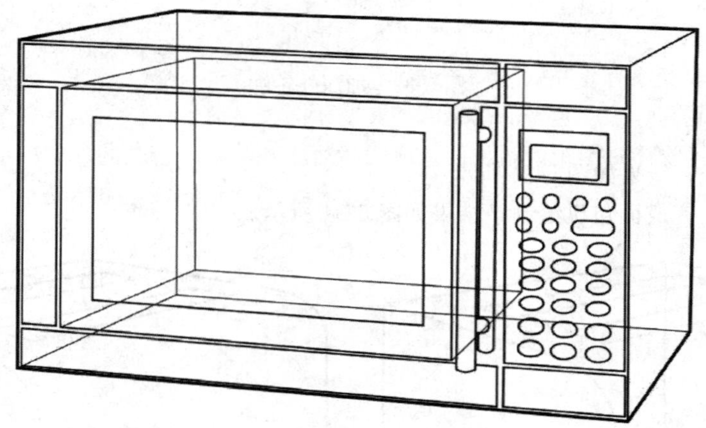

图 5-36　微波炉透视图线稿

## 5.5 效果评价

效果评价参见任务 1，评价标准见附录。

## 5.6 相关知识与技能

### 5.6.1 透视的基本概念

“透视”一词源于拉丁文“Perspicere”（看透），中文意思即“透而视之”。不难看出“透”与“视”被紧密地结合在一起，“透”为“视”的先决条件，“视”为“透”的实际目的。

透视作为一个常用术语，它所表达的语义并不十分具体和明确，若想在不同语境中准确表达明确的释义，还要了解透视现象、透视学及透视图这三个概念。

在我们的世界中存在着不同颜色、大小、形状的各种物体，即使外形基本相同的物体，由于远近、方位的不同，也会在视觉上形成不同影像，这种现象就是透视现象。

### 5.6.2 透视三要素

若要在透视图中产生透视现象则必须具备三个条件，即透视三要素。

（1）视点（眼睛）：视者眼睛的位置，是透视的主观条件也是透视的主体。

（2）画面：形成图像的载体。

（3）物体：透视的对象是构成透视图的依据。

### 5.6.3 透视的类型

文艺复兴三杰之一的达芬奇将透视类型归纳为三种，即线性透视、大气透视、隐没透视。这也成了狭义透视学的基本分类。这个分类也是对物体的形状、色彩、体积这三个主要属性在视觉活动中产生的变化规律的总结。

（1）线性透视。在第一定的范围内，向无限远处延伸的平行线会随距离推远而不断聚拢，并最终集于一点的现象被称为线性透视，又称焦点透视。我们都曾有过这样的经验：眺望笔直的街道，街道远处的一切都会向着视线内的一点汇聚，街道上的汽车、路灯等物体也会随着与你距离的增大而在视觉上不断变小，最终消失于一点。

（2）大气透视。物体受空气的阻隔而造成自身色彩基本要素变化，进而影响该物体视觉空间深度变化的现象被称为大气透视，又称色彩透视。由于空气中水分、杂质的阻碍及折射，物体会随着距离的增大而改变原有色彩的色相、纯度、明度，变得灰、淡、偏蓝。可见，大气透视在距离越大、空气湿度越高、杂质越多的情况下，其变化会越显著。

（3）隐没透视。物体由于距离增加而造成明暗对比和清晰度减弱的现象称为隐没透视，又称消逝透视。由于人的视觉功能存在一个极限，所以在物体渐远且视角不断变小的过程中，人的视效会不断衰弱，物体在视觉影像中也就逐渐失去细节，视像显得越来越模糊，甚至渐渐隐去。

### 5.6.4 研究透视的根本目的

简而言之，研究透视的根本目的是为了更好地了解人眼所见和物体之间的关系，并用其指导实践。从哲学意义上考虑，这也是更好地认识和解释世界的一种有效途径。

在当今世界中，透视学可运用到绘画、建筑设计、雕塑、环境艺术、工业设计、广告设计、多媒体创作等诸多领域。它将几何科学融入艺术创作中，这样得到的创作成果是具有价值反馈信息的。与此同时，人们的观察力、理解力、创造能力也会得到极大的提高。

透视学对创作实践也具有极强指导意义，是视觉理论基础。同时它也是从事视觉领域工作者和设计师的必修课。

### 5.6.5 设计透视的特点

透视学在设计上的应用，要符合设计自身的属性，基本上有如下几个特点。

（1）专业针对性。在设计中透视不仅仅是表现空间关系的法则，而且在设计过程中和最后的效果图展示中，它都具有针对性，因为它所表达的是物体在空间中的造型、材质、色彩、风格氛围等属性特征。

（2）客观真实性。这个特点要求对表现物的说明要做到直观、准确、真实地反映客观事物。所表现事物不允许发生透视变形、失真，避免凭主观想法应用透视原则。

（3）科学合理性。与一般注重情感表达的绘画不同，设计透视并不是以表达情感为主要目的的，它所表现的形象要求把科学的真实性和合理性放在首位。

（4）工具制图性。不同于一般绘画对辅助工具的摒弃，设计透视追求画面的准确，要求尽可能地使用辅助工具制图。

（5）理念前瞻性。与大部分绘画不同，设计透视表现的是不存在的物品，是某一时刻设计师思想的凝固，因此它具有前瞻性。

### 5.6.6 什么是设计透视

透视学是视觉艺术领域中的技法理论学科，在应用于绘画、建筑设计方面有较长的历史，体现出了科学与艺术的结合关系。设计透视就是设计对透视原理的应用，对设计起到辅助、矫正、预览的作用。

### 5.6.7 透视对于设计的意义

透视学作为研究型学科，在应用领域是具有广泛的推动作用的。它对设计的产生和发展具有决定性意义。

(1) 有助于设计概念的真实表现。在视觉上对设计进行预先输出。应用透视既可以在进行设计的过程中对设计成果进行合理矫正，从而能方便与人沟通，为设计反馈提供平台。

(2) 有助于立体空间感的养成。通过对透视的深入了解，会对视觉现象有正确的理解，长期反复的对正确透视结构的了解，会对人感受空间的能力产生潜移默化的影响，使其对空间的感受更加敏感。

(3) 有助于消除视觉特性对设计的不利影响。通过对透视的深入了解，我们可以掌握很多视觉特性，这些视觉特性在设计过程中很容易对结果产生不利影响，我们对这些特性了解得越深刻，就越有可能避免设计中出现的视觉缺陷。

(4) 有助于制作图纸。便于我们更精确实施设计方案，透视是精准制图的基础，如轴测图和定点法中的三视图与透视图的转换就是以透视原理作为基础的。正是这些制图方式的广泛应用才使得复杂的设计得以更准确的实现。

**一、单选题**

1. “透视”一词源于拉丁文（　　）。

A. Arithmetic　　B. Perspective　　C. Perspicere　　D. Mathematics

2. 透视中，“透”与“视”被紧密地结合在一起“透”为“视”的（　　）。

A. 先决条件　　B. 实际目的　　C. 最终结果　　D. 先前铺垫

3. 文艺复兴三杰之一的（　　）将透视类型归纳为三种，这也成了狭义透视学的基本分类。

A. 米开朗基罗　　B. 拉斐尔　　C. 达芬奇　　D. 薄伽丘

4. 轴测图和定点法中的三视图与透视图的转换是以（　　）原理作为基础的。

A. 透视　　B. 色彩透视　　C. 大气透视　　D. 线性透视

5. （　　）是精准制图的基础。

A. 色彩透视　　B. 大气透视　　C. 线性透视　　D. 透视

6. 线性透视又称（　　）。

A. 大气透视　　B. 色彩透视　　C. 隐没透视　　D. 焦点透视

7. 大气透视又称（　　）。

A. 隐没透视　　B. 线性透视　　C. 色彩透视　　D. 消逝透视

8. 隐没透视又称（　　）。

A. 色彩透视　　B. 大气透视　　C. 消逝透视　　D. 线性透视

9. 透视将几何科学融入艺术创作中，这样得到的创作成果是具有（　　）的。

A. 针对性　　B. 价值反馈信息　　C. 合理性　　D. 科学性

10. 由于透视是视觉现象产生的（　　），所以一切和视觉有关的创造活动都不可避免地与透视产生关联。

A. 最终结果　　B. 根本原因　　C. 基本原理　　D. 实际目的

## 二、多选题

11. 即使外形基本相同的物体，由于（　　）的不同，也会在视觉上形成不同影像，这种现象就是透视现象。

A. 远近　B. 高低　C. 方位　D. 清晰度

E. 色彩

12. 若要在透视图中产生透视现象则必须具备（　　）这几种条件。

A. 视点　B. 色彩　C. 画面　D. 结构

E. 物体

13. 透视类型在文艺复兴时期被归纳为三种分类，这个分类也是对物体的（　　）这三个主要属性在视觉活动中产生的变化规律的总结。

A. 形状　B. 色彩　C. 材质　D. 体积

E. 远近

14. 研究透视，人们的（　　）也会得到极大的提高。

A. 观察力　B. 想象力　C. 理解力　D. 绘画能力

E. 创造能力

15. 透视对于设计的意义有（　　）。

A. 有助于设计概念的真实表现　B. 有助于制作图纸

C. 有助于提高创造能力　D. 有助于立体空间的养成

E. 有助于消除视觉特性对设计的不利影响

16. 透视学在设计上的应用，要符合设计自身的属性，基本上有如下几个特点（　　）。

A. 专业针对性　B. 客观真实性　C. 科学合理性　D. 工具制图性

E. 理念前瞻性

17. 在设计透视的特点中，客观真实性这个特点要求对表现物的说明做到（　　）地反映客观事物。

A. 直观　B. 准确　C. 合理　D. 真实

E. 科学

18. 与一般注重情感表达的绘画不同，设计透视并不是以表达情感为主要目的的，它所表现的形象要求把科学的（　　）放在首位。

A. 准确性　B. 真实性　C. 直观性　D. 科学性

E. 合理性

19. 设计透视就是设计对透视原理的应用，对设计起到（　　）的作用。

A. 对比　B. 辅助　C. 矫正　D. 预览

E. 衔接

20. 在设计透视的专业针对性这个特点中，透视所表达的是物体在空间中的（　　）等属性特征。

A. 造型　B. 材质　C. 色彩　D. 风格氛围

E. 大小

## 三、判断题

21. 在一定的范围内，向无限远处延伸的平行线会随距离推远而不断聚拢，并最终集于一点的现象称为线性透视。（　　）

22. 我们都曾有过这样的经验：眺望笔直的街道，街道远处的一切都会向着视线内的一点汇

聚，街道上的汽车、路灯等物体也会随着与你距离的增大而在视觉上不断变小，最终消失于一点，这种透视称为线性透视。（ ）

23. 由于空气中水分、杂质的阻碍及折射，物体会随着距离的增大而改变原有色彩的色相、纯度、明度，变得灰、淡、偏蓝。可见，大气透视在距离越大、空气湿度越高、杂质越多的情况下，其变化会越显著，这种现象产生的透视称为隐没透视。（ ）

24. 物体受空气的阻隔而造成自身色彩基本要素变化，进而影响该物体视觉空间深度变化的现象称为大气透视。（ ）

25. 物体由于距离增加而造成明暗对比和清晰度减弱的现象称为线性透视。（ ）

26. 由于人的视觉功能存在一个极限，所以在物体渐远且视角不断变小的过程中，人的视效会不断衰弱，物体在视觉影像中也就逐渐失去细节，视像显得越来越模糊，甚至渐渐隐去，这种现象所产生的透视称为隐没透视。（ ）

27. 研究透视的根本目的就是更好地了解人眼所见和物体之间的关系，并用其指导实践。（ ）

28. 透视对创作实践也具有极强指导意义，是视觉理论基础。（ ）

29. 透视学作为研究型学科，在应用领域是具有广泛的推动作用的。它对设计的产生和发展具有决定性意义。（ ）

30. 应用透视可以在进行设计的过程中对设计成果进行合理矫正，从而能方便与人沟通，为设计反馈提供平台。（ ）

## 练习与思考题参考答案

| 1. C | 2. A | 3. C | 4. A | 5. D | 6. D | 7. C | 8. C | 9. B | 10. C |
|---|---|---|---|---|---|---|---|---|---|
| 11. AC | 12. ACE | 13. ABD | 14. ACE | 15. ABDE | 16. ABCDE | 17. ABD | 18. BE | 19. BCD | 20. ABCD |
| 21. Y | 22. Y | 23. N | 24. Y | 25. N | 26. Y | 27. Y | 28. Y | 29. Y | 30. Y |

# 任务 6

# 手绘草图绘制

该训练任务建议用 6 个学时完成学习。

## 6.1 任务来源

创意的一切源头都是基于快速的设计联想，设计师在思考的过程中，利用快速而且精准的手绘线稿的方法能更加高效而且合理的表达创意。设计流程中，需要设计师能在很短的时间里能表达出合理的具有价值的创意设计方案，手绘草图是必不可少的沟通及表达手段。

## 6.2 任务描述

准备两张 A4 大小的白纸，纸上印有不同角度的各类鼠标共 16 个，呈 4×4 排列。学员对照纸上的鼠标底稿开始着手按照自己的想法与创意描绘出鼠标的大概外形。注意：鼠标底稿只是为学员提供参考从而激发新的想法而不是让学员直接照着底稿画。

## 6.3 能力目标

### 6.3.1 技能目标

完成本训练任务后，你应当能（够）：

**1. 关键技能**

（1）会收集资料并整理参考图稿。

（2）会进行初稿勾勒。

（3）快速表达设计创意。

（4）会对设计创意进行深化。

**2. 基本技能**

（1）会完成手绘产品形态透视图。

（2）会完成产品线图立体效果。

### 6.3.2 知识目标

完成本训练任务后，你应当能（够）：

（1）掌握设计资料收集和整理的方法。

（2）掌握产品线图表现方法。
（3）了解产品创意设计思维方法。

### 6.3.3 职业素质目标

完成本训练任务后，你应当能（够）：
（1）具有严谨认真的工作态度。
（2）善于学习和交流。
（3）具备强烈的创新精神和求知欲。

## 6.4 任务实施

### 6.4.1 活动一　知识准备

（1）产品手绘的概念。
（2）产品手绘技法。
（3）产品手绘作为“设计语言”的基本特征。
（4）产品手绘的画面特征。

### 6.4.2 活动二　示范操作

**1. 活动内容**

绘制并重设计鼠标，具体要求如下：

（1）寻找不同角度的4类鼠标共16个，将颜色调淡后以4×4的排列方式打印到两张A4大小的纸上，规定每行为一类鼠标，每行的4个鼠标角度不同，备好铅笔并用削笔刀将铅笔削得不顿不尖然后开始着手绘画。从第1排开始，随意确定一个角度并开始着手绘制自己的想法，首先绘制大概轮廓，然后追加产品附件及外观细节。第一个画完后开始第二个的绘画，顺序相同，创意可以是第一个鼠标的延续也可以是一个全新的想法。以此类推直到确定一款满意的目标为止（注意：这一步是确定产品的步骤，不必太过于注重细节，重在突出产品特点）。

（2）准备两张A4纸、削好的铅笔，确定鼠标的位置，大小和角度（角度确定为主视图）后把大概的轮廓画出来并表现出主要的特征；强调整体的感觉并将形体细分，强调分界线，为增强立体感可将阴影绘制上去；进一步的细节强化或者增加一些新的细节特点以达到美化效果。绘制俯视图时要确定与主视图前后对齐、大小相同，按照主视图给出的整体感觉和特征将俯视图的轮廓画出来，强调特征，对鼠标表面的转折以及材质方面做细节的强化处理；确定LOGO的排放位置；确定两个视图后开始绘制透视图，确认透视图的大小、比例及位置；将前面两个视图的结构形状、细节和整体的特征表达在透视图上，为进一步表达产品的整体结构需多画一个透视图；确定位置、大小、轮廓及角度，细描特征以及各种细节的强调；最后作截面线以表达鼠标结构，可在纸张的空白处进行鼠标局部的绘画以进一步强调鼠标的特征。

**2. 操作步骤**

（1）步骤一：打印底稿，准备铅笔。
1）打印底稿，结果如图6-1所示。
2）准备好绘图工具：铅笔和削笔刀，结果如图6-2所示。
3）削笔，方法如图6-3所示。
（2）步骤二：开始着手绘画设计。

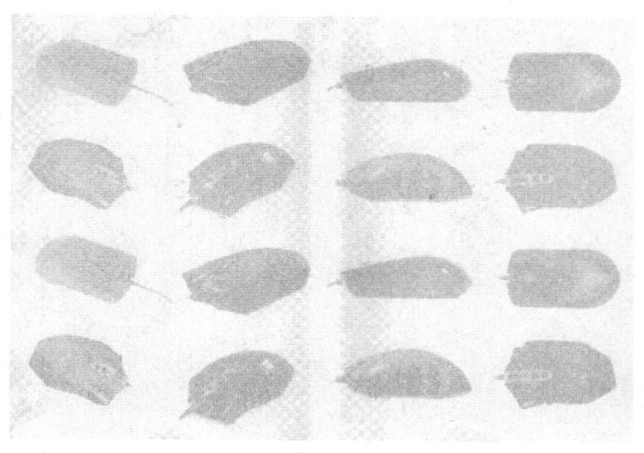

图 6-1　打印底稿

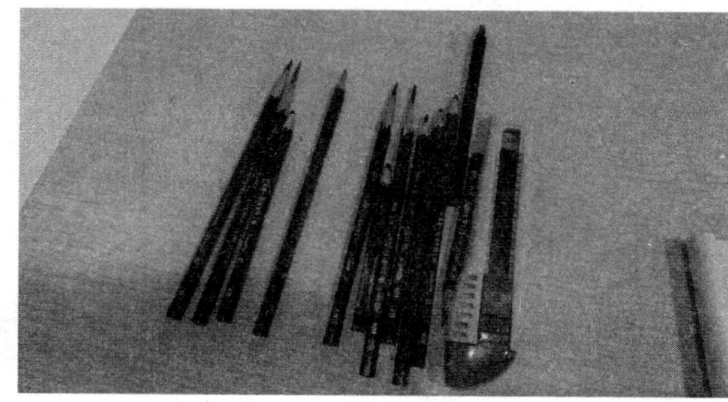

图 6-2　铅笔和削笔刀

1）确定第一个绘制的对象并描绘出大概的轮廓，结果如图 6-4 所示。

图 6-3　削笔

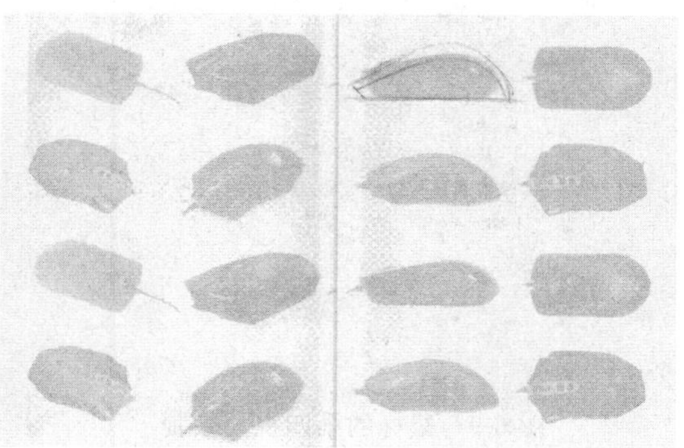

图 6-4　绘制大概的轮廓

2）描绘产品附件及外观细节，结果如图 6-5 所示。

（3）步骤三：开始下一个鼠标的设计。

1）在前一个鼠标的基础下绘制出轮廓特征，结果如图 6-5 所示。

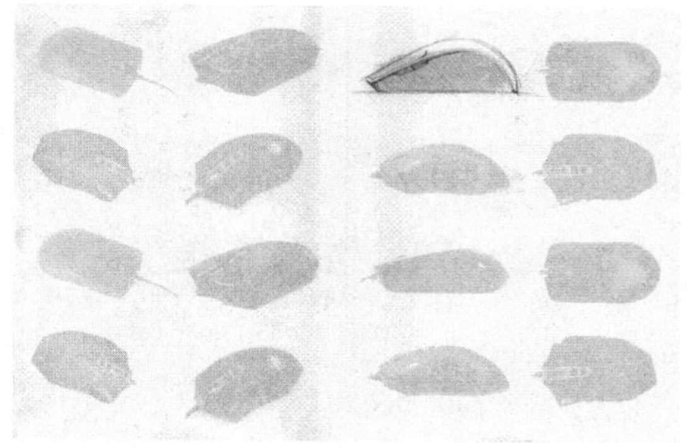

图 6-5　描绘附件及细节

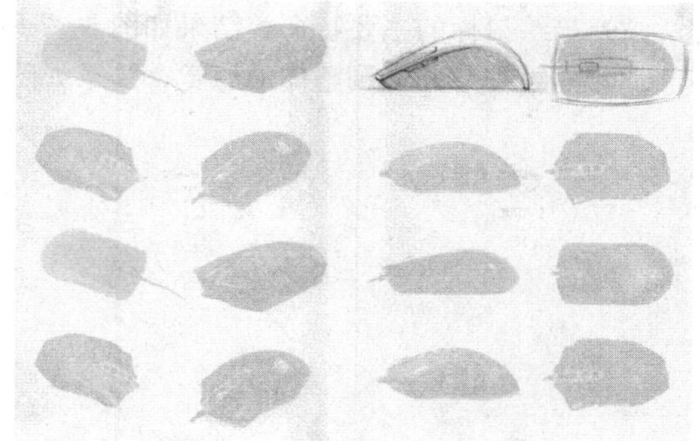

图 6-6　绘制出轮廓特征

2）强调细节，结果如图 6-7 所示。

3）鼠标的第三视角绘制，结果如图 6-8 所示。

4）鼠标的第四视角绘制，结果如图 6-9 所示。

5）按上述方法绘制第二个鼠标多视角草图，结果如图 6-10 所示。

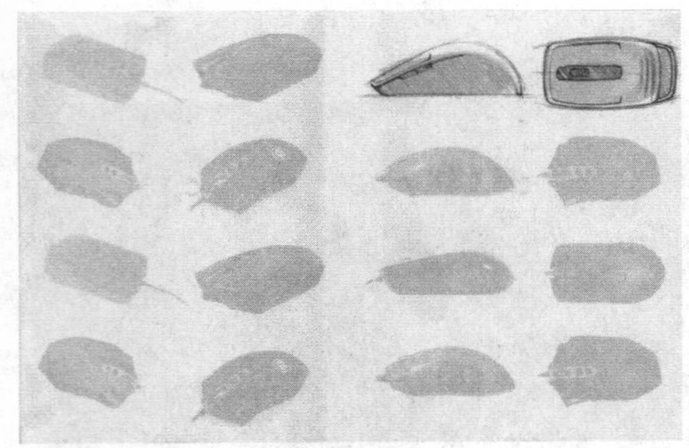

图 6-7　强调细节

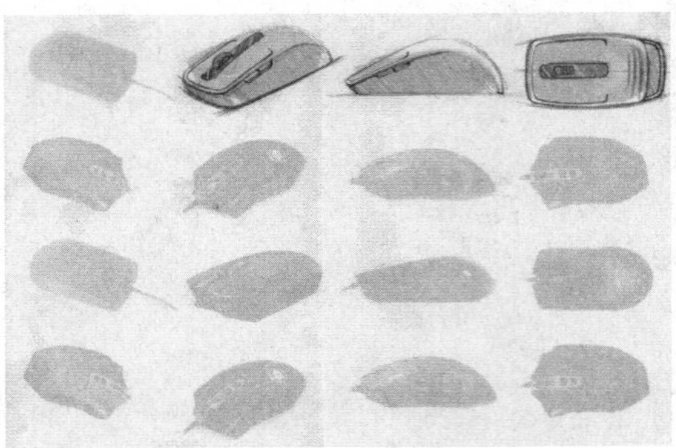

图 6-8　鼠标的第三视角绘制

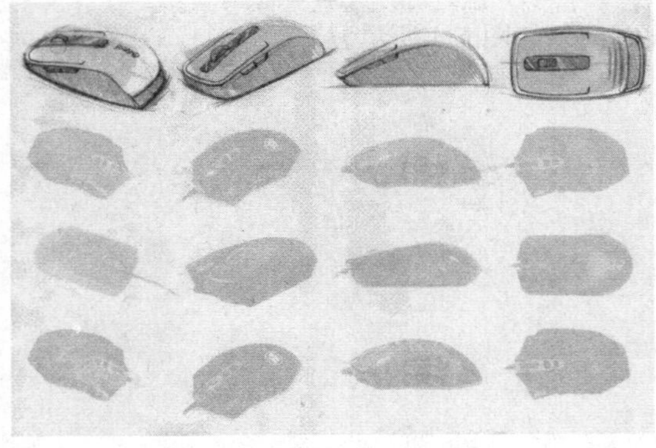

图 6-9　鼠标的第四视角绘制

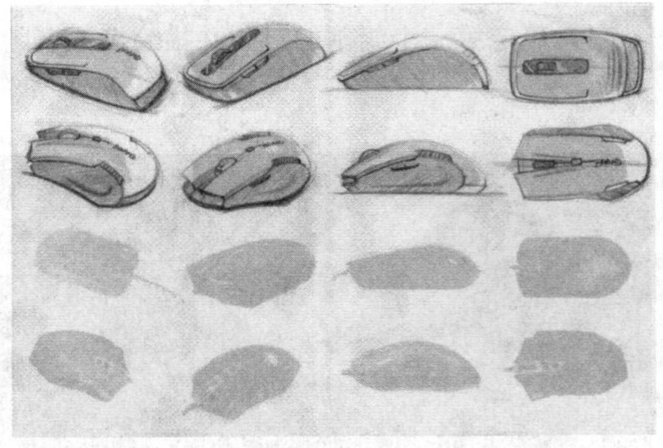

图 6-10　第二个鼠标多视角草图

（4）步骤四：准备绘制透视图。

1）确定最终的方案。

2）准备好绘图工具，见前图 6-2。

（5）步骤五：绘画主视图。

1）确定大小、位置及轮廓，结果如图 6-11 所示。

2）描绘鼠标的主要特征，结果如图 6-12 所示。

3）描绘细节并强调整体的感觉，结果如图 6-13 所示。

图 6-11　确定大小、位置及轮廓

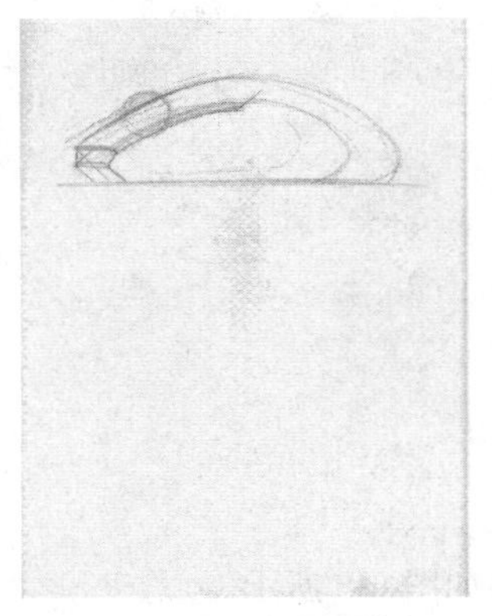

图 6-12　描绘主要特征

图 6-13　描绘细节并强调整体的感觉

4）外观细节强化，结果如图 6-14 所示。

5）表现阴影及材质，结果如图 6-15 所示。

6）外观细节及转折处的阴影描绘，结果如图 6-16 所示。

图 6-14　细节强化

图 6-15　表现阴影及材质

图 6-16　外观细节及阴影描绘

（6）步骤六：描绘俯视图。

1）画两条虚线以对齐主视图和俯视图，结果如图 6-17 所示。

2）确定俯视图的大小、比例、位置并画出轮廓，结果如图 6-18 所示。

3）强调主要特征，结果如图 6-19 所示。

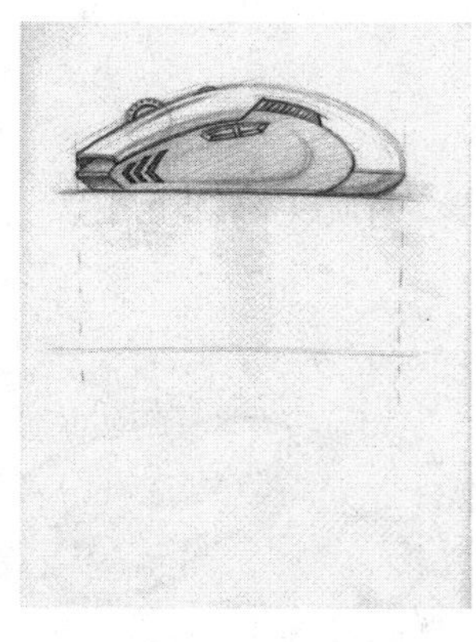

图 6-17　对齐主视图和俯视图

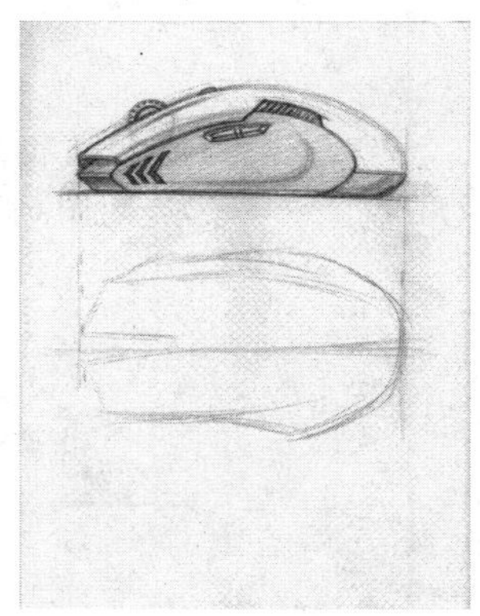

图 6-18　确定俯视图

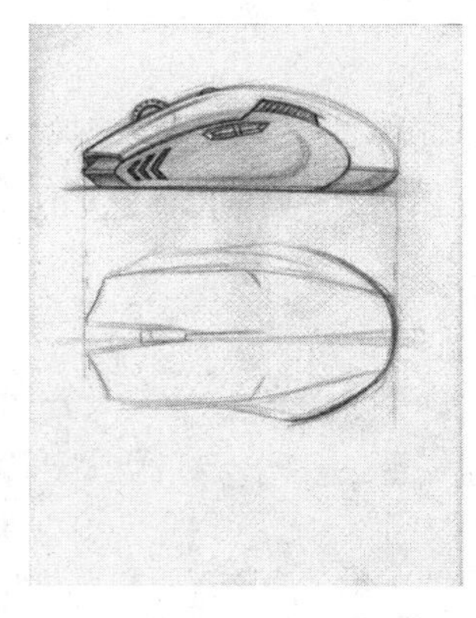

图 6-19　强调主要特征

4）将形体细分，注意分界处，强调整体的感觉，结果如图 6-20 所示。

5）转折及材质的表现，结果如图 6-21 所示。

6）摆放 LOGO，结果如图 6-22 所示。

（7）步骤七：根据主视图俯视图绘制透视图。

1）确定位置、大小、轮廓及角度，结果如图 6-23 所示。

2）阴影、材质及转折的细描，结果如图 6-24 所示。

3）摆放 LOGO 并美化外观，结果如图 6-25 所示。

（8）步骤八：为进一步表达产品整体结构需多画一个透视图。

1）大小、位置及角度的确定，结果如图 6-26 所示。

2）阴影、材质及转折的细描，结果如图 6-27 所示。

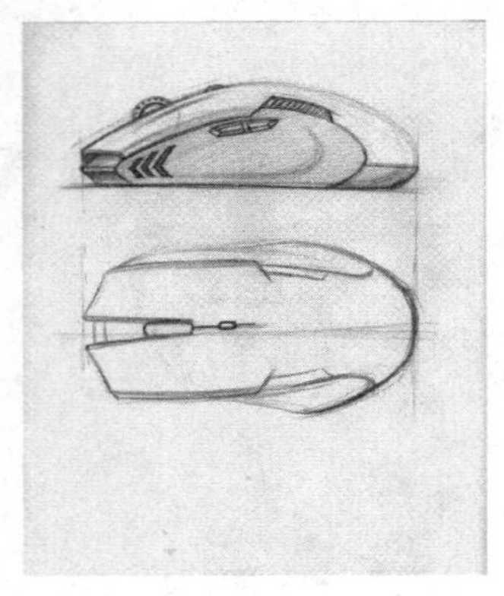

图 6-20 强调整体的感觉

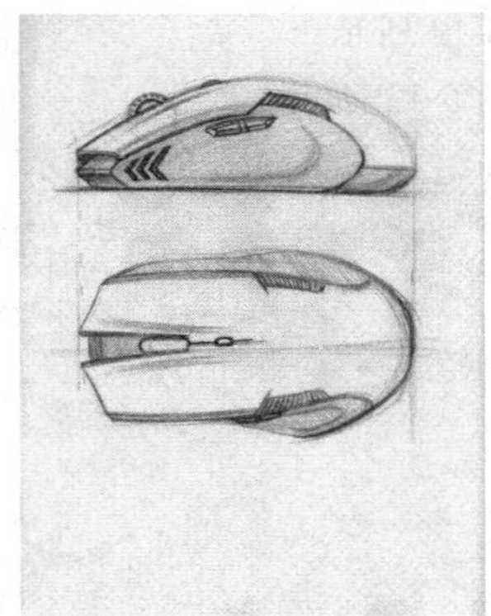

图 6-21 转折及材质的表现

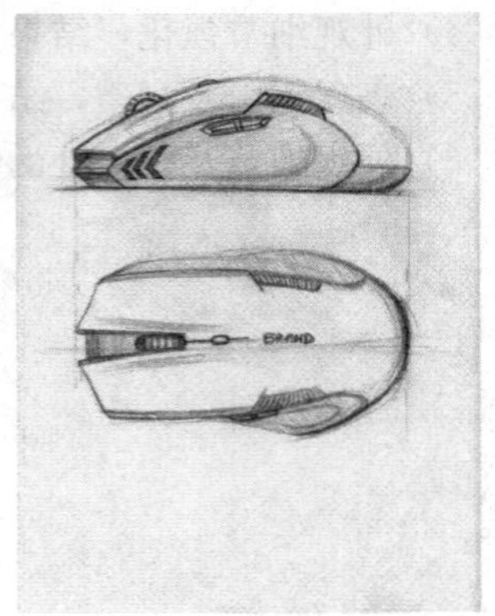


图 6-22 摆放 LOGO

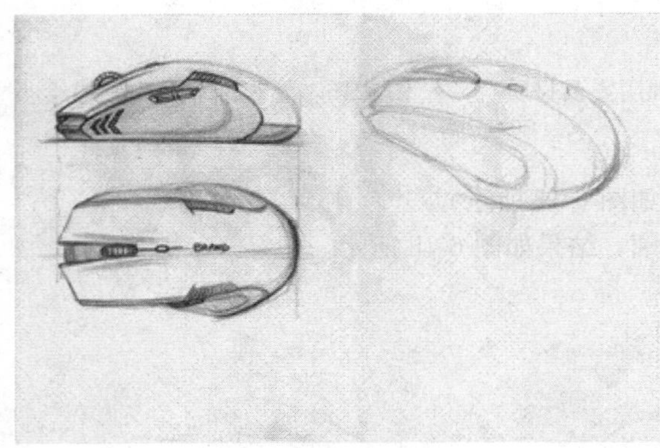

图 6-23 确定位置、大小、轮廓及角度

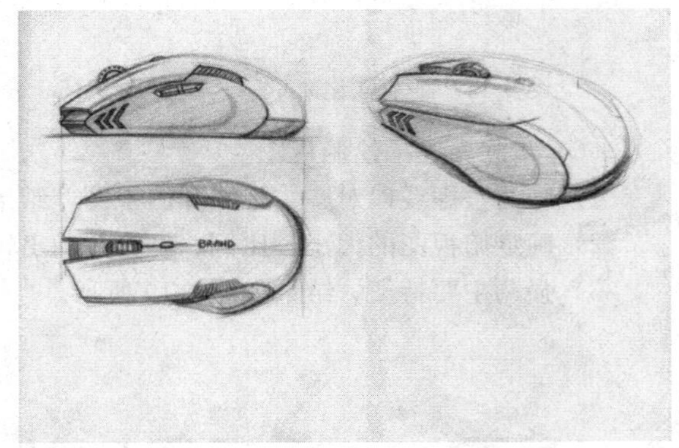

图 6-24 阴影、材质以及转折的细描

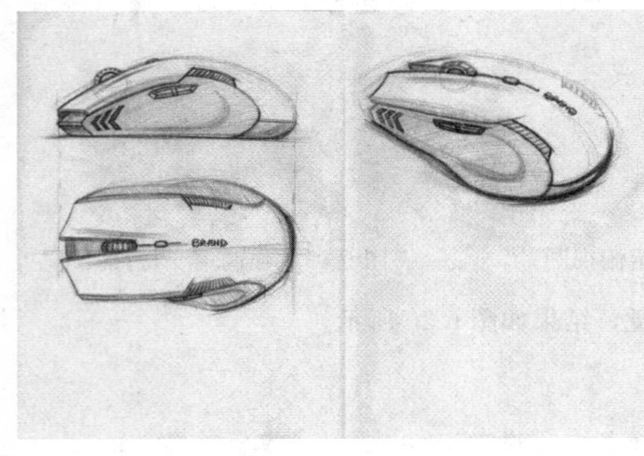


图 6-25 摆放 LOGO 并美化外观

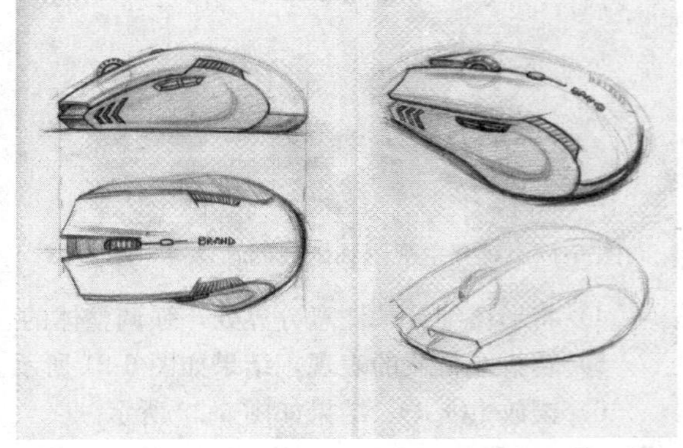


图 6-26 大小、位置及角度的确定

3）摆放 LOGO 并按照前一透视图美化外观，结果如图 6-28 所示。

（9）步骤九：绘制截面线以表达结构。

1）在第一个透视图上绘制截面线，结果如图 6-29 所示。

2）第二个透视图上绘制截面线，结果如图 6-30 所示。

（10）步骤十：强调鼠标的特征，在纸的空白处进行局部的细节绘制，结果如图 6-31 所示。

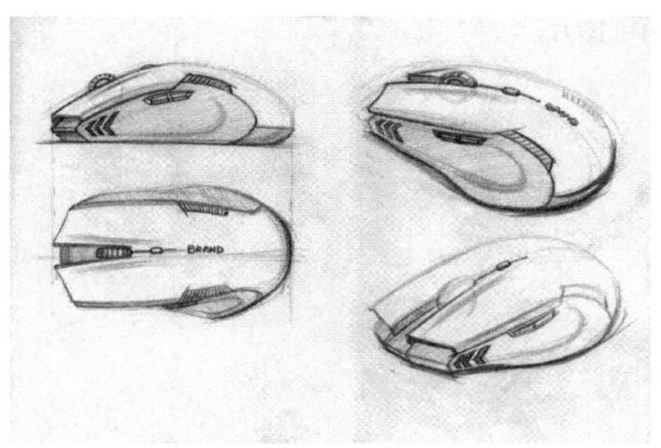


图 6-27 阴影、材质及转折的细描

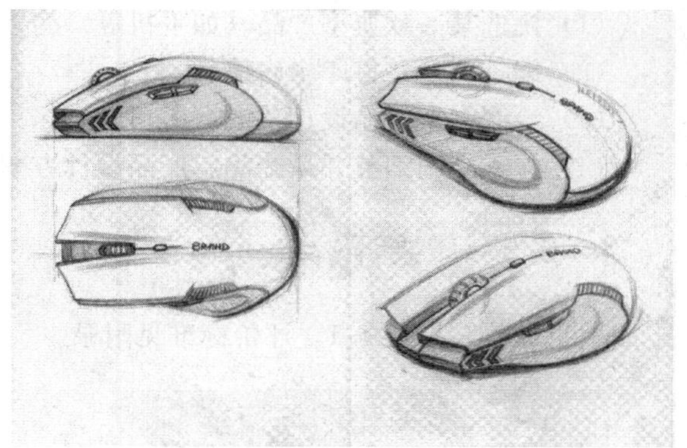


图 6-28 摆放 LOGO 并美化外观

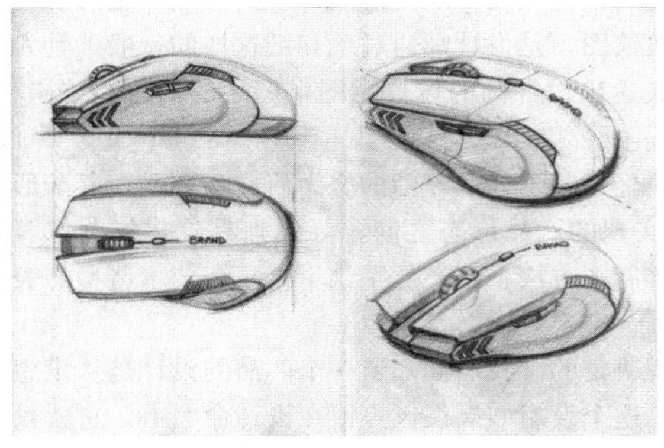


图 6-29 绘制截面线Ⅰ

图 6-30 绘制截面线Ⅱ

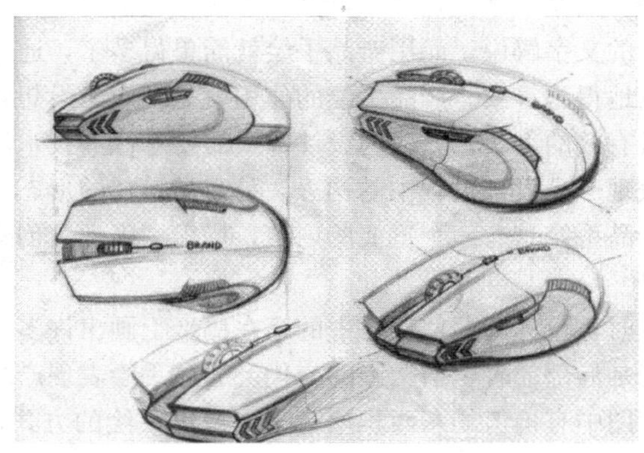


图 6-31 强调鼠标的特征

### 6.4.3 活动三 能力提升

参考示范操作，利用所学到的知识，针对某一款典型产品（如手机等）收集各角度图片，编排图片并打印，随后根据打印稿重新设计并绘制出多角度透视草图。

具体要求如下：

（1）挑选某一款典型产品（如手机等）的多角度图片。

（2）编排图片并打印出底稿。

（3）绘制多个产品设计草案（多角度）。

（4）深入绘制细节并最终确定产品设计方案。

## 6.5 效果评价

效果评价参见任务 1，评价标准见附录。

## 6.6 相关知识与技能

### 6.6.1 产品手绘的概念

产品手绘是设计初始阶段对有形产品的形象化的描述，简言之是产品外观的雏形，也可以理解为产品虚拟化的模型。所谓手绘是相对于计算机绘图，是设计师通过笔和纸这样的一般工具人工描绘产品的形象。通过描绘的形象，手绘能够表达出设计师的设计意图，产品的形象、结构、机理，以及尺寸和使用方法。

产品手绘作为一种产品设计的特有表现方法，经过若干代设计师的努力研究和实践，逐渐形成了自己的特色。在表现产品的设计意图和可能实现的产品形态之间，寻找到具象化的图像表现。它结合了绘画的造型方法和机械设计中的三维制图方法，使产品手绘不仅具有艺术造型的表现力，又具有严格、标准的尺度和准确的结构。

产品手绘的不可替代性，是由产品设计的过程决定的。我们都知道一个产品的设计是从设想开始的，设想是人们的意识，是没有具体形象的。这个设想如果仅仅停留在设计命题上，它就只能是一个文本。如果我们的目的是要把设想变为看得见、摸得着的产品，那就必须把命题变为求解活动。对于产品设计而言，求解能力，首先就是要把设想的产品形象化，看比说和听的都能更加直接地达到认知的目的。用文本来描述一个产品，可能使我们对产品有一些概念上的认知，但它不直观，还需要做大量的文字解说。而用产品手绘就简单得多了，通过形态、色彩、体积、结构的表现，可以一目了然地得到答案。产品手绘的作用就是把产品设想转化为可供他人解读的虚拟形象，这种最基本和最有效的方法，已成为设计师最需要掌握的技术能力。

以产品手绘的方法表现产品设计过程中的构思，是产品最初的形态化描述，也是产品设计程序化过程中的第一步。产品手绘具有三个重要的内容：构思、表现、创新。

**1. 构思**

产品设计在构思阶段时，设计师会使用手中的笔在稿纸上画出许多方案，这些方案不一定是完整的产品形象，有可能是局部或者是结构上的交代。通过手绘表现产品的创意雏形，便于寻找进一步发展的方向。把草图中有价值的东西积聚起来，通过手绘的方式形成较完整的设计草图，这种草图要充分表达设计的意图。

**2. 表现**

即便我们有了手绘能力，表现也容易出现误区。一般来讲，绘画造型基础好的人，在学习产品手绘时会进步得快一些。产品手绘的基础要求与一般绘画一样，要具有扎实的功底。但是，产品手绘与绘画又是有区别的。绘画表现注重情感、动态、夸张、意境等，它的终极目标不是还原物质属性的原貌，而是要把静止的事物看成一种动态的情感表现，简单地讲，绘画是遵循艺术的规律表现事物。在这点上，产品手绘的表现与绘画艺术的表现有很大的区别。其一，产品手绘要求真实还原物质属性的原貌，也就是要求产品手绘对产品物质化生产加工负责，能生产并且能批量生产出来是唯一的标准。工业设计师必须要认识到这一点，否则产品手绘就失去了意义。其二，产品手绘是静态的表现、理性的分析，它依据人机工程、机械原理、数理逻辑对产品进行解剖和组合，最后得到产品形态的正确呈现。并且，有时还会对每一个产品的局部组织结构做深入细致的描绘。其三，设计手绘应该有一个较为完善的表现方法。

**3. 创新**

创新是设计的根本任务。设计的活动是一种创造性活动，设计的行为就是一种创造性行为。因此，设计手绘具有“无中生有”的特性。对于原创的产品而言，是没有母型可以参考的。没有临摹和可以参考的对象，就要求设计者充分发挥想象力，想象力是设计师是否有创造力的核心指标。第一时间再现设计师脑海中“影像”的“画布”就是设计手绘稿。

### 6.6.2 产品手绘技法是工业设计师的重要职业技能

“工业设计师是什么?”彼得·多默在《1945 年以来的设计》一书中对设计师进行了分析研究，了解到工业革命以后设计师和制造者的身份已有了区别，产品通过设计而后制造出来已经不是新生事物了，谁设计了产品比谁制造了产品更要惹人注意等。这一切说明，设计师在产品生产中有着重要的作用。设计师的活动表现为他们的思考、分析，以及所做的模型和草图，是产品想法和使这些想法明晰起来的活动。显然，如果产品是按照设计师的详细方案来制作，那么设计师必须具备包括产品在内的职业技能。

工业设计是一种创造行为，它不能简单地等同于技术，也不能等同于艺术，从单纯的技术史或艺术史都不能找到设计发展的必然逻辑，工业设计应该是技术与艺术以及其他多种元素结合的综合性活动。因此，工业设计师所要具备的职业技能，应该是综合性的。工程师懂技术但不懂艺术，画家懂艺术而不动技术，这是他们所从事的职业决定的。但工业设计师如果仅仅懂得其中的一项，那么就可能“先天不足”。我国现有工业设计师队伍主要由两种教育模式培养出来：一是工程类工业设计专业；二是艺术类工业设计专业。虽然有各自专业教育的偏重，但有一点是共通的。这就是强调学科交叉，强调科学技术与艺术的统一。在培养计划中也有相同的课程，这就是设计手绘课程，以及围绕这一技能所设置的多门基础课程。

产品手绘是工业设计师传达信息的最主要方式，通过设计手绘，能明确无误的表达设计意图。绘制产品设计图是设计师的工作，但将设计变成产品就不是设计师一个人能完成的。设计—制造—销售—使用，这个过程是一个相互联系的统一体。在“一个设计师”和“一条生产线”之间有很多参与到产品设计与生产中的人，如工艺工程师、材料专家、设备专家、市场专家、客户代表等，他们所从事的工种、技术虽然不同，但目标都是相同的。他们在设计活动中相互配合，并尽可能地在设计成为产品之前明确所有问题。这就要求设计师拿出可视的设想方案，包括设计草图、方案效果图，甚至有时还要做成模型。手绘方案图传达的设计意图越明确、越具体越好。

### 6.6.3 产品手绘作为“设计语言”的基本特征

语言的核心价值是用来交流信息、表达情感。每一种职业都有自己独一无二的职业语言，如歌唱演员的嗓音和声乐技巧、舞蹈演员的身体动作和表情等，每一种职业语言都有其独特的基本特质。工业设计师的设计语言包括：机械制图、模型制作、手绘设计草图和效果图、电子计算机辅助设计软件等。产品手绘作为其中十分重要的设计语言之一，它有如下几个方面的基本特征。

**1. 准确性——表达清晰明了，不能似是而非、模棱两可**

产品手绘包括草图、彩色效果图等。无论是表达创意的构思草图还是绘制完整的彩色效果图，一定要传达出准确的设计创意意图。所谓准确性，就是清晰明了，不能模糊不清、令人费解。产品手绘的特点就是用图形语言来说话，用图形来表达的视觉内容必须是让观者一看就懂的，无须借助口头或者文字语言来说明。

**2. 流畅性——表达顺畅流利，工具运用得心应手**

产品手绘的第二个特征是其表达的流畅性，这是技术层面的要求。俗话说“熟能生巧”，产品手绘者对绘制的工具和技巧需要经过长期的训练和实践，才能完全熟悉并掌握，甚至使工具成为设计师大脑和肢体的“一部分”，想怎么表达就怎么表达，想出什么效果就能出什么效果。

**3. 生动性——运用审美原理与法则，展示手绘效果的生动和优美**

产品手绘的第三个特性是其表达的生动性，这是艺术层面的要求。尽管我们也强调，艺术性不是产品手绘的核心指标，因为产品手绘的主要作用是“图说”，即只要理性地表达出“这是什么”就可以了。但话说回来，既然是一种“语言”，我们不妨把语言说得生动有趣些，使围观者在看这些手绘图时会被设计师高超的技巧、生动优美的图像深深吸引甚至着迷！要达到这一点，绘画者的心—眼—手需要达到极为协调的境界。优秀的作品也的确会让人感动、兴奋、愉悦、共鸣，让观者的身心在欣赏中体验一种美感！

### 6.6.4 产品手绘的画面特征

尽管手绘的技法与绘画艺术一样，但是因为表达的对象、目的、要求不同，其呈现的画面效果也有所不同。画家是非常个性化的职业，他们追求的是与他人的差异。个性、叛逆、标新立异，这些词常常与画家形影不离。他们可以爱怎么画就怎么画，不会因为别人看不懂就放弃自己的艺术追求。但是设计师的工作是为了满足客户和大众的需求，尽管设计师也要设计出个性化的产品，但是这种个性化不是为自己设计的，它应该是一款全新的、引领时尚的产品或者是为满足个性化需求的一部分群体而设计的。总之，为他人设计是设计师的工作常态。由于两者的职业定位不同，具体表现在画面上必然有各自的特征。产品手绘的画面特征有如下几点。

**1. 正确、全面的表达产品所有特征与细节**

即使是设计草图，也要正确、全面地表达出产品的特征与细节。我们知道，画家可以只从某一个认为较好的角度去作画；但设计师设计产品是从产品的全貌着手的，前后左右、里里外外都在考虑之中。因此，设计草图往往会从几个不同角度去刻画，把内在的结构关系、外部的形态特征，甚至各个部件衔接和细节都会仔细推敲。所有这些都是工业设计师的工作性质决定的，所以，在草图中整体和局部都不会被忽视。

**2. 以线造型，用色干净利落，不做太多明暗调子的刻画**

产品手绘造型方法一般以线条为主，铅笔、钢笔、马克笔，一切可以书写出线条轨迹的工具都可以成为绘画工具。线条是最具造型能力的，因为它界限明确不含糊，最容易判断形态特征的正确与否。一般情况下，设计草图以铅笔、钢笔或马克笔这些最常用的工具来表达，有时不施任何色彩。整个绘画过程大胆流畅，不追求一条线准确无误画到底，而是随着思维走，不断在过程中修改调整。因此，我们看到许多设计大师的草图，看似随意涂抹，线条如行云流水，但表达的主题、结构、形态、基本特征都十分到位，即使上颜色，也是干净利落，不用太多明暗调子的刻画。无论用什么工具或技法，只要把产品各部件的主要色彩和体积感、基本的材质感表达出来就可以了。

**3. 用图说话，不作为单独的艺术作品去创作**

无论是设计草图还是效果图，它的本质其实就是图解，说明“这是什么”“这个部件、这个结构是怎样的”，仅此而已。尽可能用图说话，说清楚，不要把产品手绘当艺术作品去创作。

## 练习与思考

### 一、单选题

1. 手绘能够表达出设计师的设计意图，产品的形象、（　　）、机理，以及尺寸和使用方法。
   A. 大小　　B. 透视　　C. 结构　　D. 外形
2. 产品手绘具有三个重要的内容：构思、（　　）、创新。
   A. 表现　　B. 构图　　C. 绘画　　D. 参考
3. 以产品手绘的方法表现产品设计过程中的构思，是产品最初的（　　）描述，也是产品设计程序化过程中的第一步。
   A. 设计需求　　B. 形态化　　C. 问题　　D. 价格
4. 工业设计师传达信息的最主要方式，就是通过（　　）。
   A. 三维软件　　B. 设计制图　　C. 机械制图　　D. 设计手绘
5. （　　）—制造—销售—使用，这个过程是一个相互联系的统一体。
   A. 制作模型　　B. 构思　　C. 设计　　D. 想象
6. 产品手绘造型方法一般以（　　）为主。
   A. 阴影　　B. 结构　　C. 线条　　D. 色彩
7. （　　）是最具造型能力的，因为它界限明确不含糊。
   A. 线条　　B. 色彩　　C. 阴影　　D. 明暗
8. 光源和（　　）是光纤测试仪的两个装置组成。
   A. 光时域反射仪　　B. 光谱分析仪　　C. 示波仪　　D. 光功率计
9. 一般情况下，设计草图以铅笔、钢笔或（　　）这些最常用的工具来表达。
   A. 水笔　　B. 马克笔　　C. 彩铅　　D. 毛笔
10. 铅笔有（　　）、2B、3B、4B 等依次从硬到软，颜色从淡到浓的型号。
    A. 软　　B. 中　　C. HB　　D. 硬

### 二、多选题

11. 用产品手绘来描述一个产品，通过（　　），都可以一目了然地得到答案。
    A. 形态　　B. 色彩　　C. 体积
    D. 结构　　E. 透视
12. 产品手绘具有的三个重要内容是？（　　）
    A. 构思　　B. 表现　　C. 创新
    D. 参考　　E. 构图
13. 设计—（　　）—销售—（　　），这个过程是一个相互联系的统一体。
    A. 构图　　B. 制造　　C. 使用
    D. 回收　　E. 开发
14. 产品手绘作为“设计语言”的基本特征具有（　　）。
    A. 生动性　　B. 创造性　　C. 流畅性
    D. 先进性　　E. 准确性
15. 产品手绘的画面特征（　　）。
    A. 画面丰富复杂

B. 色彩炫目
C. 正确、全面地表达产品所有特征与细节
D. 以线造型，用色干净利落，不做太多的明暗调子的刻画
E. 用图说话，不作为单独的艺术作品去创作

16. 铅笔有 HB、2B、3B、4B 等依次（　　），颜色（　　）的型号。
A. 从硬到软　B. 从软到硬　C. 从浓到淡
D. 从淡到浓　E. 以上皆不是

17. 产品手绘的画线工具除了传统意义上的自来水笔，还有（　　）等。
A. 针管笔　B. 尼龙笔　C. 签字笔
D. 走珠笔　E. 毛笔

18. 所谓卡纸，通俗地讲就是那些纸张比较厚的纸。我们可以把它分为（　　）三大类。
A. 粗糙的　B. 有光泽　C. 无光泽
D. 彩色的　E. 色卡

19. 通过描绘的形象，手绘能够表达出设计师的设计意图，产品的（　　）。
A. 形象　B. 结构　C. 机理
D. 尺寸　E. 使用方法

20. 绘画表现注重（　　）等。
A. 结构　B. 情感　C. 动态
D. 夸张　E. 意境

三、判断题

21. 我们有了手绘能力，就不容易出现误区了。（　　）

22. 产品手绘的作用就是把产品设想转化为可供他人解读的虚拟形象。（　　）

23. 产品手绘与绘画是没有区别的。（　　）

24. 设计手绘是静态的表现，理性的分析，它依据人机工程、机械原理、数理逻辑对产品进行解剖和组合，最后得到产品形态的正确呈现。（　　）

25. 设计手绘应该有一个较为完善的表现方法。（　　）

26. 工业设计师所要具备的职业技能，应该是单一性的。（　　）

27. 手绘方案图传达的设计意图越模糊、越广泛越好。（　　）

28. 即使是设计草图，也要正确、全面地表达出产品的特征与细节。（　　）

29. 产品手绘造型方法一般以线条为主，铅笔、钢笔、马克笔，一切可以书写出线条轨迹的工具都可以成为绘画工具。（　　）

30. 设计绘画过程小心谨慎，追求一条线准确无误画到底。（　　）

## 练习与思考题参考答案

| 1. C | 2. A | 3. B | 4. D | 5. C | 6. C | 7. A | 8. D | 9. B | 10. C |
|---|---|---|---|---|---|---|---|---|---|
| 11. ABCD | 12. ABC | 13. BC | 14. ACE | 15. CDE | 16. AD | 17. ABCD | 18. BCE | 19. ABCDE | 20. BCDE |
| 21. N | 22. Y | 23. N | 24. Y | 25. Y | 26. N | 27. N | 28. Y | 29. Y | 30. N |

# 任务 7

# 手绘效果图绘制

该训练任务建议用12个学时完成学习。

## 7.1 任务来源

产品项目进行过程中需要设计师在很短的时间里能表达出合理的具有价值的创意设计方案，其中手绘效果图便是一种很好的表现手段。手绘效果图能够完善及验证设计师想象中的创意，同时也能起到快速判断方向的作用，长期的训练可以提升设计师的思维活跃度。

## 7.2 任务描述

绘制一张产品手绘精细线稿图纸，随后借助计算机软件将其做成一份布局合理的效果图成品。

## 7.3 能力目标

### 7.3.1 技能目标

完成本训练任务后，你应当能（够）：

**1. 关键技能**

（1）会利用少量明暗关系表现产品效果立体感。

（2）会在图稿中进行颜色区分、材质与表面处理。

（3）会对效果图内容进行整体版面排布。

**2. 基本技能**

（1）可以手绘完成产品精细线稿。

（2）会操作PhotoShop软件添加图纸效果。

### 7.3.2 知识目标

完成本训练任务后，你应当能（够）：

（1）掌握手绘精细线稿表现技法。

（2）掌握效果图创意表现方法。

（3）熟悉PhotoShop软件操作技巧。

### 7.3.3 职业素质目标

完成本训练任务后，你应当能（够）：

（1）具有严谨认真的工作态度。

（2）善于学习和交流。

（3）具备良好的图形沟通能力。

（4）具备高效的工作效率。

## 7.4 任务实施

### 7.4.1 活动一 知识准备

（1）设计效果图的表现原则。

（2）产品效果图的表现特点与分类。

（3）产品外观质感表现方法。

### 7.4.2 活动二 示范操作

**1. 活动内容**

以鼠标为对象，用A4或A3纸张绘制一张手绘精细效果图纸，具体步骤如下：

（1）绘图工具不限，无须上色。要求图纸表现有不同的产品视角（含透视图和若干正视图）；

（2）将已经完成的手绘线稿图纸进行扫描，以JPEG格式存入计算机，随后在PhotoShop里新建一个文档将其导入。

（3）在软件中将图纸去色后调整对比度，调整效果图位置。

（4）清理画面后为主效果图添加色彩和质感等细节。

（5）为俯视图和左视图添加装饰来增加手绘风格，完成作品。

**2. 操作步骤**

（1）步骤一：绘制手绘线稿，图纸内容涵盖产品多个视角。随后将已经完成的手绘线稿通过扫描仪导入计算机。若图纸与扫描仪的规格不符，则需要分开扫描，结果如图7-1所示。

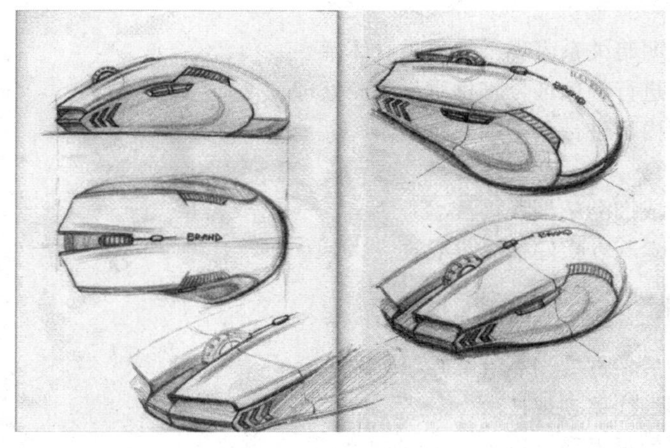

图7-1 绘制并扫描手绘线稿

（2）步骤二：运行 PhotoShop 软件，新建一个“鼠标草绘效果图”文档，参数按照图 7-2 进行设置。

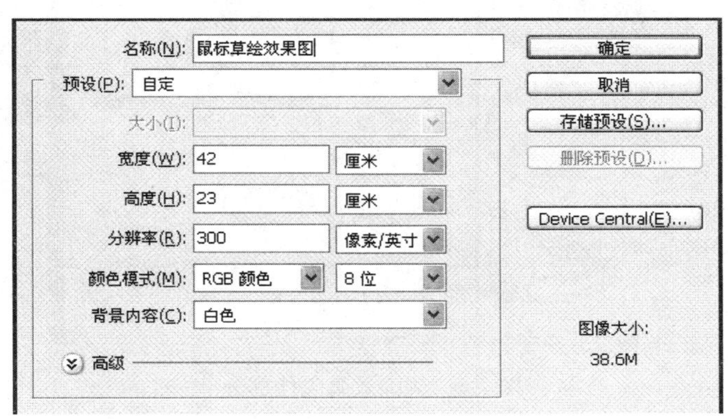


图 7-2　PhotoShop 软件新建文档

（3）步骤三：新建两个图层并将图纸分别导入，调整好位置进行拼接，结果如图 7-3 所示。

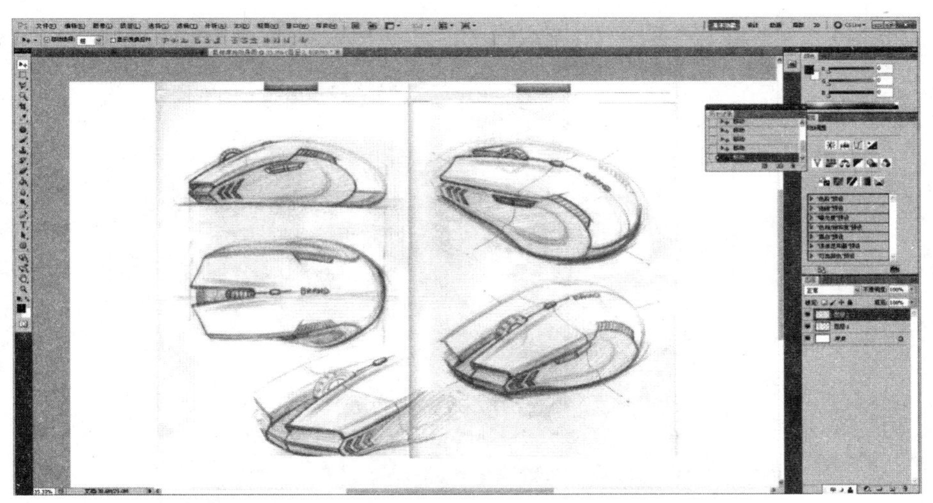

图 7-3　新建图层并调整位置拼接

（4）步骤四：框选扫描效果欠佳的中间部分删除，结果如图 7-4 所示。

（5）步骤五：合并（按键 Ctrl＋E）两个图层，并进行去色处理，结果如图 7-5 所示。

（6）步骤六：按键 Ctrl＋M 调出曲线窗口，结果如图 7-6 所示。Ctrl＋L 调出色阶窗口进行调整直到满意，结果如图 7-7 所示。

（7）步骤七：使用套索工具框选两个视图，结果如图 7-8 所示。右击选择“通过拷贝的图层”来让它们成为一个新的图层，结果如图 7-9 所示。

（8）步骤八：使用相同的方法框选其他几个视图将它们变为独立的新图层，如图 7-10～图 7-12 所示。

（9）步骤九：显示所有图层后调整位置，结果如图 7-13 所示。使用橡皮擦工具清理画面，结果如图 7-14 所示。

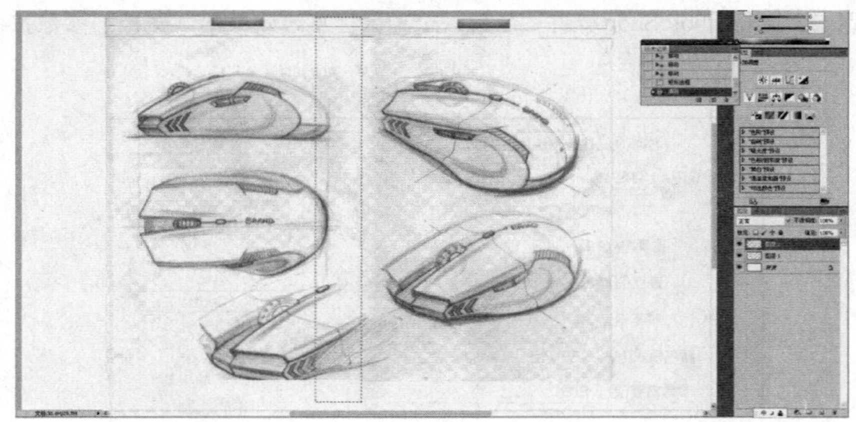

图 7-4 删除效果欠佳部分

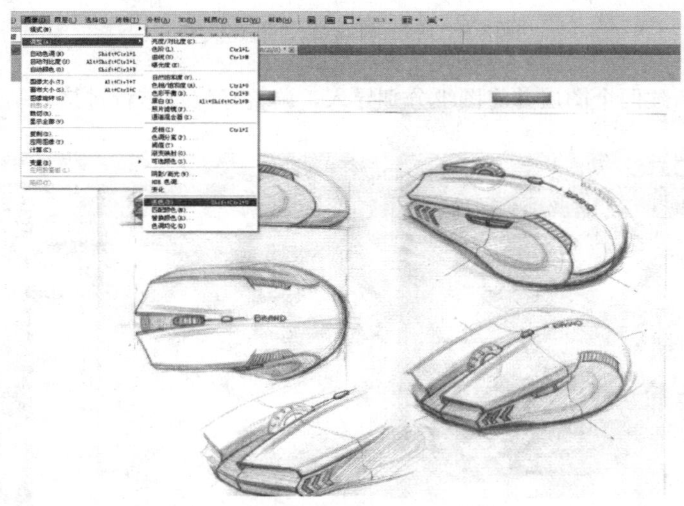

图 7-5 合并图层并去色处理

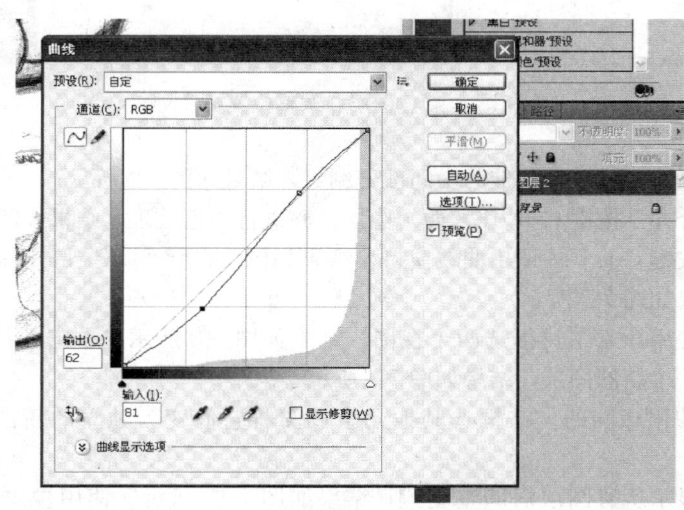


图 7-6 曲线调整

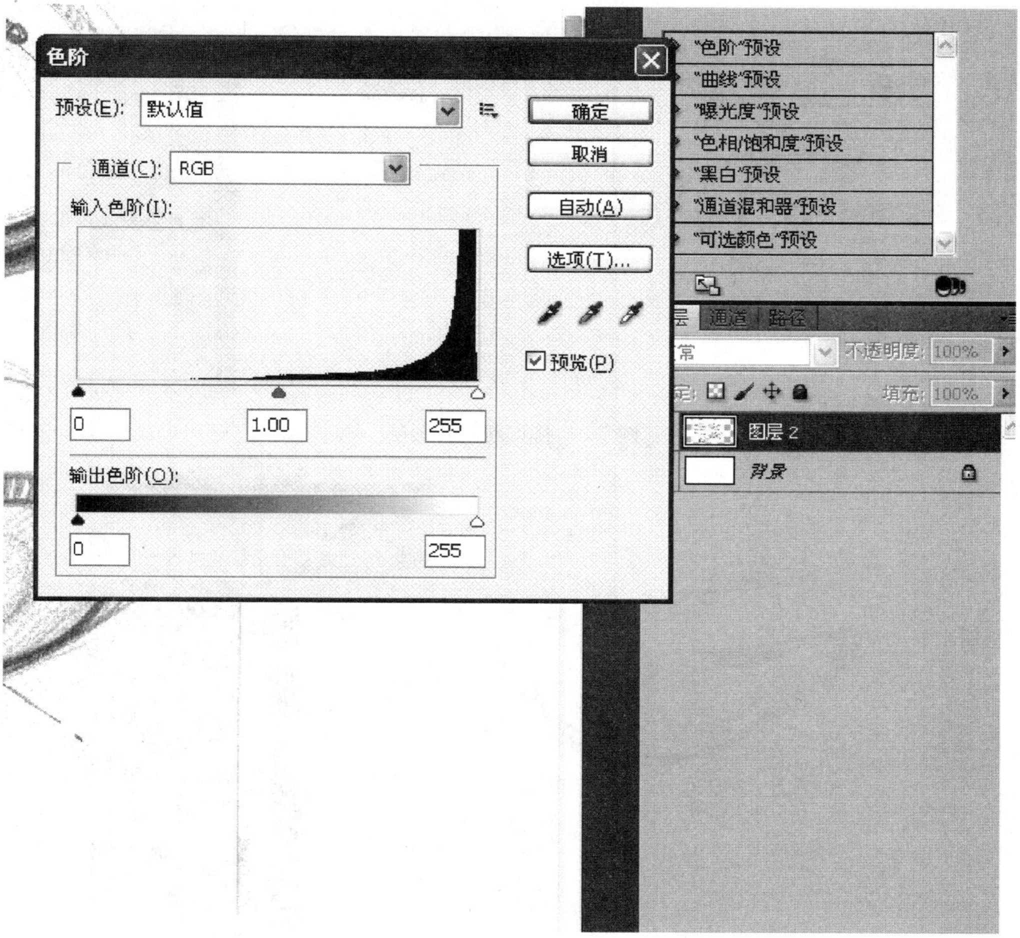

图 7-7　色阶调整

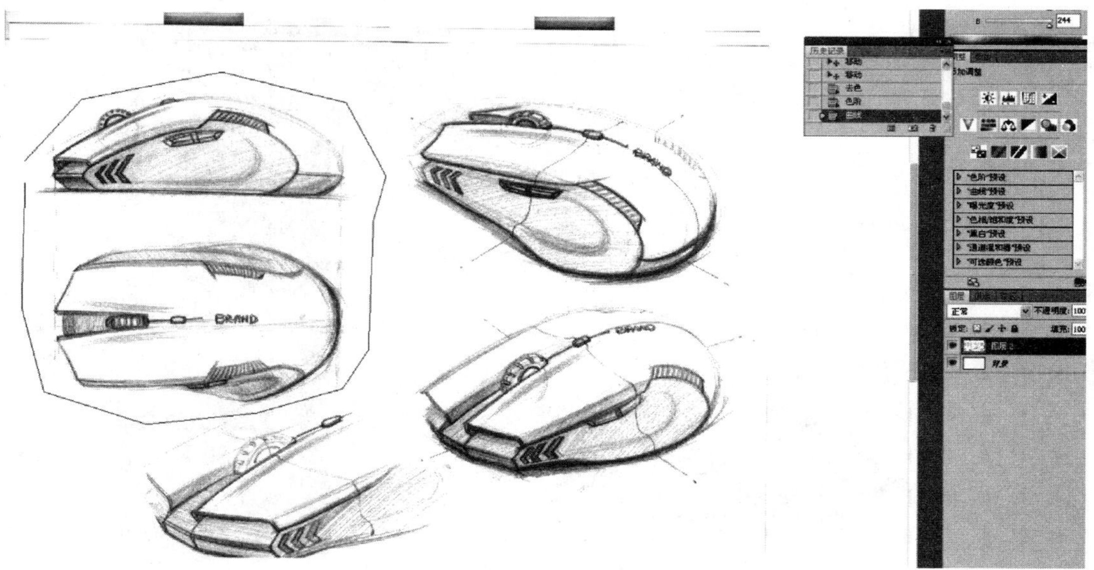


图 7-8　套索工具框选两个视图

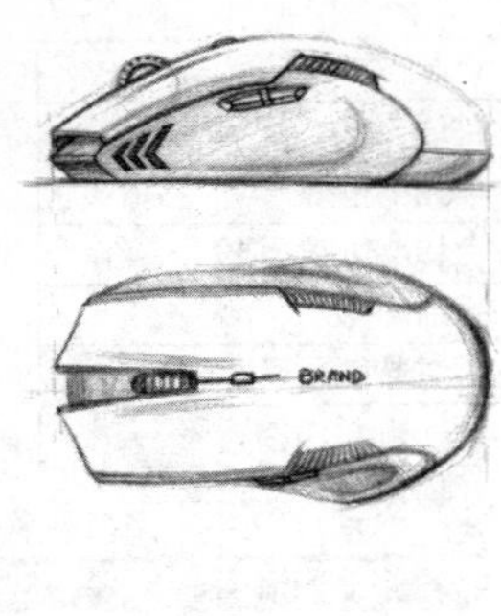


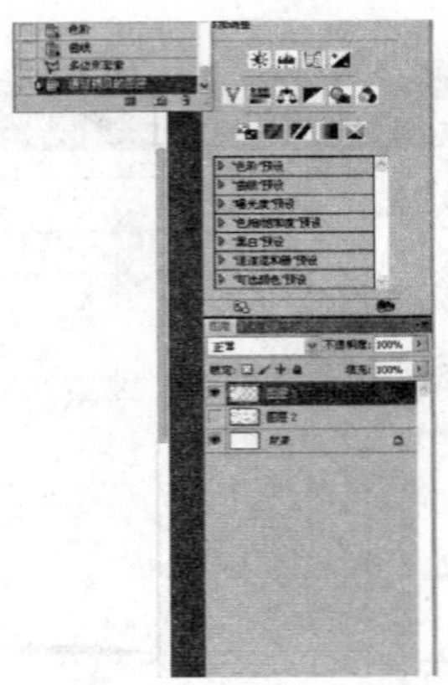

图 7-9 拷贝新建新图层

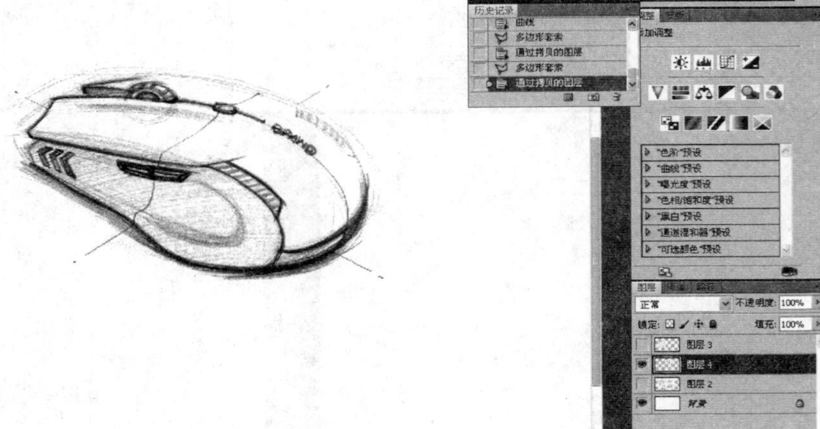


图 7-10 框选视图 I

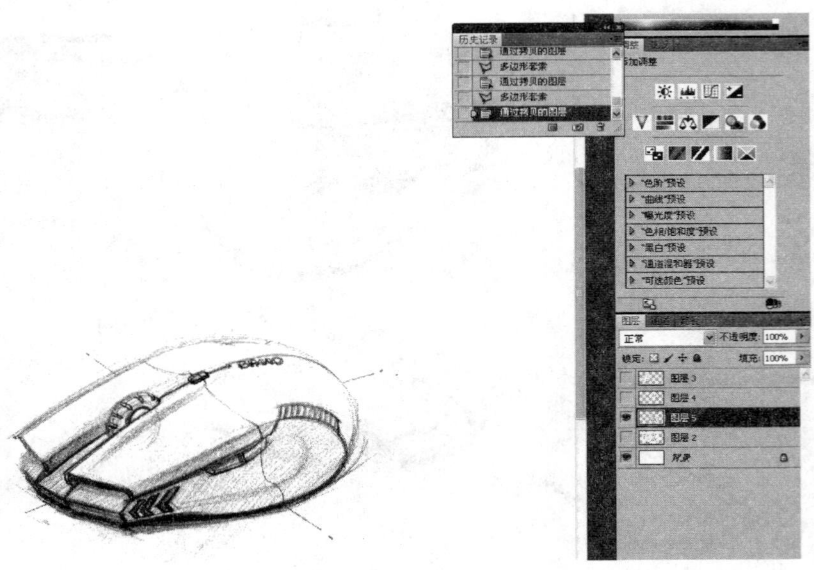


图 7-11 框选视图 II

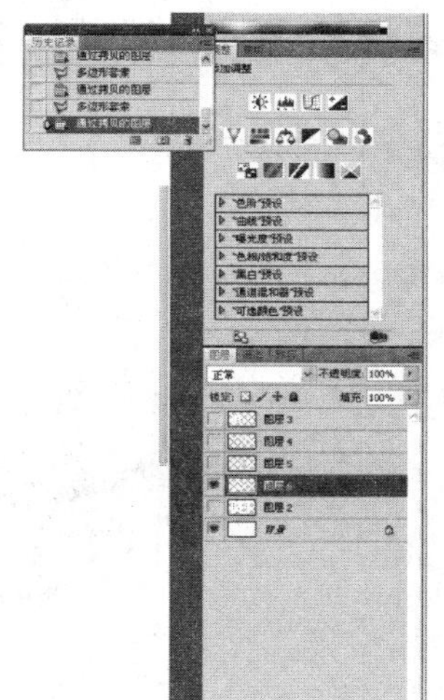

图 7-12　新建成新图层

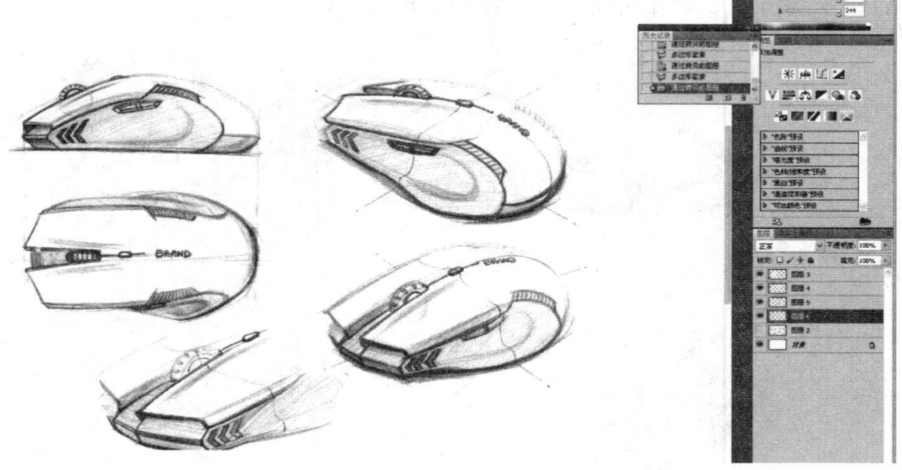

图 7-13　调整视图位置

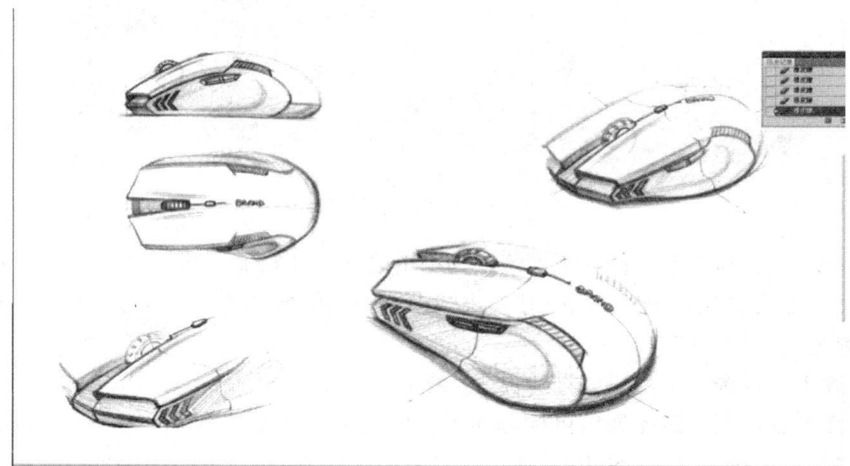

图 7-14　清理画面

(10) 步骤十：新建一个图层，为主效果图上一层阴影并稍加调整，结果如图 7-15 所示。

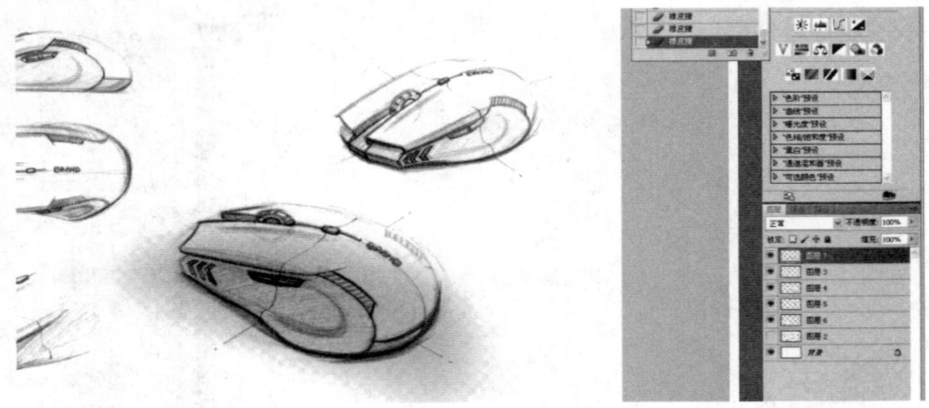

图 7-15　新建一层阴影

(11) 步骤十一：新建路径若干，结果如图 7-16 所示。

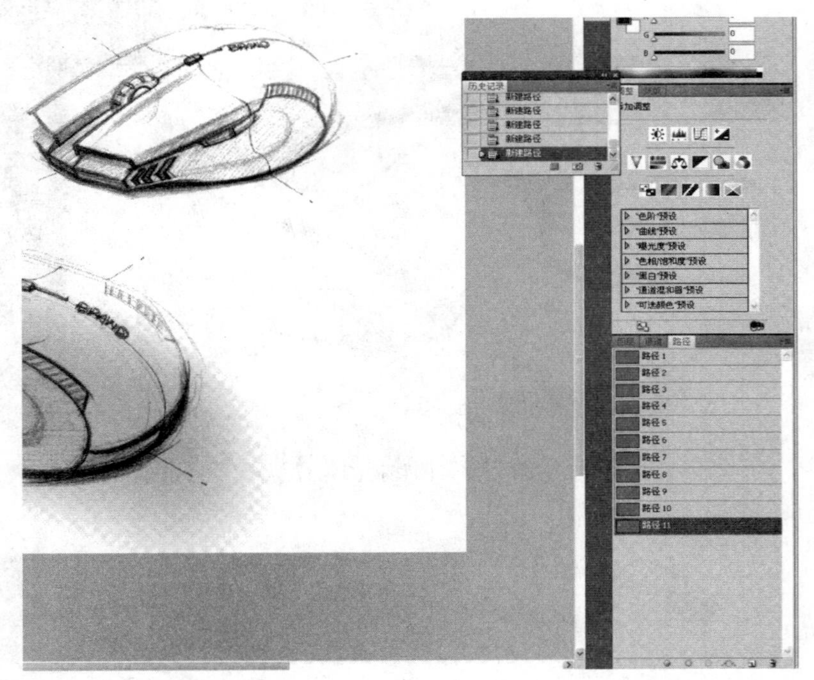

图 7-16　新建路径

(12) 步骤十二：在一个路径上用钢笔工具描出鼠标的外轮廓，结果如图 7-17 所示。

(13) 步骤十三：按键 Ctrl+Enter 转换步骤十二中的鼠标外轮廓为选区。新建图层，用油漆桶工具填充黑色，结果如图 7-18 所示。

(14) 步骤十四：调节不透明度直到合适，结果如图 7-19 所示。

(15) 步骤十五：在新路径画出鼠标侧面上轮廓，结果如图 7-20 所示。在合适的地方封闭，与前面的图层相交（按键 Alt+Shift），通过拷贝图层（按键 Ctrl+J），结果如图 7-21 所示。

(16) 步骤十六：用相同的方法勾勒出鼠标左按键的转折，结果如图 7-22 所示。

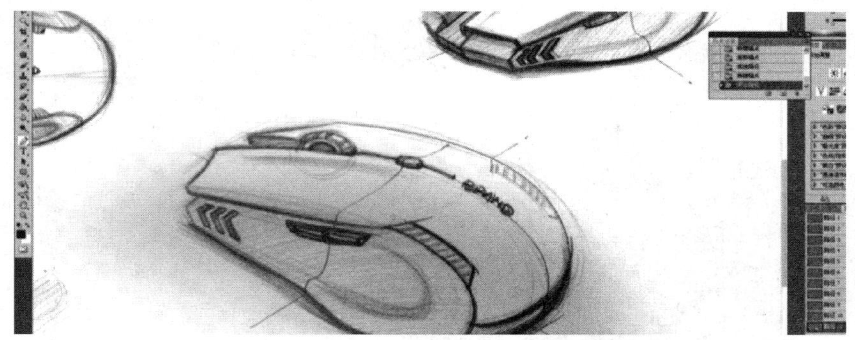

图 7-17　描出鼠标外轮廓

图 7-18　新建图层填充黑色

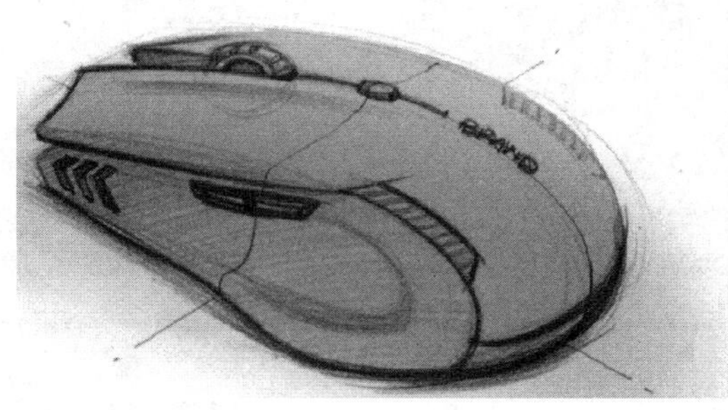

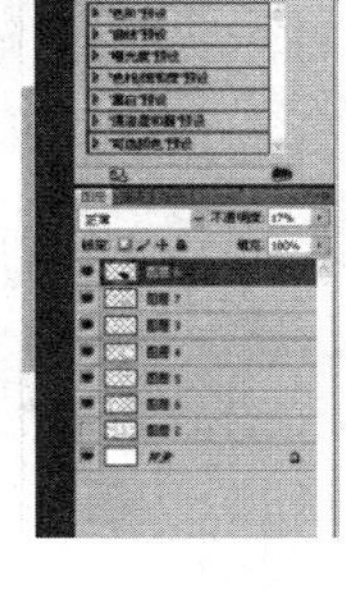

图 7-19　调节不透明度

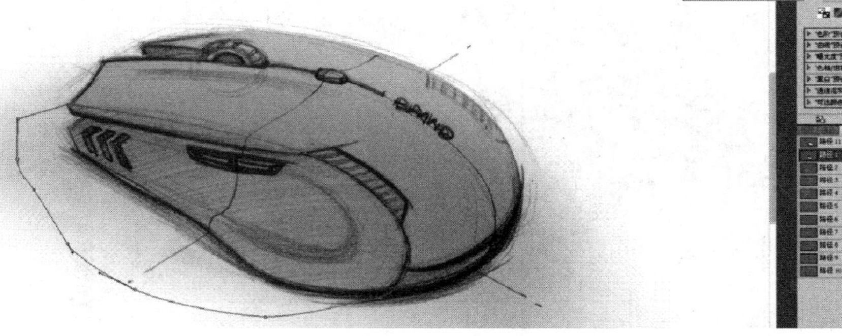

图 7-20　画出侧面轮廓

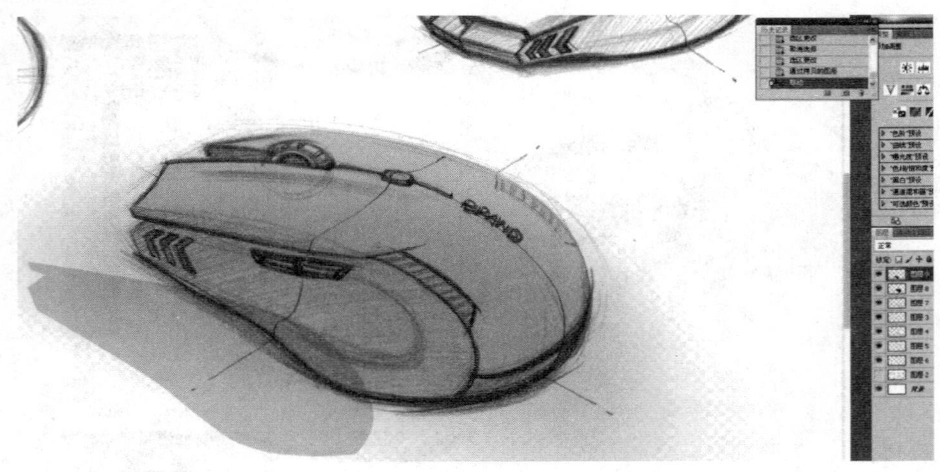

图 7-21 拷贝图层

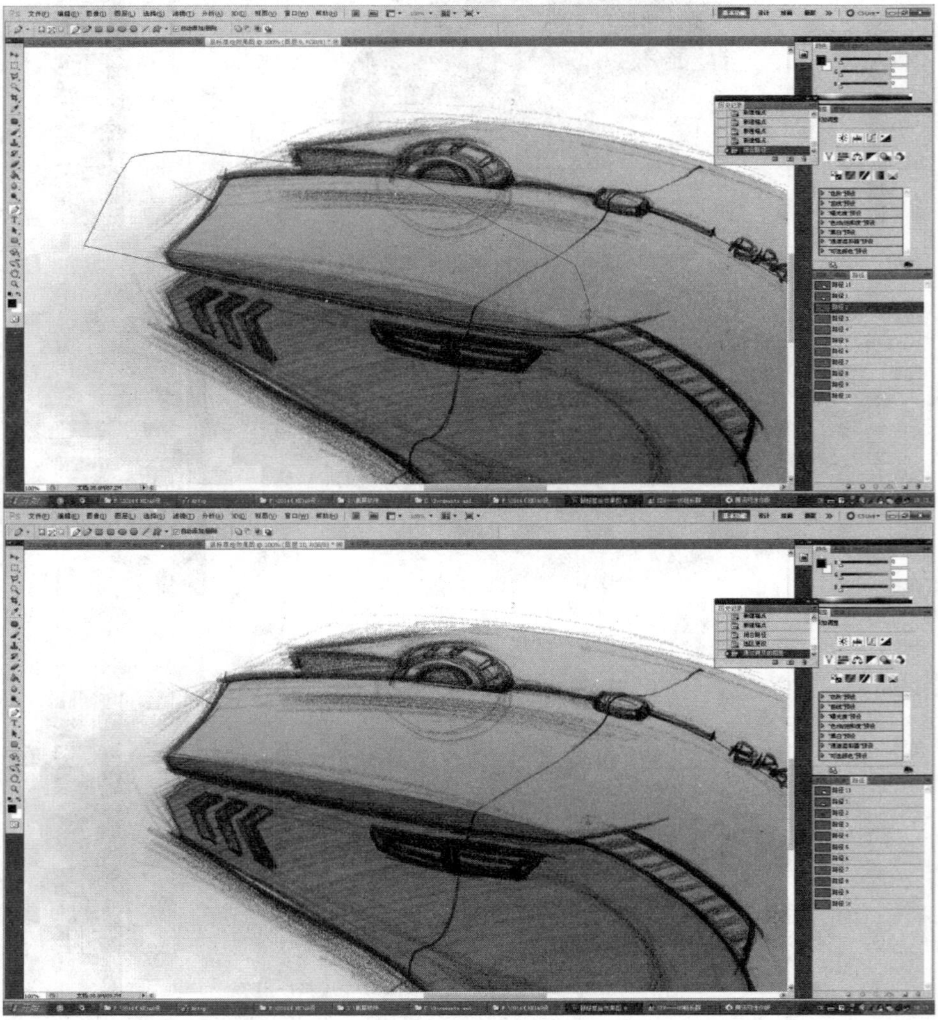

图 7-22 勾勒鼠标左按键的转折

（17）步骤十七：在同一路径画出装饰灯的轮廓；转换为选区；新建图层填充蓝色。画出轮廓并新建图层，结果如图 7-23 所示。填充蓝色，结果如图 7-24 所示。

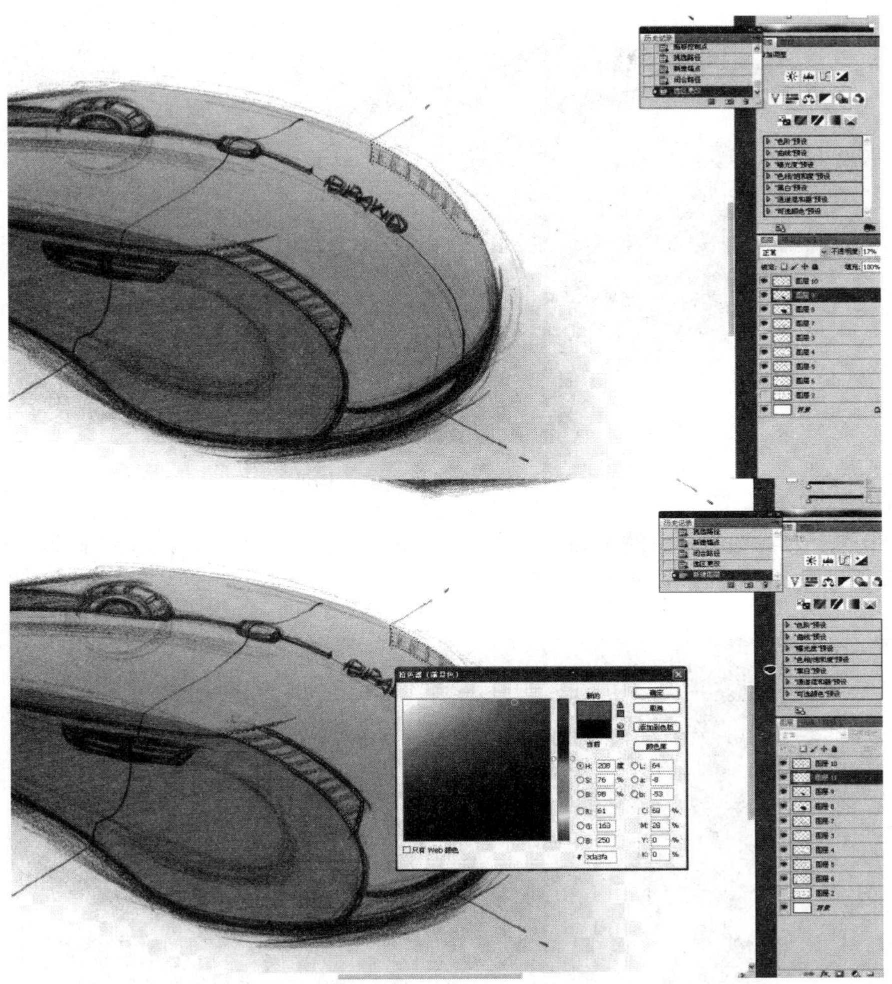

图 7-23　画出轮廓并新建图层

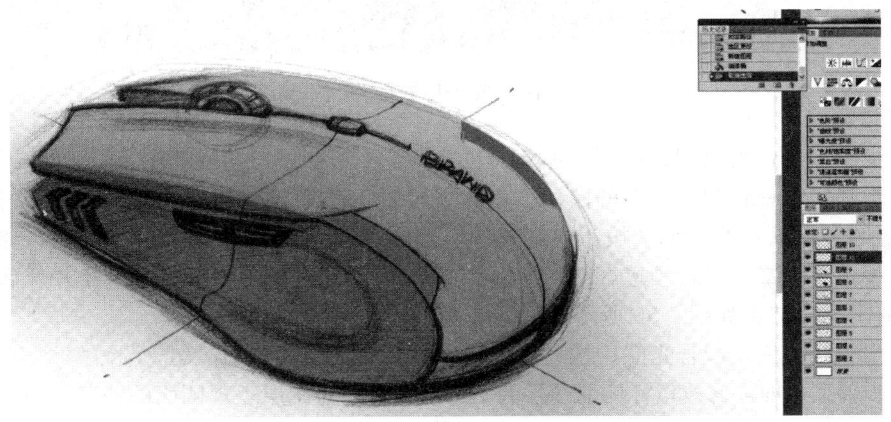

图 7-24　填充蓝色

(18) 步骤十八：画出鲨鱼鳍装饰灯的大致轮廓，调整全部装饰灯的不透明度，结果如图 7-25 所示。

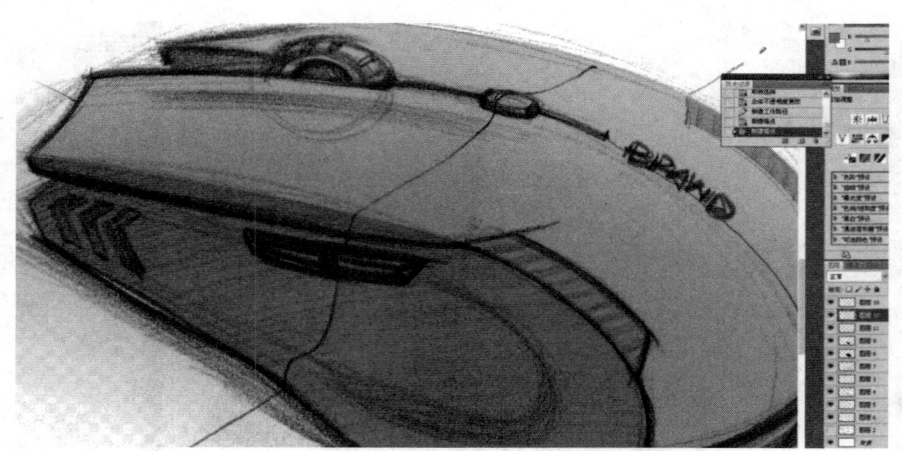


图 7-25　画出轮廓并调整不透明度

(19) 步骤十九：选中鲨鱼鳍装饰灯所在图层，在新路径中画出要去掉的部分，转换为选区后直接删除，结果如图 7-26 所示。

图 7-26　画出要去掉的部分然后删除

(20) 步骤二十：画出侧键轮廓，填充白色并调整不透明度，结果如图 7-27 所示。

(21) 步骤二十一：删掉缝隙的白色填充，添加细节表现立体感（注意光照方向）。再重点表现鼠标右键的转折以及 DPI 调节按钮的灯光，结果如图 7-28 所示。

(22) 步骤二十二：设置画笔，结果如图 7-29 所示，在新路径使用描边路径并开启压力模拟来描出一道阴影，结果如图 7-30 所示。

(23) 步骤二十三：配合光照用橡皮擦工具修整画面，结果如图 7-31 所示。

(24) 步骤二十四：修改鼠标侧面图层的不透明度，新建图层表现侧面的凹陷（拖动列表中的图层来改变顺序以让其他元素不被盖住）。用橡皮擦工具使前端变得平滑，结果如图 7-32 所示。

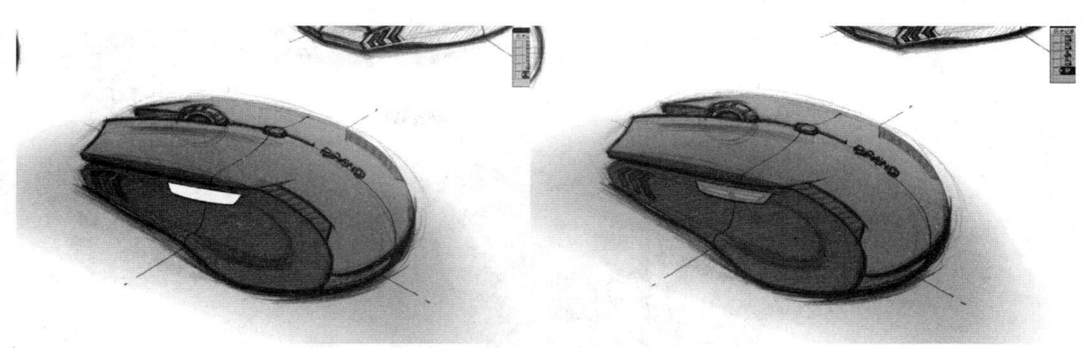

图 7-27　侧键填色前后效果

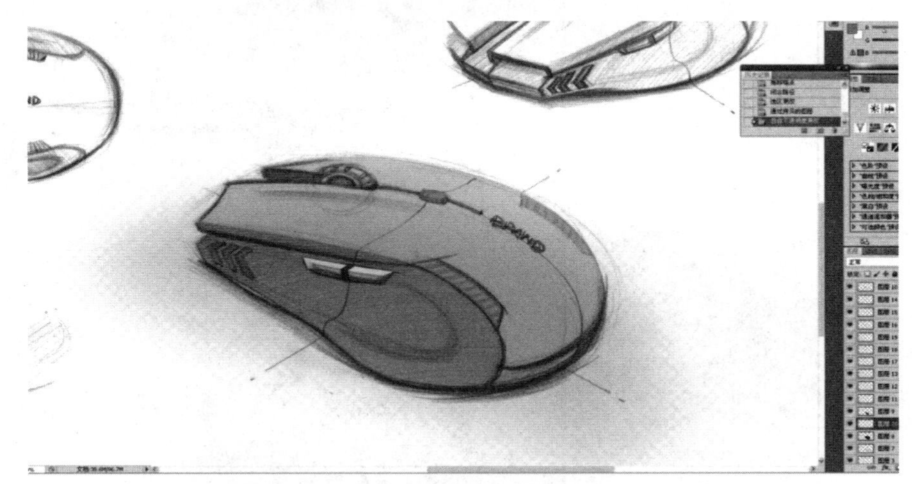

图 7-28　细节调整

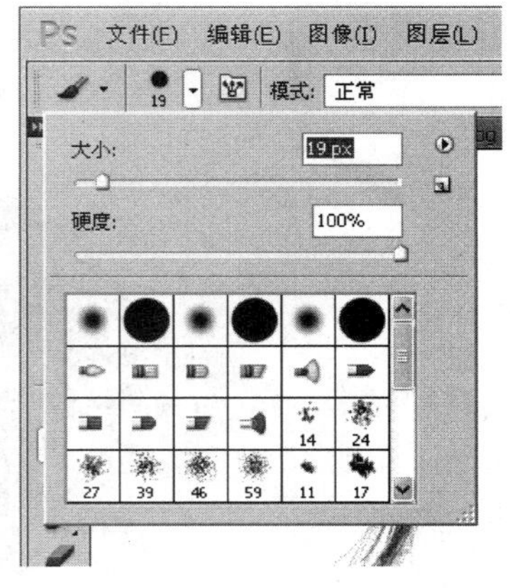


图 7-29　设置画笔

（25）步骤二十五：画出侧面轮廓高光，结果如图 7-33 所示；填充半透明白色，结果如图 7-34 所示；用橡皮擦修整后进行高斯模糊，结果如图 7-35 所示。

（26）步骤二十六：整体调整图层的不透明度，直到达到一个良好的效果，结果如图 7-36 所示。

（27）步骤二十七：画出鼠标左键的高光，进行高斯模糊并调整效果；将高光图层复制并转到鼠标右键；将被滚轮遮住的地方删除，结果如图 7-37 所示。

（28）步骤二十八：画出鼠标左键转折处的高光和按键表面的反光并调整。绘制高光和反光，结果如图 7-38 所示。调整完成，结果如图 7-39 所示。

（29）步骤二十九：为鼠标侧面添加杂色来表达磨砂质感，如图 7-40 和图 7-41 所示。

（30）步骤三十：画出鼠标尾部反光以表现亮面质感，如图 7-42 和图 7-43 所示。

（31）步骤三十一：表现装饰灯光效果，添加细节加以调整。添加细节，结果如图 7-44 和图 7-46 所示。灯光细节调整完成，结果如图 7-45、图 7-47 所示。

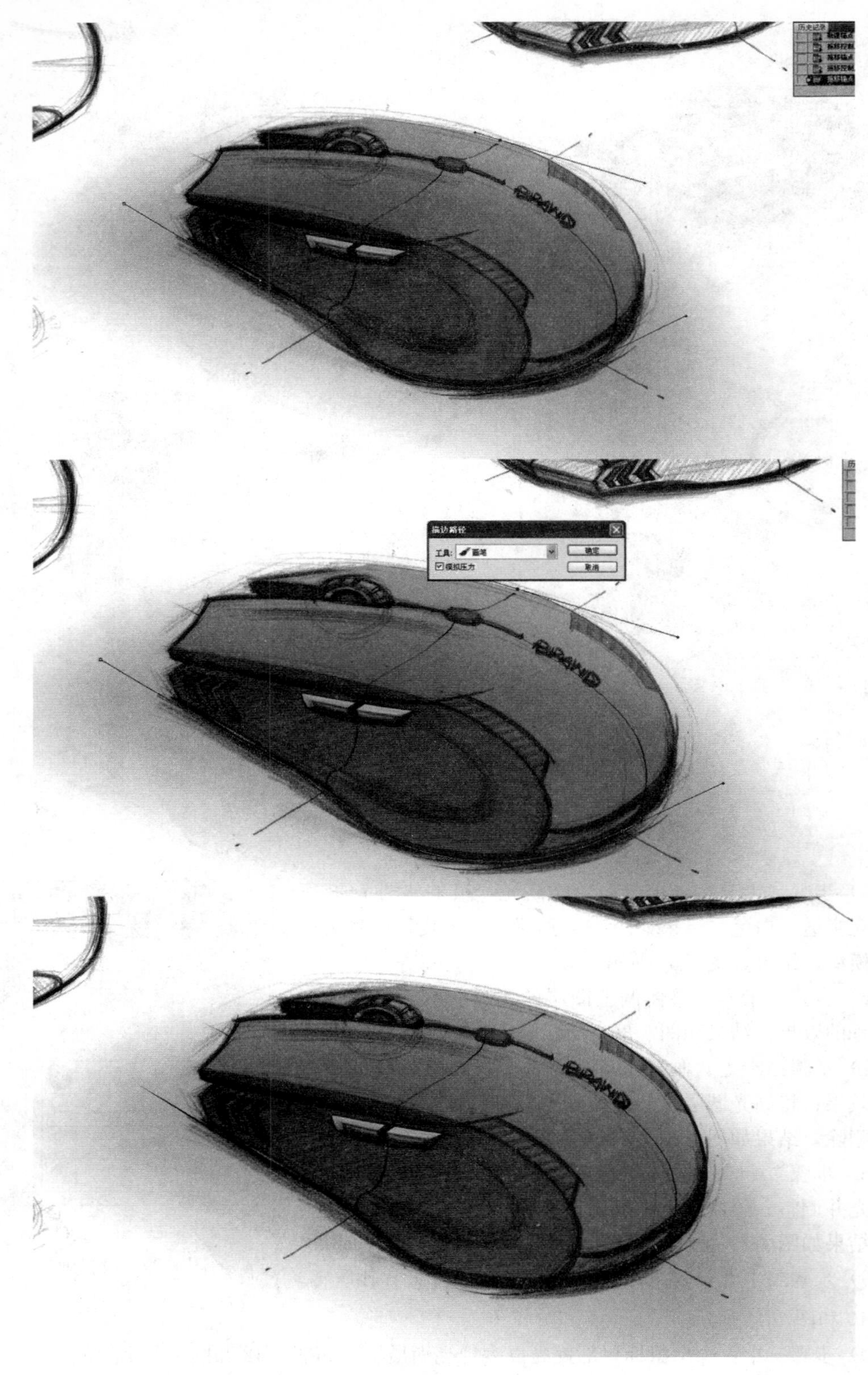


图 7-30 描出阴影

图 7-31　修整画面

图 7-32　表现侧面凹陷

图 7-33　画侧面轮廓高光

图 7-34 填充半透明白色

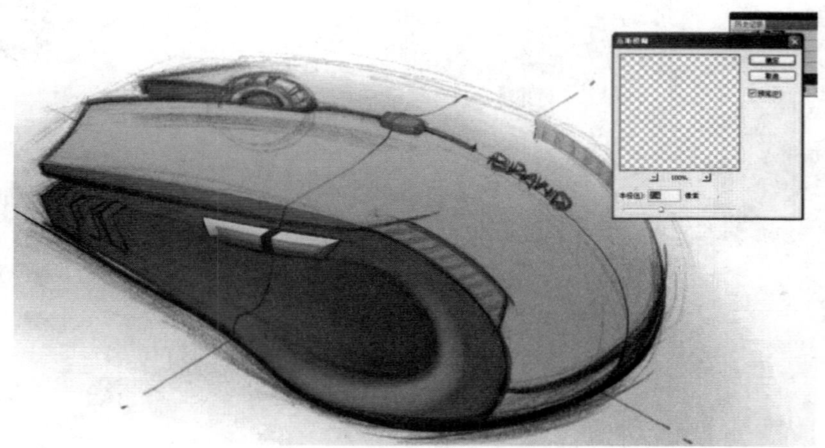


图 7-35 高斯模糊

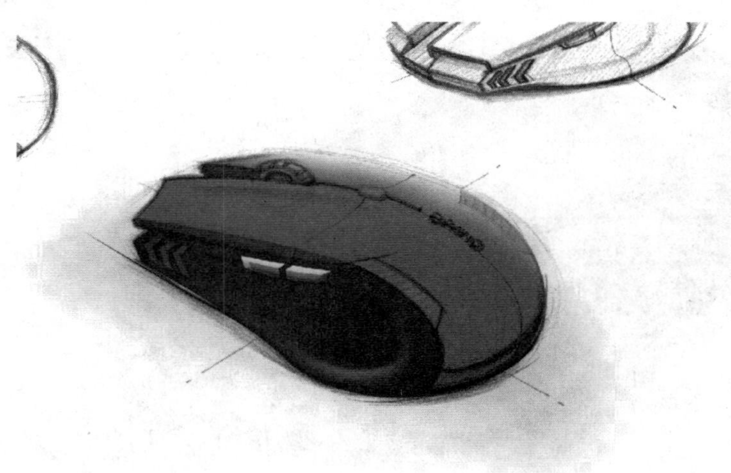

图 7-36 调整图层不透明度

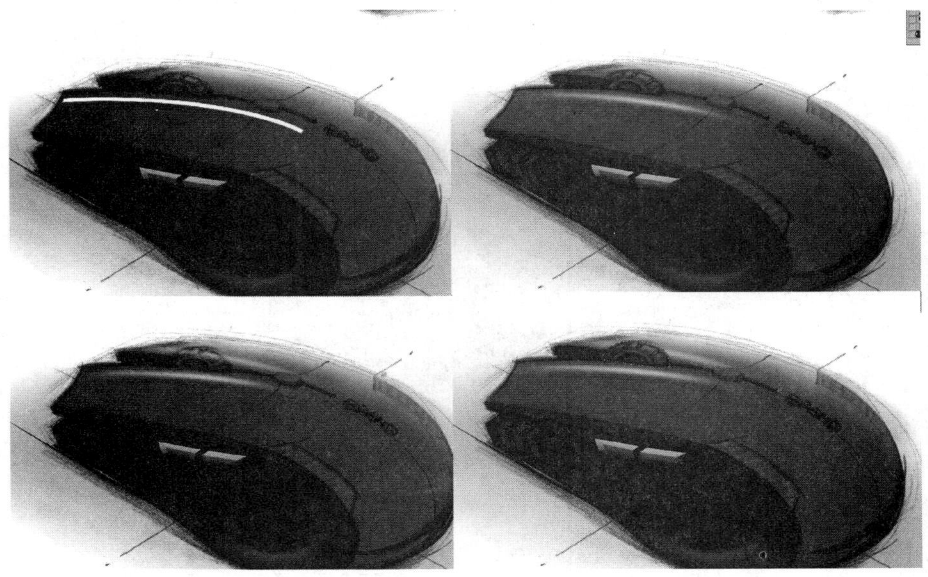

图 7-37　画出鼠标高光

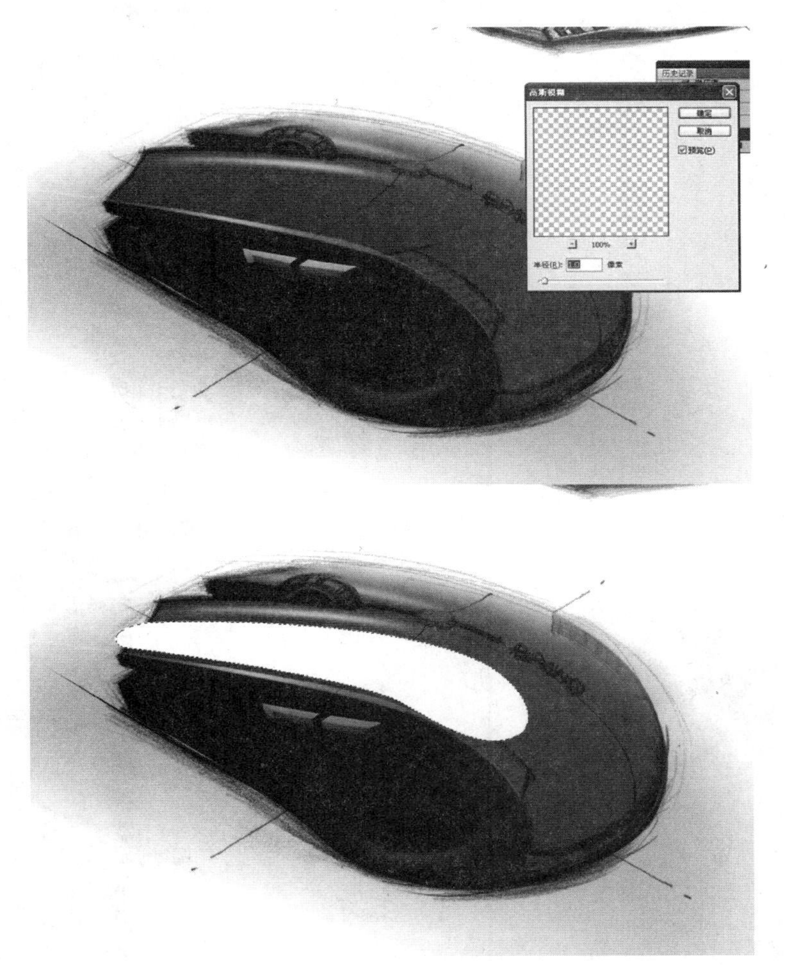

图 7-38　绘制高光和反光轮廓

图 7-39　调整高光和反光完成

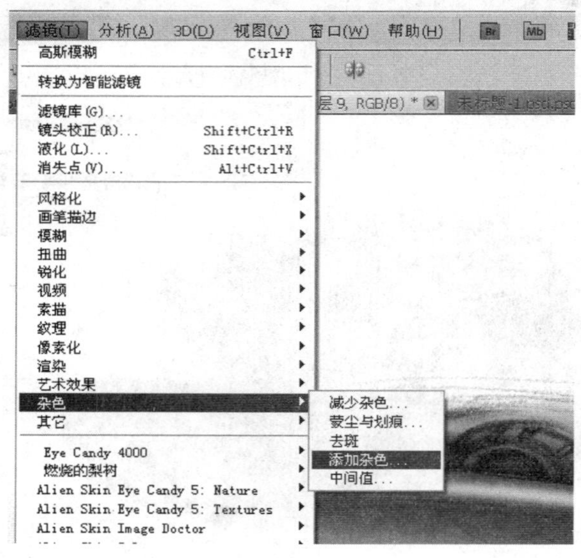


图 7-40　调出命令

图 7-41　表达磨砂质感

图 7-42　绘制反光轮廓

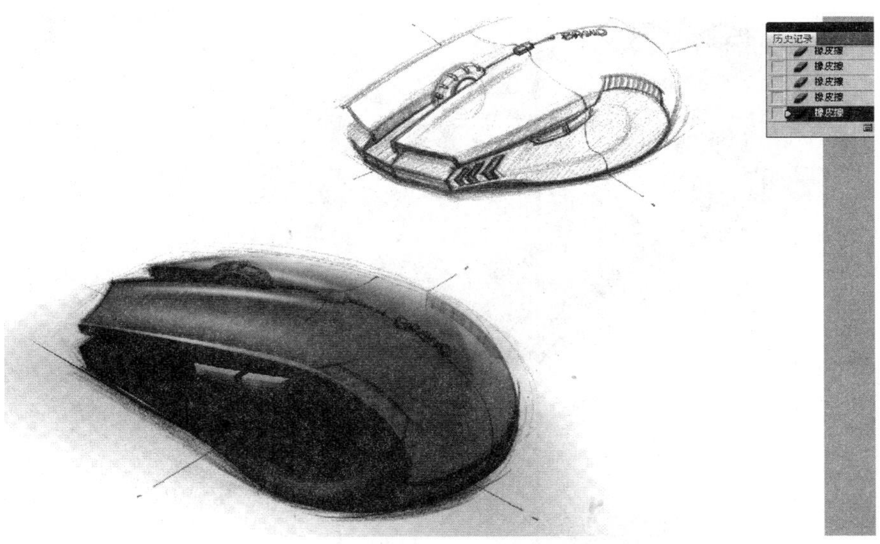


图 7-43　表现亮面质感

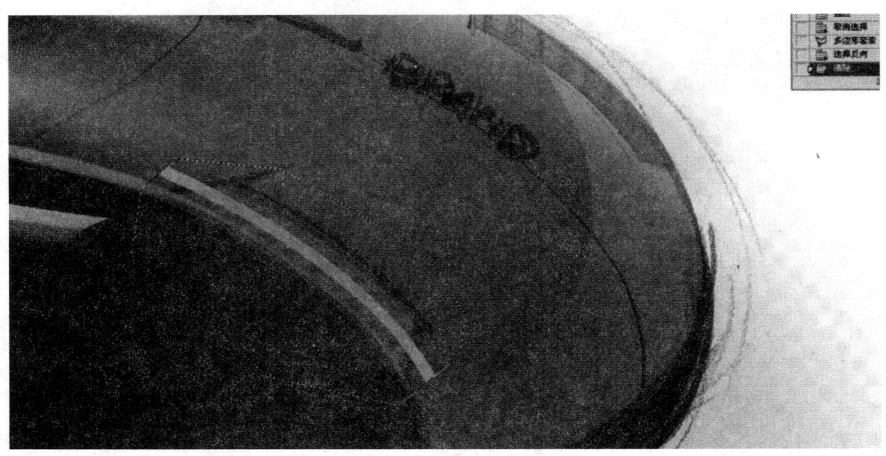

图 7-44　添加装饰灯光光晕

图 7-45　添加完成

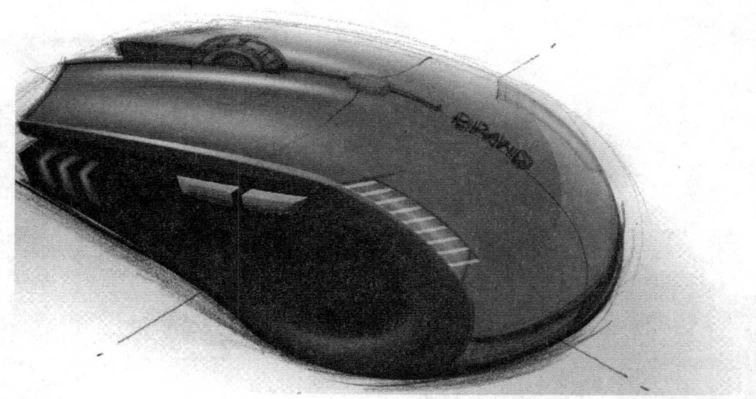

图 7-46　添加光条

图 7-47　添加光条调整完成

（32）步骤三十二：在俯视图和左视图上新建一个矩形图层，半透明黑色填充，结果如图 7-48 所示。

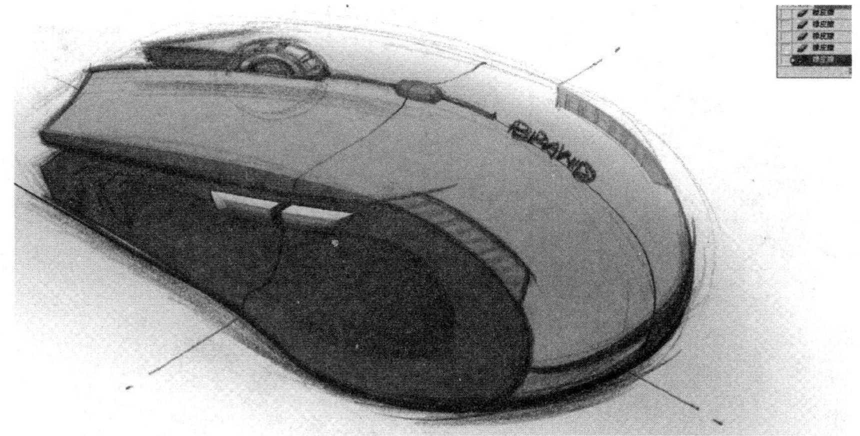


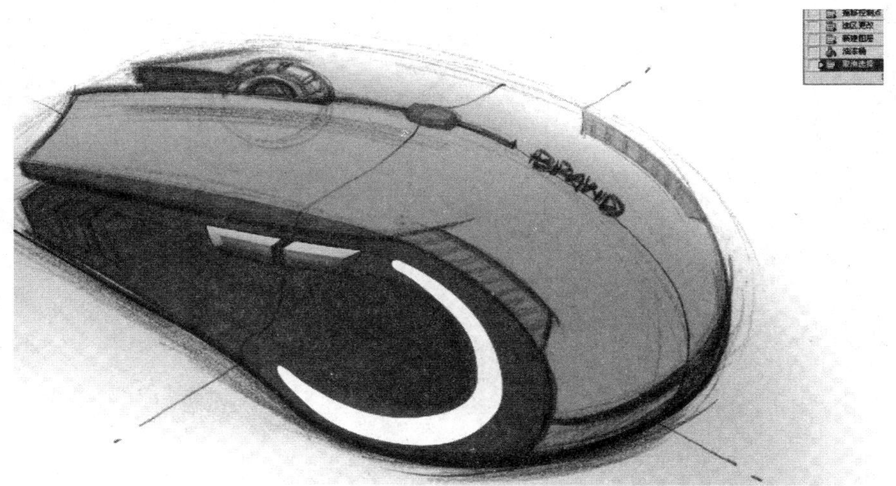

结果如图 8-32 所示。

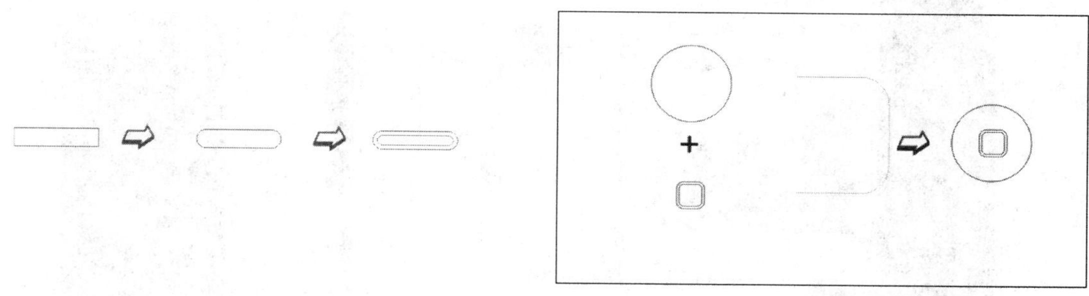

图 8-30　听筒绘制

图 8-31　按键绘制

9）绘制侧面线条。用同样的方法绘制出智能手机的侧面主体轮廓。注意其中设定侧面轮廓的总厚度为 12..30mm。完成绘制后放置在正视图左侧且纵向对齐，结果如图 8-33 所示。

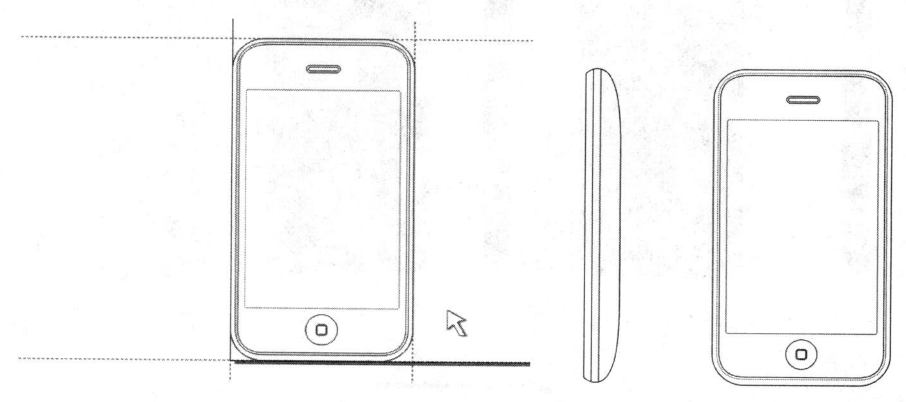

图 8-32　正视图线框轮廓

图 8-33　智能手机轮廓线

（3）步骤三：使用二维软件进行色彩填充及材质塑造。使用色彩填充工具对产品部件进行渲染；根据手绘效果图设计的色彩对各部件进行色彩填充；根据设计要求对产品进行材质塑造。

1）整体填色。

a. 填充前壳屏幕区域。选择手机前壳屏幕主体部件，单击左边工具栏中“填充工具”，如图 8-34 所示。选择其中的“填充对话框”或执行快捷键“Shift＋F11”弹出“均匀填充”窗口，结果如图 8-35 所示。将该窗口中的“模型”选项设置为“RGB”，在对话框中的“组件”栏分别将输入 6、11、13 三个数字。单击确认完成填色。

图 8-34　填充工具

b. 填充其他各部件。重复上一步骤依次填充手机侧面颜色和前壳的底色，注意其中各个部件的“RGB”参数。结果如图 8-36 和图 8-37 所示。

c. 前壳的光影效果。为了表达手机前壳的立体感及边缘的弧面效果，首先复制出前壳，然后进行适量缩小，可以按住“Shift”键进行等比例缩放，结果如图 8-38 所示。将复制生成的部件填充为白色。使用交互式调和工具将前后两层混合在一起，结果如图 8-39 所示。完成调和后单击右键选择无色填充，这样可以去掉调和后产生的大量黑线条，结果如图 8-40 和图 8-41 所示。

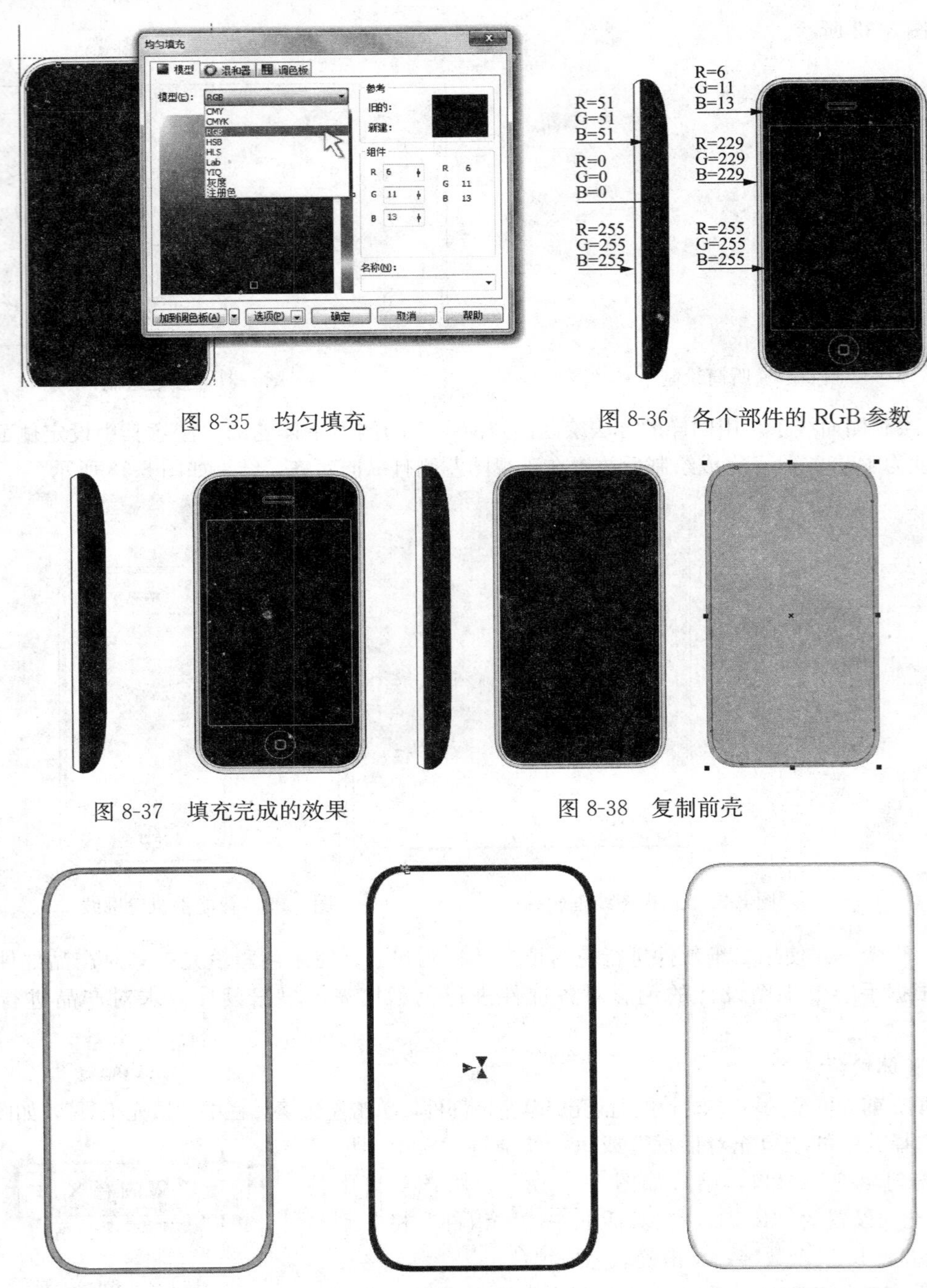


图 8-35 均匀填充

图 8-36 各个部件的 RGB 参数

图 8-37 填充完成的效果

图 8-38 复制前壳

图 8-39 交互式调和

d. 恢复轮廓线。在调和工具去掉黑线条的同时也去掉了前壳的轮廓线，恢复轮廓线，要将调和好的部件置入之前带轮廓线的前壳。于是首先复制前壳主体，然后在要被置入的部件上点击鼠标右键进行拖动，结果如图 8-42 所示。在拖动到置入部件上时才释放右键，此时产生菜单，如图 8-43 所示。选择“画框精确裁剪内部”，这样即可得到需要的带有可调节轮廓线的前壳部件，结果如图 8-44 所示。

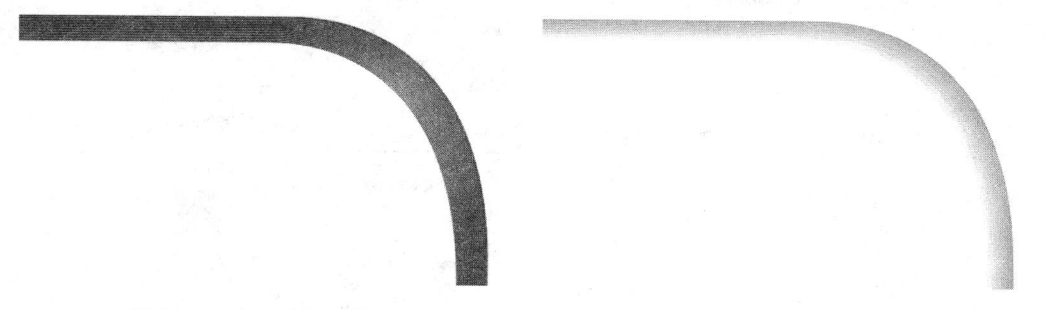

图 8-40　交互式调和前　　　　图 8-41　交互式调和后

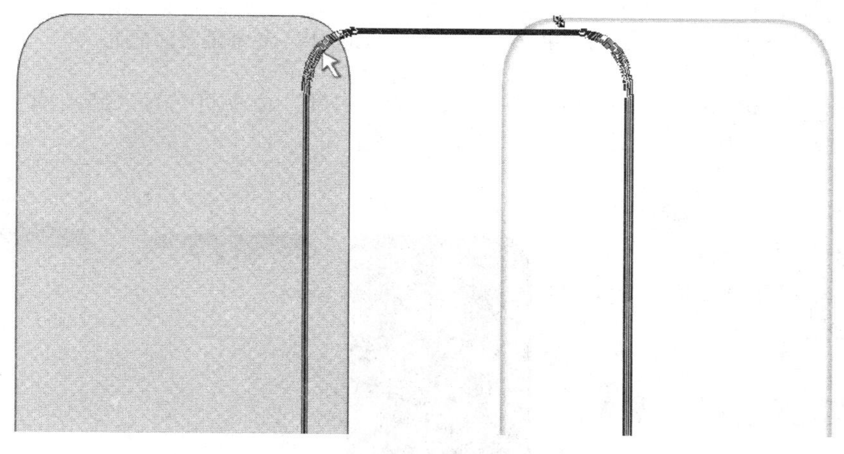

图 8-42　鼠标右键拖动部件

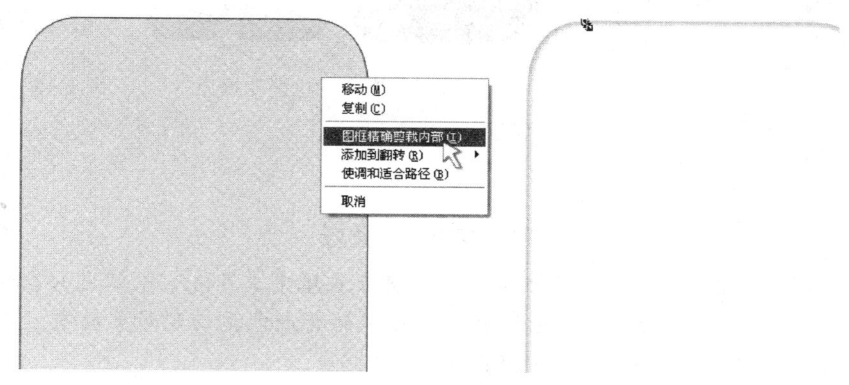


图 8-43　释放右键弹出对话框

e. 改变轮廓线宽度。先选择前壳，然后选择“轮廓工具”中的“轮廓画笔对话框”，或快捷键“F12”，将“宽度”中的“发丝”改为 0.35mm，结果如图 8-45 和图 8-46 所示。

2）材质塑造。在进行材质塑造之前，首先要对产品的部件材质进行分析。这款 iPhone 智能手机的前壳材质采用高反光的金属合金，并经过电镀处理。在塑造的时候就要根据这种材料的特性进行表现。

a. 渐黑材质的塑造。首先在主体线框上下两端画出渐黑的质感，复制主体线框填充为黑色，上下左右分别做适当的缩小，采用工具栏的交互式填充工具对此物件进行编辑，结果如图 8-47

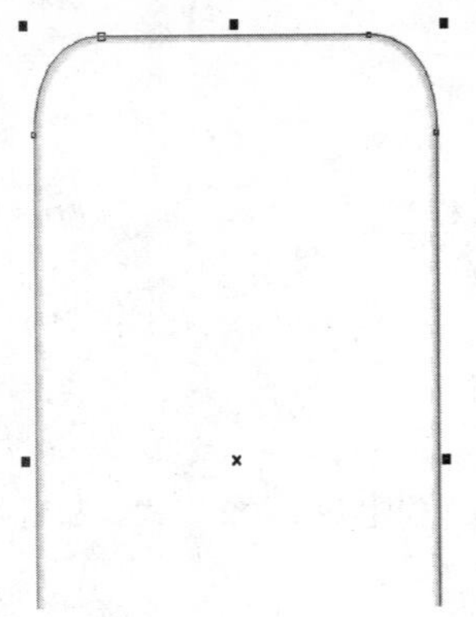

图 8-44　完成置入的效果

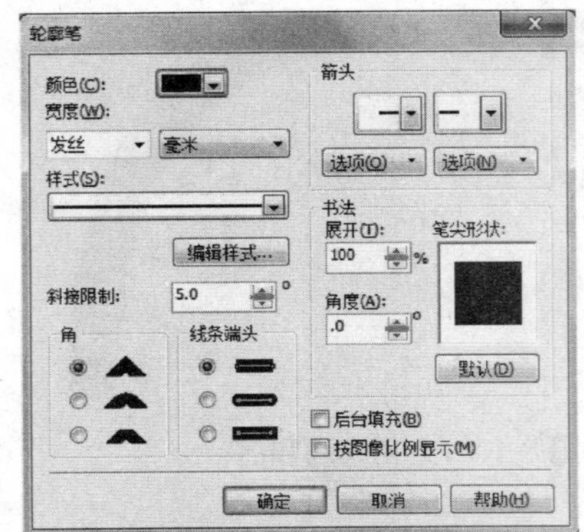


图 8-45　轮廓笔对话框 I

所示。达到图 8-47 所示的效果后选择“画框精确裁剪内部”命令将它置入到前面整体填色的物件里，结果如图 8-48 所示。

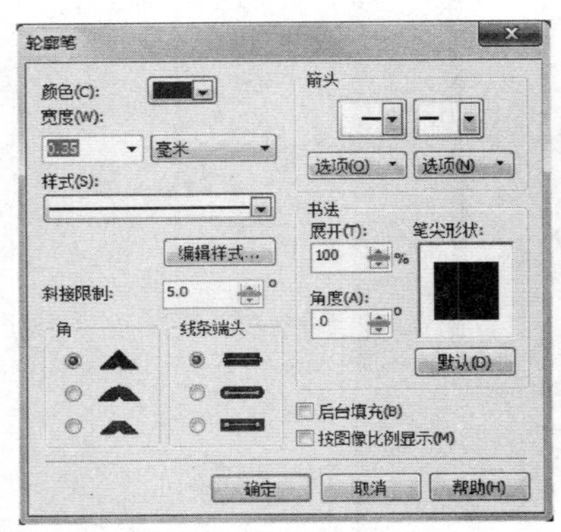


图 8-46　轮廓笔对话框 II

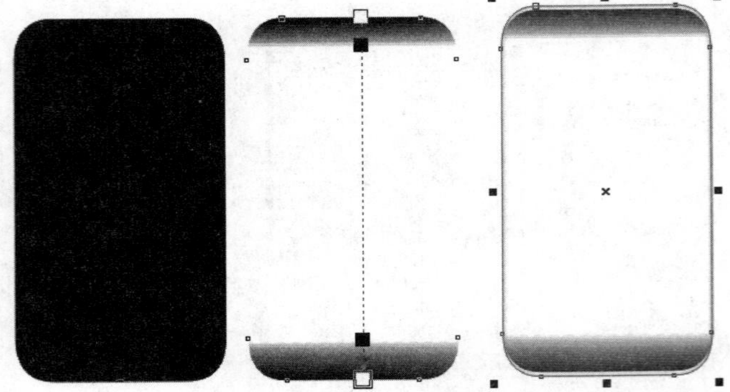

图 8-47　黑白双色渐变填充　　图 8-48　置入部件

**小技巧**

### 双色渐变填充技巧

选择填充为蓝色的物件，如图 A 所示。选择交互式填充工具，从填充对象的左下往右上方向以 45°角拖动，如图 B 所示。通过将调色板中的黄颜色拖动到对象的交互式矢量手柄上，如图 C 所示，形成了双色渐变填充的效果。

图 A　单色填充

图 B　交互式填充

图 C　双色渐变填充

b. 黑影材质的塑造。制作高反差中的黑影部分，同样使用复制出的主体物件，进行水平方向的缩小复制，再将缩小后的物件和原始物件进行剪切，结果如图 8-49 所示。再将此物件置入到物件中，完成前壳的材质塑造，结果如图 8-50 所示。同样的方法绘制出侧视图的前壳壳体材质，结果如图 8-51 所示。

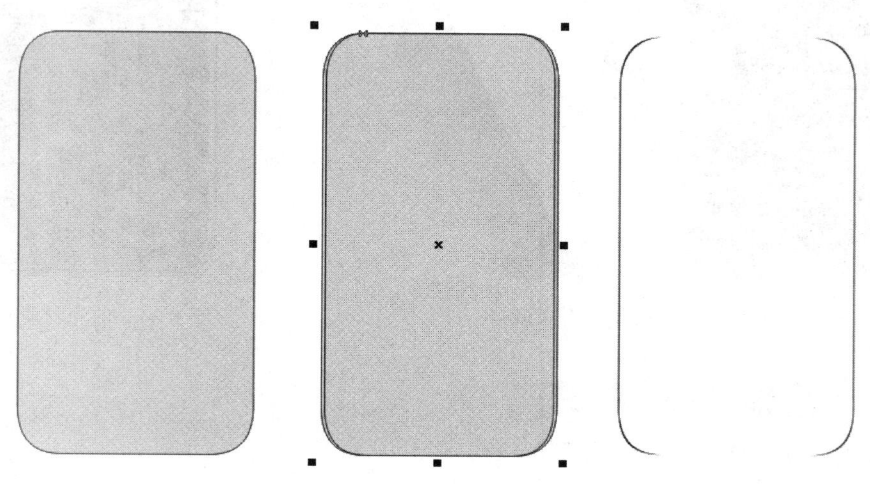

图 8-49 黑影部件剪切过程

c. 前壳部件材质塑造。制作前壳到镜片间的小平台，红色区域为小平台区域，结果如图 8-52 所示。将它单独取出，使用交互填充工具填充，结果如图 8-53 所示。完成该操作后的前壳效果，结果如图 8-54 所示。

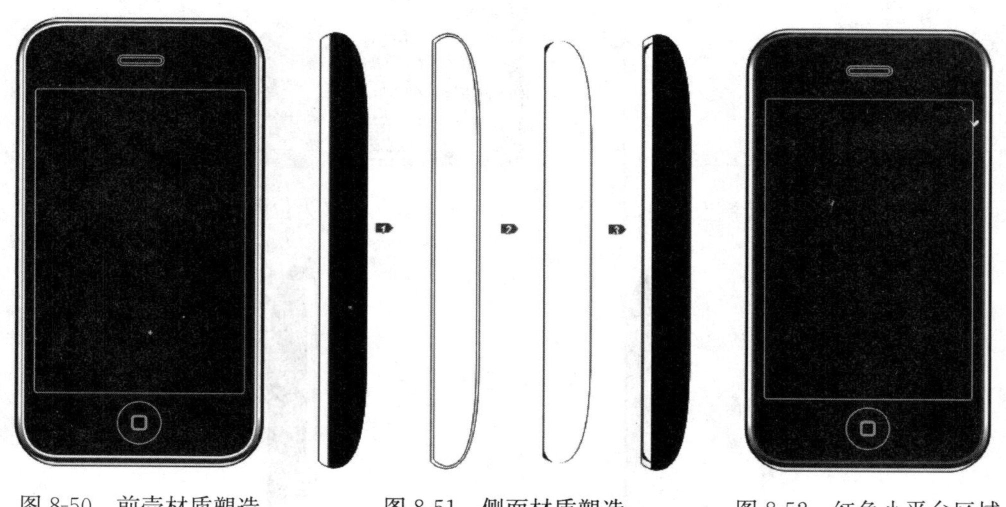

图 8-50 前壳材质塑造　　图 8-51 侧面材质塑造　　图 8-52 红色小平台区域

d. 侧视图的后壳材质塑造。复制后壳部件，填充为白色，再转换为位图。执行“位图”→“转换为位图”，结果如图 8-55 所示。弹出对话框“转换为位图”颜色模式选择“RGB 颜色（24 位）”，勾选“透明背景”栏，结果如图 8-56 所示。然后选用“交互式透明工具”，进行透明编辑，结果如图 8-57 所示。再次使用位图命令，将编辑好的物件转化为位图，再利用“交互式透明工具”进行垂直方向的透明编辑，结果如图 8-58 所示。

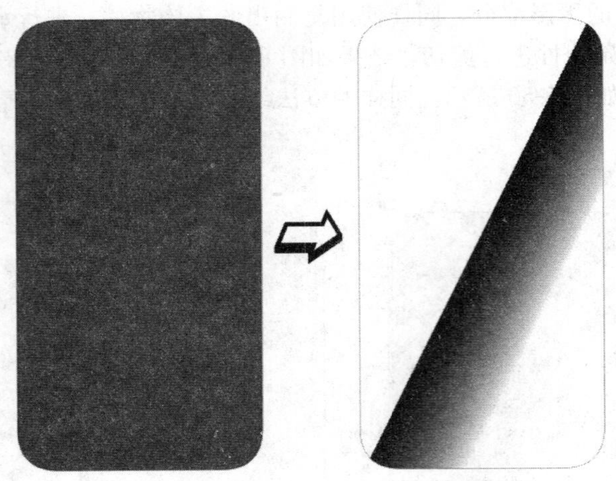

图 8-53 填充平台区域

图 8-54 前壳材质塑造

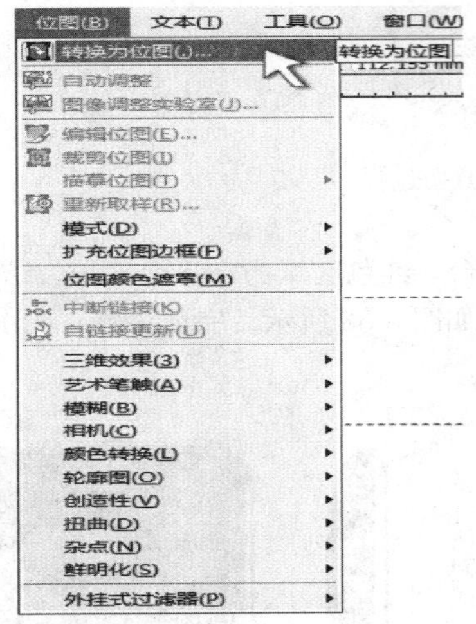


图 8-55 转换为位图

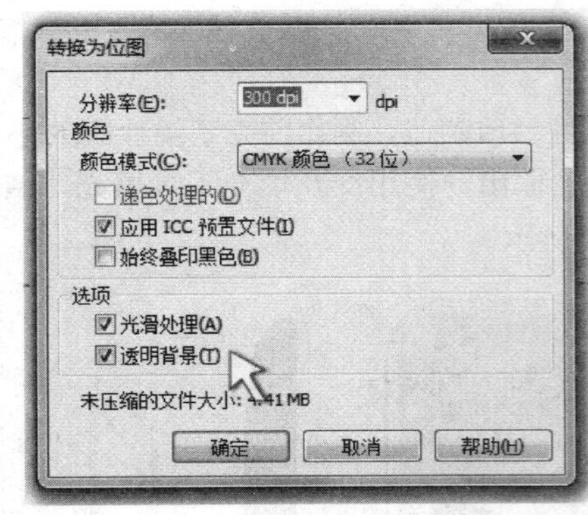


图 8-56 转换为位图对话框

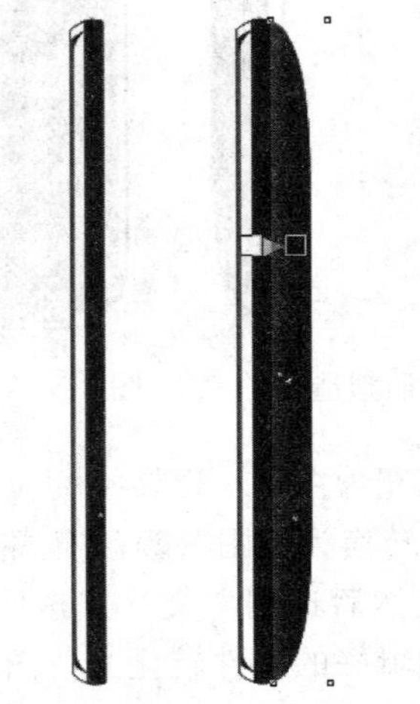

图 8-57 交互式透明工具使用

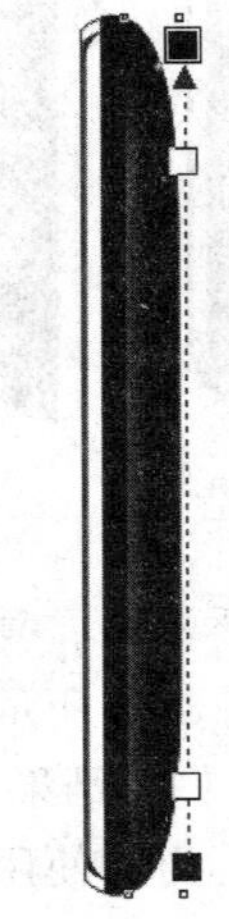

图 8-58 交互式透明工具使用

**小技巧**

**交互式透明工具的应用**

单击工具箱中的交互式透明工具按钮，可以在属性栏中设置其参数，在页面合适位置拖动鼠标，到合适位置释放鼠标即可。为图形添加系统默认的交互式线性透明效果，如图 A 所示。用户可以根据绘图需要在属性栏中设置交互式透明参数。交互式射线透明效果和交互式圆锥透明效果如图 B 和图 C 所示。

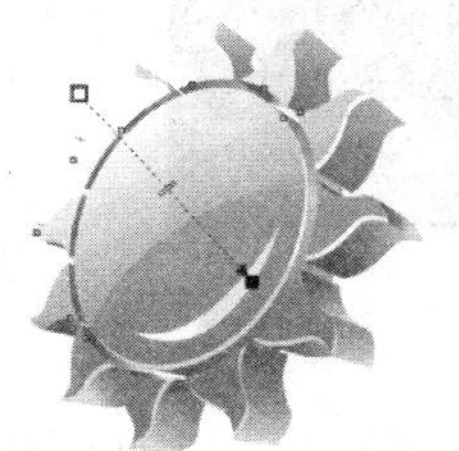

图 A　交互式线性透明效果

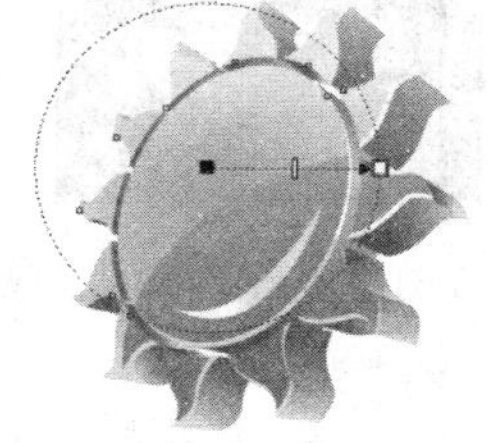

图 B　交互式射线透明效果

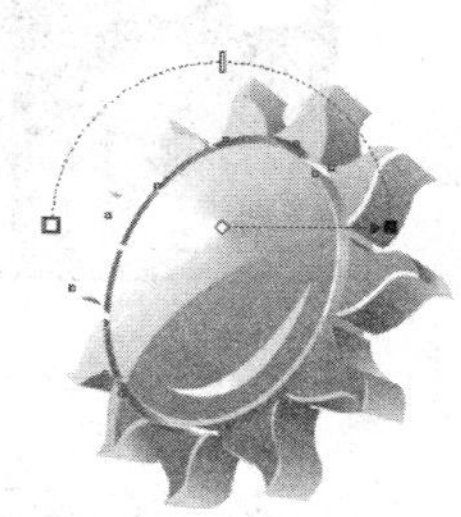

图 C　交互式圆锥透明效果

3）细节表现。

a. 听筒的表现。使用交互式填充工具对听筒进行填色，再制作点的整列，将其置入听筒发声位置，形成听筒的网孔效果，听筒的细节表现完成，结果如图 8-59 所示。

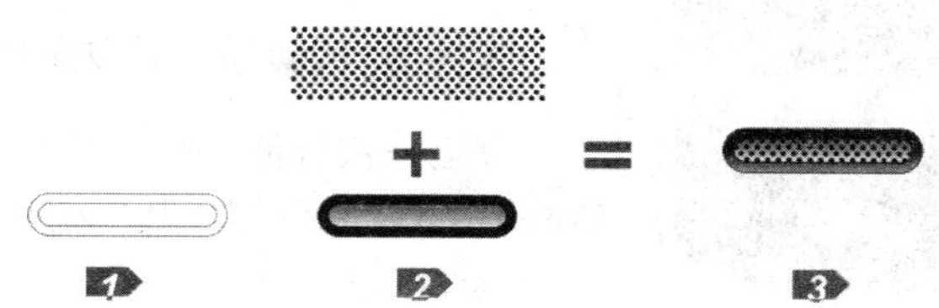


图 8-59　听筒的细节表现

b. 按键的表现。使用交互式填充工具对按键进行填色，再制作反光部件，将其放置在按键上，使用交互式透明工具编辑，然后置入按键内部，按键的细节表现完成，结果如图 8-60 所示。

图 8-60　按键的细节表现

c. 屏幕的表现。

在互联网上下载符合要求的智能手机 UI 图标（注：JPG 格式，相对清晰且分辨率不小于 300dpi），将其置入屏幕显示区域，结果如图 8-61 所示。

d. 组装物件。将以上编辑好的所有物件放置在主体镜片上。再在镜片上使用交互式轮廓工具和交互式透明工具制作高光部件，放置在屏幕显示区上方、听筒和按键的下方，即完成整机的绘制，结果如图 8-62 所示。

图 8-61 屏幕显示的表现

图 8-62 各零件组装图

(4) 步骤四：使用二维软件统一协调光影关系。明确一个主光源，协调单一视图的光影关系；根据确定的主光源协调视图间的光影关系。

(5) 步骤五：使用二维软件进行产品效果图排版制作。协调各个视图间的位置；按照规范要求进行产品二维效果图排版制作。

整机二维效果图绘制完成，图 8-63 见文前彩页。

### 8.4.3 活动三 能力提升

收集一款智能手机资料，深入研究其造型，操作 CorelDRAW 软件完成其二维效果图的绘制。

具体要求如下：

(1) 确定智能手机尺寸及比例。

(2) 使用几何图形命令绘制智能手机线框图。

(4) 利用图形渐变命令绘制立体效果图。

(5) 添加光影关系完成产品二维效果图。

## 8.5 效果评价

效果评价参见任务 1，评价标准见附录。

## 8.6 相关知识与技能

### 8.6.1 通信产品设计流程

通信产品造型设计流程是为了保证从设计到制造的质量与项目周期的可控性，某个流程环节出现问题就可能导致项目的暂停或取消。同时随着市场的变化、技术和管理水平的提高，设计流程也会随之简化或更加细分，从而不断地得到完善。

**1. 设计研究**

(1) 市场分析：市场区域与结构、销售渠道、竞争对手研究、品牌分析、市场机会识别。

(2) 自身分析：品牌诉求、技术特点、产品风格、市场定位等。

(3) 趋势分析：流行趋势、风格潮流、材质与色彩、本地与全球化市场等。

(4) 用户研究：用户偏好，需求、使用方式研究、家庭访问、跨文化比较和用户描述等。

(5) 社会文化分析：技术与人群分析、环境分析等。

(6) 材质与色彩：色彩趋势、材质趋势、创新工艺等。

(7) 设计策略：设计定义、类型分析、材质与色彩定义、设计概念、路径勾勒等。

**2. 外观设计**

(1) 创意设计：头脑风暴、设计询问、心情图版、故事与情景生成、概念草图等。

(2) 细节深入：二维细节表现、三维模型探讨、材质与色彩概念、产品图形界面等。

(3) 设计完善：三维细节渲染、结构可行性检查、人机工程学分析、制造方法分析、创建三维数据等。

(4) 设计模型：色彩与材质定义、装配结构定义、供应商选择等。

**3. 结构设计**

(1) 创新研究：功能分析、机构开发等。

(2) 工程执行：结构设计、细节三维模型、二维工程图、制造材料清单、动作分析等。

(3) 模型检测：色彩与材质定义、装配结构定义、模具工艺可行性分析、供应商选择、质量控制等。

**4. 生产服务**

(1) 资源建构：供应商比较、评价清单，成本分析、商业渠道等。

(2) 生产管理：供应商、模具制作、装配样机、数据管理等。

(3) 质量控制：产品流程开发与控制、确认产品有效性、流程改进等。

(4) 模具开发技术咨询。

(5) 零配件及材料技术咨询。

**5. 后期配套**

销售策划、包装设计、多媒体设计、展示设计。

### 8.6.2 Corel DRAW 软件介绍

CorelDRAW 是一款由加拿大 Corel 公司开发的图形图像软件。其非凡的设计能力广泛地应用于商标设计、标志制作、工业产品设计、服装设计、模型绘制、插图描画、排版及分色输出等诸多领域。用于商业设计和美术设计的个人计算机上几乎都安装了 CorelDRAW 软件。

在产品设计二维效果图表现方面，CorelDRAW 这类矢量软件的最大优势就是完成快速，修改起来也方便快捷，而且不局限于单一表现手法，有多种方法可以实现图形表现。存储源文件小、输出打印方便、简单易懂、易上手等，都是 CorelDRAW 软件绘制产品效果图的优势所在。

**一、单选题**

1. 以下哪项不属于“二维效果表达（一）”任务的关键技能？（　　）。

A. 会使用二维软件设定页面尺寸及比例　B. 会标注产品尺寸
C. 会表达产品色彩　D. 会绘制完整的产品效果图

2. 在 CorelDRAW X3 中，将边框色设为“无”的意思是（　　）。
A. 删除边框　B. 边框透明　C. 边框为纸色　D. 边框宽度为 0

3. 在对齐对象的时候，结果可能是（　　）。
A. 点选时以最下面的对象为基准对齐
B. 框选时以最下面的对象为基准对齐
C. 点选和框选都以最上面的对象为基准对齐
D. 点选时以最先选择的对象为基准对齐

4. 移动物件后单击鼠标右键得到一个副本，这一过程是（　　）。
A. 复制　B. 再制　C. 克隆　D. 重绘

5. 单击标题栏下方的菜单项，都会出现一个（　　）。
A. 泊坞窗　B. 弹出式菜单　C. 下拉式菜单　D. 帮助菜单

6. 关于图层的说法以下正确的是（　　）。
A. 图层位置不可互换　B. 在不同层上的对象可在同一群组中
C. 不可见的层不被打印　D. 图层上的对象可插入在主图层上

7. 当你双击一个物体后你可以拖动它四角的控制点进行（　　）。
A. 移动　B. 缩放　C. 旋转　D. 推斜

8. 当我们有多个对象选择时，要取消部分选定对象按（　　）键。
A. SHIFT　B. ALT　C. CTRL　D. ESC

9. 在“复制”与“剪切”命令中，谁能保持物体在剪贴板上又同时保留在屏幕上（　　）。
A. 两者都可以　B. 复制命令　C. 剪切命令　D. 两者都不可以

10. 拖动对象时按（　　）键，可限制对象只沿水平或垂直方向拖动。
A. SHIFT　B. ALT　C. CTRL　D. ESC

**二、多选题**

11. 用鼠标给曲线添加节点，操作正确的是（　　）。
A. 双击曲线无节点处
B. 左键单击曲线无节点处，再按数字键盘上的“+”键
C. 右键单击曲线无节点处，选择“添加”
D. 左键单击曲线无节点处，再单击“添加节点”按钮

12. 在 CorelDRAW 中可通过几种方式打开绘图（　　）。
A. 可创建新的绘图　B. 可打开已有的绘图
C. 可导入一个绘图文件　D. 可打开一个以 .ps 结尾的文体

13. 删除页面辅助线的方法有（　　）。
A. 双击辅助线在辅助设置面板中选删除命令
B. 在所要删除的辅助线上点击右键选择删除命令
C. 左键选中所要删除的辅助线并按 Del 键
D. 框选辅助线并按左键删除

14. “二维效果表达（一）”任务的关键技能是（　　）。
A. 会使用二维软件基本命令绘制产品线框图
B. 会使用二维软件色彩填充及材质塑造

C. 会使用二维软件统一协调光影关系

D. 会使用二维软件进行产品效果图排版制作

15. 打开一个已存在的绘图文件的步骤是（　　）。

A. 单击“文件”“打开”命令

B. 从“搜索”列表框中选择存储绘图文件的驱动器

C. 双击该文件名

D. 预览绘图文件

16. 下列哪几种方法是格式化文本（　　）。

A. 指定字体、大小和粗细　　B. 添加和修改下划线

C. 在文本中添加符号　　D. 将美术文本转换成段落文本

17. 关于颜色样式的说法正确的是（　　）。

A. 可以按颜色样式来创建单个阴影或一系列阴影

B. 原始颜色样式称为父颜色，其阴影称为子颜色

C. 对大多数可用颜色模型和调色板而言，子颜色与父颜色共享色度

D. 子颜色具有不同的饱和度和亮度级别

18. 关于网格、标尺和辅助线的说法正确的是（　　）。

A. 都是用来帮助准确地绘图和排列对象

B. 网格可以准确的绘制和对齐对象

C. 标尺也是帮助您在“绘图窗口”中确定对象的位置和大小

D. 辅助线在打印时不出现

19. CorelDRAW 位图转换中，可以选择的颜色模型有（　　）。

A. 黑白（1 位）　B. 16 色（4 位）　C. 灰度（8 位）　D. CMYK（32 位）

20. 在 CorelDRAW 中的位图编辑功能，以下描述正确的（　　）。

A. 在 CorelDRAW 中，矢量图形可转换为位图

B. 要将位图导入 CorelDRAW 中

C. 可对位图添加颜色遮罩、水印、特殊效果

D. 可更改位图图像的颜色和色调

**三、判断题**

21. CorelDRAW 可以使用位图作为页面背景。（　　）

22. 交互式套工具的控制点可以用形状工具调节。（　　）

23. 能使用二维软件基本命令绘制产品线框图是“二维效果表达（一）”的关键技能。（　　）

24. 交互式填充与交互式透明工具不可以同时作用于一物体上。（　　）

25. 交互式调和与交互式透明工具不可以同时作用于一物体上。（　　）

26. 显示全屏的快捷键是 F9。（　　）

27. 如果要在打开绘图对话框中同时选择多个连续的文件，可以在选择文件的同时按住 Shift 键依次单击多个连续的文件。（　　）

28. 要使用矩形工具绘制正方形，可按住 Alt 键的同时拖动鼠标进行绘制。（　　）

29. 使用工具箱中的矩形工具、椭圆工具以及多边形工具等绘制的图形，都可以直接使用形状工具调整其形状。（　　）

30. 使用复制命令可以将对象复制到剪贴板上，并将对象从原位置清除。（　　）

## 练习与思考题参考答案

| 1. B | 2. B | 3. B | 4. B | 5. C | 6. D | 7. C | 8. A | 9. B | 10. C |
|---|---|---|---|---|---|---|---|---|---|
| 11. ABCD | 12. ABCD | 13. ABC | 14. ABCD | 15. ABC | 16. AB | 17. ABCD | 18. ABCD | 19. ABC | 20. ABCD |
| 21. Y | 22. Y | 23. Y | 24. N | 25. Y | 26. Y | 27. Y | 28. N | 29. Y | 30. N |

# 任务 9

# PhotoShop软件效果图制作

该训练任务建议用12个学时完成学习。

## 9.1 任务来源

在概念产品开发前，需要结合用户需求和外观造型做出整体的表现方案，因此，制作产品二维效果图能力是工业设计师必备的能力。

## 9.2 任务描述

使用PhotoShop软件绘制产品效果图，要求符合产品效果图绘制规范和实际使用需求，效果图必须要体现产品造型特点、材质特征和环境表现。

## 9.3 能力目标

### 9.3.1 技能目标

完成本训练任务后，你应当能（够）：

**1. 关键技能**

（1）了解各种产品材质的表现方式。

（2）会表现产品三视图。

（3）会细化表现产品细节。

（4）熟练操作PhotoShop软件。

**2. 基本技能**

（1）会描绘出表现产品体质感的明暗关系。

（2）会自然且真实地表现产品色彩。

（3）会概括性地表现产品的材质特征。

（4）会通过视觉要素来实现产品气氛营造。

### 9.3.2 知识目标

完成本训练任务后，你应当能（够）：

（1）掌握表现各种材质的基础参数。

(2) 掌握三视图表现的方法。

(3) 掌握各种零件细化表现的方法。

### 9.3.3 职业素质目标

完成本训练任务后，你应当能（够）：

(1) 具备严谨科学的工作态度。

(2) 具有耐心、细心的绘图素质。

## 9.4 任务实施

### 9.4.1 活动一　知识准备

(1) PhotoShop 软件基本操作技巧。

(2) 产品效果图的表现要素。

### 9.4.2 活动二　示范操作

**1. 活动内容**

绘制索尼爱立信（以下简称索爱）某款音乐手机的二维效果图，具有要求如下：

(1) 目标：结合现实中材质的特征，掌握 PhotoShop 软件表现材质特征的方法，绘制一款手机的平面投影效果图。

(2) 认知：根据产品效果图的表现要素，对所绘制效果图的透视、明暗、色彩、材质、氛围进行分析。

(3) 绘制流程：分别将产品拆分为机身、屏幕、按键、光影、倒影效果。

(4) 材质构成：略带磨砂质感的亚光金属、液晶玻璃和烤漆塑料。

(5) 表现注意：主视图中按键的绘制可以借助于 PhotoShop 中的阵列功能来完成；侧面视图中铬按钮的绘制要充分考虑到周围环境色的影响，光源色和环境色的强弱与该物体的表面质感相联系，因此光源色和环境色是表现物体质感的重要依据，最终完成效果如图 9-1 所示。

**2. 操作步骤**

(1) 步骤一：分析产品效果图的表现要素。

图 9-1　索爱手机效果图

1）首先观察表现该物体的透视要素：如物体是以透视图形式表达，则需表现透视效果。而三视图的表现是没有透视变化的。

2）分析产品的明暗关系：要掌握好明暗关系，需要预先设定光源位置，根据产品的造型特征会有不一样的明暗交界线（明暗分部），也会出现不一样的明暗效果。

3）分析产品的色彩关系：产品的色彩虽然是固定的，但也是有冷暖偏向的，而色彩的冷暖是相对的（如蓝色比绿色更冷，原因是绿色是蓝色与黄色组合而成，而黄色是暖色系）。

4）绘制产品的材质构成：略带磨砂质感的亚光金属、液晶玻璃和烤漆塑料。

5）分析材质的特征和反射特点：光源色和环境色的强弱与该物体的表面质感相联系，因此光源色和环境色是表现物体质感的重要依据。

6）构思产品表现的氛围：应该怎样烘托产品、使用什么样的背景、是否需要倒影、是否需要参照物或者产品配套商品，等等。

（2）步骤二：产品绘制流程与部件拆分。

1）拆分产品部件：为方便讲解和组合分层管理，一般需要将物体拆分成多个部分进行绘制。示范案例中分别拆分为机身、屏幕、按键、光影、倒影效果。

2）对应部件使用工具及要点说明：矩形或轮廓工具绘制外形，喷枪工具绘制反光，“斜面与浮雕”绘制立体效果，渐变工具添加虚实效果。

（3）步骤三：绘制正视图。

1）机身：使用圆角工具绘制轮廓，选择图层样式中的“斜面与浮雕”绘制立体效果，使用喷枪绘制反光，结果如图 9-2 所示。

2）屏幕：使用矩形工具绘制屏幕轮廓，使用图层样式中的“斜面与浮雕”绘制屏幕立体效果，结果如图 9-3 所示。

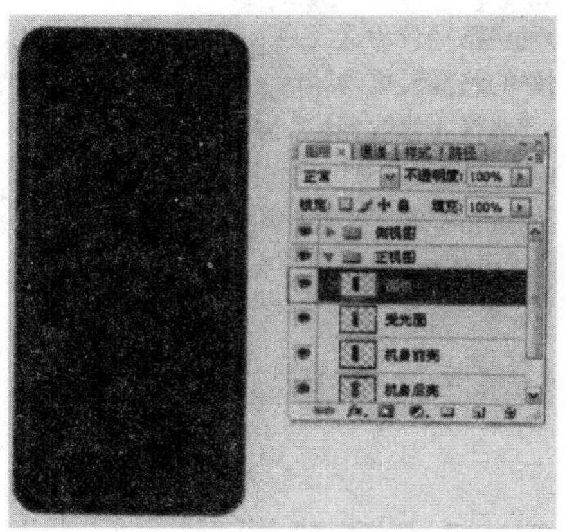

图 9-2　绘制机身

图 9-3　绘制屏幕

3）按键：使用椭圆工具和矩形工具绘制轮廓，使用图层样式中的“斜面与浮雕”绘制按键立体效果，最后对按键进行阵列，结果如图 9-4 所示。

4）听筒：使用圆角矩形工具绘制轮廓，使用图层样式“斜面与浮雕”绘制立体效果。

5）倒影：使用垂直镜像命令绘制倒影，使用快速蒙版和渐变工具添加虚实效果，结果如图 9-5 所示。

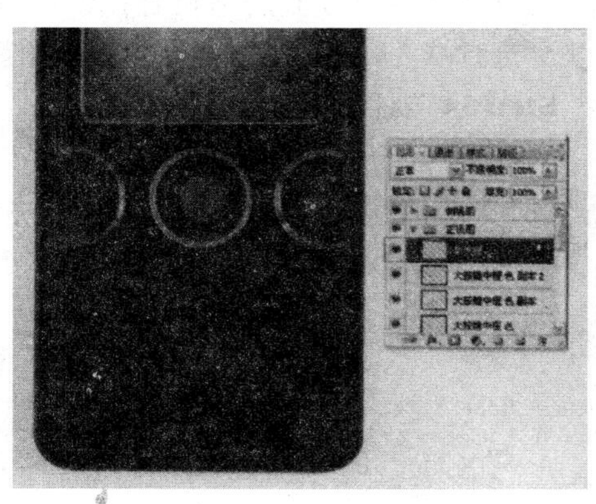

图 9-4　绘制按键

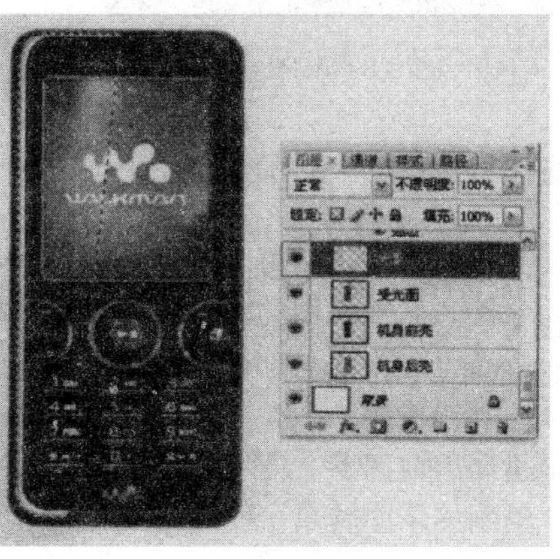

图 9-5　绘制倒影

（4）步骤四：绘制侧视图。

1）机身轮廓：使用钢笔工具绘制机身侧面轮廓，使用图层样式中的“斜面与浮雕”绘制机身立体效果，使用喷枪丰富明暗效果，添加杂色来表现亚光金属的质感，结果如图 9-6 所示。

2）机身分模：使用钢笔工具绘制分模线，使用图层样式中的“斜面与浮雕”绘制机身各个部分的立体效果。

3）调板：拷贝机身前壳的轮廓，使用图层样式“斜面与浮雕”来绘制机身前壳的立体效果。

4）按键：使用矩形工具绘制按键侧面轮廓，使用加深和减淡工具绘制明暗效果，使用高斯模糊命令进行模糊处理，结果如图 9-7 所示。

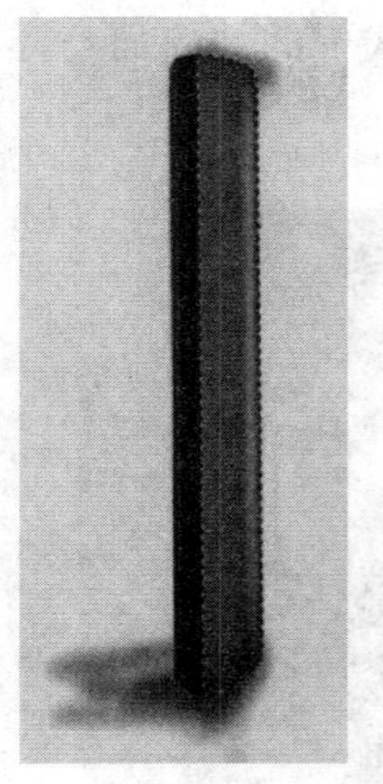

图 9-6　绘制侧面

图 9-7　绘制按键

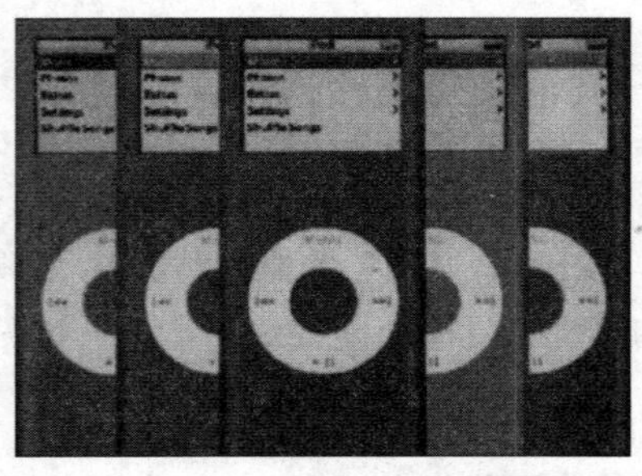

图 9-8　MP3

5）开关：使用圆角工具绘制按键槽的轮廓，使用图层样式中的“斜面与浮雕”来绘制按键的立体效果，使用加深和减淡工具来进行明暗处理，从而产生金属的质感。

6）倒影：使用垂直镜像命令绘制倒影，使用快速蒙版和渐变工具添加虚实效果。

（5）步骤五：绘制倒影效果。合并图层组，新建图层后使用垂直镜像移动到合适位置；添加图层蒙版和渐变工具进行填充；最后完成效果请参见图 9-1。

### 9.4.3 活动三　能力提升

绘制 iPod nano MP3 的产品二维效果图，最后完成效果如图 9-8 所示，具体要求如下：

（1）分析产品效果图的表现要素。

（2）产品绘制流程与部件分解。

（3）绘制正视图。

（4）绘制后视图。

（5）绘制展示图背景。

## 9.5 效果评价

效果评价参见任务 1，评价标准见附录。

## 9.6 相关知识与技能

### 9.6.1 PhotoShop 软件基本知识点

**1. 软件整体介绍**

PhotoShop 是平面图像处理业界霸主 Adobe 公司推出的，跨越 PC 和 MAC 两个平台的首屈一指的大型图像处理软件。由于它功能强大，操作界面简单方便，因此赢得了众多用户的青睐，被广泛应用于专业绘图、广告印刷、网页设计等领域。

在产品设计效果图的绘制方面，PhotoShop 同样有着不俗的表现，由于 PhotoShop 是位图软件，相对于 CorelDRAW、Illustrator 等矢量软件，利用它绘制出的效果图图像细腻、颜色过渡柔和、明暗层次丰富，其逼真程度完全可以和三维渲染图相媲美。由于使用 PhotoShop 来绘制产品效果图省去了建模渲染方面的麻烦，因此可以节省大量的时间成本，从而使设计师能够更加专注于设计本身。

**2. 总体布局**

(1) 菜单栏。

(2) 工具栏、工具拓展栏。

(3) 命令面板（图层、通道、路径、调整、历史记录等）。

(4) 文件编辑区。

PhotoShop 软件界面如图 9-9 所示。

**3. 工具栏介绍**

PhotoShop 软件工具栏信息如图 9-10 所示。

(1) 注意，带“*”为常用工具。

(2) 工具拓展栏。

在选择相应的工具后，工具拓展栏会显示其详细信息，如图 9-11 所示。

**4. 命令面板介绍**

命令面板是综合控制和管理文件编辑区的面板，对掌控全局有着非常重要的作用，PhotoShop 软件需要熟练操作的 5 个命令面板如图 9-12 所示。

### 9.6.2 产品效果图的表现要素

根据物体成像原理，结合产品效果图的呈现状态，可以将产品效果图分为平面投影效果图和立体透视效果图，平面投影效果图是根据画法几何知识和“长对正，高平齐，宽相等”的平面投影原理绘制而成，各视图间的结构、比例、尺寸都是统一的，因此可以真实地反映产品的尺寸、比例和结构等信息，相对于立体透视效果图而言显得更加理性和严谨。立体透视效果图是根据摄影机焦点透视的原理绘制而成，通过透视表现出的产品效果图接近人们在实际生活场景中所看到的效果，因此立体透视效果图比平面投影效果图具有更强的视觉表现力，在产品的设计方案展示和广告宣传阶段经常被使用。

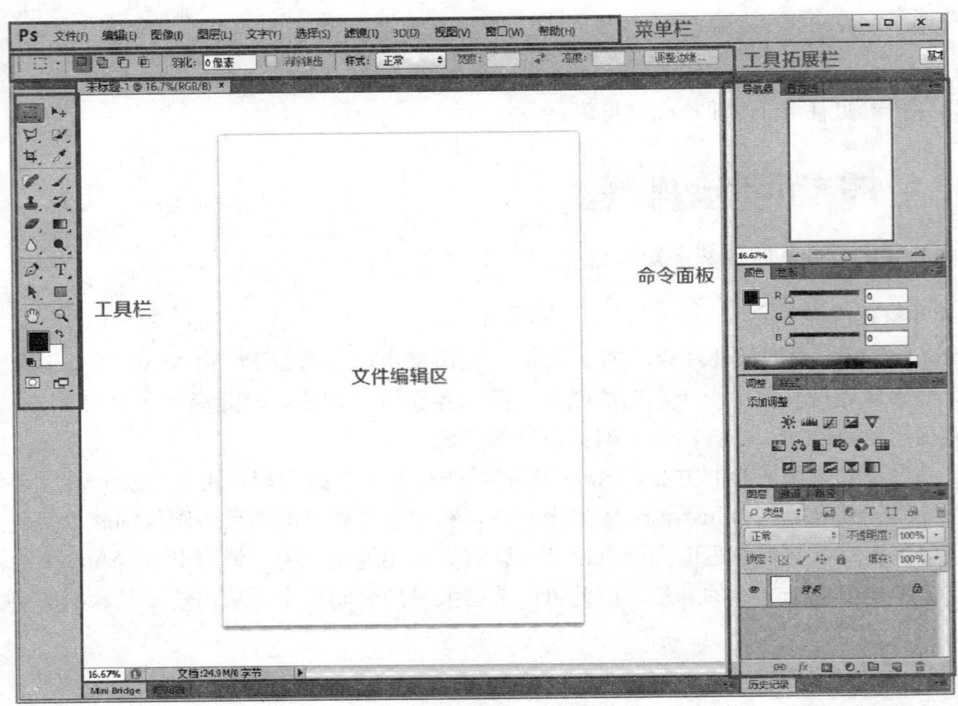


图 9-9 PhotoShop 软件界面

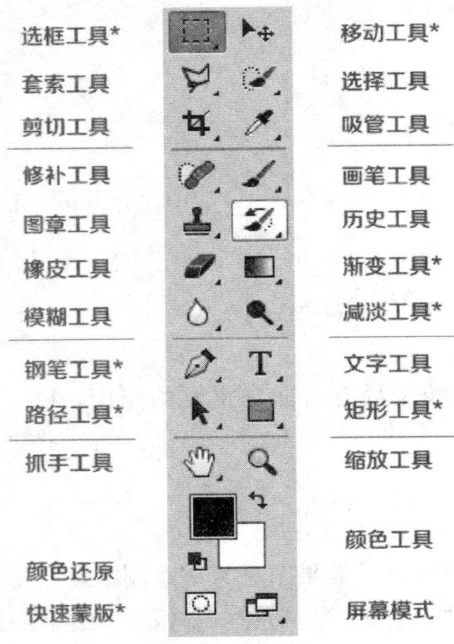


图 9-10 工具栏

真实地呈现和反映产品的消息，无论是对于平面投影效果图还是立体透视效果图而言，都是非常重要的。在绘制产品效果图时，应重点抓住以下几个要素来进行表现。

**1. 透视**

物体的透视分为平行透视（一点透视）、成角透视（二点透视）和散点透视（多点透视），产品效果图中最常见的是一点透视和两点透视。在选择透视种类时，应根据产品结构和形态特征表达的需要来决定，当所表现的产品形态需要同时展现正面和顶面才能说明全部问题时，可以使用平行透视；当需要同时展现产品三个面（即正面、侧面、顶面）才能说明问题时，可采用成角透视。总之，你所表现的效果应该符合产品在使用功能上正常的视觉习惯，并根据表达的需求来选取最佳的透视角度。

在这里需要说明的是，对于绘制带有场景的效果图，除了要注意物体形体的透视变化之外，还应该注意物体因距离远近而产生的色彩透视变化。色彩的一般透视关系是，近处物体的色彩纯度比较高，色性比较暖；而远处物体的色彩纯度较低，色性偏冷。

图 9-11 工具拓展栏

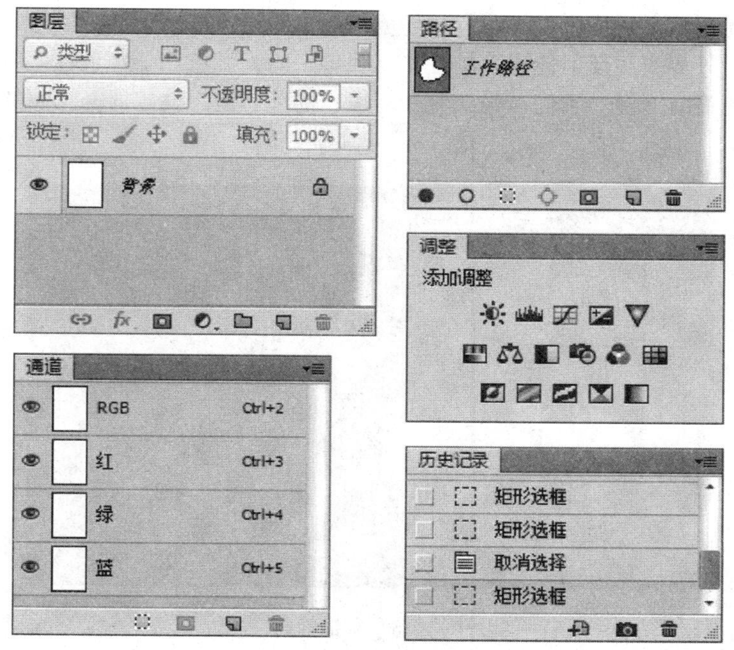


图 9-12 命令面板

（1）透视的类型。透视有三种：平行透视、成角透视、散点透视。

1）平行透视：平行透视也叫一点透视，即物体向视平线上某一点消失。

2）成角透视：成角透视也叫二点透视，即物体向视平线上某两点消失。

3）散点透视：散点透视也叫多点透视，即不同物体有不同的消失点，这种透视法在中国画中比较常见。

（2）透视在绘画中应注意的一些特性。

1）近大远小：近大远小是视觉自然现象，正确利用这种自然现象有利于表现物体的纵深感和体积感，从而在二维的画面上来表现出三维的体积空间。

2）近实远虚：由于视觉的原因，近处的物体感觉会更清晰，而远处的物体感觉会有些模糊，这一现象在绘画中也经常用来表现物体的纵深感。事实上，在绘画过程中，往往会对近实远虚更加强调。另外应注意的是：并非在所有的绘画过程中都遵守“近实远虚”这一规则，在一幅作品中主与次的关系往往更为重要，主体物的实和次体物的虚是更好的视觉导向，这也是艺术优于现实的取舍和区别。

**2. 明暗**

明暗是产品形成体积感的关键因素，作为具有“长”“宽”“高”三个维度的产品，在光的照射下产生了物体的明暗变化，从而也形成了体积感，如图 9-13 所示。在客观、真实的光影空间中，产品所呈现出的明暗变化是十分微妙和丰富的，但我们在绘制产品效果图的时候，无须刻意追求那些过于微妙的明暗关系表现，只要能概括地表现出产品的光照情况，从而绘制出产品的体积感和必要的光影变化即可。

**3. 色彩**

色彩是形成产品外观的重要因素，也是产品造型设计的主要部分之一，因此，自然并且真实地呈现产品的色彩，是产品效果图绘制的基本要求之一。在产品效果图中，产品的色彩并不是孤立存在的，而是处于一个我们所假想的环境之中。客观地讲，效果图中产品的色彩是由三部分组成，即固有色、光源色和环境色，光源色和环境色的强弱与该产品的表面质感密切相关，产品表面光洁度越高，对外界光线反射能力就越强，反映出来的光源色和环境色也就越明显。相反，产品表面越粗糙，越没有光泽，它们对光源色和环境色的反射能力就越弱，反映的光源色和环境色就越不明显。

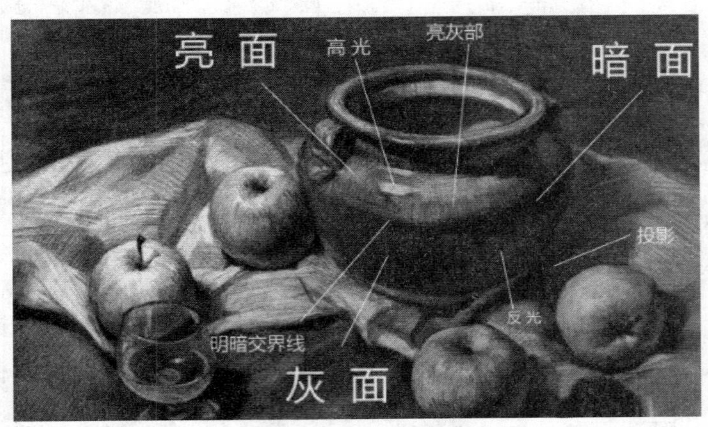


图 9-13　素描静物

**4. 材质**

质感也是形成产品外观效果的重要因素，不过在陈品设计效果图中，产品质感的表现不同于绘画中的写生，不必追求过多的细节之处，而是要学会概括地表现产品的特点，画面效果只要能够表现出产品所用材料、表面的加工工艺，以及表面处理后的材质效果即可。用不用的表现方法体现材料的质感是一个设计师应具备的能力之一，一件产品是由具体的材料所组成，只有充分地表现出该产品所用材料的质感特点，才能真实表现设计方案的主要内容。

**5. 氛围**

产品氛围是指在产品效果图中，设计师索要努力营造的一种感觉，这种感觉能够对产品本身起到陪衬和烘托作用。当然，这种感觉的营造是通过运用一系列的视觉要素来实现的，如绘制一个好的背景后能更加突出产品的主要特征，加入恰当的人物和场景可以大大增强产品的生动性和真实感。总之，产品气氛在增加产品的感染力方面起着非常重要的作用，往往是产品效果图绘制过程中的点睛之笔。

**一、单选题**

1. 常用的屏幕分辨率是（　　）。

A. 72 像素/英寸　B. 120 像素/英寸　C. 20 像素/英寸　D. 300 像素/英寸

2. 钢笔工具绘制的矢量线条可以称为（　　）。

A. 正弦曲线　B. 余弦曲线

C. 贝塞尔（贝兹）曲线　D. 贝当曲线

3. 我们在对图层的图像进行缩放时，按下（　　）键可以进行等比例缩放。

A. TAB　B. SHIFT　C. CTRL　D. ALT

4. PhotoShop 中利用仿制图章工具操作时，首先要按什么键进行取样？（　　）

A. Ctrl　B. Alt　C. Shift　D. Tab

5. 下列哪项是 PhotoShop 中默认的格式？（　　）

A. PSD　B. JPEG　C. GIF　D. TIFF

6. 取消选区的快捷键是（　　）。

A. Ctrl+D　B. Ctrl+T　C. Esc　D. BackSpace

7. 单击图层调板上图层左边的眼睛图标，结果是（　　）。

A. 该图层被锁定　B. 该图层被隐藏

C. 该图层会以线条稿显示　D. 该图层被删除

8. 如何使用仿制图章工具在图像中取样？（　　）

A. 在取样的位置单击鼠标并拖拉

B. 按住 Shift 键的同时单击取样位置来选择多个取样像素

C. 按住 Alt 键的同时单击取样位置

D. 按住 Ctrl 键的同时单击取样位置

9. 我们在使用工具箱中的工具时，如果按下（　　）键，可以快速切换到抓手工具。

A. 回车　B. 空格　C. CTRL　D. SHIFT

10. 如果要在图层中显示标尺，则可按下（　　）。

A. CTRL+T　B. CTRL+D　C. CTRL+B　D. CTRL+R

**二、多选题**

11. 当我们在 PhotoShop 中建立新图像时，可以为图像设定（　　）。

A. 图像的名称　B. 图像的大小　C. 图像的色彩模式

D. 图像的存储格式　E. 图像的分辨率

12. 当我们在 PhotoShop 中建立新图像时，可以为图像的背景进行哪几种设定？（　　）

A. 白色　B. 前景色　C. 背景色

D. 透明　E. 黑色

13. PhotoShop 中下列有关参考线描述正确的是（　　）。

A. 必须在打开标尺的状态下才可以设置参考线

B. 在使用移动工具的状态下，按住 Alt 键的同时单击或拖动参考线，就可以改变参考线的方向

C. 参考线的颜色是不可以改变的

D. 参考线是可以设置成虚线的

E. 可以使用“清除参考线”命令，一次清除全部参考线

14. PhotoShop 软件中在 Swatches（色板）和 Color（颜色）调板中都可以改变工具栏中的前景色和背景色，那么下面描述正确的是（　　）。

A. 在默认的情况下可以改变工具箱中的前景色

B. 在 Swatches 调板中按住 Alt 键可以改变背景色

C. 在 Color 调板中按住 Ctrl 键可以改变背景色

D. 在 Swatches 调板中按住 Alt 键可以删除色块

E. 在 Swatches 调板中点击空白处可以添加前景色块

15. 在 PhotoShop 中，下面对于“图像大小”与“画布大小”命令间的区别，描述不正确的是？（　　）

A. “画布大小”命令不可以改变图像分辨率，而“图像大小”则可以

B. “图像大小”命令可以在改变图像长宽比时，改变图像的画面，而“画布大小”不可以

C. “图像大小”命令可以在不损失像素的情况下缩小图像，而“画布大小”命令则不可以

D. “图像大小”命令无法扩展画布，而“画布大小”命令可以

E. “图像大小”命令可以缩小图像，而缩小“画布大小”命令会对图像进行剪裁

16. PhotoShop 中要缩小当前文件的视图，可以执行哪些操作？（　　）

A. 选择缩放工具单击图像

B. 选择缩放工具同时按住 Alt 键单击图像

C. 按“Ctrl＋－”键

D. 在状态栏最左侧的文本框中输入一个小于当前数值的显示比例数值

E. 按住 Alt 的同时鼠标滚轮向下滚动

17. 可以为 PhotoShop 图像添加哪些注释？（　　）

A. 图像注释　　B. 动画注释　　C. 文字注释

D. 语音注释　　E. 动作注释

18. PhotoShop 中“合并拷贝”操作，对于下列哪些图层有效？（　　）

A. 隐藏图层　　B. 处于某图层组中的图层　　C. 被锁定的图层

D. 背景图层　　E. 链接的图层

19. PhotoShop 中下面对于“图像大小”叙述正确的是哪几项？（　　）

A. 使用“图像大小”命令可以在不改变图像像素数量的情况下，改变图像的尺寸

B. 使用“图像大小”命令可以在不改变图像尺寸的情况下，改变图像的分辨率

C. 使用“图像大小”命令不可能在不改变图像像素数量及分辨率的情况下，改变图像的尺寸

D. 使用“图像大小”命令可以设置在改变图像像素数量时，PhotoShop 计算插值像素的方式

E. 使用“图像大小”命令可以在不改变图像分辨率的情况下，改变图像尺寸

20. 产品效果图的表现要素有哪些？（　　）

A. 透视　　B. 明暗　　C. 色彩

D. 材质　　E. 氛围

**三、判断题**

21. 在 PhotoShop CS 中创建新图像文件的快捷组合键是“Ctrl＋N”。（　　）

22. PhotoShop 图像处理软件的源文件格式是 PSD。（　　）

23. 组成矢量图图像的基本单元是矢量图。（　　）

24. 渐变填充类型中有直线渐变。（　　）

25. 在 PhotoShop 中全屏模式的快捷键是“Shift＋U”。（　　）

26. 路径是由铅笔工具创建的。（　　）

27. 打印分辨率设定得越高图像打印出来就越清晰。（　　）

28. PhotoShop 的命令面板是综合控制和管理文件编辑区的面板，对掌控全局有着非常重要的作用。（　　）

29. 在“色彩范围”对话框中为了调整选取范围，应调整颜色容差。（　　）

30. 路径最基本的单元是路径段与节点，在转换路径的节点时，一般使用转换节点工具。（　　）

## 练习与思考题参考答案

| 1. A | 2. A | 3. B | 4. B | 5. A | 6. A | 7. B | 8. C | 9. B | 10. D |
|---|---|---|---|---|---|---|---|---|---|
| 11. ABCE | 12. ACD | 13. BDE | 14. ADE | 15. AC | 16. BCDE | 17. CD | 18. BCDE | 19. ABCDE | 20. ABCDE |
| 21. Y | 22. Y | 23. N | 24. N | 25. Y | 26. N | 27. N | 28. N | 29. Y | 30. Y |

# 任务 10

# 三维软件建模训练

该训练任务建议用 24 个学时完成学习。

## 10.1 任务来源

在概念产品开发前，需要结合用户需求和产品结构做出整体的表达方案，以便产品制作各方对该项目的统一认识。当前，产品设计效果的主要表现方式是三维效果图，制作三维效果图的第一步是三维建模，因此，三维建模是工业设计师必须掌握的核心技能之一。

## 10.2 任务描述

使用 Rhino 软件制作典型产品的三维模型，要求制作成品必须尺寸比例准确、结构表现到位。

## 10.3 能力目标

### 10.3.1 技能目标

完成本训练任务后，你应当能（够）：

**1. 关键技能**

（1）了解产品的组成结构。

（2）会完成建模环境的设置。

（3）会操作软件完成产品的造型建模。

（4）会合理规划和调整产品的建模思路。

**2. 基本技能**

（1）会曲面建模。

（2）会实体建模。

（3）会网格建模。

### 10.3.2 知识目标

完成本训练任务后，你应当能（够）：

（1）掌握产品形面的分析方法。

(2) 掌握设置建模环境的方法。
(3) 掌握综合建模的基本方法。

### 10.3.3 职业素质目标

完成本训练任务后，你应当能（够）：
(1) 具备严谨科学的工作态度。
(2) 具备耐心的工作素养。
(3) 善于检查和修正工作过程。

## 10.4 任务实施

### 10.4.1 活动一　知识准备

(1) Rhino 软件命令列表的对应说明及相应位置。
(2) 基本建模思路及技巧。

### 10.4.2 活动二　示范操作

**1. 活动内容**

应用 Rhino 软件，结合现实中产品结构的特征，并根据软件表现结构特征的方法，绘制一款 MP3 播放器的产品模型，具体要求如下：
(1) 合理规划产品外形建模思路。
(2) 分别将产品拆分为顶面、侧面、底面、顶环等部分分别完成建模。

**2. 操作步骤**

(1) 步骤一：案例分析。从整体造型来看可以分为机身侧面、顶面、底面和顶环 4 个部分。

1) 机身顶面建模分析，结果如图 10-1 所示。B、C 两处属于细节造型曲面、而 A 处属于顶面的基础曲面，通过仔细地观察对比，可以发现 B、C 两处与 A 处的走势一致，因此可以在基础曲面的基础上通过剪切、偏移等方式创建细节造型。

2) 机身侧面建模分析，结果如图 10-2 所示。机身侧面有一个阶梯造型，这一造型可以通过偏移来实现，机身的侧面和曲面由顶面和底面的边线决定，可以在创建好底面及顶面的基础上创建侧面。

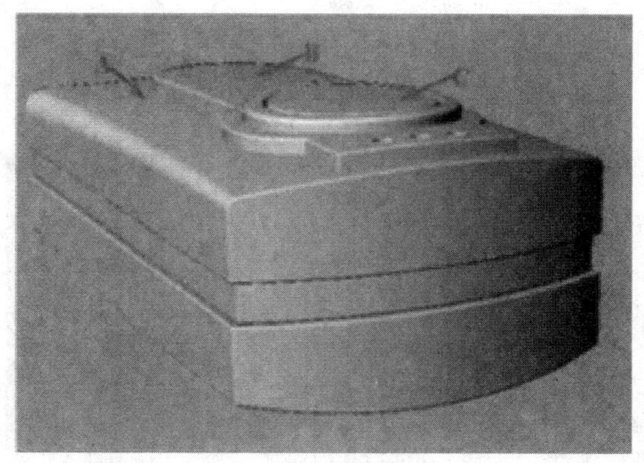

图 10-1　顶面建模分析

3) 机身底面建模分析，结果如图 10-3 所示。机身底面与模型顶面走势一致，是一个带有弧度的二维曲面，构成这个二维曲面时，可以先绘制 3 条关键线，再生成具有弧度的曲面，然后创建曲面边界形状的平面图并进行剪切，便可形成底面。机身底面另外一个造型主要是防磨球的添加，难点是防磨球要添加到弧度面上，可以利用变形工具实现。

4) 顶环建模分析，结果如图 10-4 所示。顶环由圆柱面及曲面组合而成。从图中可以看出曲面的边与圆柱侧面边一致，因此可以先创建圆柱侧面，然后以圆柱侧面为基础创建过渡曲面，生成圆环。

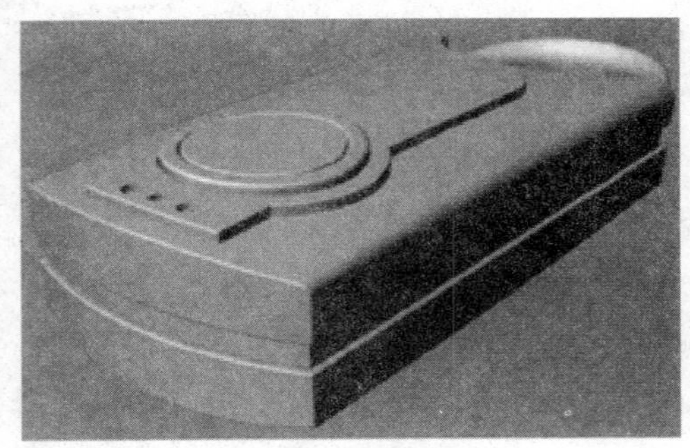

图 10-2 侧面建模分析

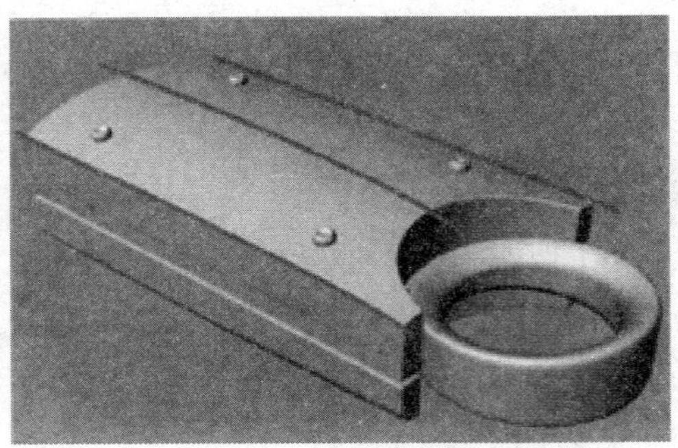

图 10-3 底面建模分析

图 10-4 顶环建模分析

(2) 步骤二：设置建模环境。

1) 选择毫米模板。选择“小物件——毫米”模板文件。

2) 新建基础曲面和曲面图层，结果如图 10-5 所示。

3) 图层颜色为黑色。另存文件——设置好文件保存路径，并保存文件。

(3) 步骤三：绘制基础曲线。

1) 基础线面为当前图层，使用“控制点曲线/通过数个点的曲线”，开启“锁定格点”和“正交”功能，绘制一条竖直线，结果如图 10-6 所示。

2) 使用“镜射/三点镜射”工具，镜像到右侧，结果如图 10-7 所示。

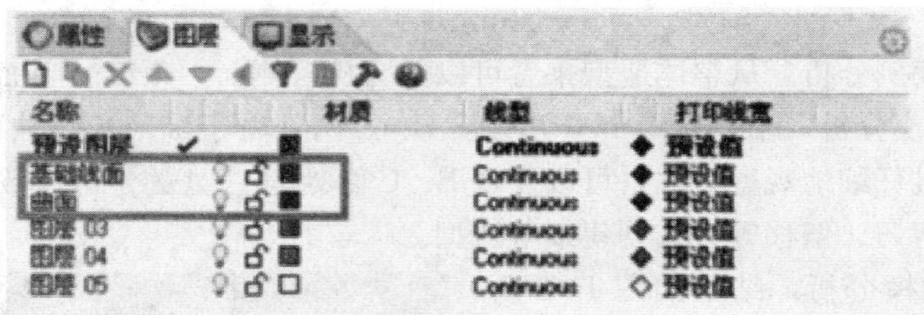


图 10-5 新建曲面和图层

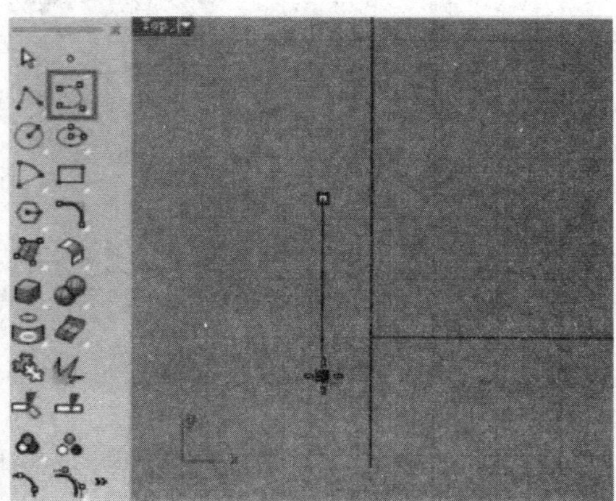

图 10-6 绘制直线

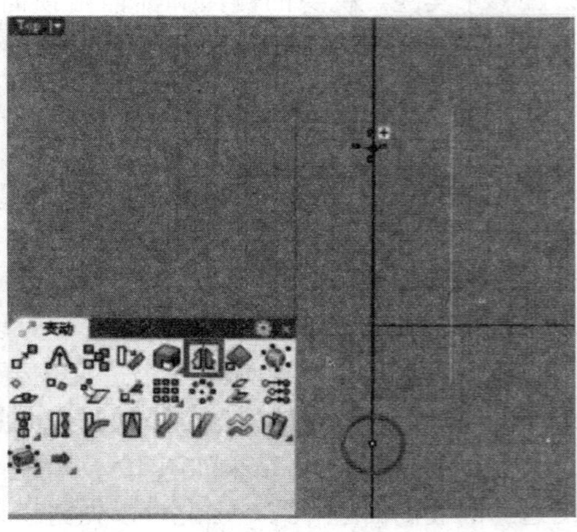


图 10-7 镜像到右侧

3）使用“圆弧”工具绘制一条弧线，结果如图 10-8 所示。

4）使用“圆”中心点半径工具，在顶视图开启“锁定格点”功能，在坐标原点绘制一个圆，结果如图 10-9 所示。

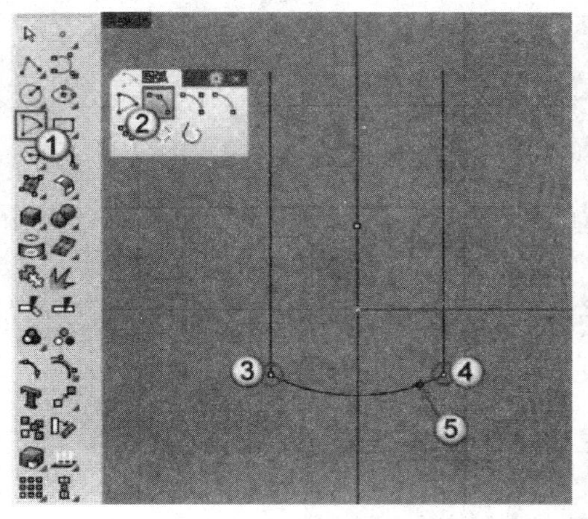


图 10-8　绘制圆弧

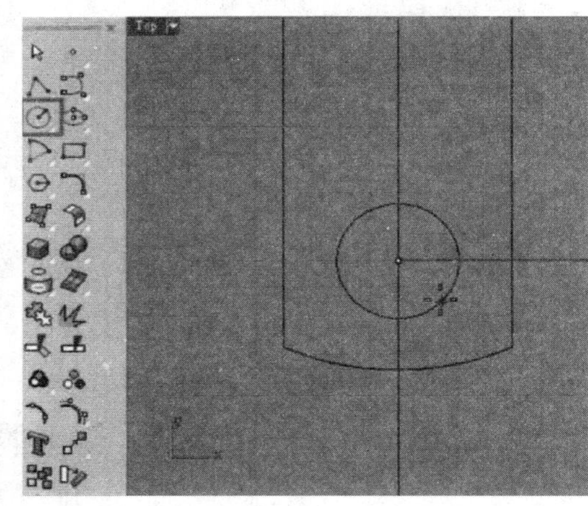

图 10-9　绘制圆

5）使用“偏移曲线”工具，将圆往外偏移，完成两次偏移，结果如图 10-10 所示。

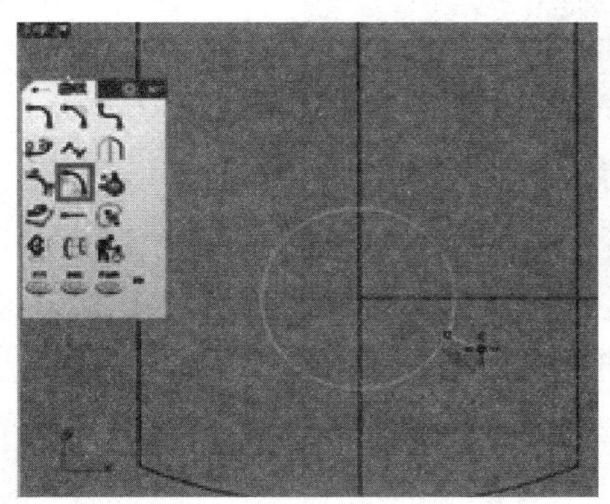

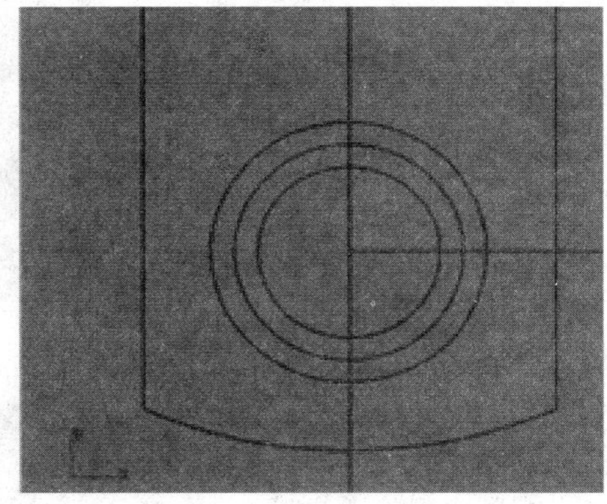

图 10-10　使用“偏移曲线”工具并偏移

6）关闭捕捉模式，使用“复制/原地复制物件”工具，复制左侧垂直线，结果如图 10-11 所示。

7）使用“正交”功能，再次使用“复制/原地复制物件”工具，将弧线向上复制一条，结果如图 10-12 所示。

8）使用“镜射/三点镜射”工具，将前面复制的竖直线镜像到中轴右侧，结果如图 10-13 所示。

9）使用“修剪/取消修剪”工具，剪掉多余的部分，结果如图 10-14 所示。

10）调出“曲线工具”面板，单击“可调式混接曲线/混接曲线”工具，并选择两条竖直线，在“调节曲线混接”中设置“连续性”为“曲率”，再取消“组合选项”，确定以后得到一条过渡曲线，结果如图 10-15 所示。

11）调出“缩放比”工具面板，使用“单轴缩放”工具，对 3 条线进行缩放，结果如图 10-16 所示。

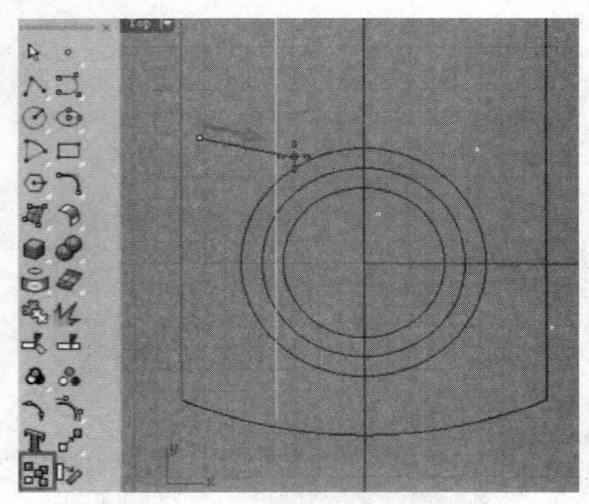

图 10-11　复制左侧垂直线

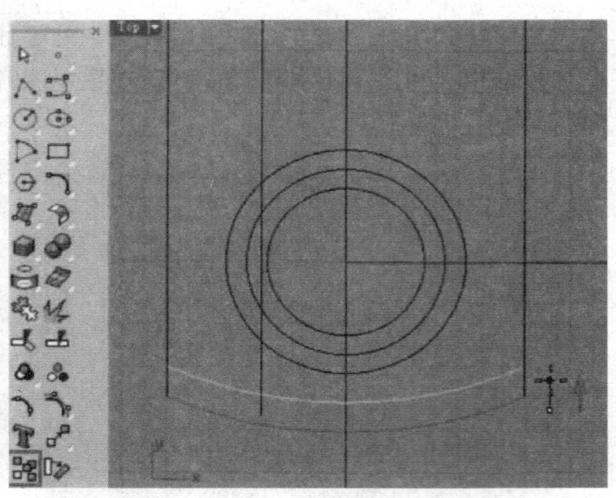

图 10-12　复制弧线

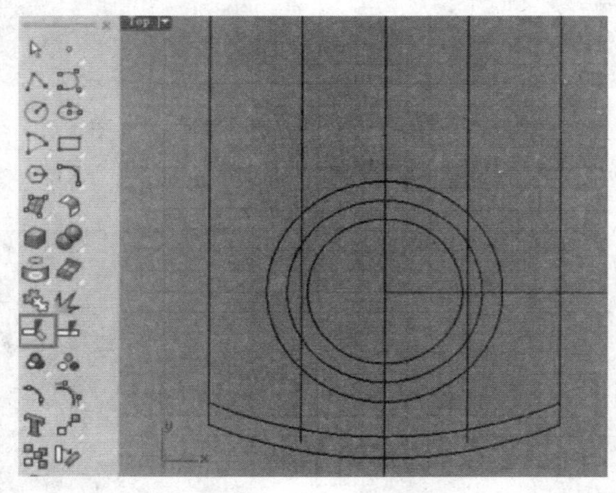

图 10-13　复制竖直线并镜像到中轴右侧

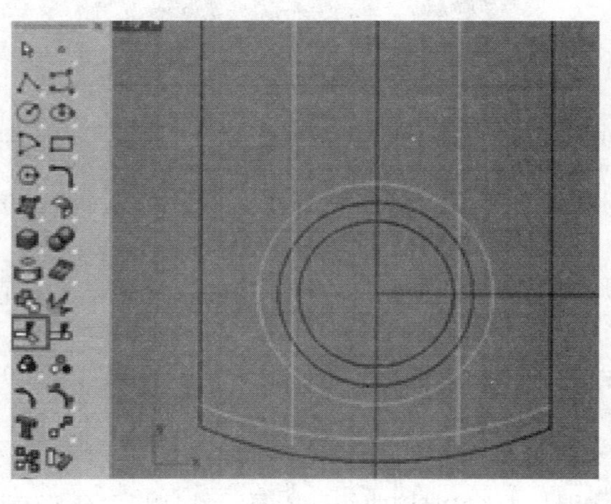

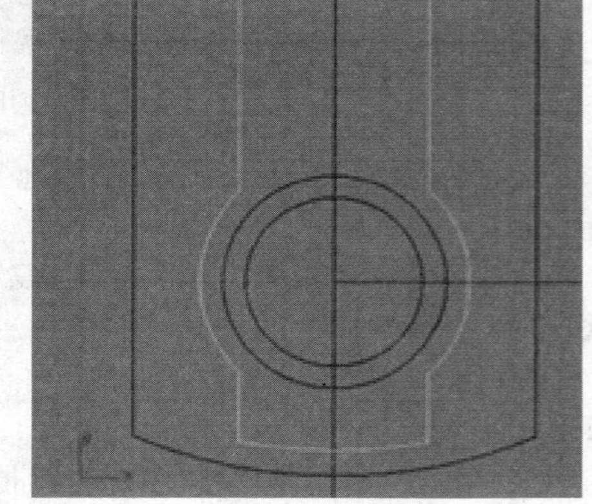

图 10-14　剪掉多余的部分

12）使用“控制点曲线/通过数个点的曲线”，再使用“圆为中心点/半径”工具，绘制一个圆，结果如图 10-17 所示。

13）使用“偏移曲线”工具将上一步绘制的圆，向内侧偏移复制两个，结果如图 10-18 所示。

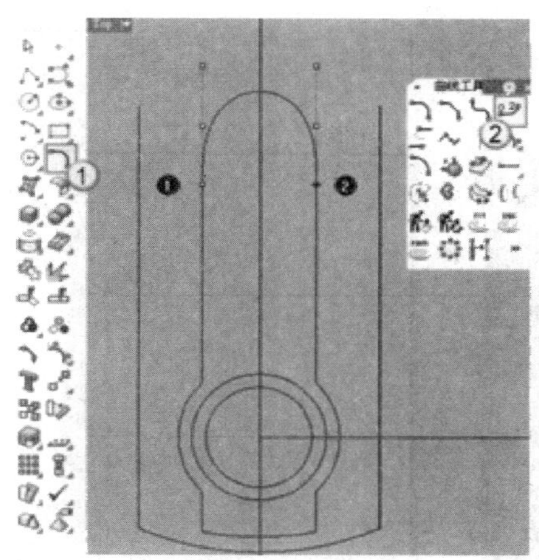

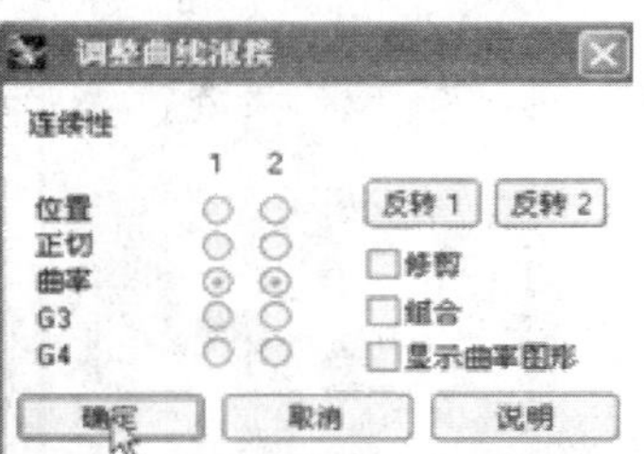


图 10-15　绘制一条过渡曲线

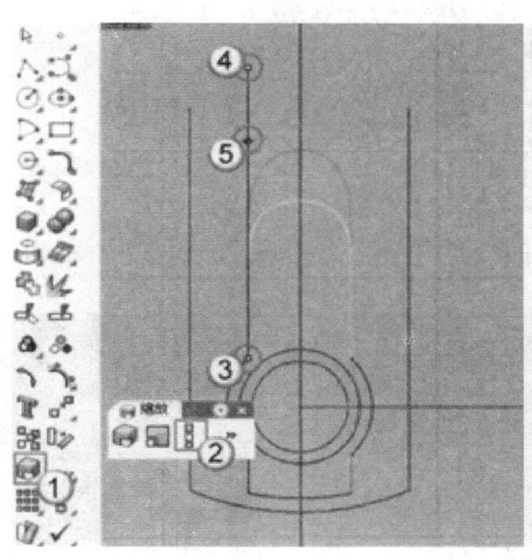

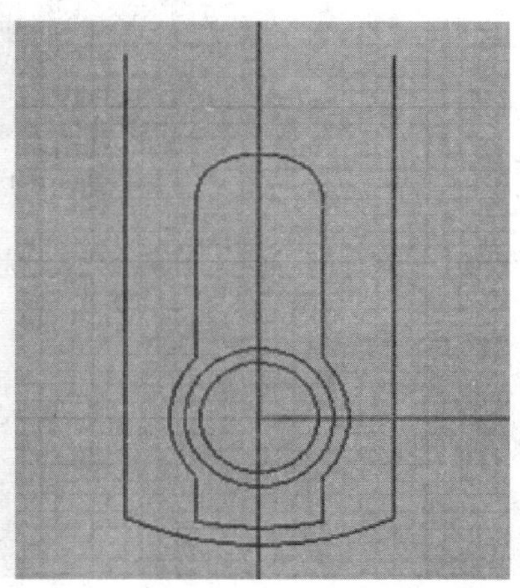

图 10-16　缩放 3 条线

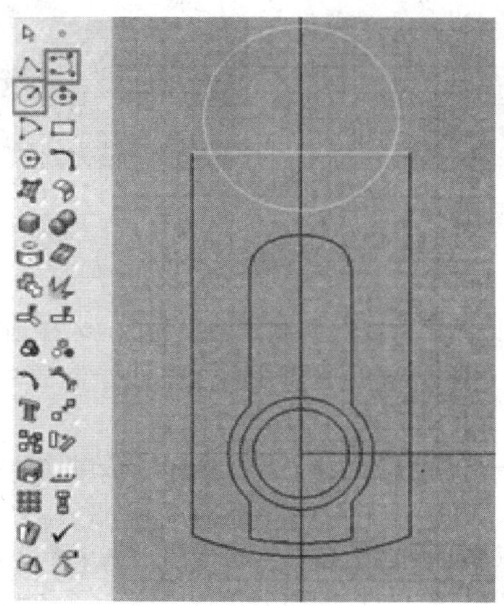

图 10-17　绘制一个圆

图 10-18　绘制圆并向内侧复制偏移两个

14）选择圆和直线，然后启用“修剪/取消修剪”工具，剪掉多余的圆弧，结果如图 10-19 所示。

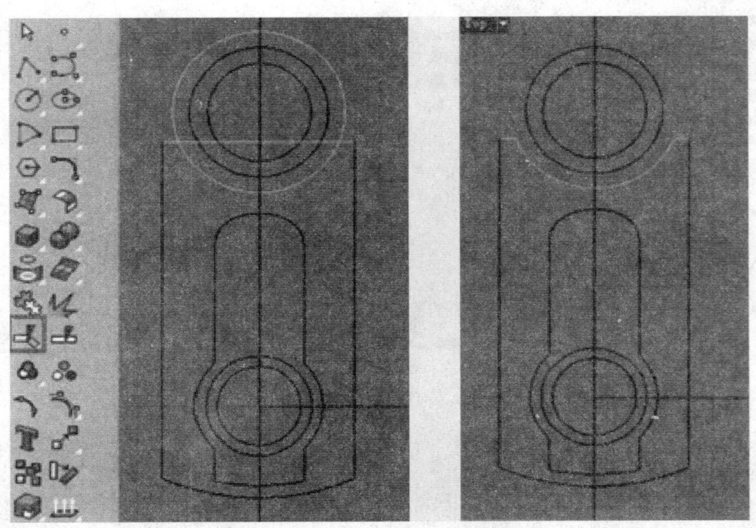

图 10-19 剪掉多余的圆弧

15）使用“组合”工具，合并曲线，完成基础曲线的绘制，结果如图 10-20 所示。

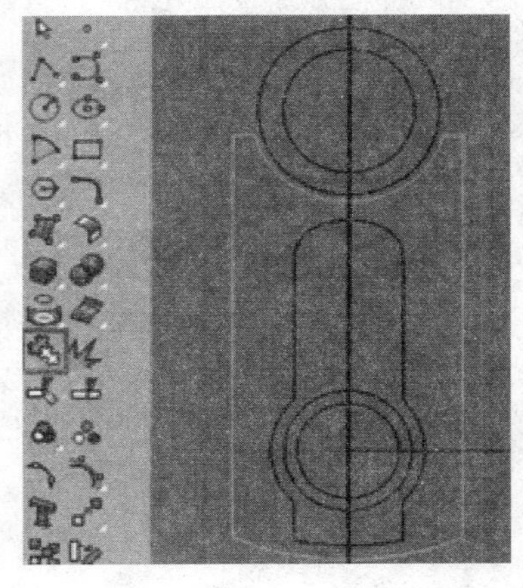

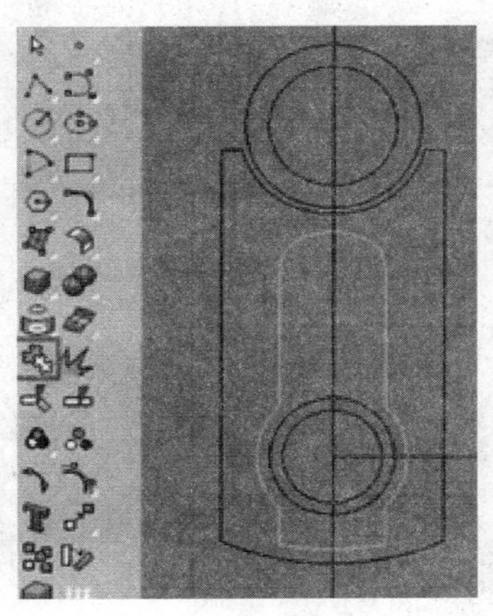

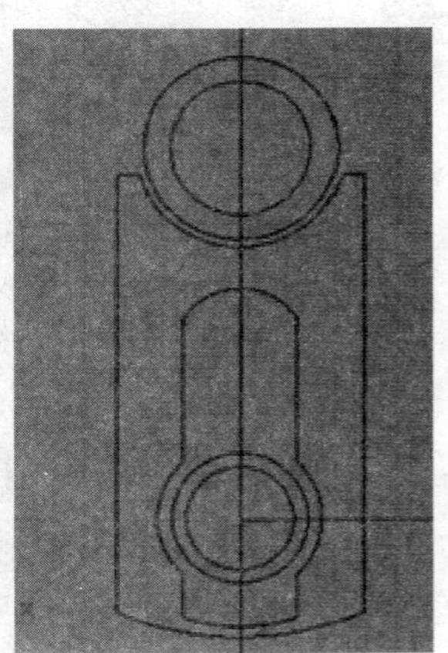

图 10-20 使用“组合”工具

（4）步骤四：创建 MP3 顶面。

1）使用“控制点曲线/通过数个点的曲线”工具，在右视图绘制，结果如图 10-21 所示。

2）开启“正交功能”，使用“复制/原地物件”工具，在顶视图中将上一步绘制的曲线向左复制一条，结果如图 10-22 所示。

3）使用“镜射/三点镜射”工具，结果如图 10-23 所示，将上一步复制得到的曲线镜像到中轴线的另一侧，结果如图 10-24 所示。

4）选择两条曲线，在右视图中将两条曲线向下移动一段距离，结果如图 10-25 所示。

5）使用“分割/以结构分割曲面”工具，以封闭曲线对放样的曲面进行分割，结果如图 10-26 所示。

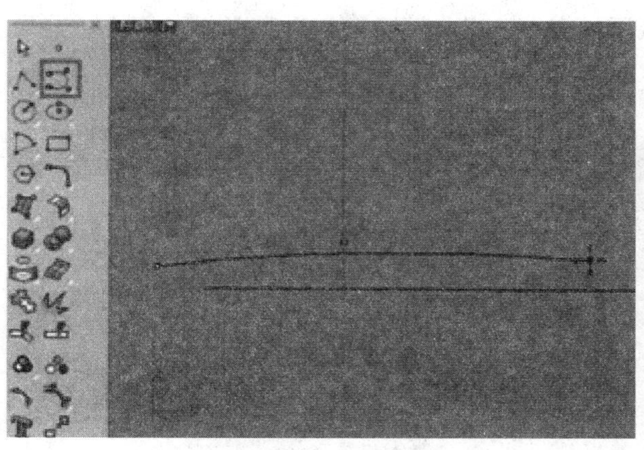

图 10-21　绘制曲线

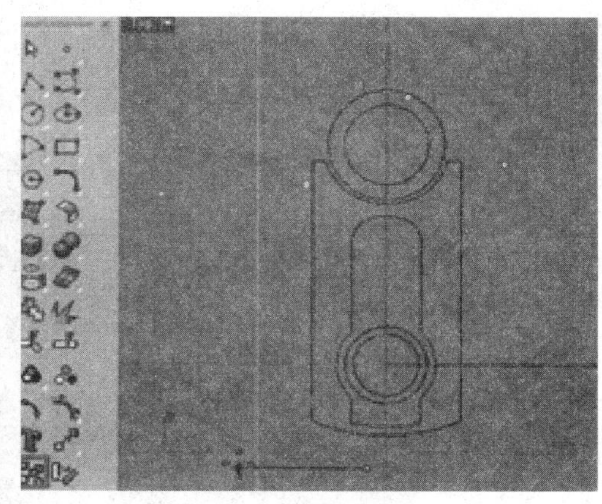

图 10-22　向左复制一条曲线

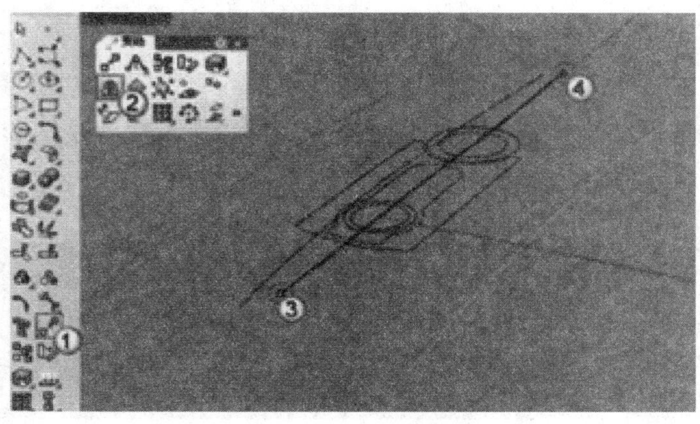


图 10-23　使用“镜射/三点镜射”工具

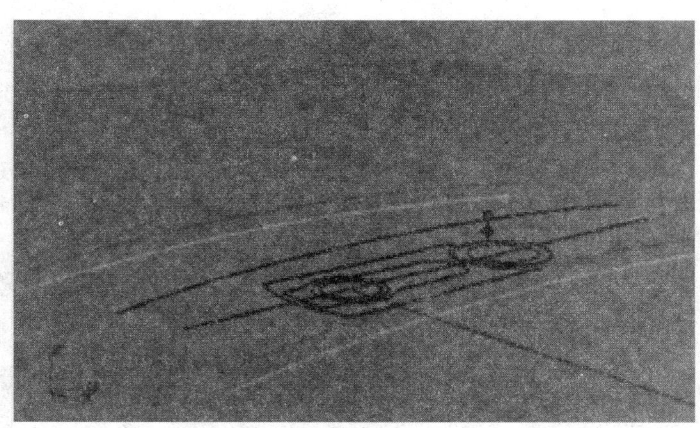

图 10-24　镜像曲线到中轴线另一侧

6）选择分割后外围的曲面，然后按 Del 键删除，结果如图 10-27 所示。

7）将“曲面”图层设置为当前工作图层，将保留的曲面移动到该图层中，结果如图 10-28 所示。

8）使用“镜射/三点镜射”工具，在前视图视窗中，将曲面镜像复制到 X 轴的下方，结果如图 10-29 所示。

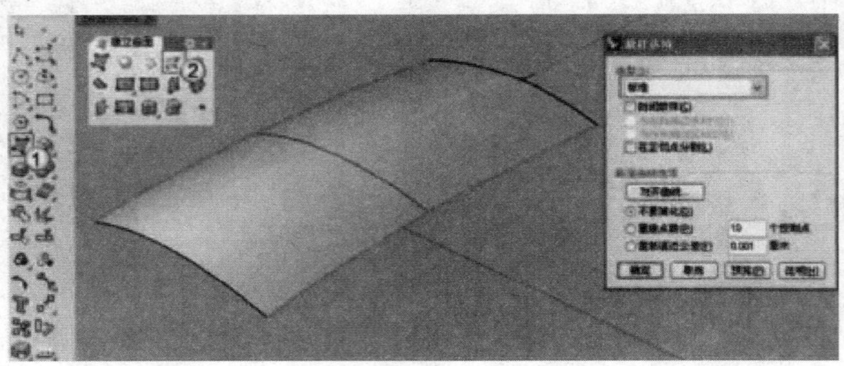

图 10-25　调整曲线距离

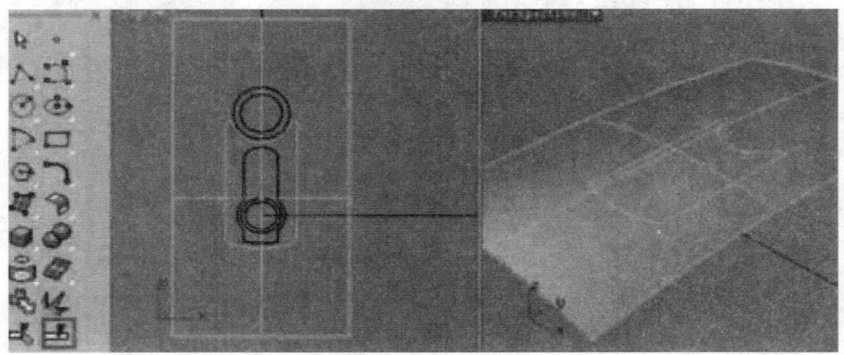

图 10-26　使用封闭曲线进行分割

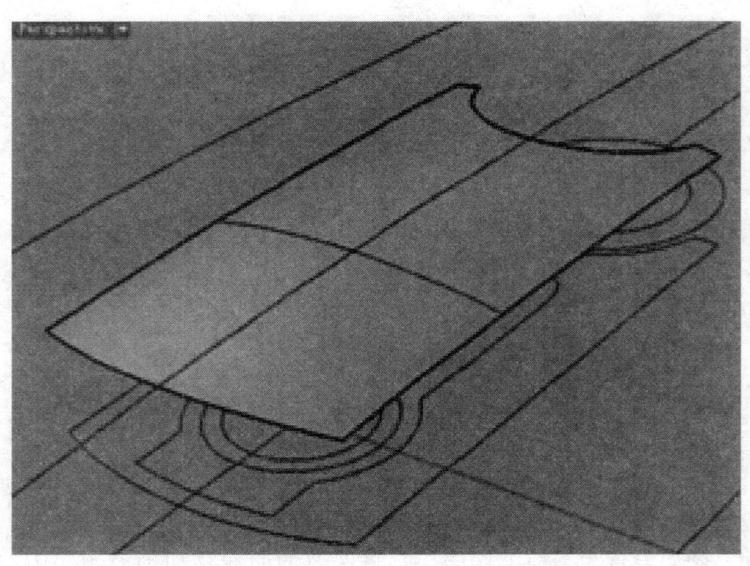

图 10-27　删除分割后外围的曲面

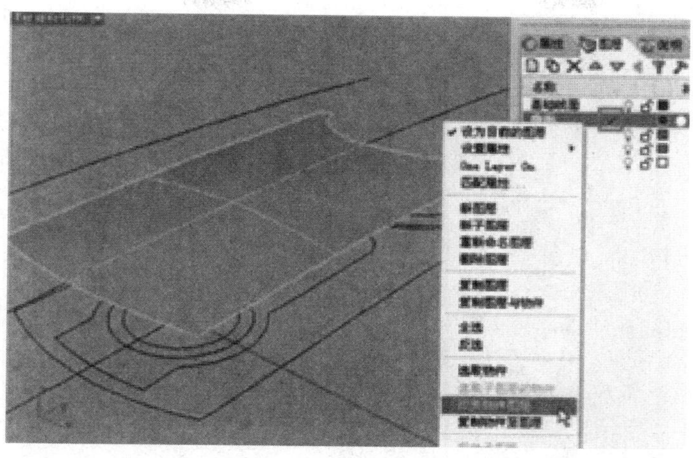

图 10-28　移动保留的曲面

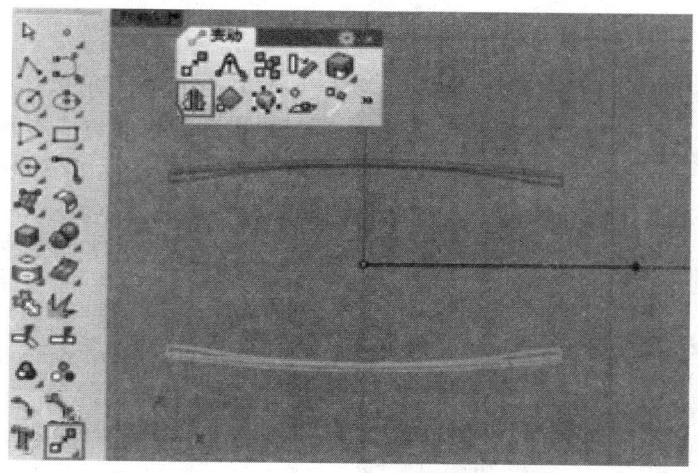

图 10-29　曲面镜像复制到 $X$ 轴的下方

9）使用放样工具，对两个曲面的边进行放样（设置“造型”为“平直区段”），结果如图 10-30 所示。

10）使用相同的方法对两个曲面其他的边进行放样，结果如图 10-31 所示。

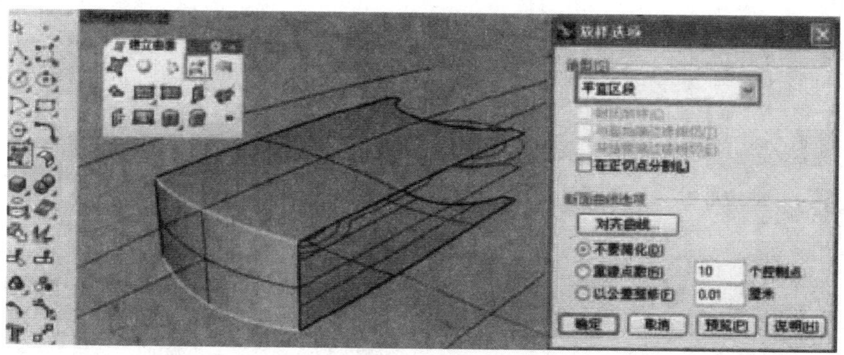

图 10-30　使用放样工具

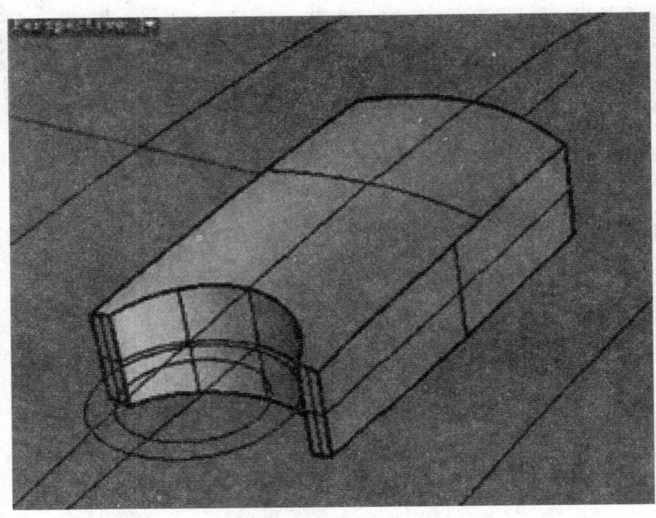

图 10-31 使用放样工具进行放样

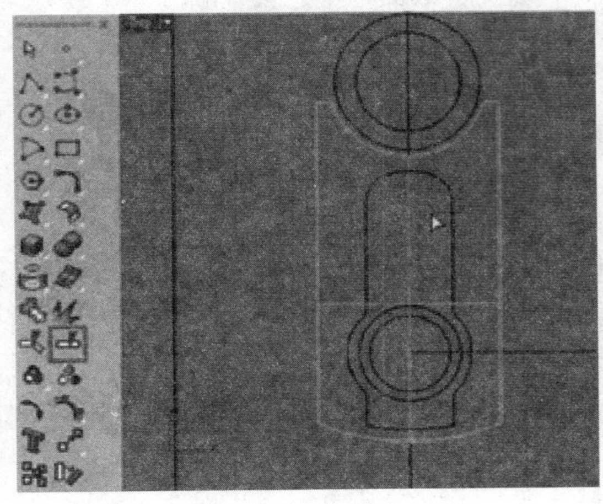

图 10-32 分割顶部的曲面

11）使用“分割/以结构线分割曲面”工具，以内部的封闭曲线对顶部的曲面进行分割，结果如图 10-32 所示。

12）在前视图中将分割后的曲面向上移动一段距离，结果如图 10-33 所示。

13）调出“实体”工具面板，单击“挤出面/沿着路径基础面”工具，将上一步移动后的曲面向下挤出（在命令行设置“实体”为“是”），结果如图 10-34 所示。

14）使用“不等距边缘圆角/不等边边缘混接”工具，以“0.1”的圆角半径对图中所示的边缘进行圆角，结果如图 10-35 所示。

15）使用“抽离曲面”工具，将顶面抽离出来，结果如图 10-36 所示。

16）使用“分割/以结构线分割去曲面”工具，以两个圆对抽离的曲面进行分割，结果如图 10-37 所示。

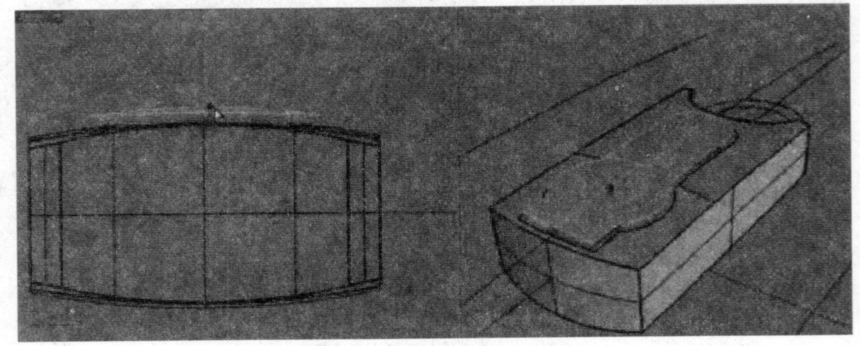

图 10-33 将曲面移动一段距离

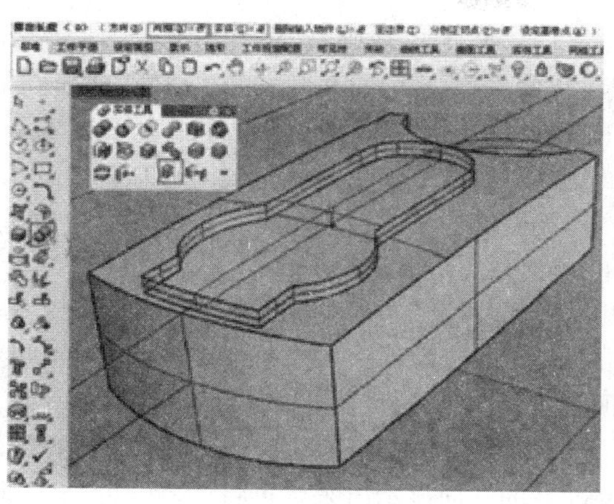

图 10-34　将曲面向下挤出

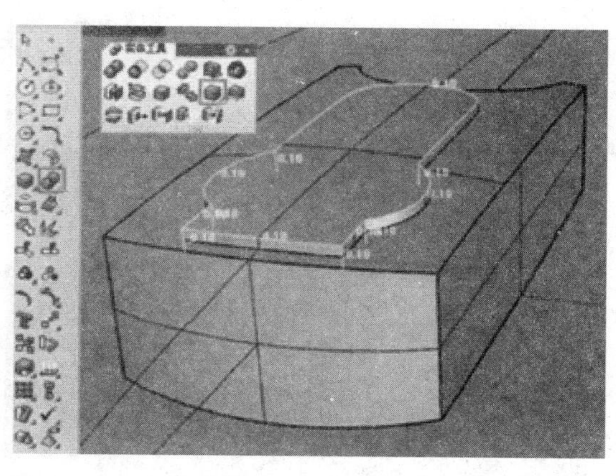

图 10-35　倒圆角

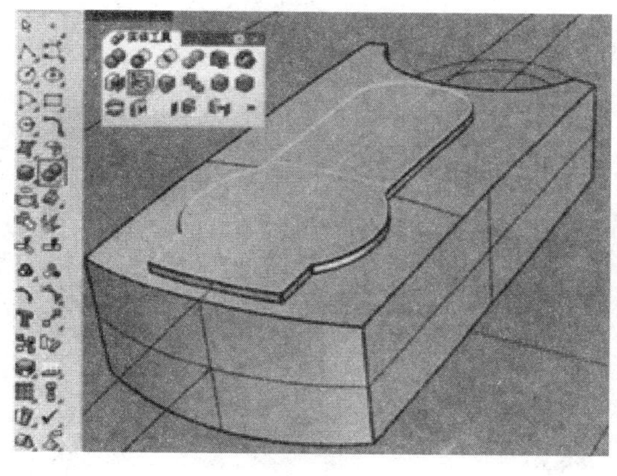

图 10-36　抽离顶面

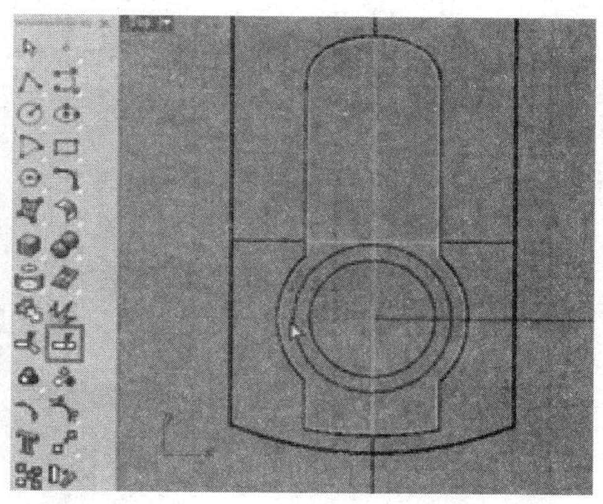

图 10-37　分割曲面

17）在前视图中将分割的两个圆面向上移动一段距离，结果如图 10-38 所示。

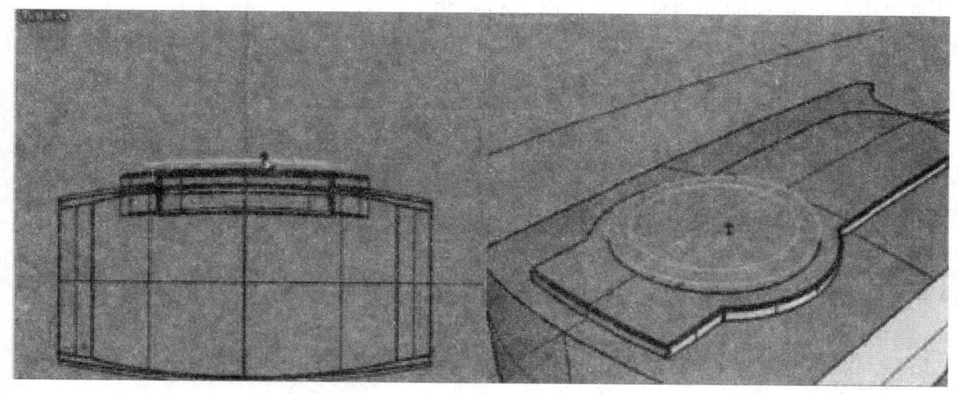

图 10-38　移动分割的圆面

18）选择小一些的圆面隐藏，然后左键单击“隐藏物件/显示物体”工具，将选择的面隐藏，结果如图 10-39 所示。

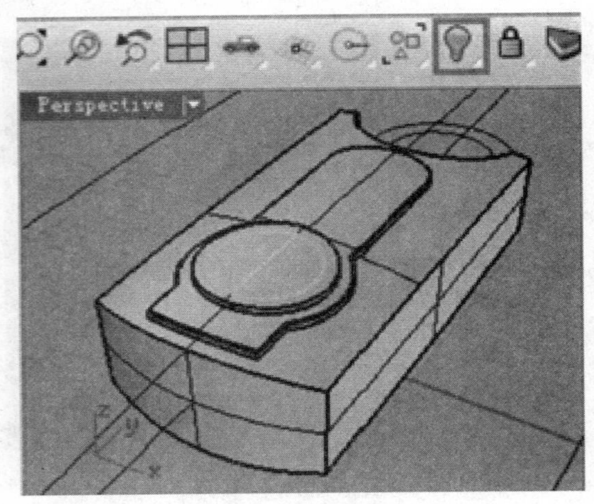


图 10-39　影藏小圆面

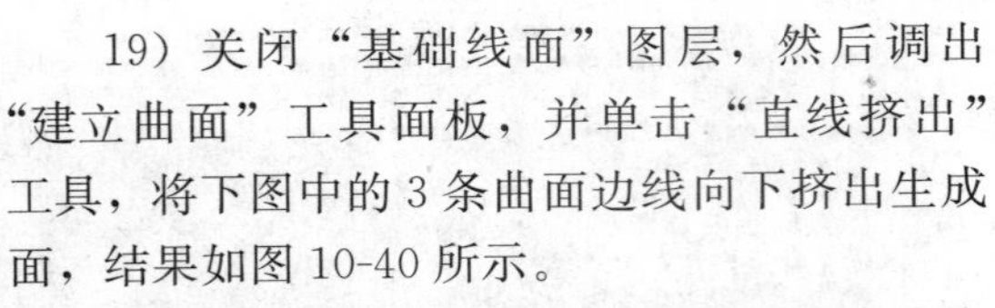

19）关闭“基础线面”图层，然后调出“建立曲面”工具面板，并单击“直线挤出”工具，将下图中的 3 条曲面边线向下挤出生成面，结果如图 10-40 所示。

20）使用“组合”工具，将曲面组合成多重曲面，结果如图 10-41 所示。

21）使用“不等距边缘圆角/不等边边缘混接”工具，以“0.2”的半径对多重曲面的顶面两条边线进行圆角，结果如图 10-42 所示。

22）使用“隐藏物件/显示物件”工具，将隐藏的圆面显示出来，再将倒圆角后的多重曲面隐藏，结果如图 10-43 所示。

23）使用“直线挤出”工具，将圆面的边缘向下挤出，结果如图 10-44 所示。

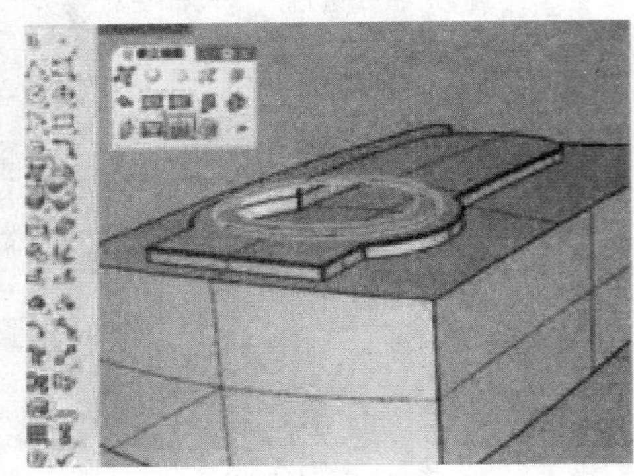

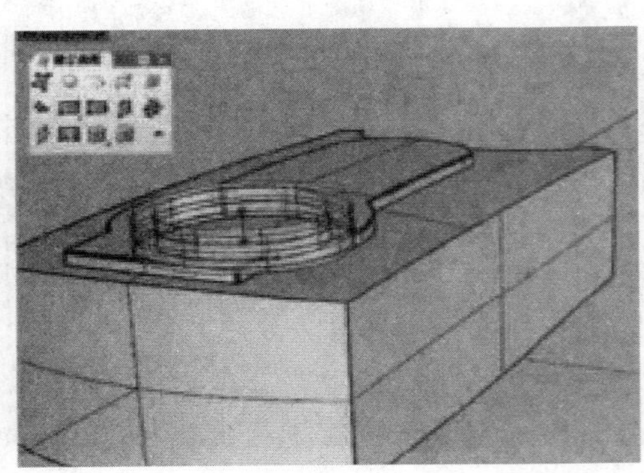

图 10-40　向下挤出曲面

24）使用“曲面圆角”工具，设置圆角半径为“0.1”，对圆面和挤出的曲面进行圆角；再使用相同的圆角半径，对顶面和对应的垂直面进行圆角，结果如图 10-45 所示。

25）使用“组合”工具，分别组合下图的曲面，结果如图 10-46 所示。

26）将“图层 03”重命名为“圆角罩”，然后将中间的圆形组合曲面移动到该图层中，结果如图 10-47 所示。

27）使用“不等距边缘圆角/不等距边缘混接”工具，对模型顶面左右两侧的边缘进行圆角，圆角半径分别为“0.5”和“1.2”，结果如图 10-48 所示。

28）使用“圆柱体”工具，创建 3 个同样大小的圆柱体，然后移动到图 10-49 所示的位置。

29）使用“分析方向/反转方向”工具，然后选择顶盖上的多重曲面进行分析，结果如

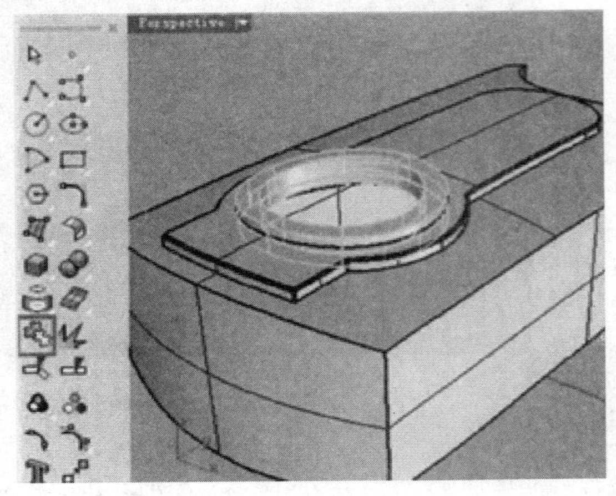


图 10-41　组合曲面

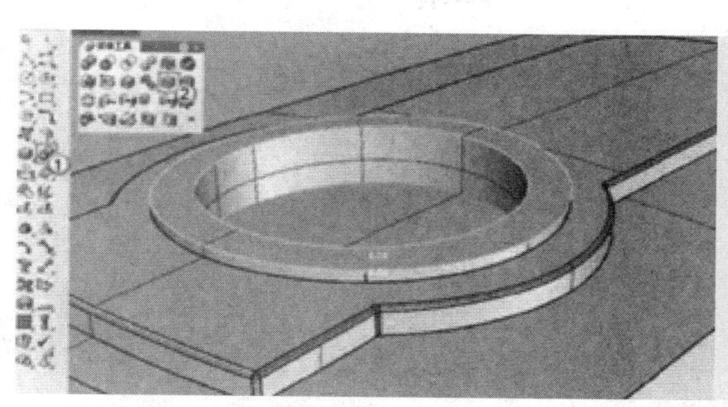
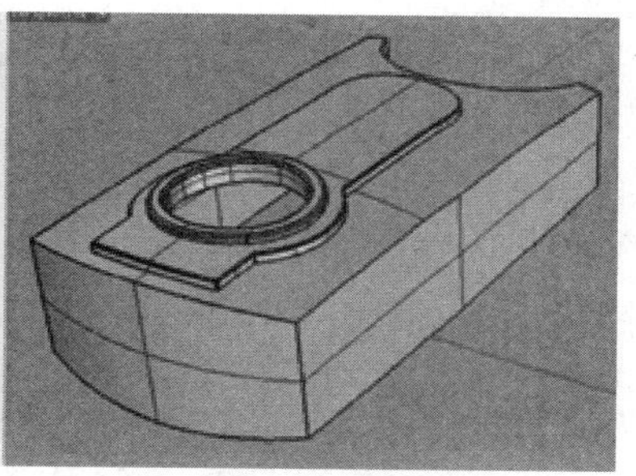

图 10-42　倒圆角

图 10-50 所示。

30）使用“布尔运算差集”工具，将 3 个小圆柱体从顶部的多重曲面中减去，结果如图 10-51 所示。

（5）步骤五：创建 MP3 底面。

1）使用“控制点曲线/通过数个点的曲线”工具，在顶视图中绘制一条竖直线镜像复制到中轴线另一侧，结果如图 10-52 所示。

2）再次启动“控制点曲线/通过数个点的曲线”工具，在顶视图绘制如图 10-53 所示的两条水平线。

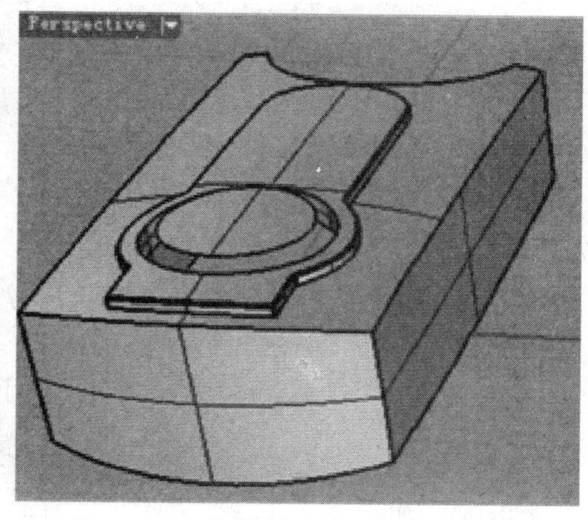


图 10-43　隐藏倒圆角后的多重曲面

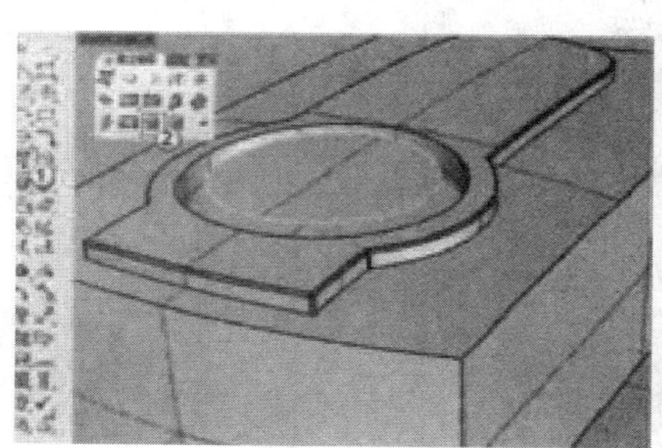
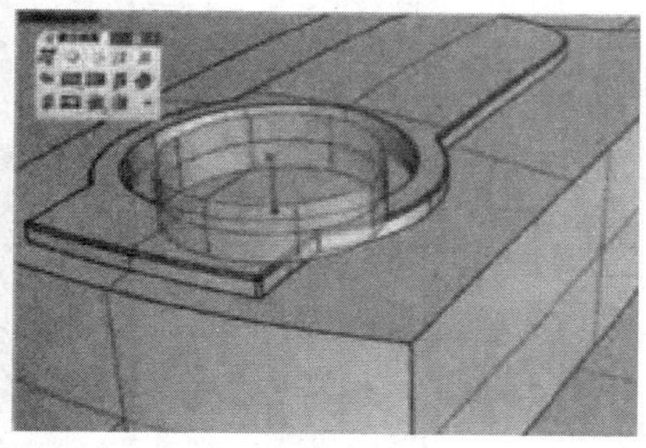

图 10-44　将圆面的边缘向下挤出

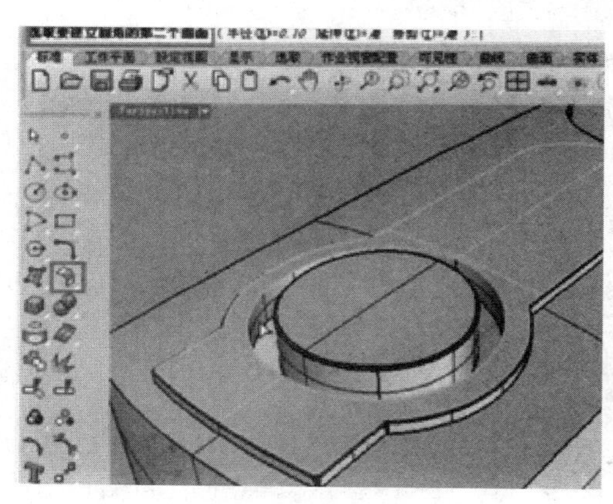


图 10-45　倒圆角

3）调出“从物件建立曲线”工具面板，然后单击“投影至曲面”工具，在顶视图中将前面绘制的 4 条直线投影至模型的底面上，形成 4 条曲线，结果如图 10-54 所示。

4）将“图层 05”重命名为“防滑球”，并将其设置为当前工作图层，然后关闭其他图层，接着单击“球体：中心点、半径”工具，结果如图 10-55 所示。

5）右键单击“分割/以结构线分割曲面”工具，在球体下半部分的适当位置进行分割，结果如图 10-56 所示。

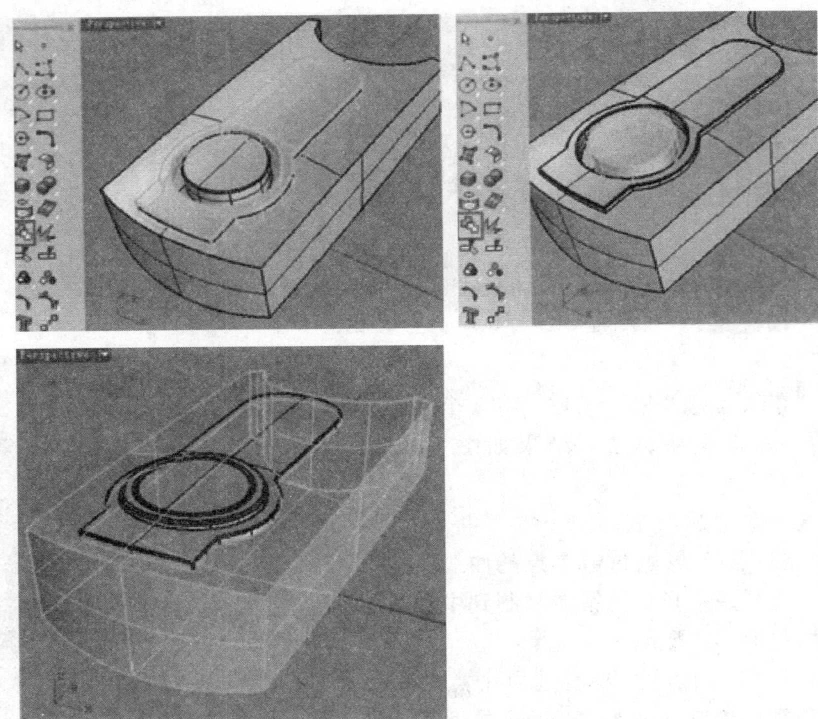

图 10-46　组合曲面

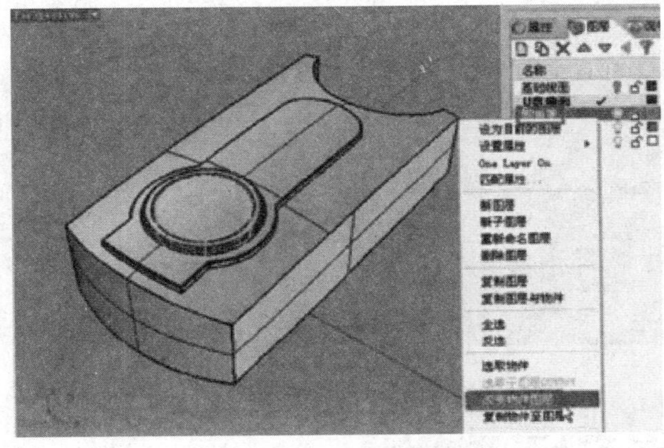

图 10-47　将圆形组合曲面移动到新图层

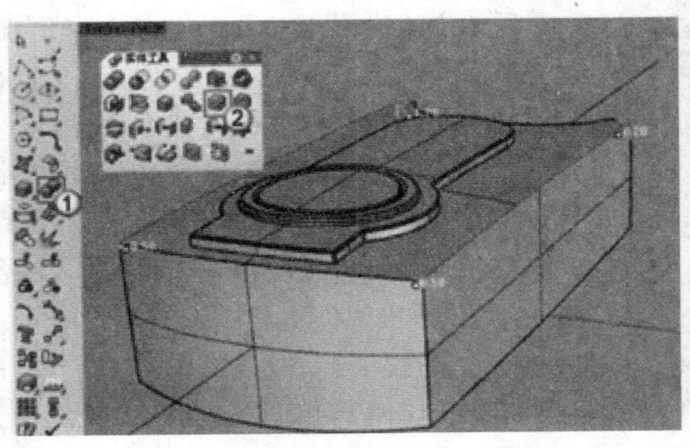

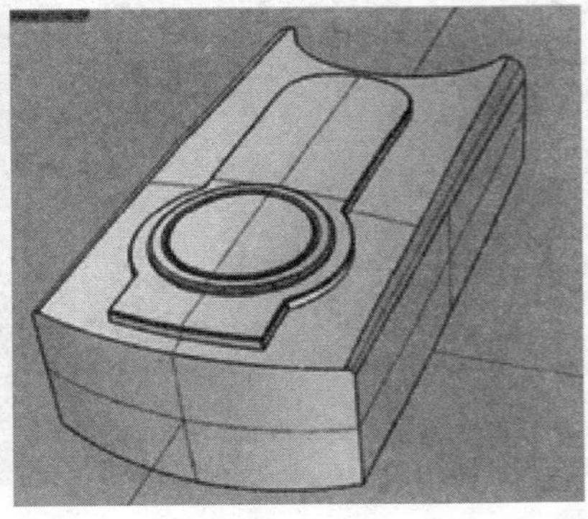

图 10-48　倒圆角

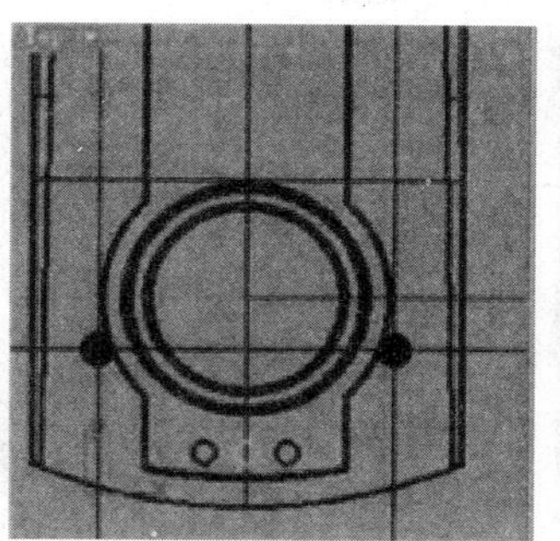
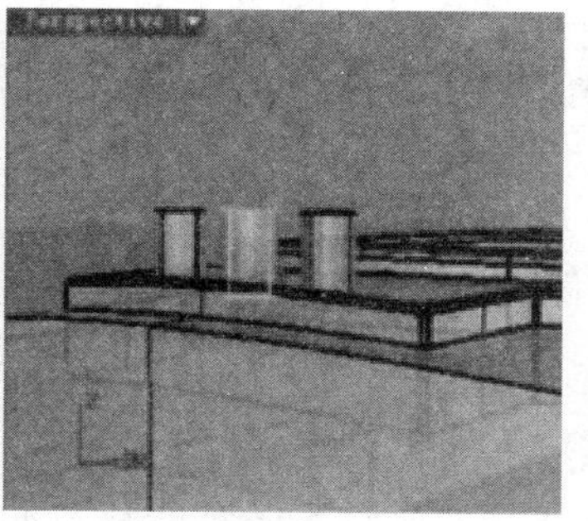

图 10-49　创建并移动圆柱体

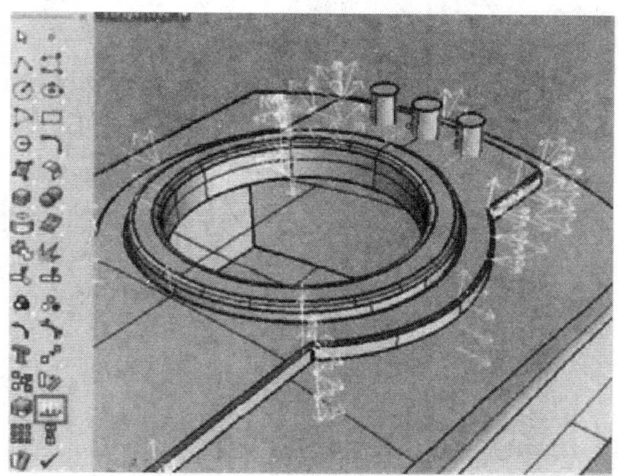

图 10-50　分析法线方向

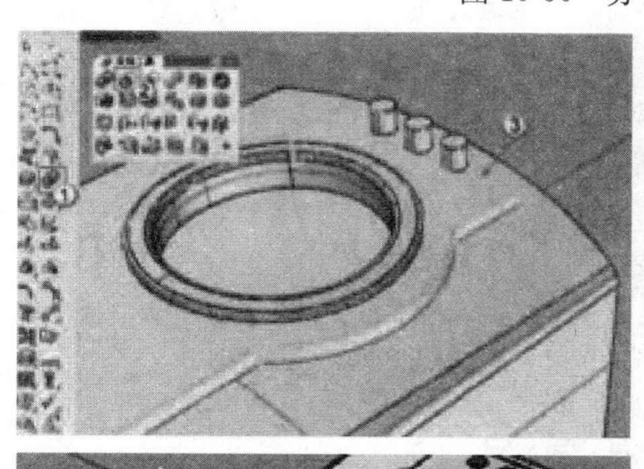
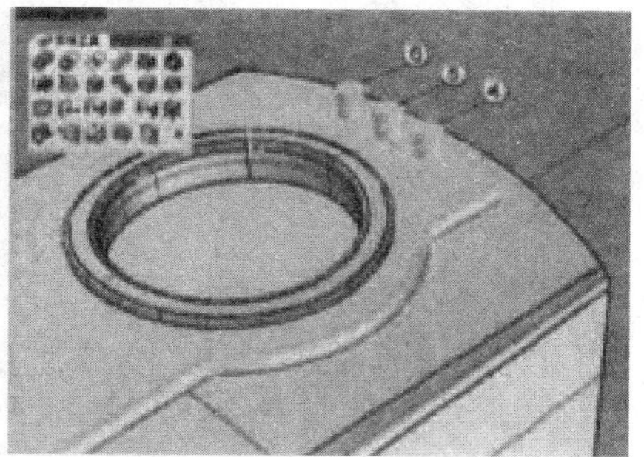
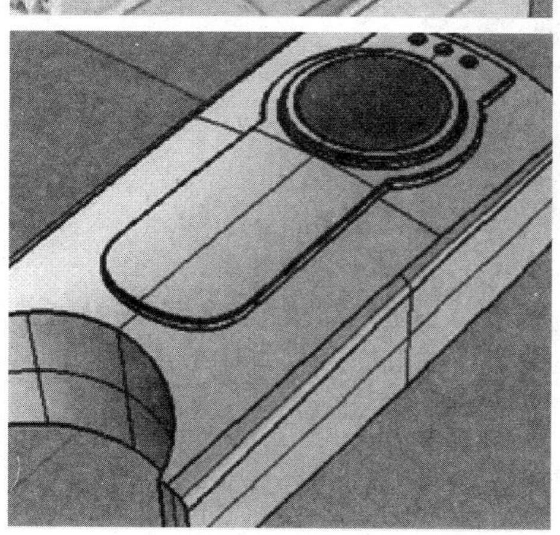

图 10-51　使用“布尔运算差集”工具减去小圆柱多余部分

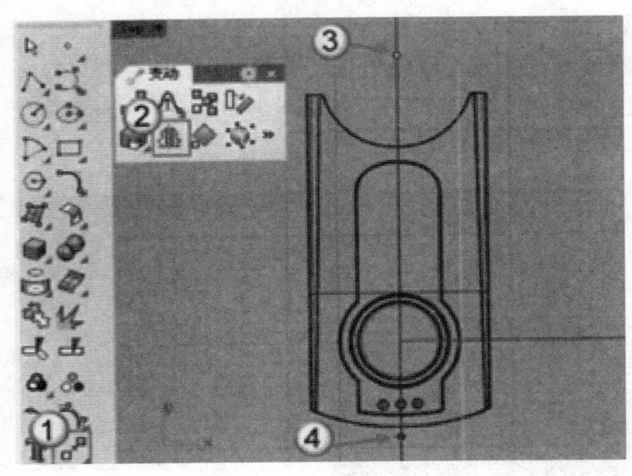


图 10-52　制作直线

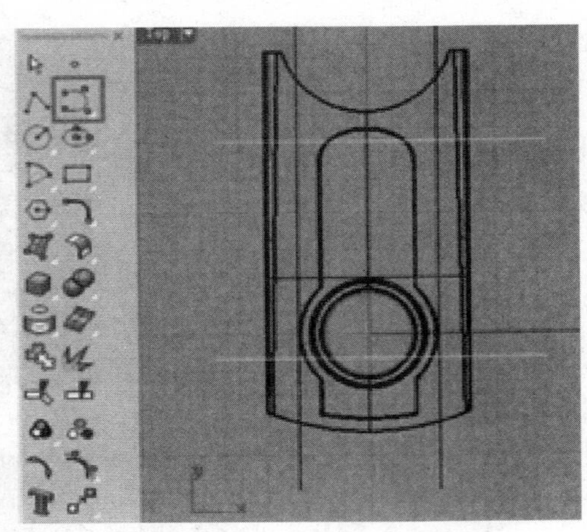

图 10-53　绘制两条水平线

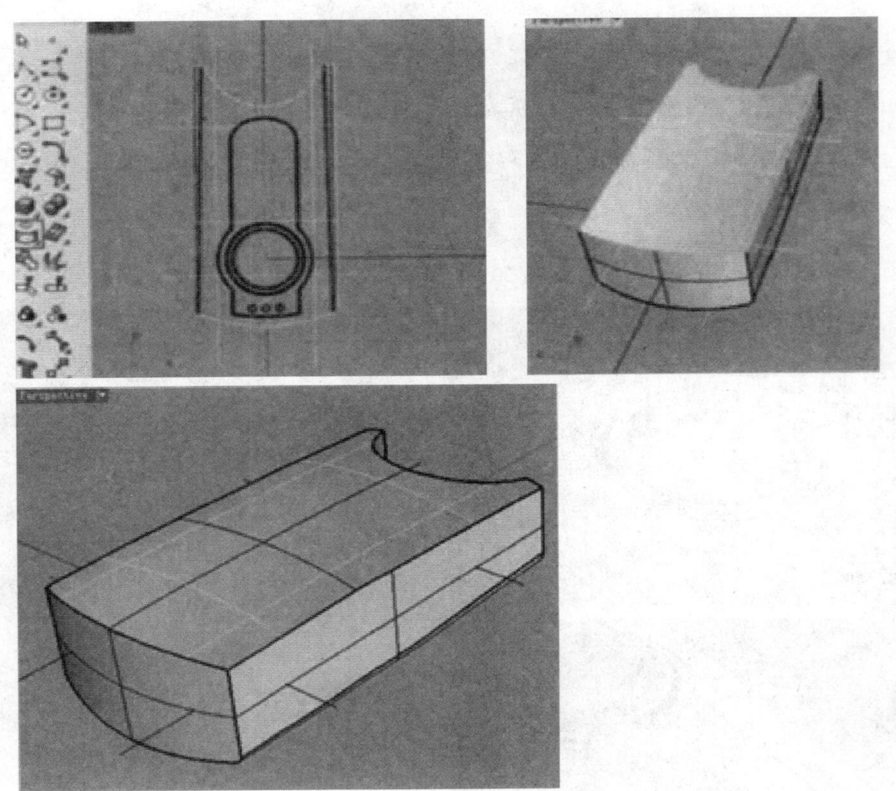

图 10-54　投影 4 条直线至模型的底面

6）将分割后下半部分的曲面删除，然后单击“以平面曲线建立曲面”工具，将保留的曲面封面，结果如图 10-57 所示。

7）左键单击“镜射/三点镜射”工具，在右视图中对半球曲面进行镜像复制，圆形面不用镜像，结果如图 10-58 所示。

8）使用“组合”工具，组合镜像前的半球曲面和圆形平面，结果如图 10-59 所示。

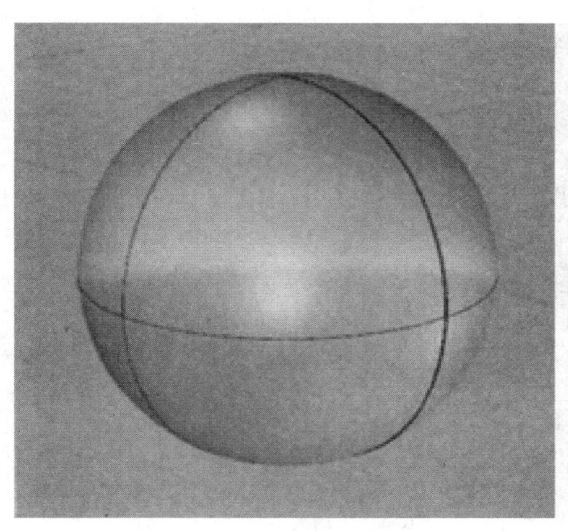

图 10-55　创建球体

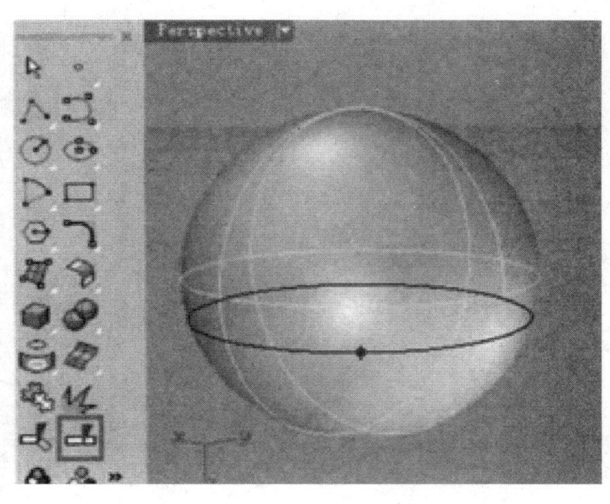


图 10-56　分割球体

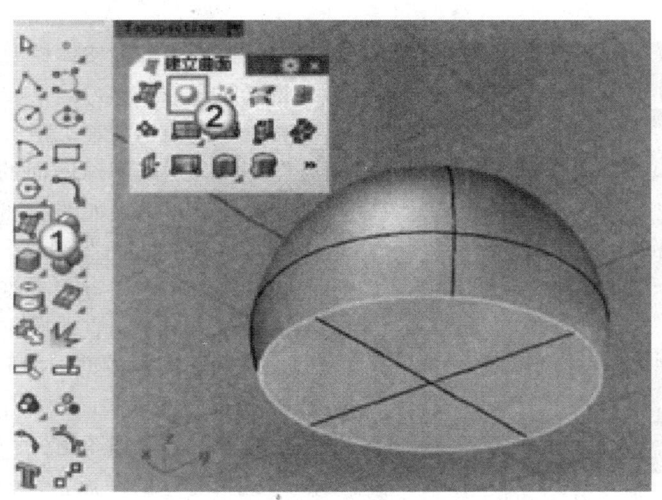


图 10-57　封闭半球曲面

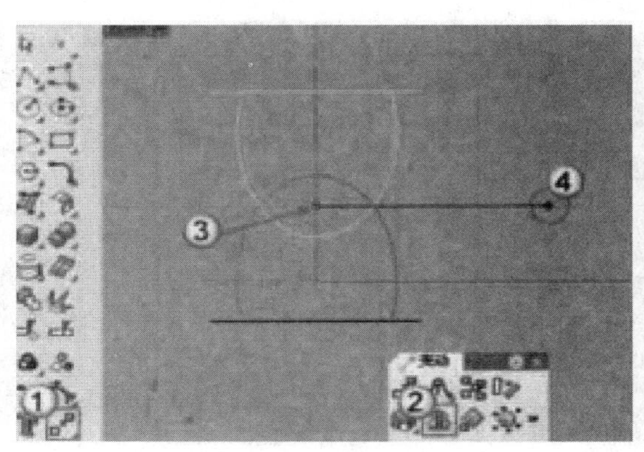


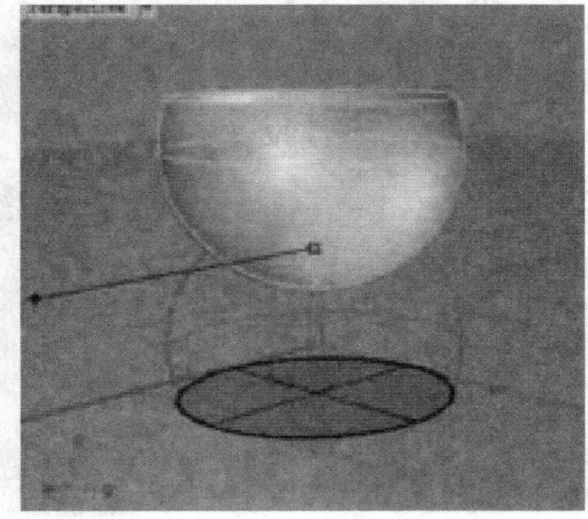

图 10-58　对半球曲面进行镜像复制

9）单击“自动建立实体组合”工具，选择半球曲面和半球自动建立实体，结果如图 10-60 所示。

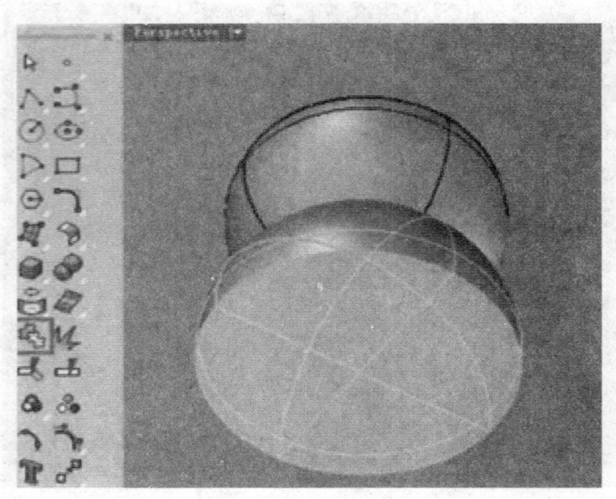
图 10-59 组合两个半球曲面

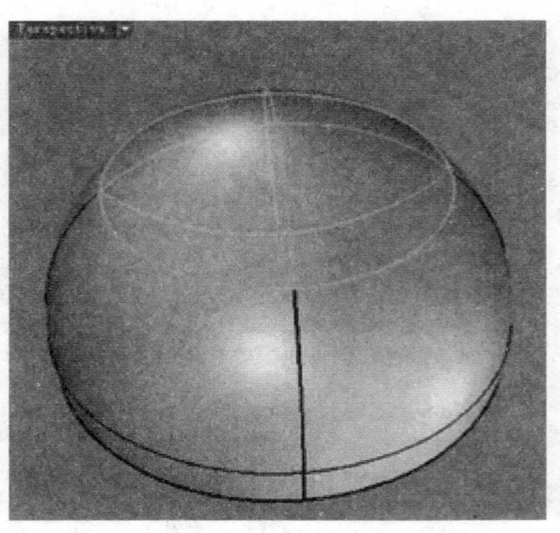
图 10-60 建立实体

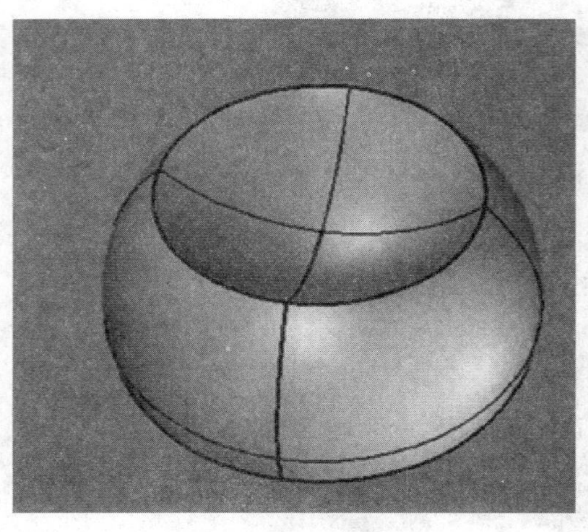
图 10-61 删除顶部的实体模型

10）选择顶部的实体模型，然后按 DEL 键删除，得到防磨球模型，结果如图 10-61 所示。

11）左键使用“不等距边缘圆角/不等距边缘混接”工具，对防磨球凹面的边进行圆角，圆角半径为“0.5”，结果如图 10-62 所示。

12）打开“曲面”图层，然后调出 UDT 工具面板，接着单击“球形对变”工具，对防磨球模型进行球形对变，具体操作步骤如下：

a. 选择防磨球模型，按 Enter 键确认。

b. 捕捉防磨球底面圆的中心点，作为参考球体的中心点，结果如图 10-63 所示。

c. 选取合适的一点指定参考球体的半径，结果如图 10-64 所示。

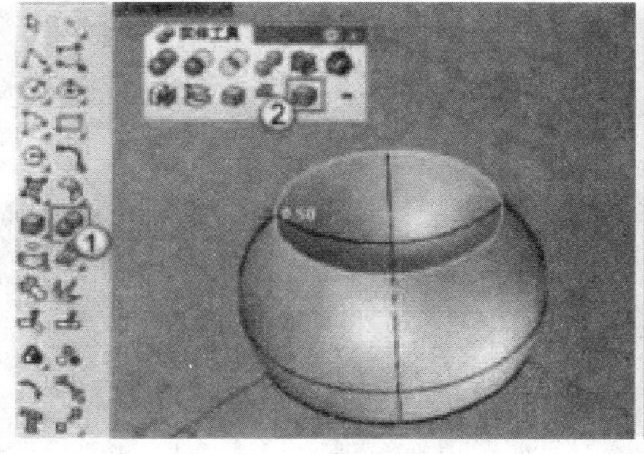


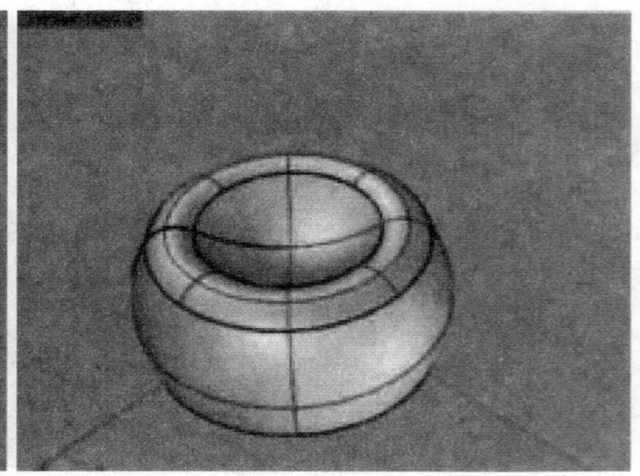
图 10-62 倒圆角

d. 选择 MP3 模型的底面作为半球对变的目标曲面，然后在 MP3 模型底面上捕捉由投影曲线构成的一个交点，结果如图 10-65 所示。

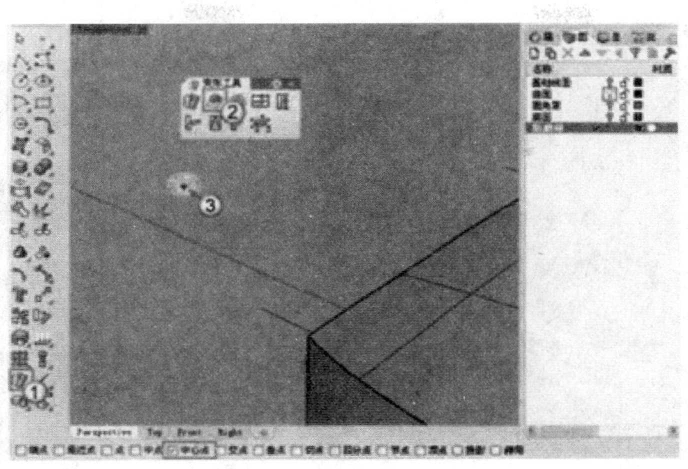

图 10-63　捕捉底面圆的中心点

图 10-64　选取参考球体的半径

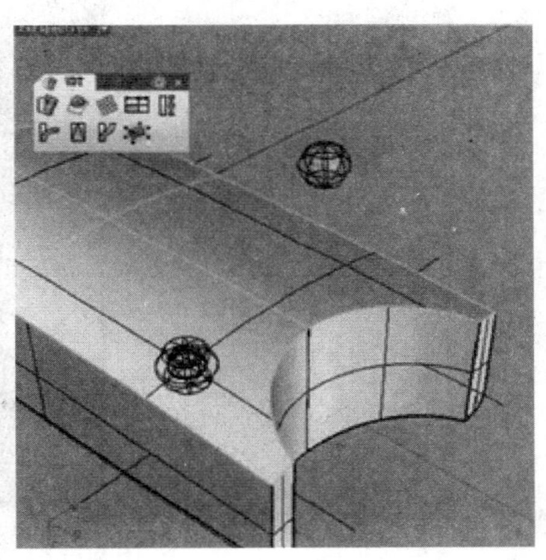

图 10-65　捕捉交点并放置

e. 在命令行输入“1”，并按 Enter 键确认，然后单击鼠标左键确认放置，接着使用同样的方法，依次在 MP3 模型底面上捕捉由投影曲线构成的交点放置防磨球，结果如图 10-66 所示。

（6）步骤六：创建 MP3 侧面。

1）使用“控制点曲线/通过数个点的曲线”工具，在前视图绘制一条和 $X$ 轴重合的直线，然后将这条直线向上复制一条，接着再将复制生成的直线镜像到 $X$ 轴下方，得到如图 10-67 所示的 3 条直线。

2）左键单击“分割/以结构线分割曲面”工具，以上一步绘制的 3 条直线对模型的侧面进行分割，结果如图 10-68 所示。

3）选择分割后的上下两个侧面，然后左键单击“隐藏物件/显示物件”工具，将其隐藏，结果如图 10-69 所示。

4）单击“偏移曲面”工具，将中间的侧面曲面向内偏移，偏移距离为“0.3”，结果如图 10-70 所示。

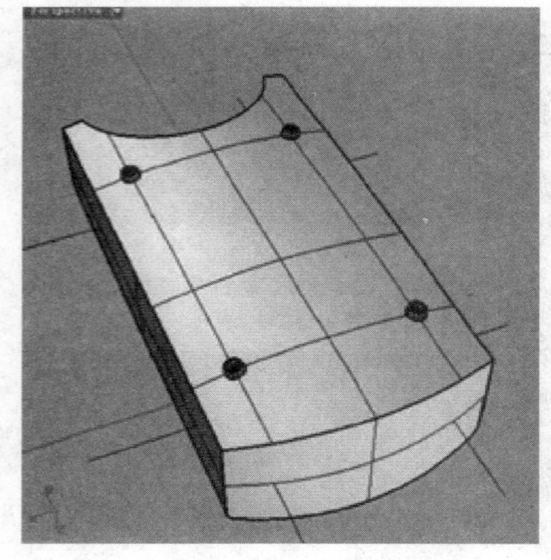

图 10-66 放置防磨球模型

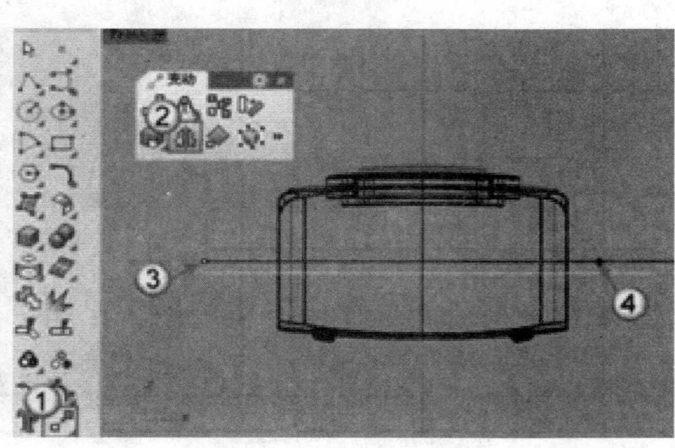

图 10-67 制作直线

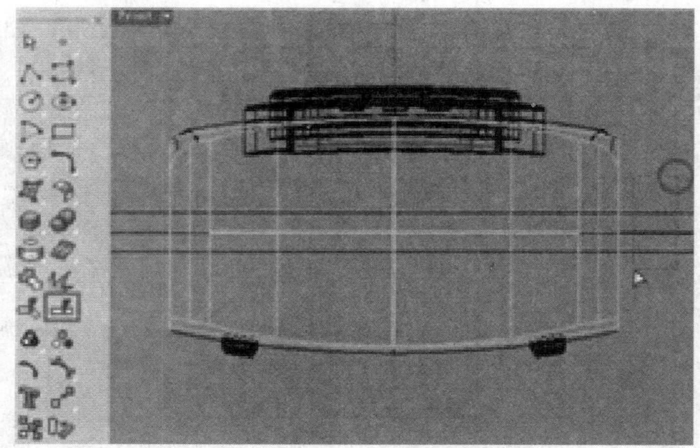

图 10-68 分割模型侧面

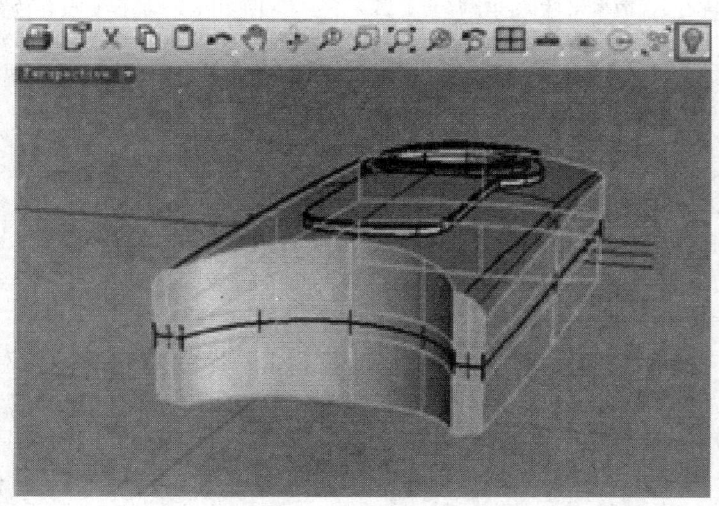

图 10-69 隐藏侧面

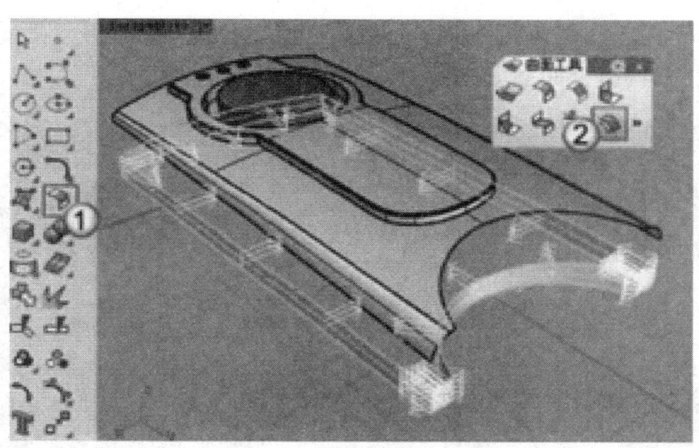


图 10-70　偏移中间侧面曲面

5）选择偏移前的侧面曲面，然后左键单击“炸开/抽离曲面”工具，将原侧面炸开，接着选择如图 10-71 所示的面并删除。

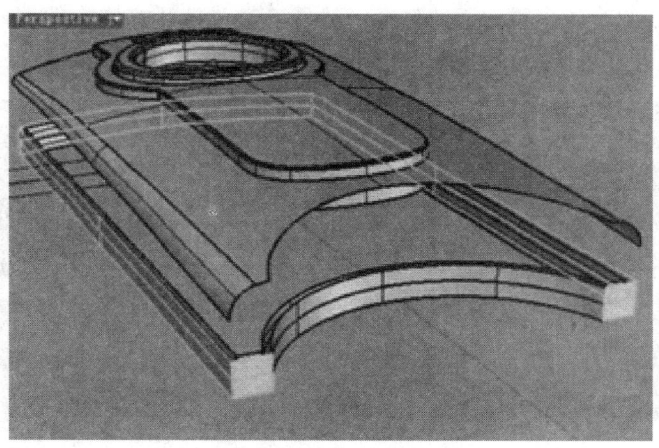

图 10-71　炸开原侧面

6）再次启用“偏移曲面”工具，将原侧面中保留的曲面向外偏移，偏移距离为“0.3”，结果如图 10-72 所示。

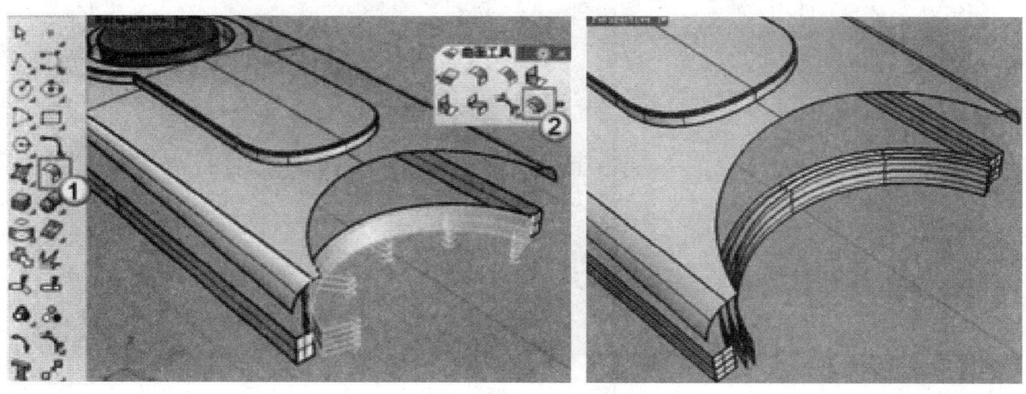


图 10-72　偏移保留的曲面

7）选择靠近 MP3 机体内部的两个曲面，然后删除，结果如图 10-73 所示。

8）使用“组合”工具组合曲面如图 10-74 所示。

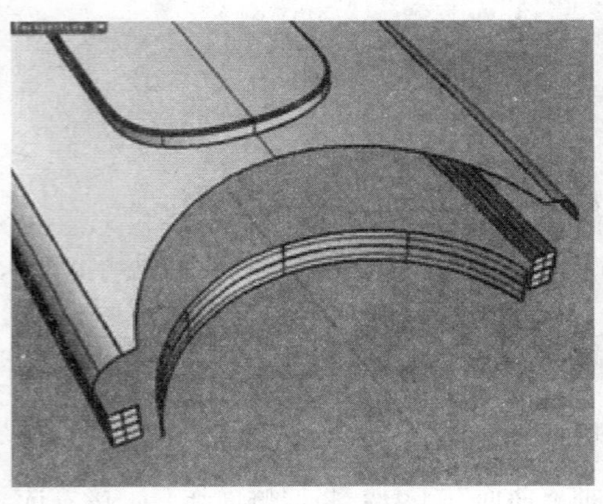

图 10-73　删除内部的两个曲面

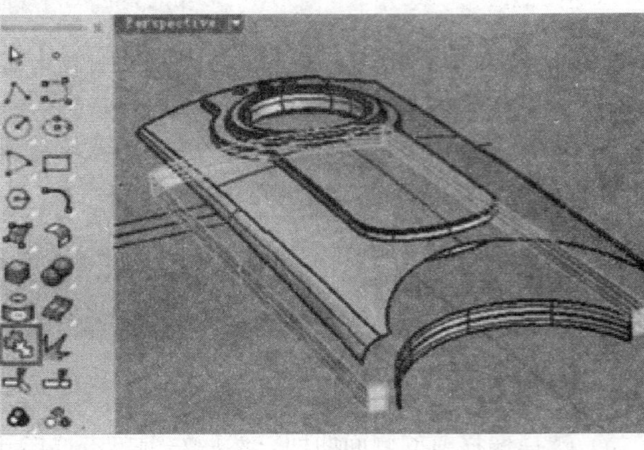

图 10-74　组合曲面

9）保持对上一步组合的多重曲面的选择，然后单击“打开实体物件的控制点”工具，接着打开“正交”功能，并对如图 10-75 所示的控制点进行拖拽，使曲面拉长。

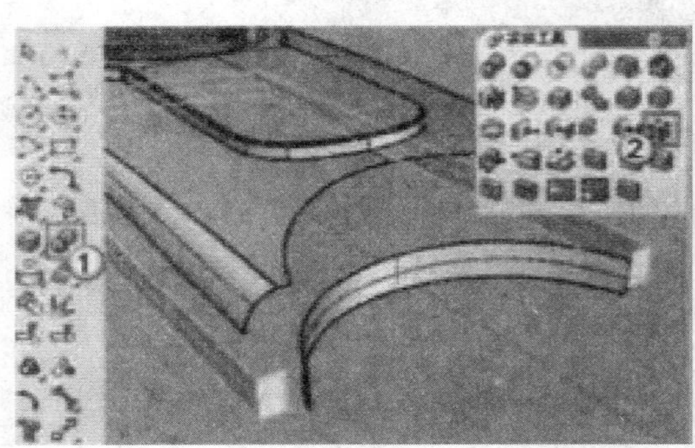

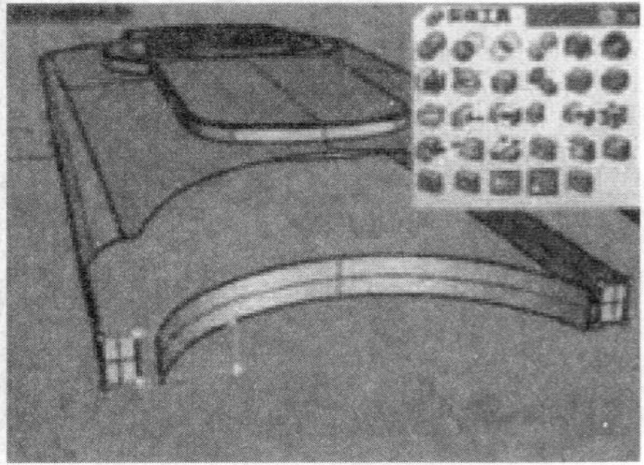

图 10-75　拖拽多重曲面

10）对另一侧的控制点进行同样的操作，然后按 F11 键关闭控制点，接着选择如图 10-76 所示的曲面，并使用鼠标左键单击“修建/取消修剪”工具，最后单击需要修剪掉的曲面部分。

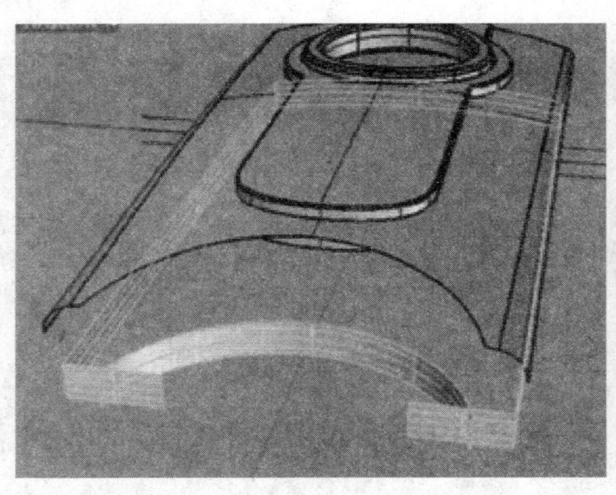

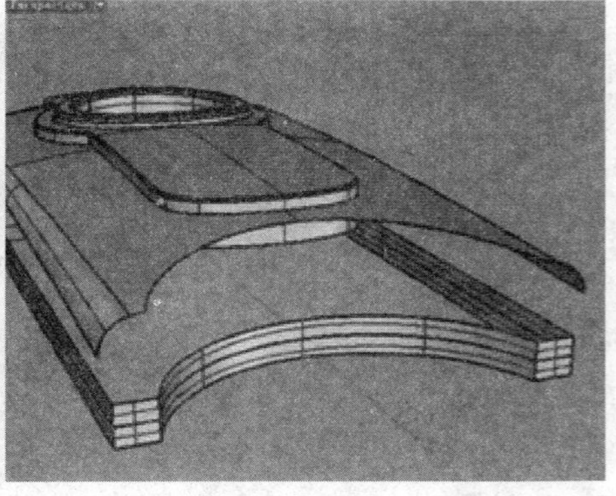

图 10-76　修剪曲面

11）单击“以平面曲线建立曲面”工具，选择侧面的上下边线分别进行封面，结果如图 10-77 所示。

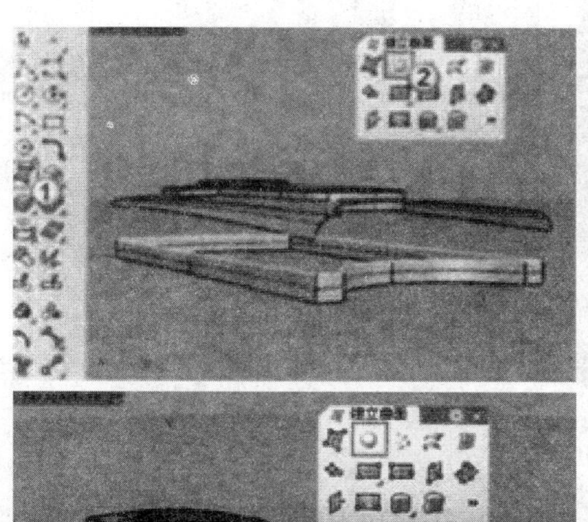

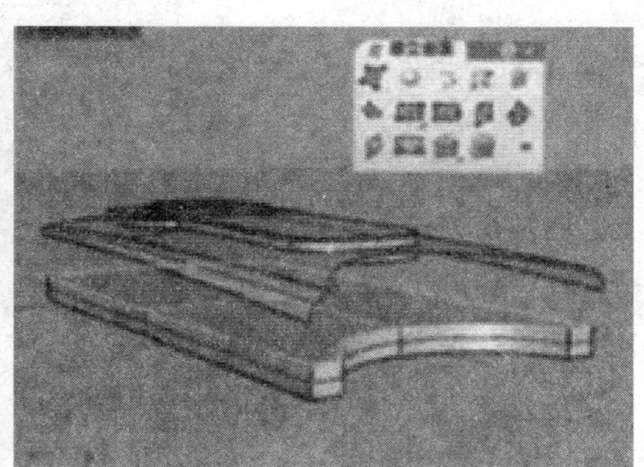

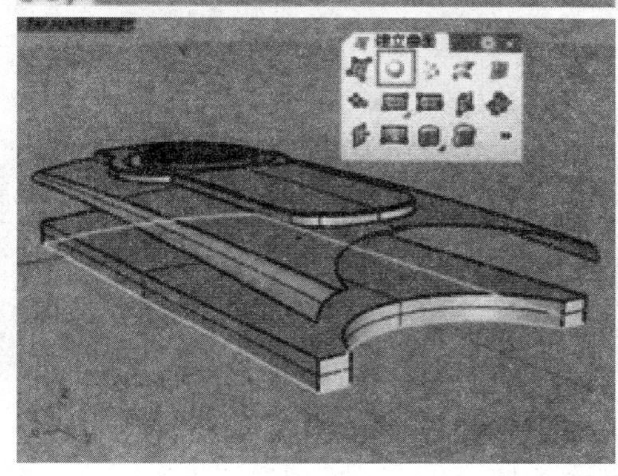

图 10-77　选择侧面的上下边线封面

12）单击“组合”工具，将上一步创建的两个平面和侧面组合成多重曲面，结果如图 10-78 所示。

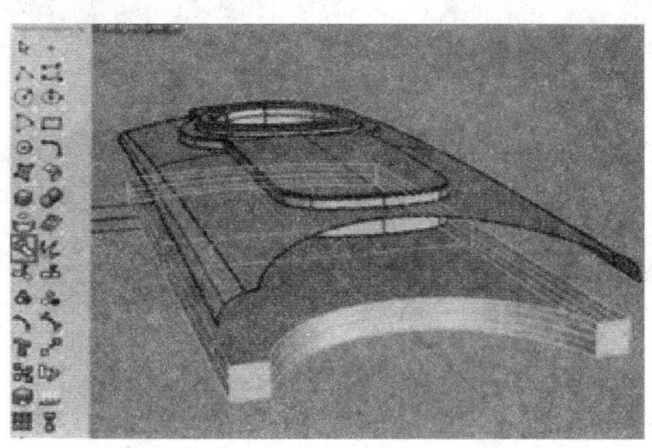

图 10-78　组合多重曲面

13）左键使用“不等距边缘圆角/不等距边缘混接”工具，对组合后的多重曲面的边缘进行圆角，圆角半径为“0.1”，结果如图 10-79 所示。

14）将隐藏的物件显示出来，再将上一步圆角后的模型隐藏，结果如图 10-80 所示。

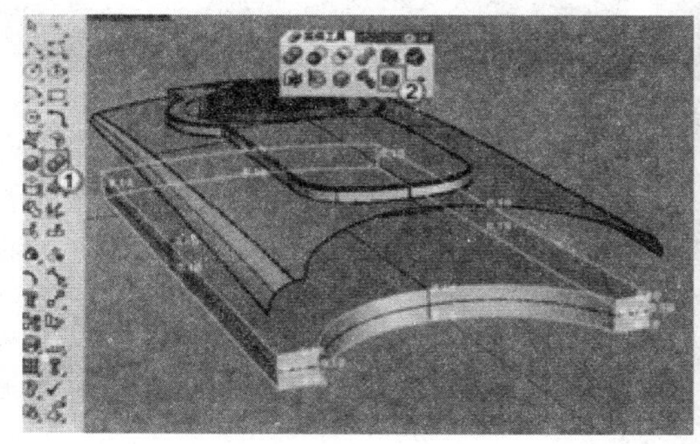

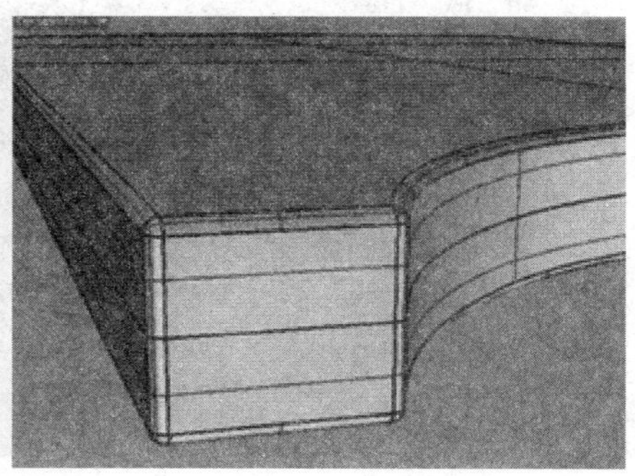

图 10-79　倒圆角

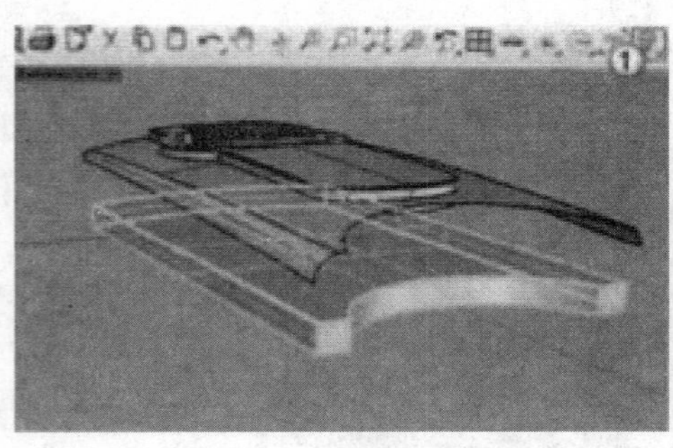

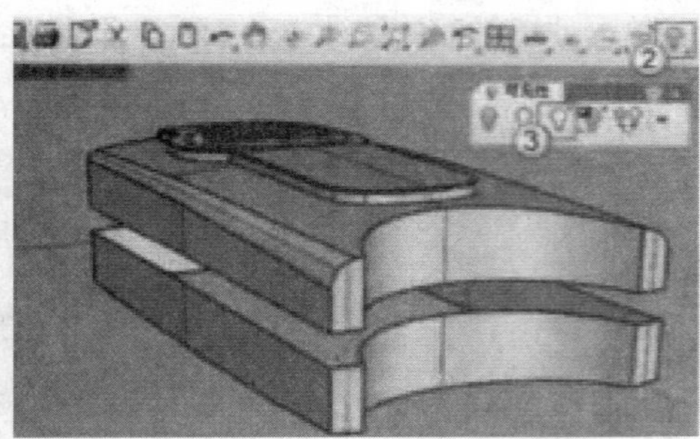

图 10-80　隐藏模型

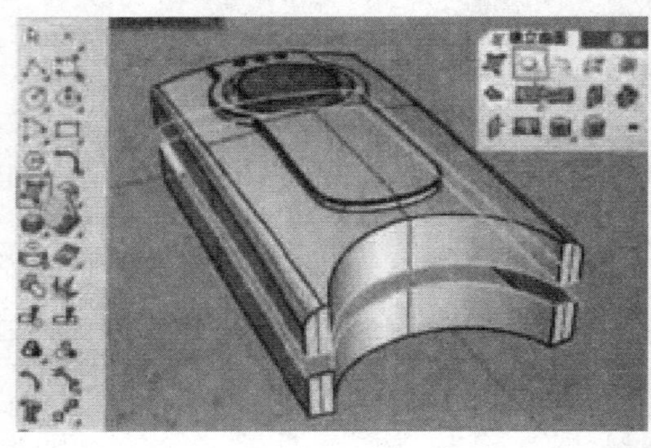

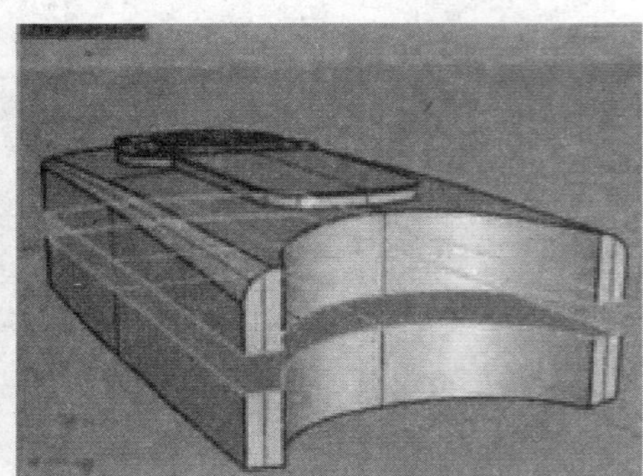

图 10-81　对上下两个侧面进行封面

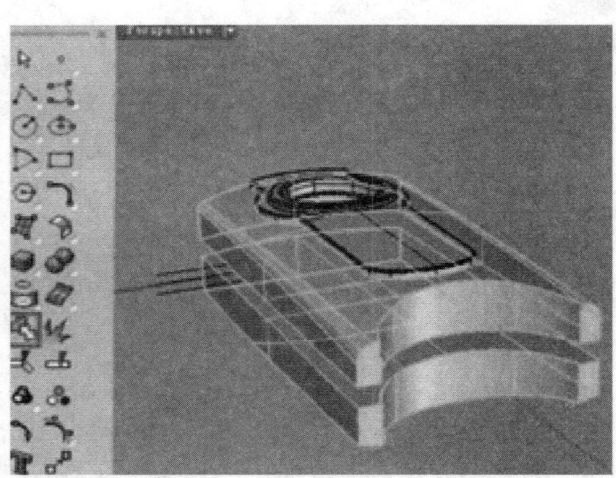

图 10-82　组合上下两组模型

15）单击“以平面曲线建立曲面”工具，对上下两个侧面进行封面，结果如图 10-81 所示。

16）选择“底面”图层，然后使用“组合”工具，分别组合上下两组模型，结果如图 10-82 所示。

17）左键单击“不等距边缘圆角/不等距边缘混接”工具，设置圆角半径为“0.1”，对组合后的两个模型边缘进行圆角，结果如图 10-83 所示。

18）右键单击“隐藏物件/显示物件”

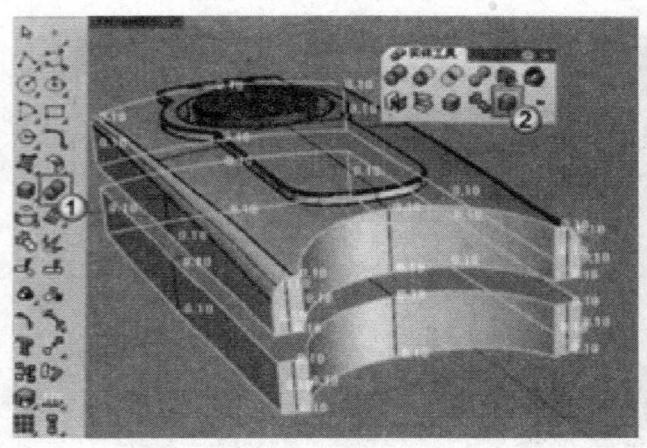

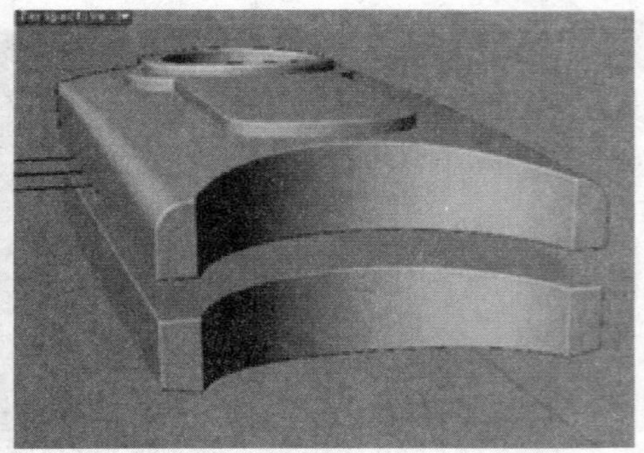

图 10-83　对组合后的两个模型边缘进行圆角

工具，将隐藏的物件显示出来，侧面模型效果图如图 10-84 所示。

（7）步骤七：创建 MP3 顶环。

1）新建一个图层，将其命名为“顶环”，然后将图层颜色设置为黑色，再将这个图层设置为当前工作图层，结果如图 10-85 所示。

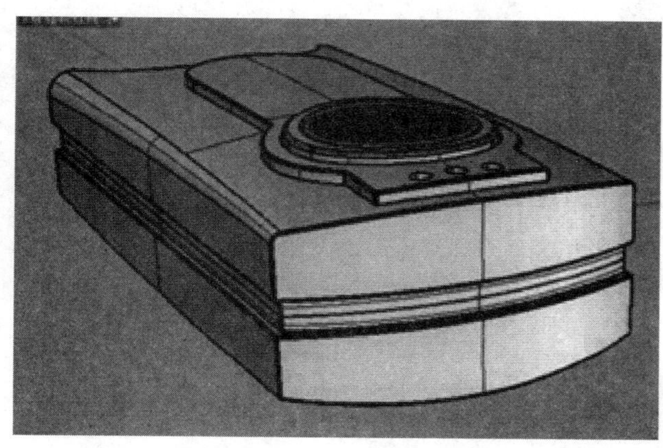

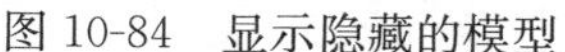

图 10-84 显示隐藏的模型

图 10-85 新建一个图层并命名

2）单击“直线挤出”工具，选择圆，然后向两边挤出成为圆柱面（在命令行中设置“两侧”为“是”），结果如图 10-86 所示。

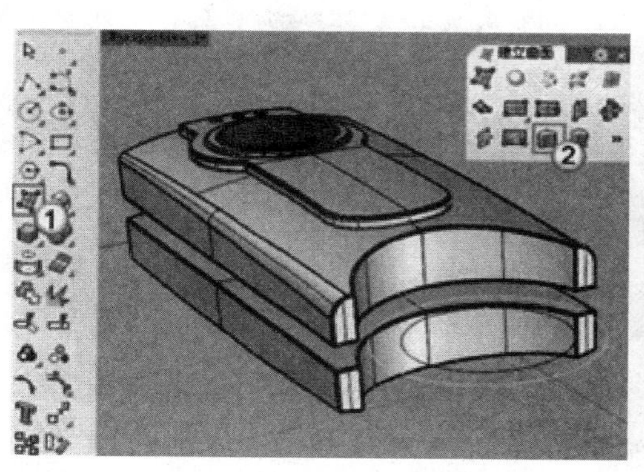

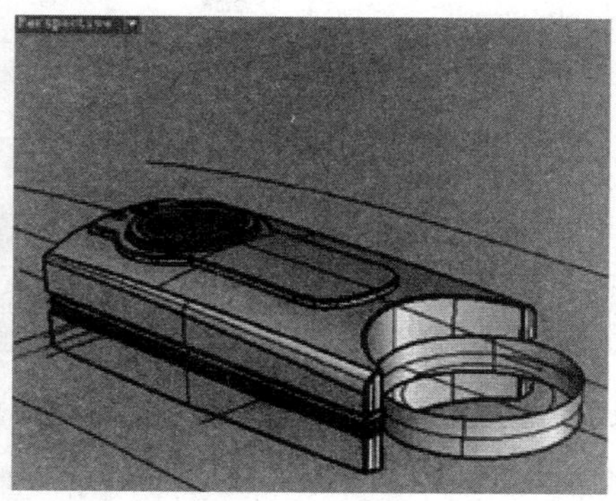

图 10-86 向两个挤出圆柱面

3）使用相同的方法挤出弯一些的圆，结果如图 10-87 所示。

4）单击“混接曲面”工具，然后一次选择两个挤出曲面顶部的圆形边线，并按 Enter 键确认，生成如图 10-88 所示的混接曲面结构线。

5）启用“四分点”捕捉方式，然后将混接曲面结构线的端点移动到圆的四分点处，结果如图 10-89 所示。

6）在“调整曲面混接”对话框中设置连续性为“G3”，然后单击“加入断面”按钮，接着捕捉圆上的四分点，增加一条混接曲面结构线，结果如图 10-90 所示。

7）完成结构线的增加后，对两条结构线的控制点进行调整，最后在“调整曲面混接”对话框中单击确定按钮，结果如图 10-91 所示。

8）使用相同的方法创建 MP3 顶环另一面的过渡曲面，结果如图 10-92 所示。

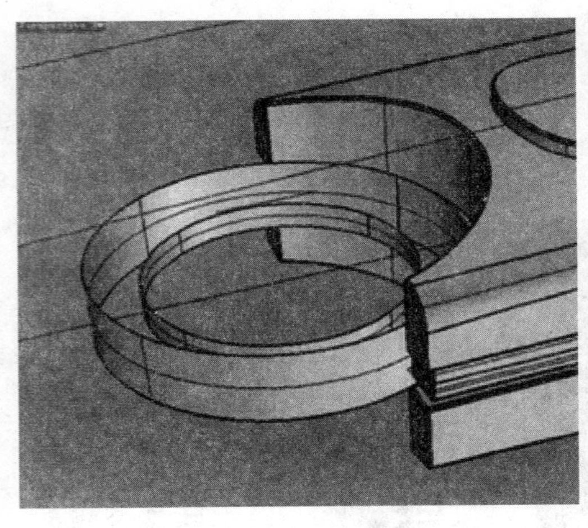

图 10-87　挤出弯一些的圆

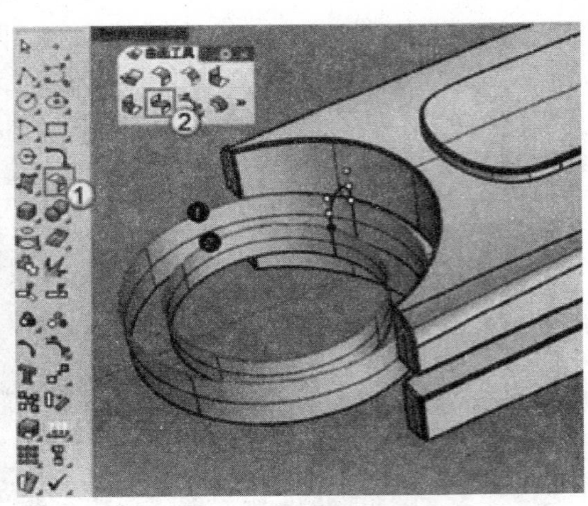

图 10-88　生成混接曲面结构线

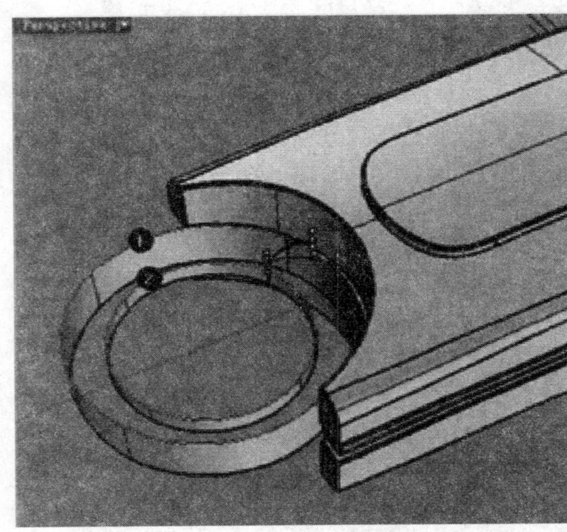

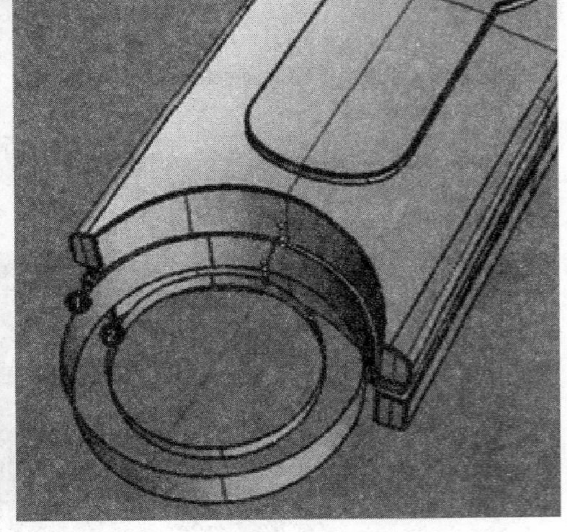

图 10-89　移动结构线的端点

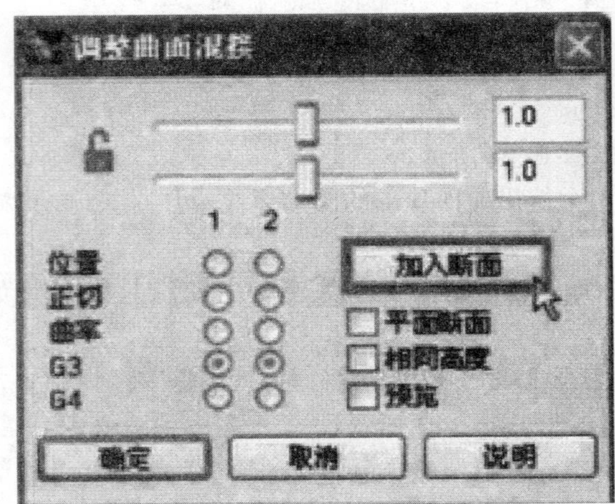


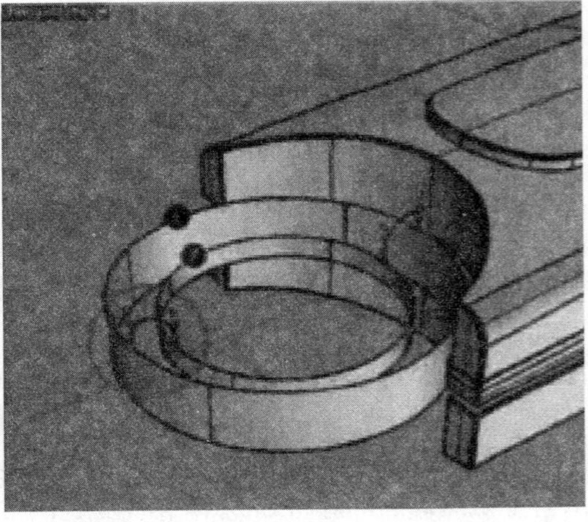

图 10-90　增加混接曲面结构线

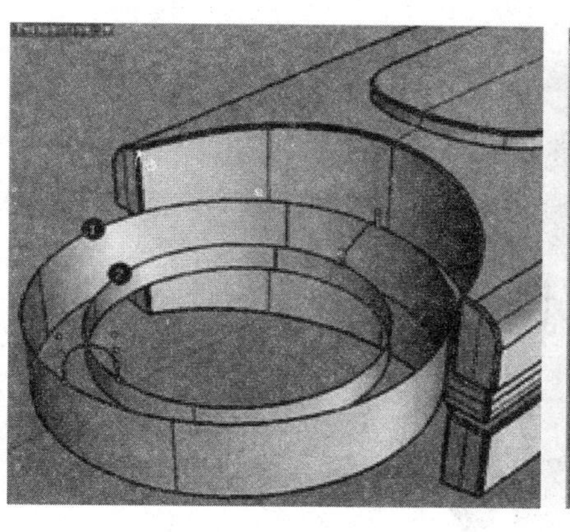

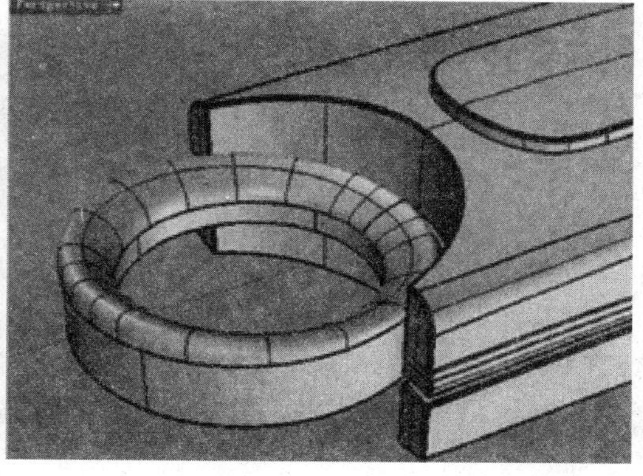

图 10-91　增加结构线并调整

9）将“基础线面”图层关闭，然后将其他图层全部打开，观察 MP3 最终模型效果，结果如图 10-93 所示。

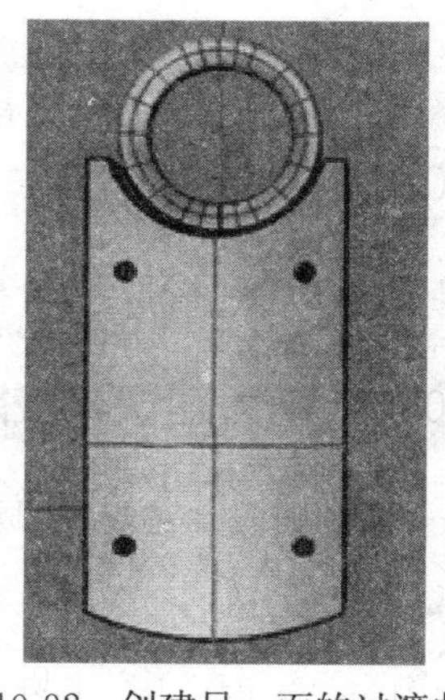

图 10-92　创建另一面的过渡曲面

### 10.4.3 活动三　能力提升

通过应用 Rhino 软件，结合现实中产品结构的特征，并根据软件表现结构特征的方法，绘制一款豆浆机的产品模型，豆浆机的三维效果如图 10-94 所示，具体要求如下：

（1）合理规划软件建模思路。

（2）将产品分成机身底杯、机头、机头提手、机头电源接口、机身提手和流口，分步制作完成建模。

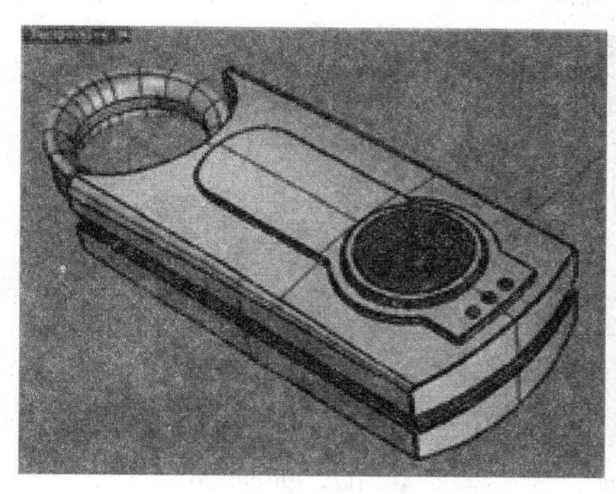

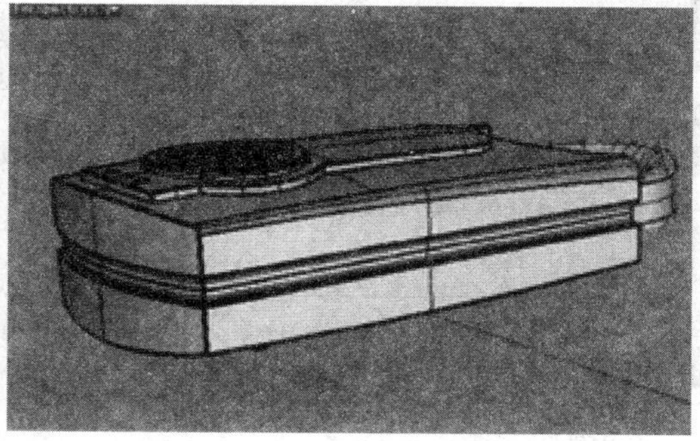

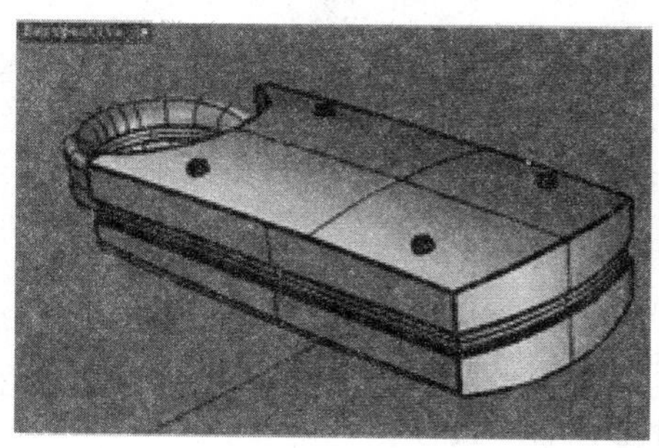

图 10-93　最终模型效果

图 10-94　豆浆机

## 10.5 效果评价

效果评价参见任务 1，评价标准见附录。

## 10.6 相关知识与技能

Rhino 命令列表、对应说明及相应位置见表 10-1。

表 10-1　**Rhino 软件命令列表**

| 图标 | 说明 | 命令 |
|---|---|---|
| | 4View<br>四视图界面 | ▤Viewport Layout<br>▣View > Viewport Layout > 4 Viewports |
| | Along<br>沿着一条垂直于一曲线的直线 | ▣Object Snap |
| | Arc<br>圆心、半径、夹角绘制圆弧 | ▤Curve>Arc>Center，Start，Angle<br>▣Arc and Main |
| | Arc3Pt<br>三点绘制圆弧 | ▤Curve>Arc>3 Points<br>▣Arc |
| | ArcDir<br>两点与切线方向绘制圆弧 | ▤Curve>Arc>Start，End，Direction<br>▣Arc |
| | ArrayCrv<br>沿着曲线排列物件 | ▤Transform > Array > Along Curve<br>▣Array |
| | ArrayPolar<br>沿着圆形排列复制物件 | ▤Transform > Array > Polar<br>▣Array |
| | Back<br>后视图 | ▤View > Set View > Back<br>▣Set View |
| | Bend<br>弯曲物体 | ▤Transform > Bend<br>▣Transform |

续表

| 图标 | 说明 | 命令 |
|---|---|---|
| 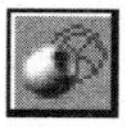 | BooleanDifference<br>布尔运算——相减 | ▤Solid > Difference<br>▣Solid Tools |
| 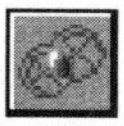 | BooleanIntersection<br>布尔运算——交集 | ▤Solid > Intersection<br>▣Solid Tools |
| 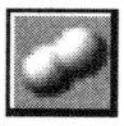 | BooleanUnion<br>布尔运算——并集 | ▤Solid > Union<br>▣Main and Solid Tools |
| 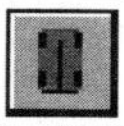 | Bottom<br>下视图 | ▤View > Set View > Bottom<br>▣Set View |
| 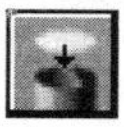 | Cap<br>为符合曲面加盖 | ▤Solid > Cap Planar Holes<br>▣Solid Tools |
| 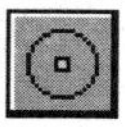 | Cen<br>捕捉中心点 | ▣Object Snap |
| 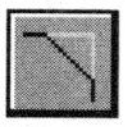 | Chamfer<br>将两曲线做倒角处理 | ▤Curve>Chamfer<br>▣Curve Tools |
| 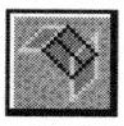 | ChamferSrf<br>将两曲面做倒角处理 | ▤Surface > Chamfer<br>▣Surface Tools |
| 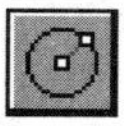 | Circle<br>画圆：圆心、半径 | ▤Curve>Circle>Center，Radius<br>▣Circle and Main |
| 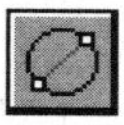 | CircleD<br>画圆：直径 | ▤Curve>Circle>Diameter<br>▣Circle |
| 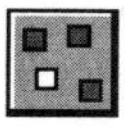 | Copy<br>复制物件 | ▤Transform > Copy<br>▣Main and Transform |
| 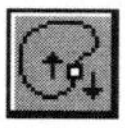 | CrvSeam<br>改变一封闭曲线的起点与方向 | ▤Curve>Edit Tools>Adjust Closed Curve Seam<br>▣Curve Tools |
| 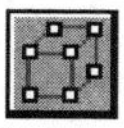 | CullControlPolygon<br>只显示前面的控制点 | ▤Edit>Control Point Visibility>Backface Cull<br>▣Visibility and Organic |
| 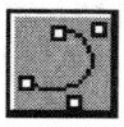 | Curve<br>使用控制点绘制曲线 | ▤Curve>Free-form>Control Points<br>▣Curve |
| 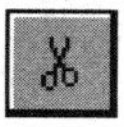 | Cut<br>剪切物件 | ▤Edit > Cut<br>▣Standard |
| 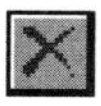 | Delete<br>删除选择物体 | ▤Edit>Delete |
| 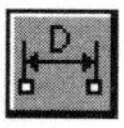 | Distance<br>测量两点间的距离 | ▤Analyze > Distance<br>▣Analyze |
| 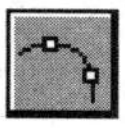 | EditPtOn<br>显示编辑点 | ▤Edit>Point Editing > Edit Points On<br>▣Main and Point Editing |
| 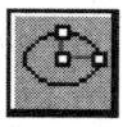 | Ellipse<br>绘制椭圆 | ▤Curve>Ellipse>From Center<br>▣Ellipse and Main |
| 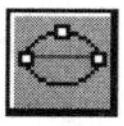 | EllipseD<br>三点绘制椭圆 | ▤Curve>Ellipse>Diameter<br>▣Ellipse |
| 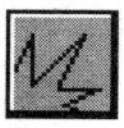 | Explode<br>分离物件 | ▤<br>▣ |

续表

| 图标 | 说明 | 命令 |
| --- | --- | --- |
| | Extend<br>延伸一条曲线 | |
| | ExtendByArc<br>以圆弧的形式延伸曲线 | |
| | ExtendByArcToPt<br>以圆弧的形式延伸曲线至另一点 | |
| | ExtendSrf<br>延伸曲面 | |
| Fair | Faro<br>平滑曲线 | |
| | Filler<br>将两条曲线做倒圆角处理 | |
| | FillerEdge<br>将一复合曲面的边缘做倒圆角处理 | |
| | FillerSrf<br>将二次曲面做倒圆角处理 | |
| Refit | FitCrv<br>适配曲线 | |
| | Flip<br>改变曲线或曲面的方向 | |
| | Front<br>前视图 | |
| | HBar<br>使用控制手柄调整曲线或曲面 | |
| Hide | Hide<br>隐藏物体 | |
| | HidePt<br>隐藏控制点和编辑点 | |
| | InsertEditPoint<br>插入编辑点 | |
| | InsertKnot<br>在曲线或曲面中插入节点 | |
| | Int<br>捕捉两曲线的交点 | |
| | Intersect<br>建立两物体的相交线 | |
| Inv | Invert<br>反选物体 | |
| Join | Join<br>连接物体 | |
| | Left<br>左视图 | |

续表

| 图标 | 说明 | 命令 |
|---|---|---|
| | Length<br>测量曲线长度 | |
| | Line<br>绘制直线 | |
| | Lock<br>锁定物体 | |
| | Loft<br>放样曲面 | |
| | Make2D<br>将立体物体转绘成平面图 | |
| | Match<br>两曲线端点靠齐 | |
| | MaxViewport<br>最大化视图显示 | |
| | MergeEdge<br>连接曲面上相邻的两边缘 | |
| | Mid<br>捕捉曲线的中点 | |
| | Mirror<br>镜像物体 | |
| | Move<br>移动物体 | |
| | NoSnap<br>关闭物体捕捉 | |
| | Notes<br>对模型附加注释 | |
| | Offset<br>偏移复制曲线 | |
| | OffsetSrf<br>偏移复制曲面 | |
| | Pan<br>移动视图 | |
| | Perspective<br>透视图 | |
| | Polygon<br>绘制多边形 | |
| | Project<br>投射一曲线至曲面上 | |
| | Properties<br>编辑物体属性 | |
| | PtOff<br>关闭显示控制点和编辑点 | |

续表

| 图标 | 说明 | 命令 |
|---|---|---|
| 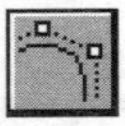 | PtOn<br>打开显示控制点和编辑点 | |
| 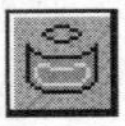 | Pull<br>依靠近的部位将曲线拉至曲面上 | |
| 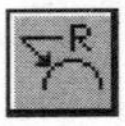 | Radius<br>测量弧的半径 | |
| 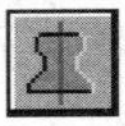 | RaliRevolve<br>将一曲线沿着一轨道与轴心旋转成型 | |
| 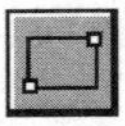 | Rectangle<br>二点绘制方形 | |
| 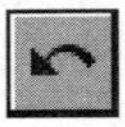 | Redo<br>重做 | |
| 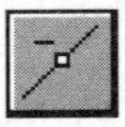 | RemoveKnot<br>从曲线或曲面上删除节点 | |
| 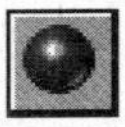 | Render<br>渲染视图 | |
| 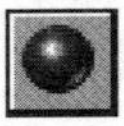 | RendrrOptions<br>渲染选项 | |
| 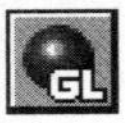 | RenderPreview<br>快速渲染视图 | |
| 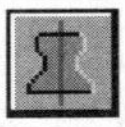 | Revolve<br>曲线沿轴心旋转成型 | |
| 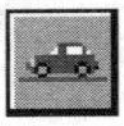 | Right<br>右视图 | |
| 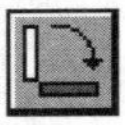 | Rotate<br>旋转对象 | |
| 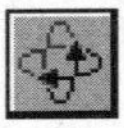 | RotateView<br>旋转视图 | |
| 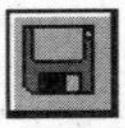 | Save<br>保存 | |
| 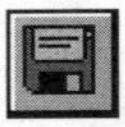 | SaveAs<br>另存为…… | |
| 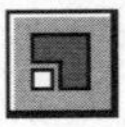 | Scale<br>缩放对象 | |
| 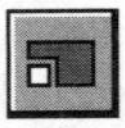 | ScaleNU<br>不等比例缩放 | |
| 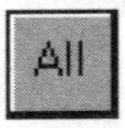 All | SelNone<br>取消选择 | |
| 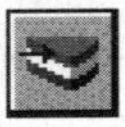 | SetLayer<br>设置当前层 | |
| 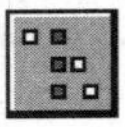 | SetPt<br>设置控制点 | |

续表

| 图标 | 说明 | 命令 |
|---|---|---|
| | Shear<br>斜拉物体 | |
| Hide | Show<br>显示隐藏物体 | |
| | Smooth<br>平滑物体 | |
| | Sphere<br>圆心、半径绘制球体 | |
| | Sphere3Pt<br>三点绘制球体 | |
| | SphereD<br>直径绘制球体 | |
| Split | Split<br>分割物体 | |
| | Top<br>顶视图 | |
| Trim | Trim<br>修剪对象 | |
| | Twist<br>扭曲对象 | |
| | Undo<br>撤销操作 | |
| Inv Lock | Unlock<br>取消对象锁定 | |
| Unlck Sel | UnLockSelected<br>取消选择对象锁定 | |
| | ViewCPlaneBack<br>调整视角为设计平面的后视图 | |
| | ViewCPlaneBottom<br>调整视角为设计平面的下视图 | |
| | ViewCPlaneFront<br>调整视角为设计平面的前视图 | |
| | ViewCPlaneLeft<br>调整视角为设计平面的左视图 | |
| | ViewCPlaneRight<br>调整视角为设计平面的右视图 | |
| | ViewCPlaneTop<br>调整视角为设计平面的顶视图 | |

续表

| 图标 | 说明 | 命令 |
|---|---|---|
| | ZoomDynamic<br>动态缩放视图 | |
| | ZoomExtents<br>最大化视图 | |
| | ZoomExtentsAll<br>最大化所有视图 | |
| | ZoomSelectedAll<br>将选择物体所有视图最大化显示 | |

## 练习与思考

### 一、单选题

1. 在 Rhino 中，工作的第一步就是要创建（　　）。
   A. 类　　B. 面板　　C. 对象　　D. 事件
2. Rhino 的工作界面的主要特点是在界面上以（　　）的形式表示各个常用功能。
   A. 图形　　B. 按钮　　C. 图形按钮　　D. 以上说法都不确切
3. 在 Rhino 中，（　　）是用来对对象操作的区域。
   A. 视图区　　B. 工具栏　　C. 命令面板　　D. 标题栏
4. 顶视图最大化的快捷操作是（　　）。
   A. Ctrl＋F2　　B. Ctrl＋F4　　C. Ctrl＋F3　　D. Ctrl＋F1
5. （　　）可以用于恢复默认四视图界面。
   A. view　　B. 4view　　C. set view　　D. set 4view
6. 使用（　　）可以弹出当前工具的拓展工具栏
   A. 左键　　B. 右键　　C. 长按左键　　D. 中键
7. Ctrl 和 F1、F2、F3、F4 结合使用的视图切换的顺序是（　　）。
   A. Top、Front、Perspective 、Right　　B. Top、Front、Right、Perspective
   C. Top、Perspective 、Right、Front　　D. Top、Right、Front、Perspective
8. Hide 图标左键和右键的作用分别是（　　）。
   A. 隐藏物件、显示物件　　B. 显示物件、隐藏物件
   C. 锁定物件、解除锁定物件　　D. 解除锁定物件、锁定物件
9. 用来将两个物体进行加减法操作的工具是（　　）。
   A. Boolean（布尔）B. Conform（包裹）　　C. connect（链接）　　D. scatter（离散）
10. 有关 Rhino 和 3ds Max 建模区别，其中说法正确的是（　　）。
    A. NURBS 建模是 Rhino 建模的优势
    B. NURBS 建模在 3ds Max 软件中没有体现
    C. 多边形建模是 Rhino 建模的优势
    D. 多边形建模和 NURBS 建模在 Rhino 软件中都有体现

## 二、多选题

11. Rhino是美国Robert McNeel & Assoc开发的PC端专业三维造型软件，它可以广泛地应用于（　　）。

A. 三维动画制作　　B. 工业制造
C. 科学研究以及机械设计等领域　　D. 平面设计

12. Rhino实体编辑工具包含（　　）。

A. 倒角　　B. 抽面
C. 布尔运算（合并、相异、交叉）　　D. 手画曲线

13. Rhino可以输出的文件格式包括（　　）。

A. OBJ　　B. DXF　　C. IGES
D. STL　　E. 3DM

14. 以下选项中哪些条件可以完成双轨扫掠？（　　）

A. 一条路径　　B. 两条路径　　C. 一个断面或曲线　　D. 多个断面或曲线

15. 当开启控制点完成编辑后，可以使用什么方法退出控制点编辑？（　　）

A. Esc　　B. F11　　C. 右键　　D. 右键

16. 在使用Rhino透视图的时候，可以使用什么方法进行平移？（　　）

A. 使用pan命令　　B. 使用perspective命令
C. 使用右键　　D. 使用Shift和右键结合使用

17. 以下是能对四个视图进行切换的操作命令是（　　）。

A. Front　　B. Perspective　　C. Back　　D. Bottom

18. 以下哪些能命令对圆进行绘制？（　　）

A.　　B.　　C.
D.　　E.

19. 布尔实体工具包括（　　）。

A. 并集、差集、交集　　B. 物体加盖
C. 抽离曲面　　D. 边缘衔接

20. 重建曲面工具可以用于（　　）。

A. 重建点数　　B. 重建路径　　C. 重建面数　　D. 重建阶数

## 三、判断题

21. Rhino是一款专业的三维造型软件，它可以整合3ds Max与Softimage的模型功能。（　　）
22. Rhino软件是三维建模必须掌握的软件，对高级建模具有特殊的实用价值。（　　）
23. Rhino软件中的快捷键"Ctrl+N"是新建一个文档。（　　）
24. 两个实体组合可以使用组合工具完成。（　　）
25. 缩放工具既可以进行三维缩放，也可以进行二维缩放。（　　）
26. 通过此工具，可以重新设置 $X$、$Y$、$Z$ 坐标。（　　）
27. 使用组合工具，可以将两个或多个不相交的曲面进行组合。（　　）
28. 通过炸开命令，可以把单一曲面变为4条边沿线。（　　）
29. Ctrl+F1最大化Top视图，Ctrl+F2最大化Right视图，Ctrl+F3最大化Front视图。（　　）
30. Rhino选项工具中，一旦设定图纸单位，将不可修改。（　　）

## 练习与思考题参考答案

| 1. C | 2. C | 3. A | 4. D | 5. B | 6. C | 7. B | 8. A | 9. A | 10. A |
|---|---|---|---|---|---|---|---|---|---|
| 11. ABCD | 12. ABC | 13. ABCDE | 14. BCD | 15. ABC | 16. AD | 17. ABCD | 18. ABDE | 19. ABC | 20. AD |
| 21. Y | 22. Y | 23. Y | 24. N | 25. Y | 26. Y | 27. N | 28. N | 29. N | 30. N |

# 任务 11

# 三维效果图制作

该训练任务建议用12个学时完成学习。

## 11.1 任务来源

在完成设计项目的过程中，需要结合设计师的想法做出模拟真实产品的视觉设计方案，以便形成设计师、委托方、产品制作单位对项目的统一认识，有效避免出现手绘设计图稿中的视觉缺陷和方案误解。

## 11.2 任务描述

先熟悉KeyShot软件的基本操作，随后在软件场景中导入一款榨汁机的三维模型，使用KeyShot软件对其进行渲染，输出产品效果图。

## 11.3 能力目标

### 11.3.1 技能目标

完成本训练任务后，你应当能（够）：

**1. 关键技能**

（1）会移动、旋转、缩放对象与物件。

（2）会用材质面板进行调整材质参数。

（3）会调整渲染环境的灯光及反光板。

（4）会输出渲染文件及相应设置。

**2. 基本技能**

（1）进行KeyShot的基本操作。

（2）理解参数面板的基本设置。

### 11.3.2 知识目标

完成本训练任务后，你应当能（够）：

（1）掌握渲染角度的调整方法。

（2）掌握调整材质基本参数的方法（塑料、金属、透明材料）。

(3) 掌握环境光的设置与调整方法。

### 11.3.3 职业素质目标

完成本训练任务后，你应当能（够）：

(1) 具备对产品效果图基本的审美能力。

(2) 具备灵活运用三维渲染效果图表达产品创意的能力。

## 11.4 任务实施

### 11.4.1 活动一 知识准备

(1) KeyShot 的软件主界面内容。

(2) KeyShot 软件的 Options（选项）内容与设置。

(3) KeyShot 软件的 Materials（材质）内容与设置。

(4) KeyShot 软件的 Enviroments（环境）内容与设置。

(5) KeyShot 软件的 Screenshot（截屏）内容与设置。

(6) KeyShot 软件的 Render（渲染）内容与设置。

### 11.4.2 活动二 示范操作

**1. 活动内容**

利用 KeyShot 软件完成榨汁机三维效果图制作，具体要求如下：

(1) 熟悉 KeyShot 软件的基本操作，认识任务栏里的诸多命令，体会和学习 KeyShot 软件的命令栏设置和各项命令的含义。

(2) 应用 KeyShot 软件设置榨汁机模型渲染的各种参数。

(3) 渲染榨汁机，输出通用格式效果图文件。

**2. 操作步骤**

(1) 步骤一：熟悉 KeyShot 软件的基本操作。

1) 熟悉工具栏里“文件”的基本命令，如图 11-1 所示。

2) 熟悉工具栏里的“编辑”命令，如图 11-2 所示。

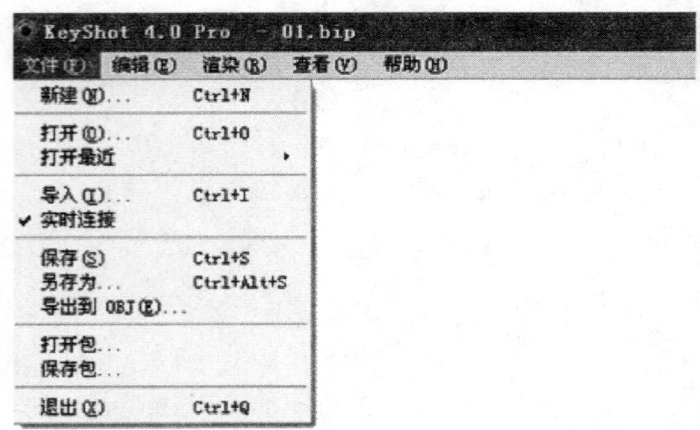


图 11-1 工具栏“文件”命令

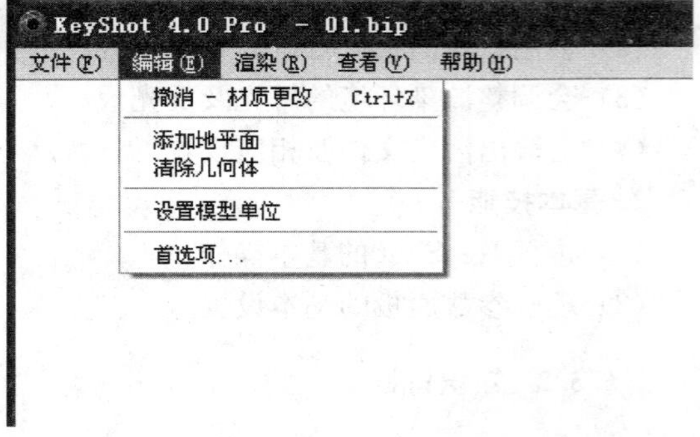


图 11-2 工具栏“编辑”命令

3) 熟悉工具栏里“渲染”的基本命令，如图 11-3 所示。

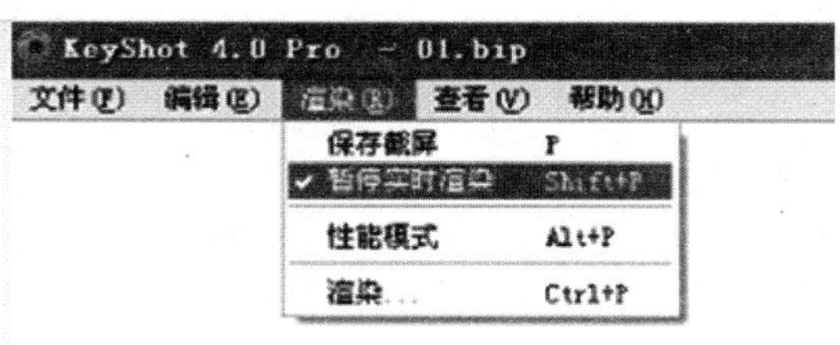


图 11-3 工具栏“渲染”命令

4）熟悉工具栏里“库”的基本命令，如图 11-4 所示。

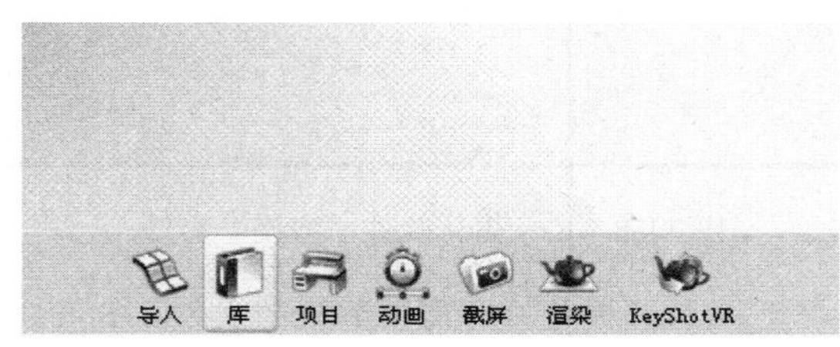


图 11-4 工具栏“库”命令

5）了解“库”命令里的一些基本命令及界面，KeyShot 软件“库”界面，如图 11-5 所示。

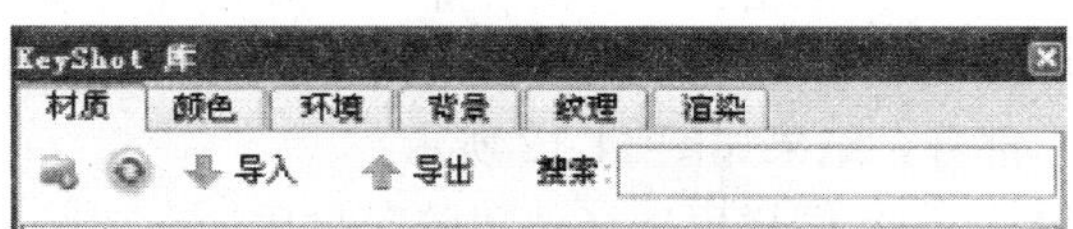


图 11-5 KeyShot 库界面

6）熟悉工具栏里“项目”的基本命令，如图 11-6 所示。

图 11-6 工具栏“项目”命令

7）了解“项目”命令里的一些基本命令及界面，KeyShot 软件“项目”界面，如图 11-7 所示。

图 11-7 KeyShot 软件“项目”界面

8）熟悉工具栏里“渲染”的基本命令及界面，如图 11-8所示。

（2）步骤二：导入榨汁机电子模型。

1）导入需要渲染的文件，如图 11-9 所示。

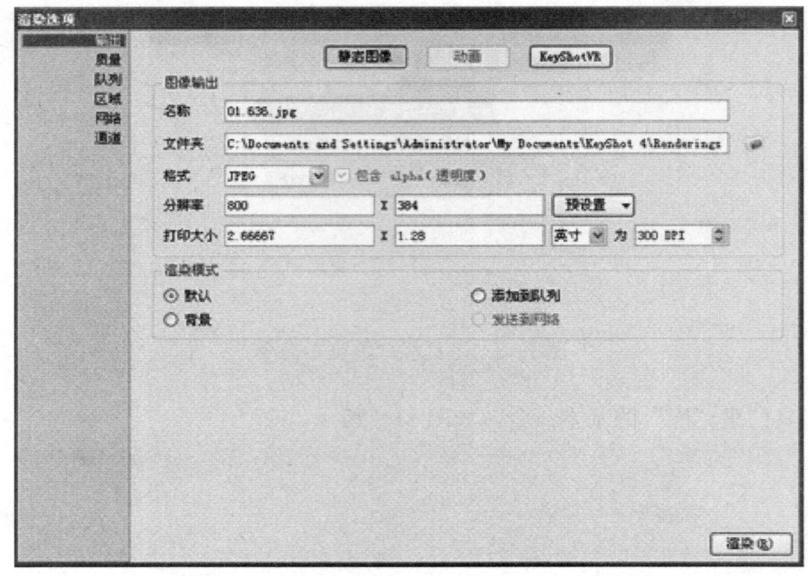


图 11-8　KeyShot 软件“渲染”界面

KeyShot 4.0 Pro　- unti
文件(F)　编辑(E)　渲染(R)　查看
新建(N)...　Ctrl+N
打开(O)...　Ctrl+O
打开最近
导入(I)...　Ctrl+I
✔ 实时连接
保存(S)　Ctrl+S
另存为...　Ctrl+Alt+S
导出到 OBJ(E)...
打开包...
保存包...
退出(X)　Ctrl+Q

图 11-9　导入文件

2）选择并打开需要渲染的文件，如图 11-10 所示。

（3）步骤三：用材质面板进行调整材质参数。

1）这里需要渲染的产品，材质主要分为三个部分，如图 11-11 所示用夸张的颜色区分。

2）点击工具栏的“库”，弹出“KeyShot 库”对话框，选择“半透明”材质，选择任意一种，单击鼠标左键拉动至图 11-11 所示蓝色部分，结果如图 11-12 所示。

3）同样再选择“塑胶”材质，在“坚硬”里的“光滑”类别里选择一种黑色材质，拉动至红色区域，结果如图 11-13 所示。

4）再选择“金属”材质，在“白银”类别里选择一种材质，拉动至黄色分区，结果如图 11-14所示。

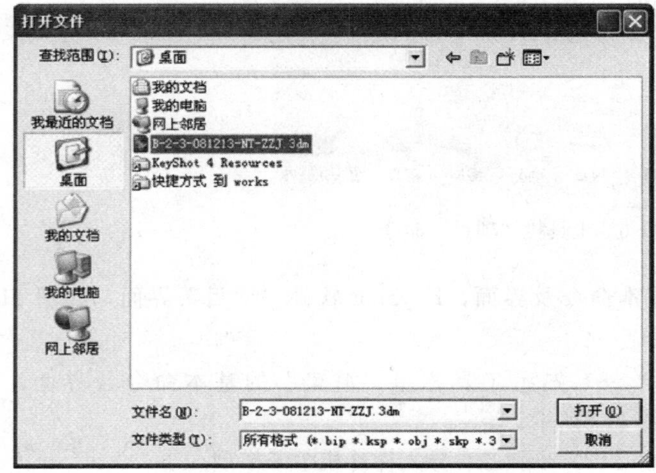


图 11-10　打开文件

图 11-11　将材质分为三个部分

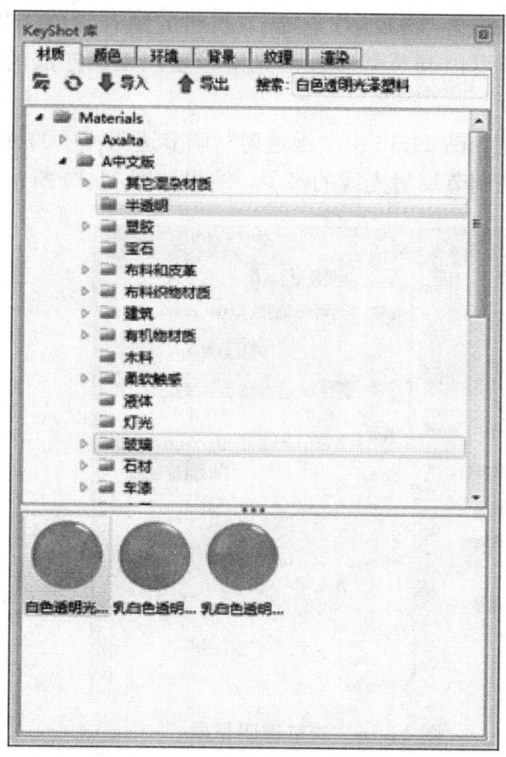


图 11-12　使用工具栏的“库”

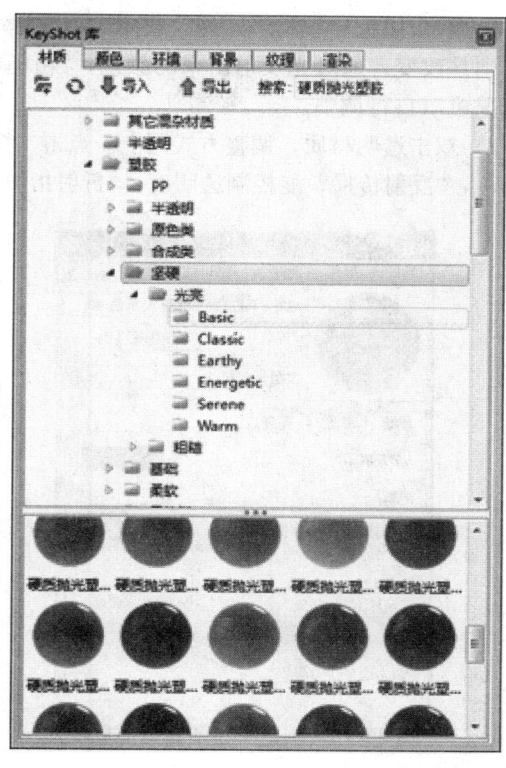


图 11-13　赋予“塑胶”材质

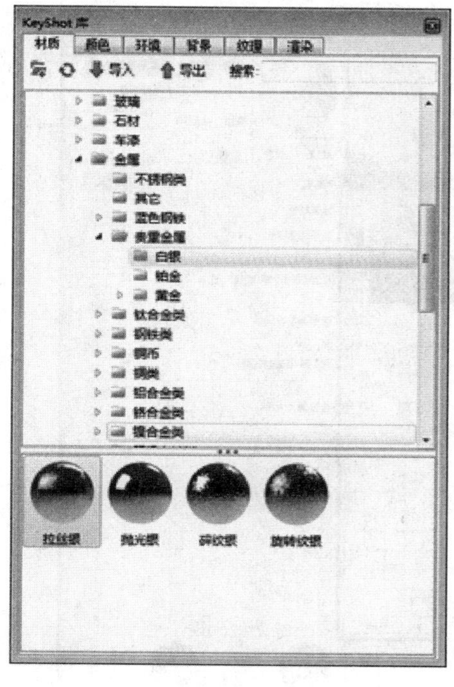

图 11-14　赋予“金属”材质

（4）步骤四：调整材质属性。

1）双击黑色塑胶材质区域，显示项目。图 11-15 中“漫反射”是调节塑料的固有颜色，“镜面”则是改变普通灯光反射出来的颜色，“粗糙度”可以调节材质表面光滑程度，根据产品的实际情况可以自行调整。

2）双击透明材质，调整方式同上。点击“高级”。图 11-16 中“漫透射”调节透明材质的透明固有色，“反射传播”能控制透明度，“折射指数”是调节反射光线的多少，结果如图 11-16 所示。

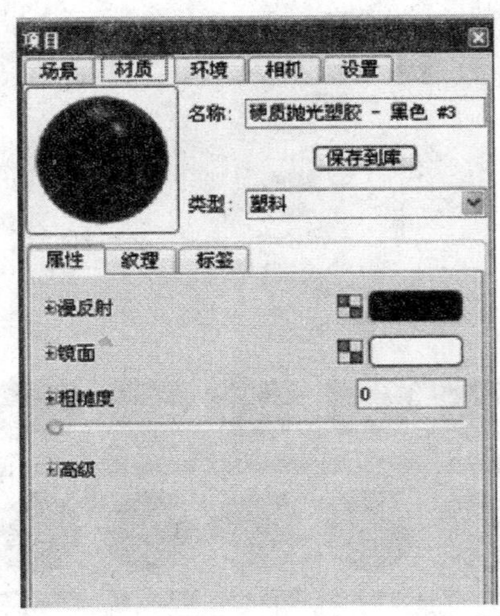


图 11-15　调整黑色塑胶材质区域

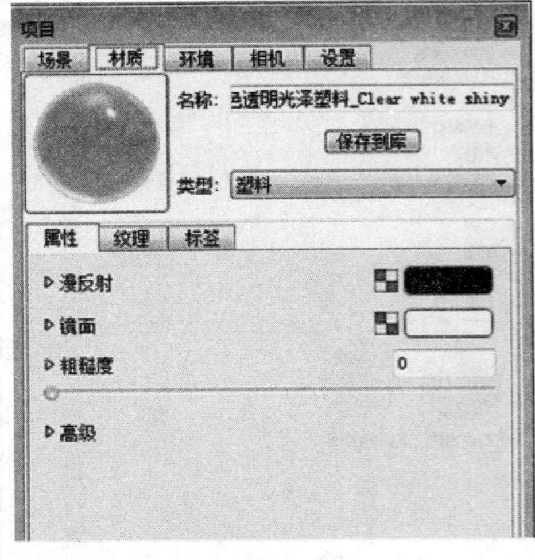


图 11-16　调整透明材质

3）双击金属材质。“基色”调整金属固有色，基色暗一些更有金属质感，结果如图 11-17 所示。

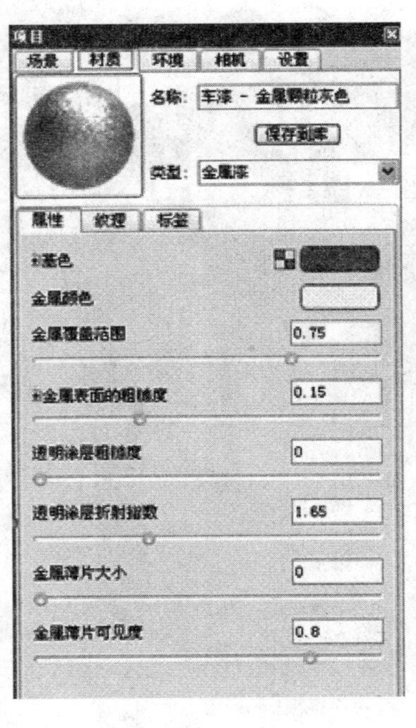


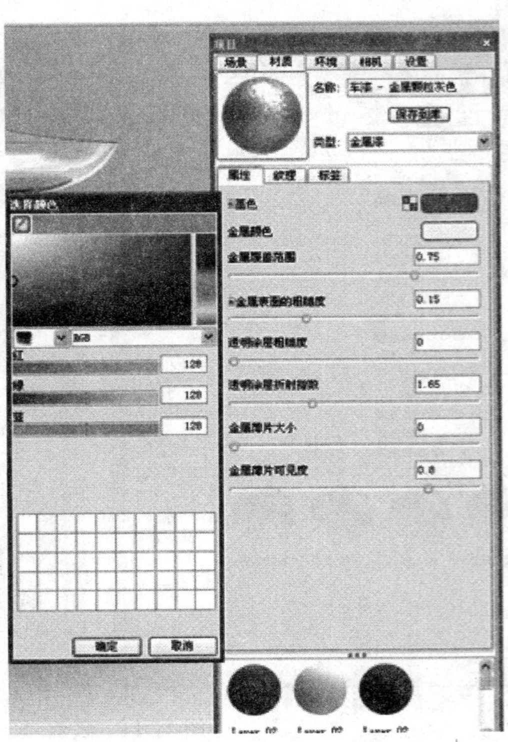

图 11-17　调整金属材质

4）“金属覆盖范围”是调节喷漆的厚度效果，可以微调；“金属表面粗糙度”调整表面粗糙度。“金属表面粗糙度”调整对比图如图 11-18 所示。

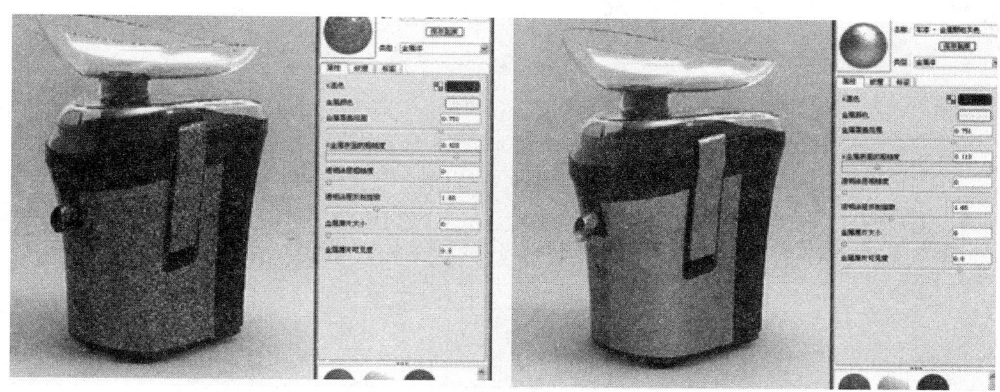

图 11-18　“金属表面粗糙度”调整对比图

5）点击“纹理”里的“凹凸”，打开“brushed”赋予材质，结果如图 11-19 所示。

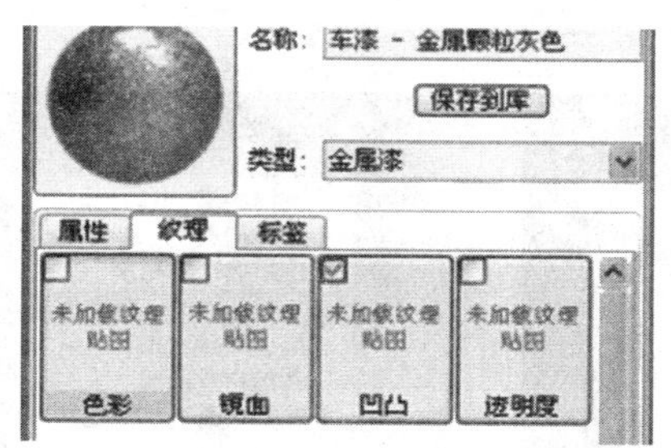

图 11-19　使用“brushed”赋予材质

6）另外可以通过以下的命令根据实际情况调整贴图的大小、角度及排放位置，结果如图 11-20所示。

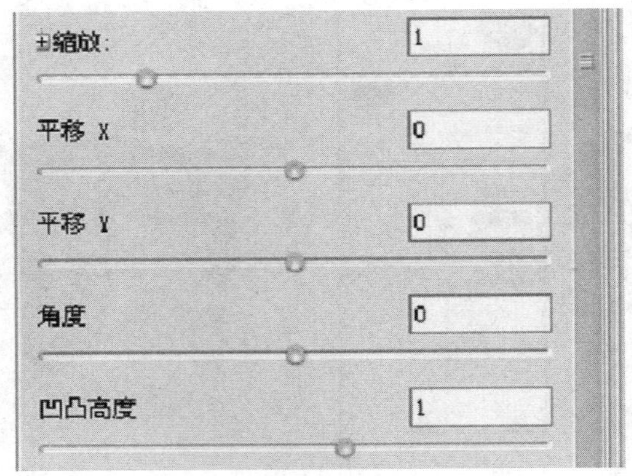


图 11-20　调整贴图窗口

7）在想要复制的材质上单击鼠标右键，点击“选择材质“，再在想要被复制的材质上单击鼠标右键选择”应用复制材质，结果如图 11-21 所示。

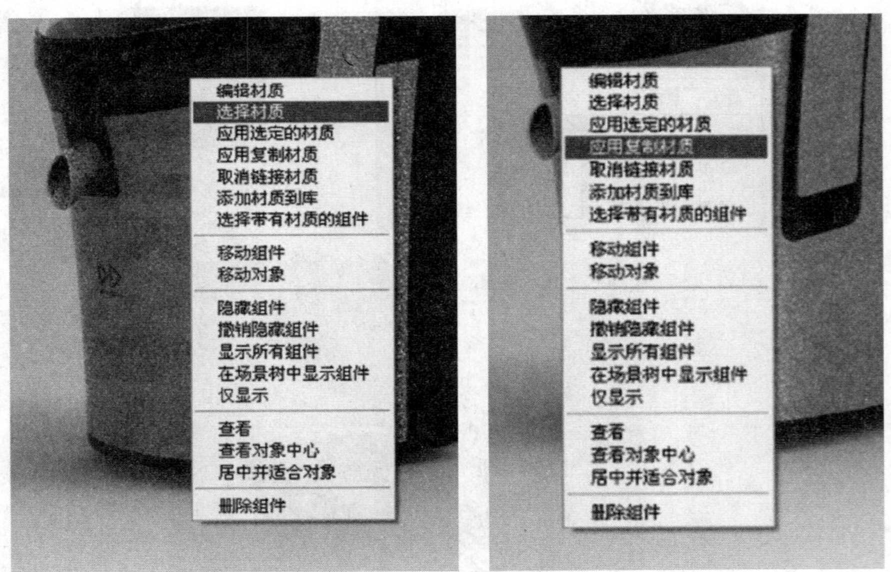


图 11-21　复制材质

8）图 11-22 所示为调整此产品后各个材质的参数。

（5）步骤五：调整渲染环境。

1）环境可以在工具栏“库”中添加，单击鼠标左键选中一个环境，拖动至背景即可，结果如图 11-23 所示。

2）如果要调整环境其他参数，可以点击“项目”中的“环境”来调整环境的对比度、亮度、光源的大小、光源的高度。亮度的调整前效果和调整后效果，如图 11-24 和图 11-25 所示。

3）接下来调整渲染环境的灯光及反光板，打开“环境”里的“编辑”，结果如图 11-26 所示。

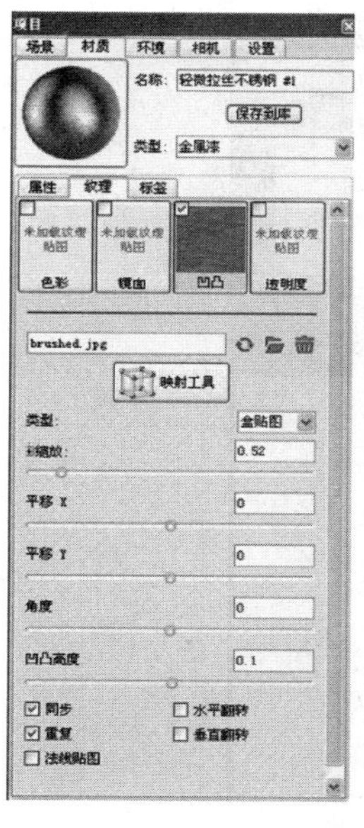
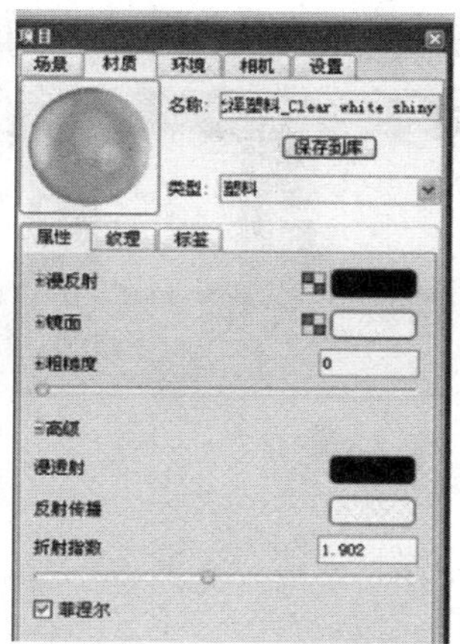
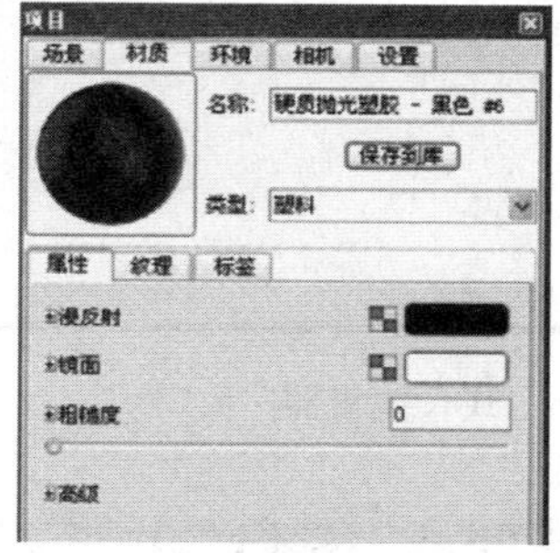

图 11-22　调整产品各个材质的参数

图 11-23　选择“环境”

图 11-24　亮度调整前

图 11-25　亮度调整后

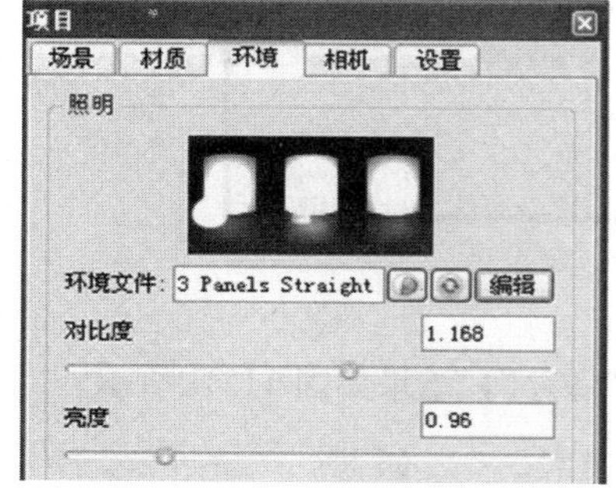


图 11-26　编辑环境

4）弹出“KeyShot HDR 编辑器”窗口，点击“针”，结果如图 11-27 所示。

5）点击“添加”结果如图 11-28 所示。

6）可添加“圆形”或“矩形”，点击如图 11-29 右上角所示的圆形中间的蓝色点，或者不规则矩形中间的蓝色点可以自由移动位置。

7）点击基本参数可以调节所添加光源的宽、高、角度、色彩，如图 11-30 所示。“衰减”参数越大，光源的边缘越模糊，可以用作反光。

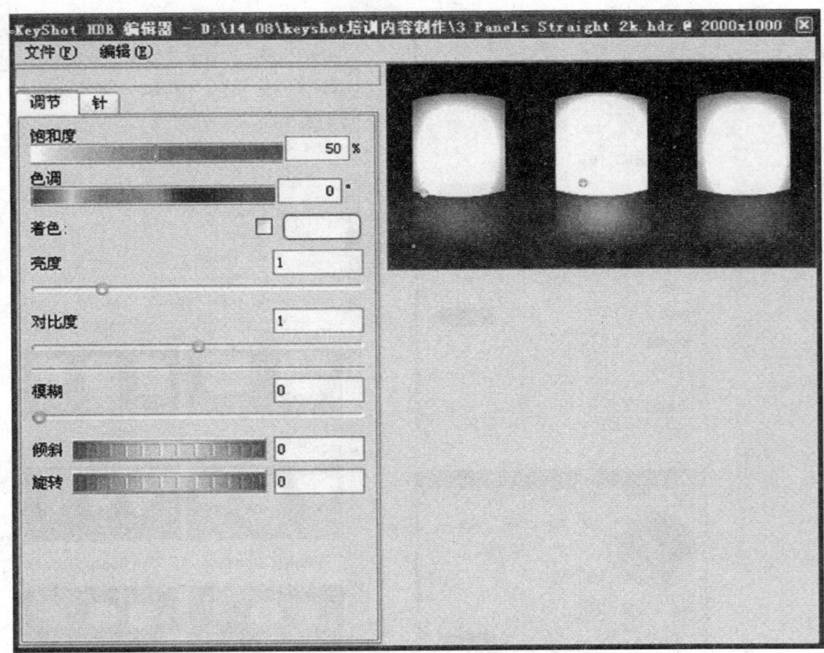


图 11-27　“KeyShot HDR 编辑器”窗口

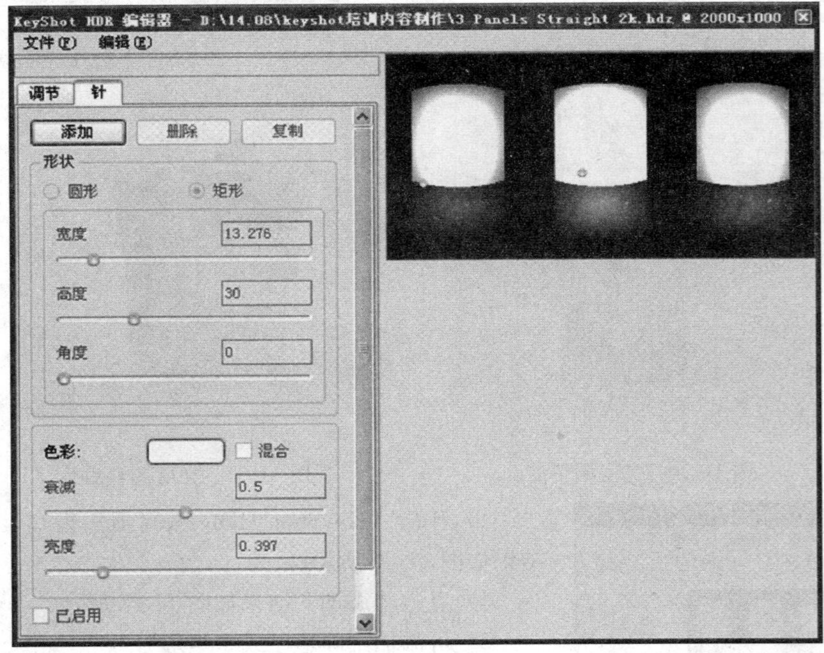


图 11-28　添加“针”效果

8）重点是调节完灯光要记得点击“文件”，然后再点击“保存”，结果如图 11-31 所示。

（6）步骤六：移动旋转缩放对象。

1）单击鼠标右键选择“移动对象”，如图 11-32 所示出现三色轴及控制面板。

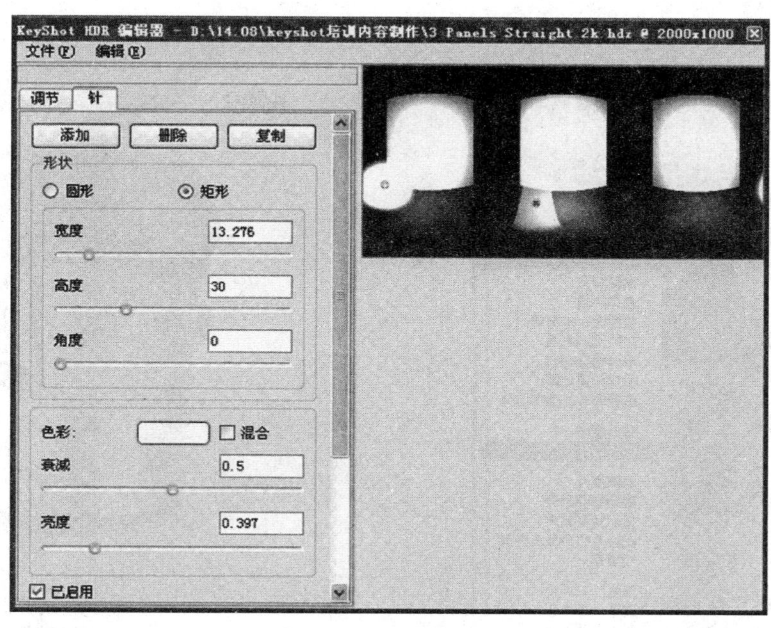


图 11-29　添加“圆形”或“矩形”效果

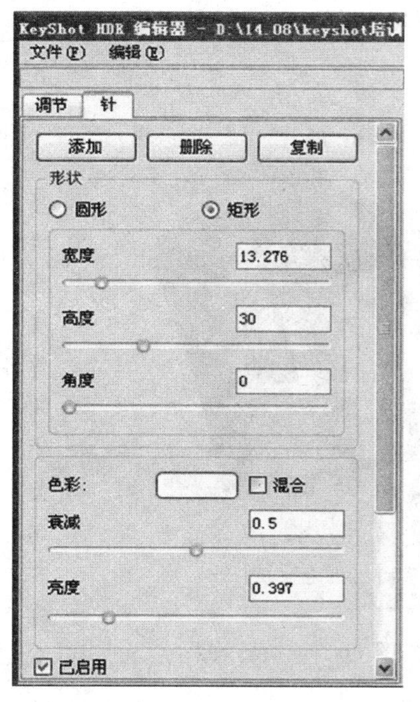


图 11-30　“针”效果基本参数面板

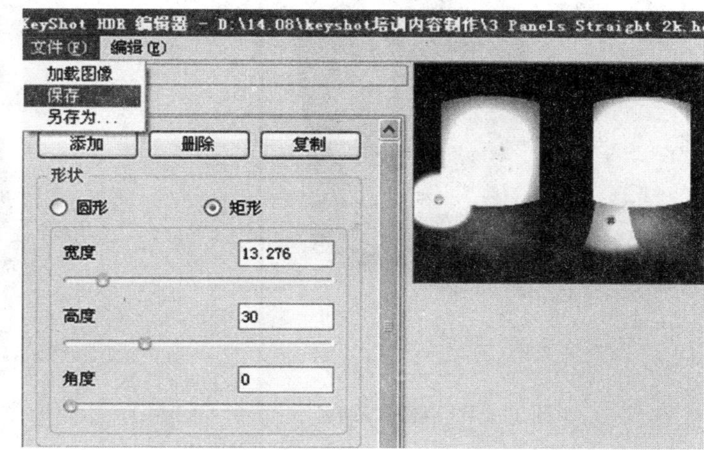


图 11-31　保存环境调整结果

2）选择“贴合地面”可以贴合地面，如图 11-33 所示。

3）点击“旋转”会出现旋转轴。可以沿着轴旋转，三个颜色的轴代表三个方向，结果如图 11-34所示。

4）图 11-35 是沿着绿色的轴向后旋转的效果。

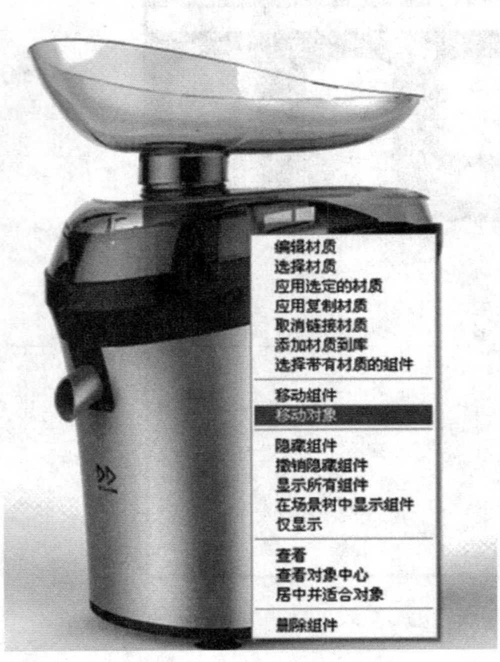


图 11-32　选择“移动对象”

图 11-33　点击“贴合地面”

图 11-34　点击“旋转”

图 11-35　旋转效果

（7）步骤七：移动旋转缩放组件。

1）单击鼠标右键选择“移动组件”，出现三色轴及控制面板，结果如图 11-36 所示。

2）沿着任意一轴可以移动，结果如图 11-37 所示。

3）单击“旋转”会出现旋转轴。可以沿着轴旋转，三个颜色的轴代表三个方向，结果如图 11-38所示。

4）点击“缩放”可以缩小或放大组件，结果如图 11-39 所示。

图 11-36　选择“移动组件”

图 11-37　移动部件

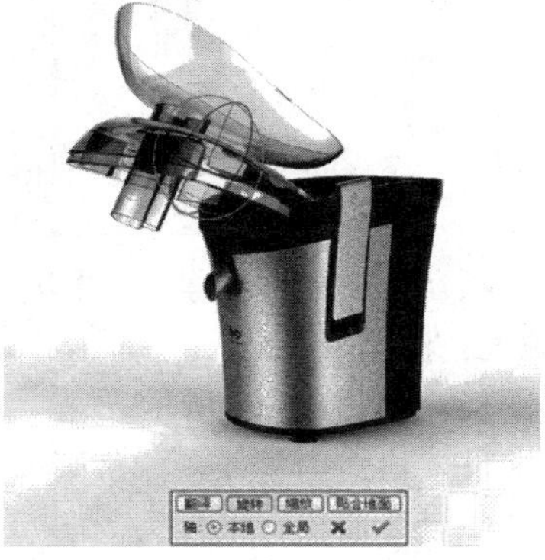

图 11-38　旋转效果

图 11-39　缩放效果

(8) 步骤八：添加及隐藏对象。

1) 点击“文件”里的“导入”，选择“添加到场景”可以增加对象，结果如图 11-40 所示，利用上面的方法同样可以移动或旋转新添加的对象。

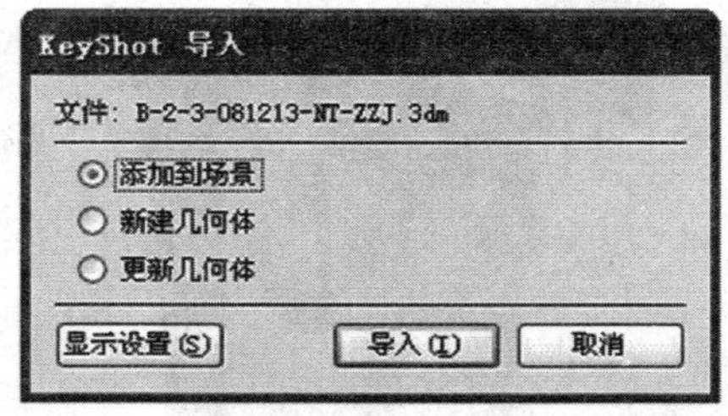

图 11-40　选择“添加到场景”

2) 点击“项目”里的“场景”，可以勾选隐藏，结果如图 11-41 所示。

(9) 步骤九：渲染。

1) 点击图标，如图 11-42 所示。

2) 输出文件，格式为 jpeg，分辨率 3500～4000，DPI 不超过 300，结果如图 11-43 所示。

3) 单击“质量”面板，采样为 30～50 较为适合，抗踞齿为 3，结果如图 11-44 所示。

4) 单击“通道”面板，勾选“Clown 通道”，结果如图 11-45 所示。

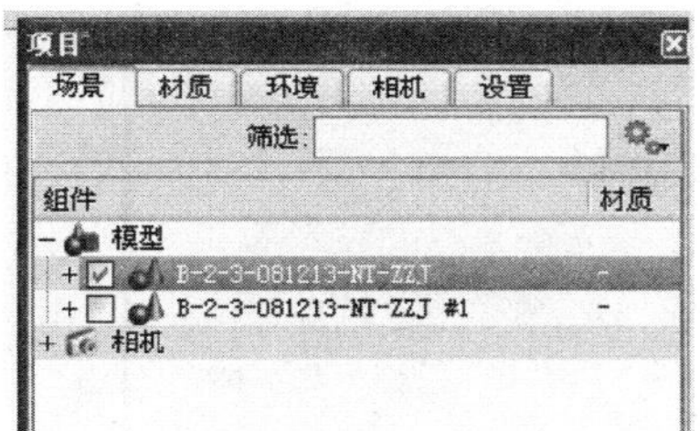


图 11-41 勾选对象隐藏

图 11-42 点击渲染图标

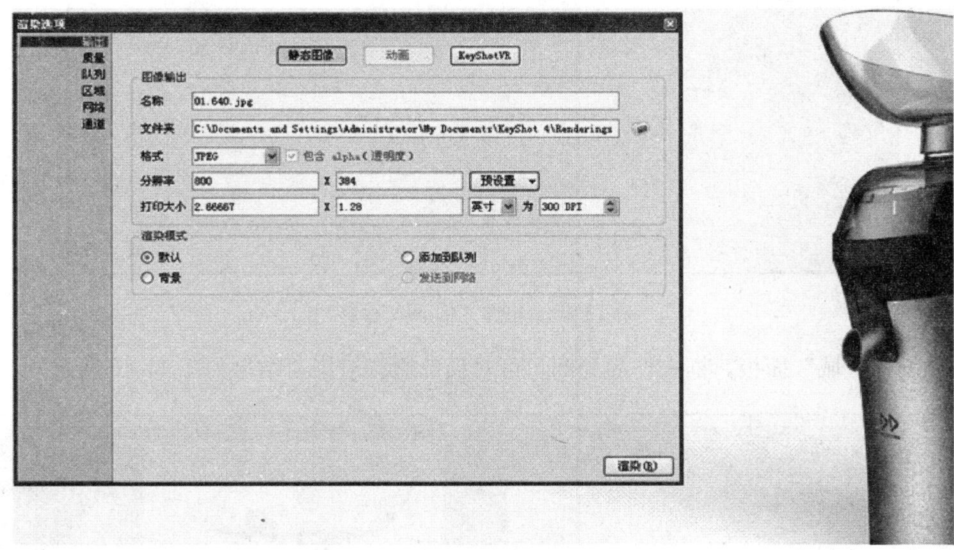


图 11-43 渲染选项窗口

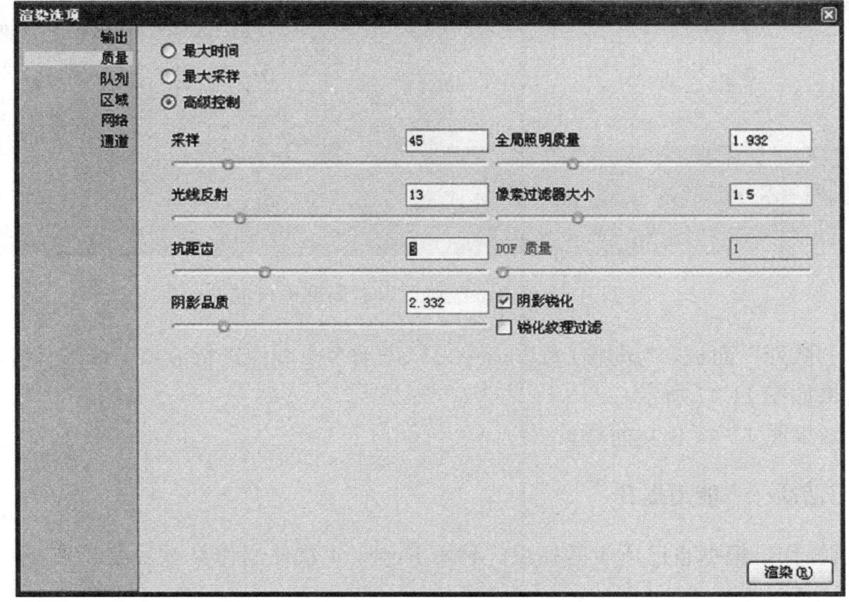


图 11-44 “质量”面板参数

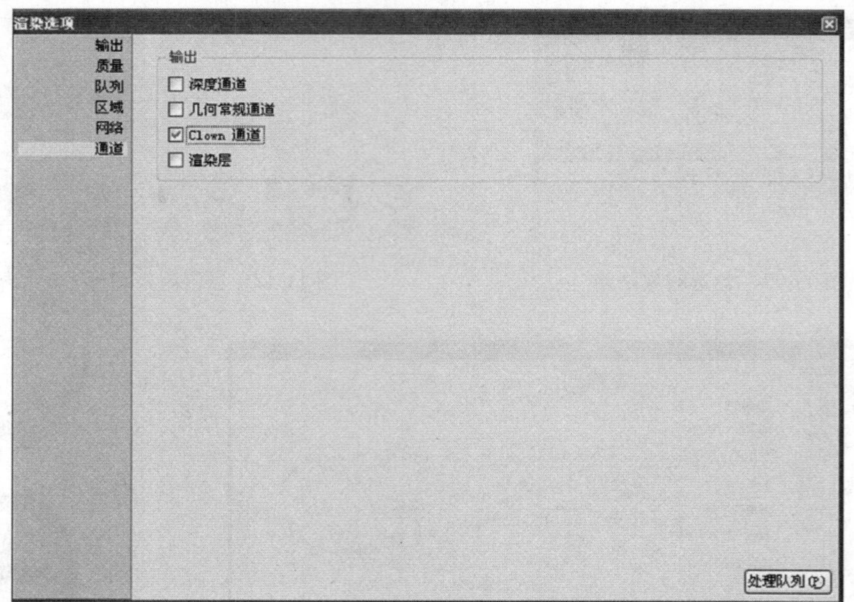


图 11-45　勾选“Clown 通道”

5）单击“区域”面板，框选产品局部，可对局部进行渲染，结果如图 11-46 所示。

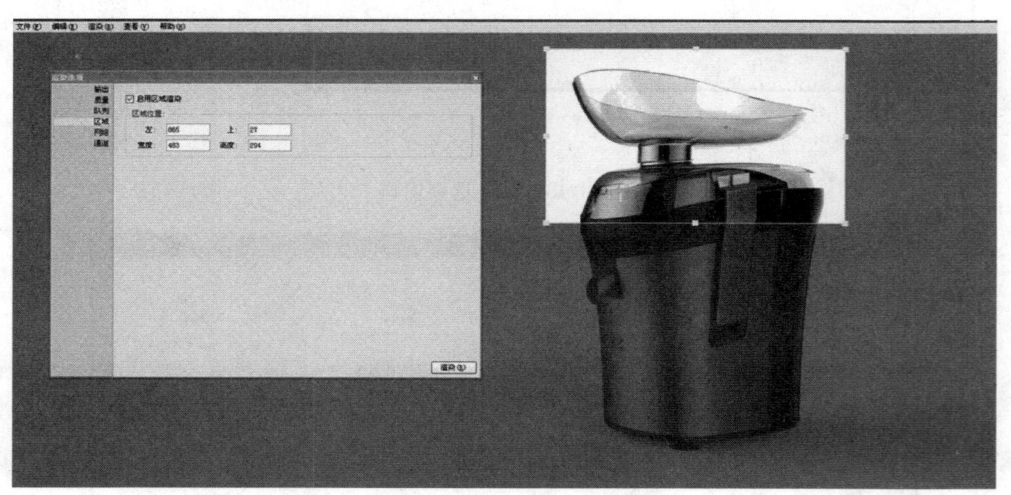

图 11-46　单击“区域”可对局部进行渲染

6）单击“队列”面板，“添加任务”命令可以添加多个图像进行渲染，添加任务后选择“处理队列”，结果如图 11-47 所示。

7）最终效果图 11-48 见文前彩页。

### 11.4.3 活动三　能力提升

参考示范操作，根据自己所学的知识，利用 KeyShot 软件制作某款豆浆机产品三维效果图，具体要求如下：

(1) 熟悉 KeyShot 软件的基本操作，认识任务栏里的命令，体会和学习 KeyShot 软件的命令

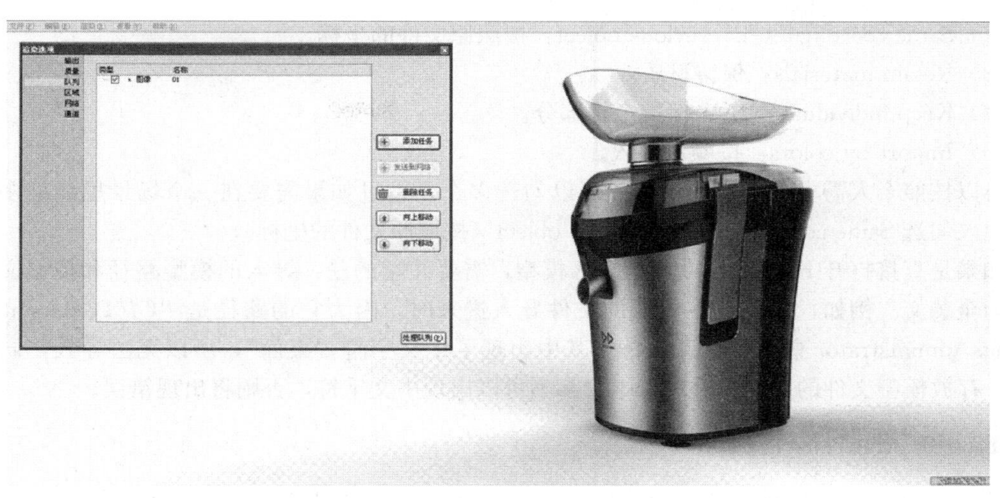

图 11-47　渲染多个图像

栏设置和各项命令的含义。

（2）应用 KeyShot 软件设置豆浆机模型渲染的各种参数。

（3）在 KeyShot 软件中导入所需要渲染的豆浆机模型。

（4）对其各个零件赋予不同材质并进行材质参数的调节。

（5）调整渲染的背景环境，通过移动缩放对象、移动旋转相关组件、增加及隐藏对象等方法完成渲染视角、渲染主体以及环境的设定。

（6）渲染豆浆机，输出通用格式效果图文件。

## 11.5 效果评价

效果评价参见任务 1，评价标准见附录。

## 11.6 相关知识与技能

### 11.6.1 主界面

KeyShot 意为“The Key to Amazing Shots”，是一个互动性的光线追踪与全域光渲染程序，无须复杂的设定即可产生相片般真实的三维渲染影像，其基本界面命令如下：

（1）Import：导入模型。

（2）Materials：材质。

（3）Enviroment：环境贴图。

（4）Backplate：背景图。

（5）Screenshot：截屏。

（6）Render：渲染。

### 11.6.2 Options（选项）

单击 Import（导入模型）按钮，打开模型文件时会弹出对话框：

（1）Merge with current scene：与当前场景合并。

(2) Same coordinates as previous object：按照原文件的坐标。

(3) Retain materials：保留材质。

(4) Keep individual parts：保持个别部分。

(5) Import by colors：按颜色导入。

可以按照个人需求进行勾选，一般可以勾选多个，不过如果需要在一个场景里渲染多个对象，建议勾选 Same coordinates as previous object（按照原文件的坐标）。

如果是直接打开 KeyShot4.0 然后导入模型，需要注意的是：导入的模型路径和模型文件名必须为全英文。例如，要将放在桌面的文件导入进来时，因为它的路径是“C：Documents and SettingsAdministrator 桌面 XXXX.3dm”其中出现了中文字符“桌面”，所以无法导入，同样的道理，存放模型文件的文件夹及文件本身都不可以出现中文字符，否则将出现错误。

### 11.6.3 Materials（材质）

单击 Materials 按钮会自动转到 Library 窗口，在 Group（材质分类）窗口，勾去 All 选项，一共有 28 种类材质可供选择。

“Search”是搜索窗口，只需输入材质名称中的一部分即可搜索出来。例如，搜索某单词时，可以不必把这个单词整个背下来，输入你记得的一部分字母，我们就可以找到它。当然了，这并不是什么特殊功能，但对许多学设计而英语不好的朋友带来了便利。

KeyShot4.0 的附材质方法与 1.9 以及 hypershot 有所不同，不是用 Shift＋左键选取然后 Shift＋右键附着的而是直接左键拖动材质球到模型上就可以了。

金属材质是用来模拟金属质感的，如铝、金、银等，可以做出不同的效果，如抛光、涂粉、铸造等。金属材质的参数如下所示。

(1) Color（颜色）：指定金属的颜色。

(2) Roughness（粗糙度）：控制材质反射中的粗糙度（模糊反射），可以影响外观的高光（光反射）。高的粗糙值（大于 0.5）会产生一个有大范围高光的粗糙表面，而低粗糙值会创建一个有小范围高光的相对光滑的表面。但在没有勾选“Glossy”的复选框时，改变粗糙度的值对表面没有影响。

(3) Glossy（光泽度）：在粗糙度参数的基础上启动光滑（模糊）反射，增加粗糙度的值会使反射变得更加模糊。

(4) Glossy samples（光泽采样）：用光泽采样来控制材质表面的高光反射。对于高粗糙度，将这个值设置为 8～16 或更高可以减少反射中的噪点，并让粗糙表面表现得更真实。

材质面板还包括以下两个选项：Remove material（删除材质）；Copy material（复制材质）。

### 11.6.4 Environments（环境）

对于环境贴图要注意的一点是，环境 HDR、HDZ 贴图事实上是用来打灯光用的，许多初学者会直接把环境贴图用来当成背景。环境贴图的使用方法和材质球是一样的：左键选取，同时拖动释放在渲染器主界面里就可以了，在环境贴图面板里不选中任何环境贴图，单击右键会弹出对话框：

(1) Rescan library directory（刷新所有环境贴图）。

(2) Add files to library（添加新的环境贴图）。

(3) Add new group（添加新的组）。

在环境贴图面板里选中任意环境贴图，单击右键，会弹出对话框，其中会多出两个选项：

Add to favorites（添加到收藏夹）；Remove from library（从当前组删除）。

### 11.6.5 Screenshot（截屏）

截屏是一个简单实用的工具。事实上像 KeyShot 这样的即时渲染器在不进行 Render 渲染的情况下就就能轻松达到我们初期需要的渲染要求。在这个时候我们大可以不必渲染，只要截屏就可以了。在进行截屏之后，渲染器会自动将截屏的图像保存到 KeyShot 的“Renderings（效果图）”文件夹中。

### 11.6.6 Render（渲染）

**1. Format——文件保存格式**

在“Format”选项当中，KeyShot4.0 支持三种格式的输出：JPEG、TIFF、EXR。通常选择最常用的 JPEG 格式保存，TIFF 的保存文件可以在 PS 中给图片去背景，至于 EXR 是涉及色彩渠道、阶数的格式，简单来说就是 HDR 格式的 32 位文件。

**2. Include alpha——记忆选区**

这个选项的勾选的是为了在 TIFF 格式输出下的文件，在 PS 等软件处理中自带一个渲染对象及投影的选区。

**3. Resolution——分辨率**

在这里可以改变图片的尺寸和分辨率，在选项栏里可以调整 inch（英寸）、cm（厘米）和 DPI 的精度（常用的打印尺寸为 300DPI），以及 Quality（渲染质量）：Fast、Normal、Good、Custom 直接可以从字面意思理解——快速、普通、良好、自定义。当选择 Custom，即自定义选项的时候，会自动由当前窗口切换到 Quality 面板。

**4. Samples——采样**

控制图像每个像素的采样数量。在大场景的渲染中，模型的自身反射与光线折射的强度或者质量需要较高的采样数量。较高的采样数量设置可以与较高的抗锯齿设置（Anti aliasing）配合。

**5. Ray bounces——光线反射次数**

这个参数的设置是控制光线在每个物体上反射的次数。

**6. Anti aliasing——反混淆水平（抗锯齿级别）**

提高抗锯齿级别可以将物体的锯齿边缘细化，这个参数值越大，物体的抗锯齿质量越高。

**7. Shadow quality——阴影质量**

这个参数所控制的是物体在地面的阴影质量。

**8. Global illumination quality——球形（全球）照明质量**

提高这个参数的值可以获得更加详细的照明和小细节的光线处理。一般情况下这个参数没有太大必要去调整，如果需要在阴影和光线的效果上做处理，可以考虑改变它的参数。

**9. Pixel filter size——像素过滤大小**

这是一个新的功能，它增加了一个模糊的图像以得到柔和的图像效果。建议使用 1.5～1.8 的参数设置。不过在渲染珠宝首饰的时候，有必要将参数值降低至 1～1.2。

**10. DOF quality——景深质量**

增加这个选项的数值会在画面出现一些小颗粒状的像素点，可以体现景深效果。一般将参数设置为 3 足以得到很好的渲染效果。不过要注意的是，此数值的变大将会增加渲染的时间。

## 练习与思考

### 一、单选题

1. 以下哪个不属于 KeyShot 的导入方向？（　　）

A. Y　　B. X　　C. －X　　D. S

2. 以下哪个不属于 KeyShot 导入位置中可以勾选的命令？（　　）

A. 几何边缘　　B. 几何中心　　C. 贴合地面　　D. 保留原始

3. 主界面中不存在哪个按钮？（　　）

A. 材质　　B. 渲染　　C. 滤镜　　D. 环境贴图

4. 高粗糙度的值设置为（　　）或以上可以减少反射中的噪点。

A. 4～8　　B. 8～16　　C. 16～32　　D. 32～64

5. 材质中 Color 指的是（　　）。

A. 颜色　　B. 粗糙度　　C. 光泽度　　D. 光泽采样

6. （　　）是“库”中不含有的命令。

A. 颜色　　B. 渲染　　C. 动画　　D. 背景

7. （　　）是“项目”中不含有的命令。

A. 渲染　　B. 场景　　C. 相机　　D. 环境

8. 以下哪个命令可以调整塑料的固有色？（　　）

A. 折射　　B. 粗糙度　　C. 镜面　　D. 漫反射

9. 以下的命令哪个不属于工具栏里的基本命令？（　　）

A. 库　　B. 相机　　C. 动画　　D. 导入

10. 色彩三原色是（　　）。

A. 红、绿、蓝　　B. 红、黄、蓝　　C. 黑、白、灰　　D. 橙、绿、紫

### 二、多选题

11. KeyShot4.0 支持的三种格式输出是（　　）。

A. JPEG　　B. TIFF　　C. EXR　　D. TXT

E. DOC

12. “项目”中的“环境”可以调整（　　）。

A. 对比度　　B. 漫反射　　C. 亮度　　D. 光源的大小

E. 光源的高度

13. 增加产品的导入对话框中有以下几个命令：（　　）。

A. 更新几何体　　B. 动画　　C. 新建几何体　　D. 渲染

E. 添加到场景

14. 编辑器里光源的形状有（　　）。

A. 菱形　　B. 圆形　　C. 矩形　　D. 五边形

E. 三角形

15. 编辑器中基本参数可调节所添加光源的（　　）。

A. 宽　　B. 高　　C. 角度　　D. 色彩

E. 透明度

16. 单击“项目”中的“环境”可调节环境的（　　）。

A. 对比度 B. 亮度 C. 角度 D. 大小
E. 高度

17. 贴图纹理里可以勾选（ ）。
A. 透明度 B. 镜面 C. 凹凸 D. 色彩
E. 大小

18. 工具栏里有以下几个命令（ ）。
A. 动画 B. 截屏 C. 场景 D. 设置
E. 渲染

19. 以下哪个属于 KeyShot 的导入方向？（ ）
A. T B. Y C. Z D. X
E. L

20. 以下的命令哪个可以用于调整金属的质感？（ ）
A. 金属覆盖范围 B. 金属表面粗糙度
C. 金属厚片大小 D. 反射
E. 金属颜色

**三、判断题**

21. 导入模型中需要注意导入的模型路径和模型文件名必须为全英文。（ ）

22. 存放模型文件的文件夹及文件本身都不可以出现中文字符，否则将出现错误。（ ）

23. 提高抗锯齿级别可以将物体的锯齿边缘细化，当这个参数值越小，物体的抗锯齿质量也会提高。（ ）

24. 在搜索窗口中只需输入你要找的材质名称中的一部分即可搜索出来。（ ）

25. 环境不能调整亮度。（ ）

26. 光源形状除了有圆形还有矩形。（ ）

27. “衰减”参数越大，光源的边缘越模糊，可以调节用作反光。（ ）

28. “渲染”中，不能对局部进行渲染。（ ）

29. TIFF 的保存文件可以在 PS 中给图片去背景。（ ）

30. 光泽度在粗糙度参数的基础上启动光滑（模糊）反射，增加粗糙度的值会使反射变得更加清晰。（ ）

## 练习与思考题参考答案

| 1. D | 2. A | 3. C | 4. C | 5. A | 6. C | 7. A | 8. D | 9. B | 10. B |
|---|---|---|---|---|---|---|---|---|---|
| 11. ABC | 12. ACDE | 13. ACE | 14. BC | 15. ABCD | 16. ABDE | 17. ABCD | 18. ABE | 19. BCD | 20. ABCE |
| 21. Y | 22. Y | 23. N | 24. Y | 25. N | 26. Y | 27. Y | 28. N | 29. Y | 30. N |

# 任务 12

# 产品设计输出文件制作

该训练任务建议用 3 个学时完成学习。

## 12.1 任务来源

在产品造型设计二维表达和三维表达效果图完成后，模型制作启动以前，需要输出一批文件，其中包括：产品排版效果图、产品三维电脑模型、产品配色方案、产品工艺文件、菲林等。制作产品设计输出文件是作为工业设计师必须掌握的重要技能之一。

## 12.2 任务描述

利用已有的产品外观三维模型文件，完成所有输出文件的制作。

## 12.3 能力目标

### 12.3.1 技能目标

完成本训练任务后，你应当能（够）：

**1. 关键技能**

（1）会标注并制作产品效果图尺寸文件。

（2）会标注并制作产品效果图工艺文件。

（3）会使用矢量软件制作产品的菲林文件。

（4）会标注并制作产品效果图配色方案文件。

（5）会使用三维软件导出手板需求的相关文件。

**2. 基本技能**

（1）了解产品造型设计的方法与流程。

（2）可以完整绘制产品手绘效果图。

（3）会使用矢量软件制作产品效果图。

（4）会使用三维软件制作产品效果图。

### 12.3.2 知识目标

完成本训练任务后，你应当能（够）：

（1）了解输出文件的格式分类。
（2）掌握各类输出文件的制作方法。
（3）掌握输出文件管理方法。

### 12.3.3 职业素质目标

完成本训练任务后，你应当能（够）：
（1）具备严谨科学的工作态度。
（2）具有耐心、细致的工作素养。

## 12.4 任务实施

### 12.4.1 活动一　知识准备

（1）产品输出文件的基本用途。
（2）制作产品输出文件的基本方法。

### 12.4.2 活动二　示范操作

**1. 活动内容**

根据已有的博世-KT400 汽车故障检测仪的产品外观三维模型文件，完成所有输出文件的制作，具体要求如下：

（1）导出三维文件的线框图。
（2）制作产品丝印文件。
（3）制作产品效果 CMF 表。
（4）导出产品三维文件为通用格式。
（5）管理产品所有输出文件。

**2. 操作步骤**

（1）步骤一：导出线框图。首先在尺寸标注中选择“建立 2D 图面”，如图 12-1 所示；图面选择，如图 12-2 所示；选择目前的视图导出，如图 12-3 所示；导出格式选择“AutoCAD Drawing（*.dwg)”，如图 12-4 所示。

（2）步骤二：丝印制作。

1）明确产品中所有的 LOGO，标示、图标等需要的丝印内容。使用矢量图软件进行丝印文件制作，结果如下图 12-5 所示。

2）将步骤一生成的产品线框图导入到 CorelDRAW 中，如图 12-6 所示。CorelDRAW 软件界面，如图 12-7 所示。

3）为便于分析将导入的线框图设置成灰色，结果如图 12-8 所示。

4）将所需要丝印的标示、符号、图案使用红色填充，与线框图分层。

（3）步骤三：材质表面处理。每个单件都需要标注材质、色彩、表面处理等内容，还需要同时标注名称、日期、比例、标准、制图人、审核等相关设计信息，如图 12-9 所示。

（4）步骤四：导出模型。三维导出模型是用于手板制作 CNC 加工，同时结构设计工程师也需要造型工程师导出的外观造型文件进行工作。因此格式上需要有一定的通用性，一般以 IGS、STEP 为主。犀牛软件界面，如图 12-10 所示。导出选取的物体，如图 12-11 所示。选择保存格式，如图 12-12 所示。

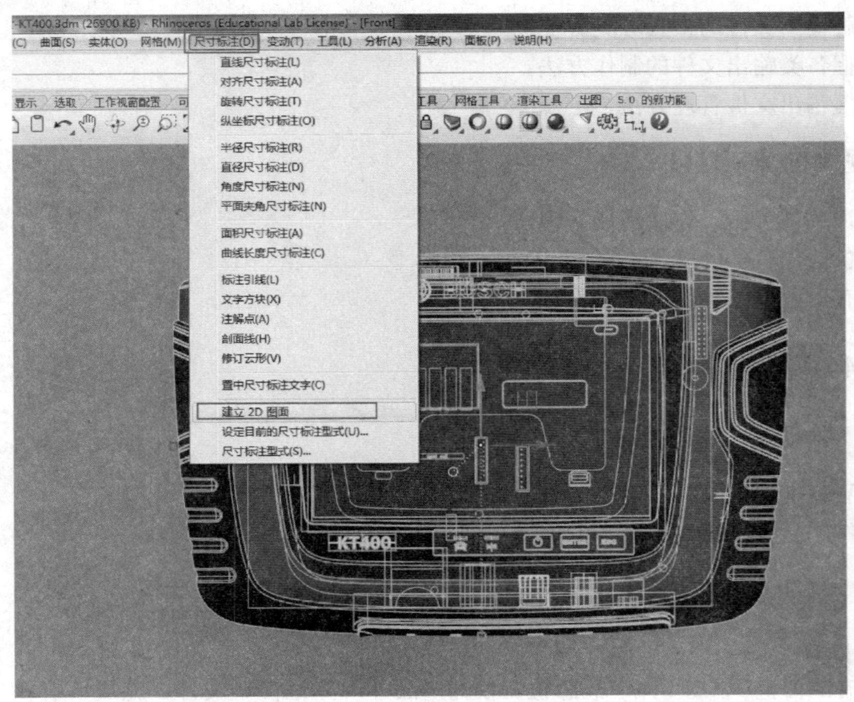


图 12-1　选择“建立 2D 图面”

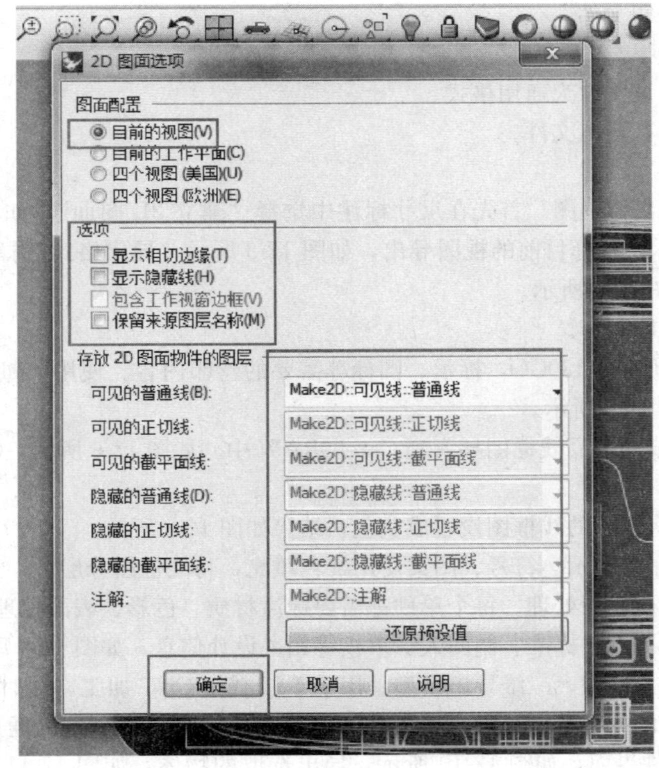


图 12-2　图面选择

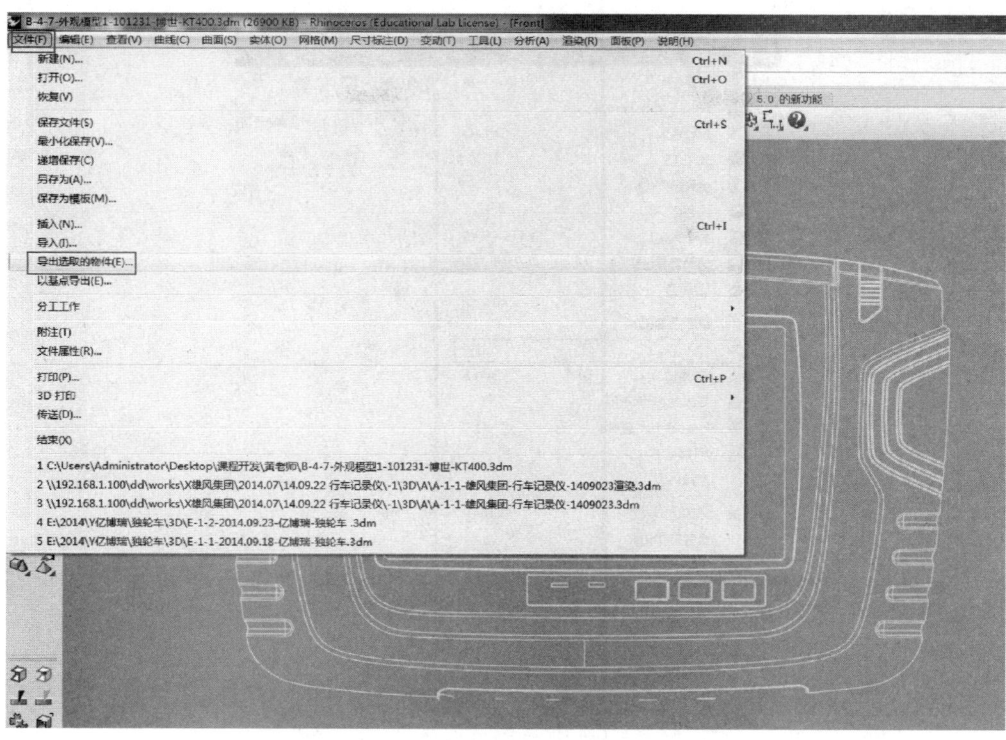

图 12-3 导出当前视图

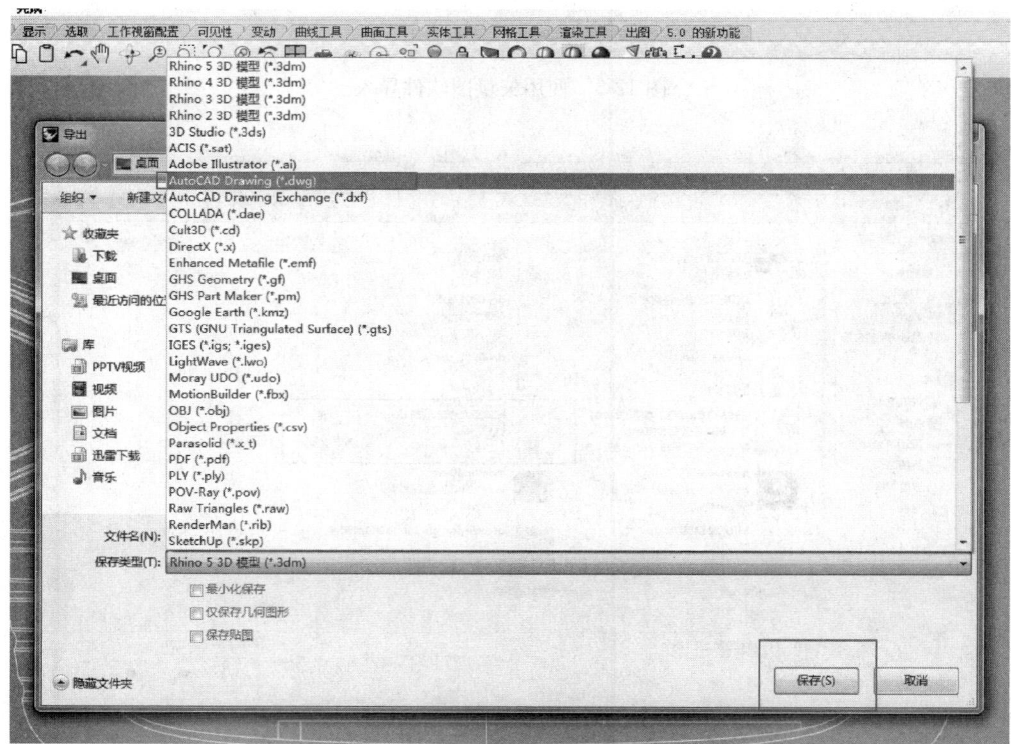

图 12-4 导出格式选择

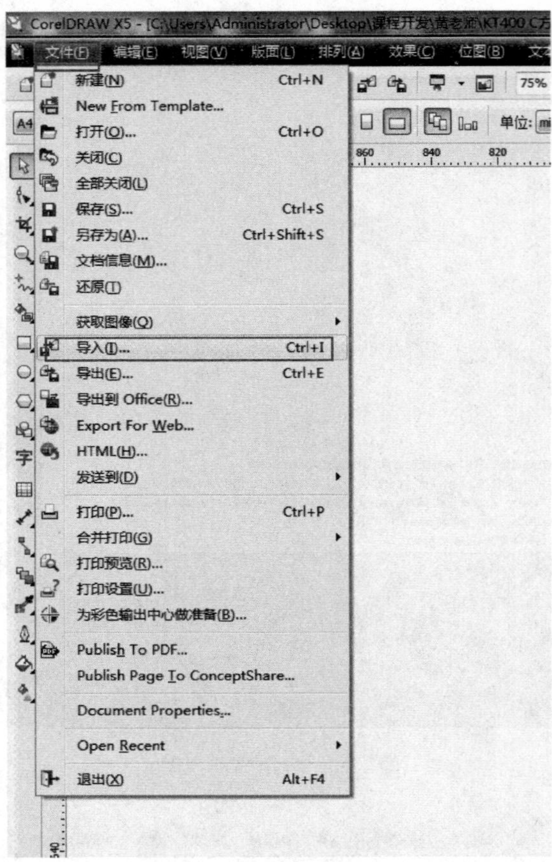


图 12-5　使用矢量图软件导入

图 12-6　选择导入文件

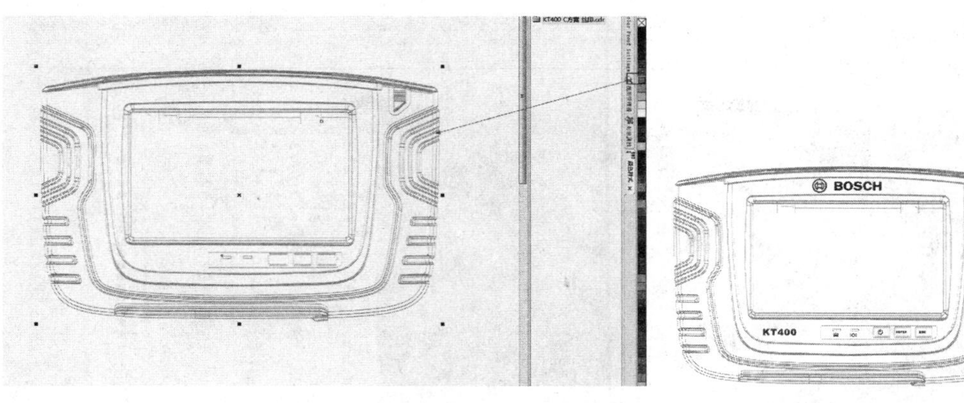


图 12-7　CorelDRAW 软件界面　　　图 12-8　将线框图设置为灰色

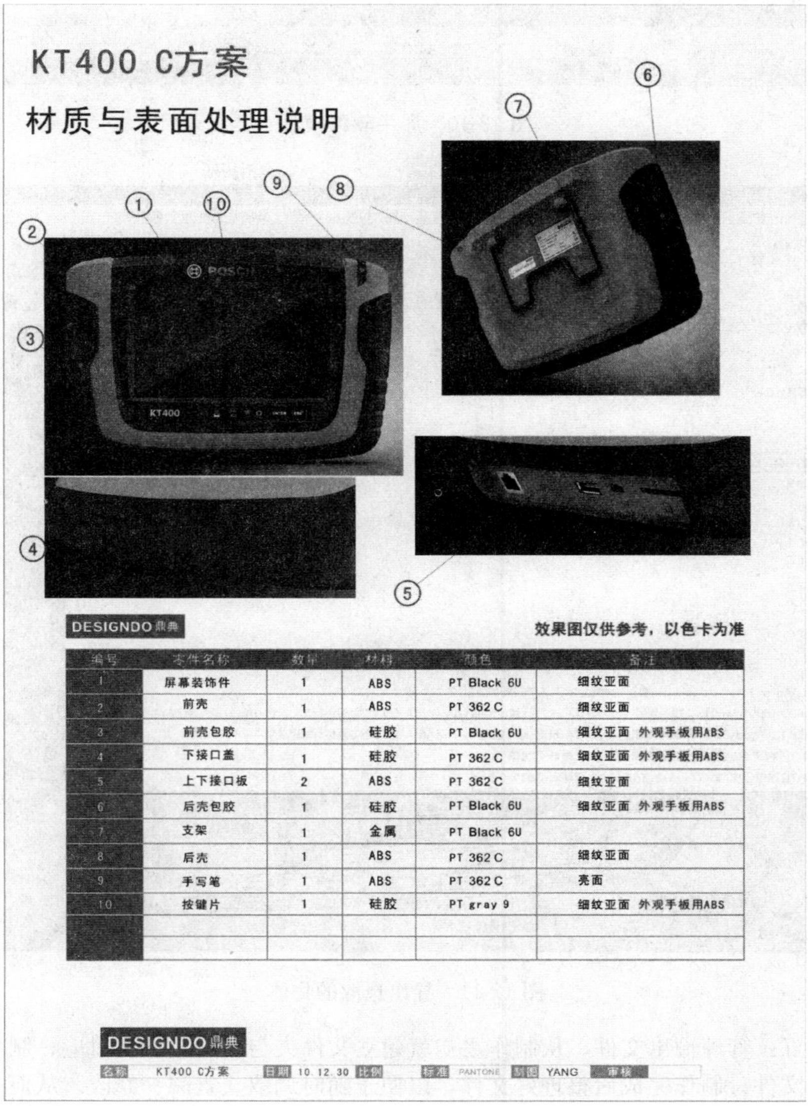

# KT400 C方案

## 材质与表面处理说明

DESIGNDO 鼎典

效果图仅供参考，以色卡为准

| 编号 | 零件名称 | 数量 | 材料 | 颜色 | 备注 |
|---|---|---|---|---|---|
| 1 | 屏幕装饰件 | 1 | ABS | PT Black 6U | 细纹亚面 |
| 2 | 前壳 | 1 | ABS | PT 362 C | 细纹亚面 |
| 3 | 前壳包胶 | 1 | 硅胶 | PT Black 6U | 细纹亚面 外观手板用ABS |
| 4 | 下接口盖 | 1 | 硅胶 | PT 362 C | 细纹亚面 外观手板用ABS |
| 5 | 上下接口板 | 2 | ABS | PT 362 C | 细纹亚面 |
| 6 | 后壳包胶 | 1 | 硅胶 | PT Black 6U | 细纹亚面 外观手板用ABS |
| 7 | 支架 | 1 | 金属 | PT Black 6U | |
| 8 | 后壳 | 1 | ABS | PT 362 C | 细纹亚面 |
| 9 | 手写笔 | 1 | ABS | PT 362 C | 亮面 |
| 10 | 按键片 | 1 | 硅胶 | PT gray 9 | 细纹亚面 外观手板用ABS |
| | | | | | |
| | | | | | |

DESIGNDO 鼎典

名称 KT400 C方案　日期 10.12.30　比例　标准 PANTONE　制图 YANG　审核

图 12-9　产品设计 CMF 图档

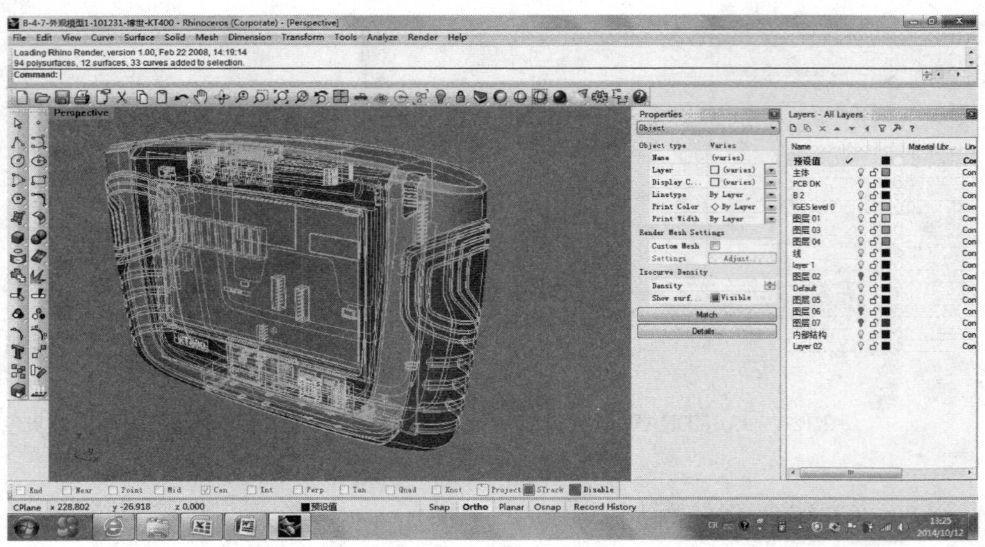


图 12-10　犀牛软件模型

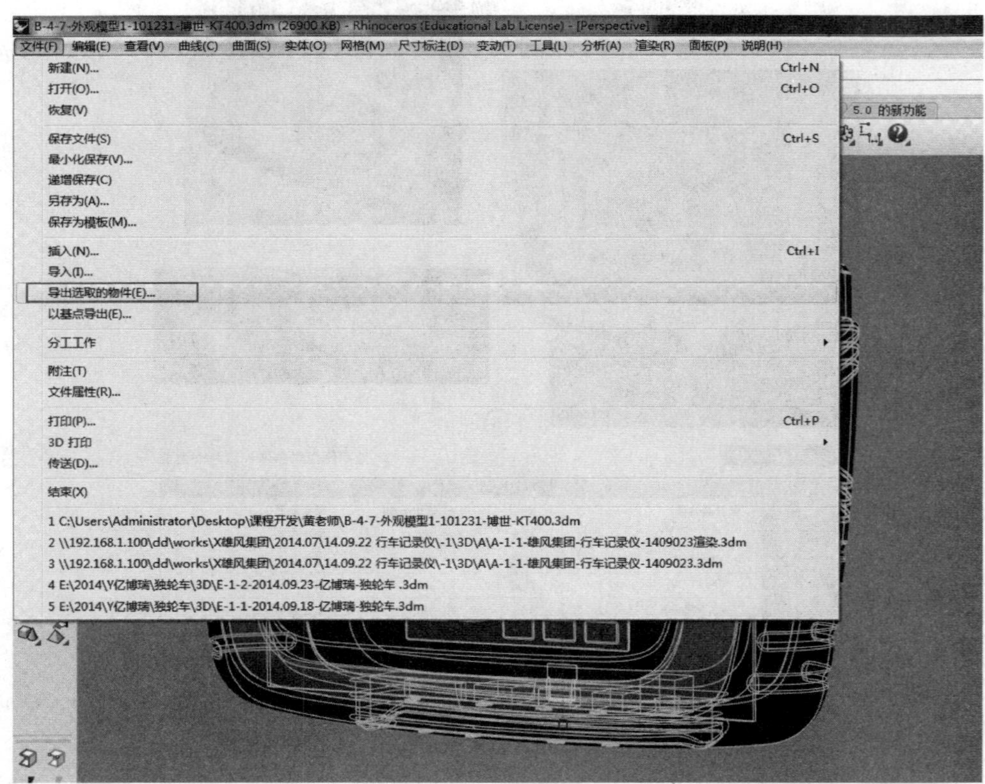


图 12-11　导出选取的物体

（5）步骤五：管理输出文件。从制作之初就建立文件夹与相关文件相对应；制作过程中根据文件夹分配好文件；制作完成后整理好文件，以便于随时调取、查阅、修改。从而提高设计输出的工作效率。输出文件夹命名范例如图 12-13 所示。

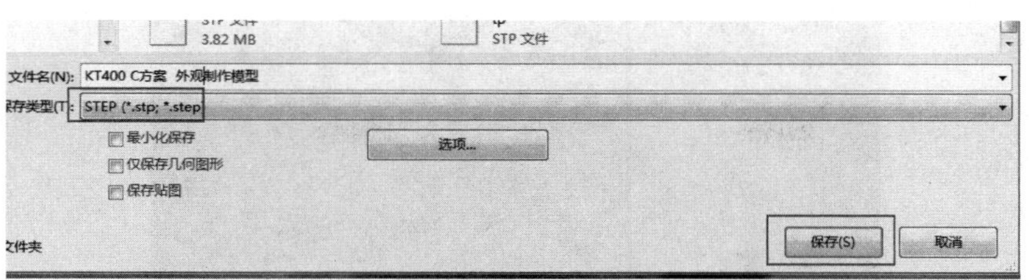


图 12-12　保存为 STEP 格式

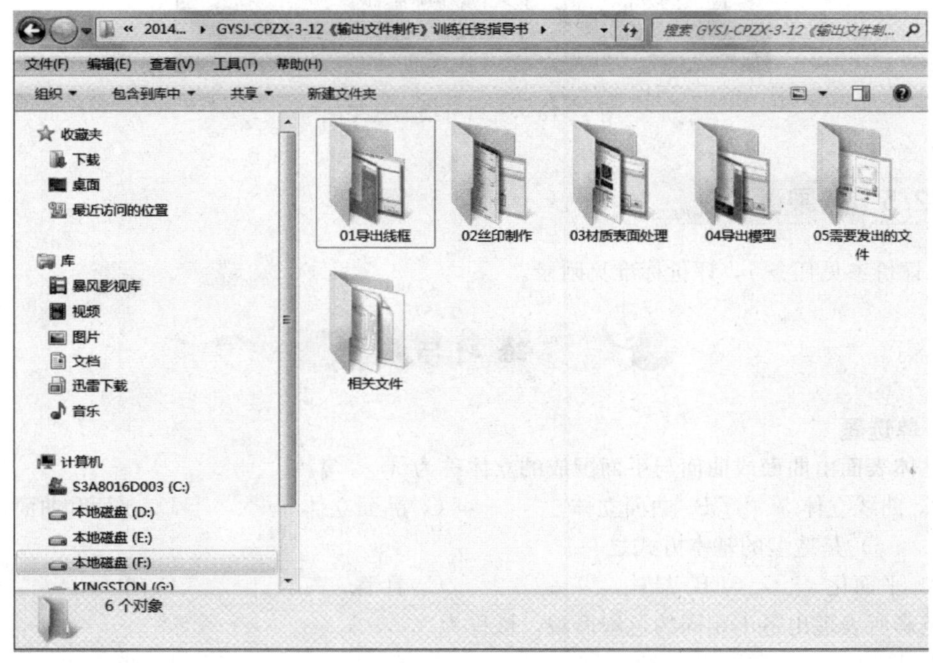


图 12-13　管理输出文件

## 12.4.3 活动三　能力提升

根据五口分线器外观尺寸、效果图，以及三维模型文件，完成所有输出文件的制作。具体要求如下：

(1) 导出三维文件的线框图。

(2) 制作产品丝印文件。

(3) 制作产品效果 CMF 表。

(4) 导出产品三维文件为通用格式。

(5) 管理产品所有输出文件。

1) 五口分线器外观尺寸，如图 12-14 所示。

2) 五口分线器效果图，如图 12-15 所示。

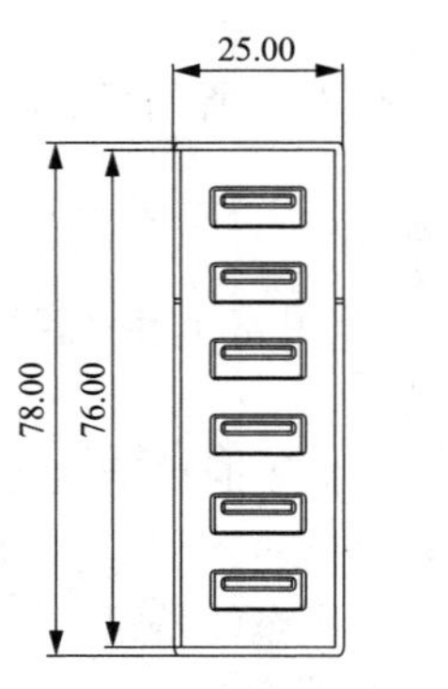


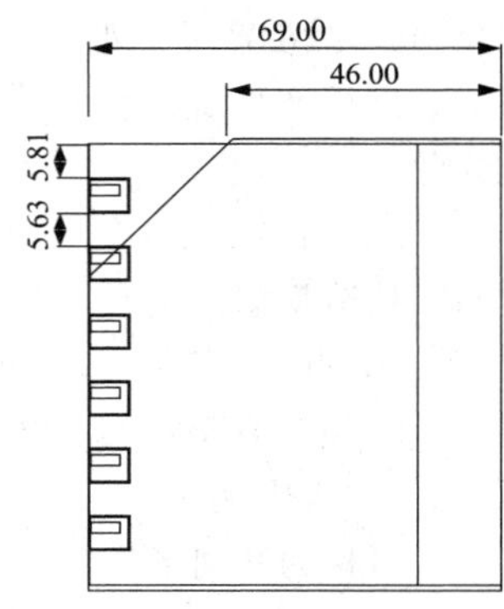


图 12-14　五口分线器外观尺寸

图 12-15 五口分线器效果图

## 12.5 效果评价

效果评价参见任务 1，评价标准见附录。

### 一、单选题

1. 立体表面由曲面或曲面与平面围成的立体称为（　　）。

A. 曲线立体　　B. 曲面立体　　C. 品面立体　　D. 平面和曲面合一立体

2. （　　）是造型的基本方式之一。

A. 平面化　　B. 结构　　C. 骨骼　　D. 单形

3. 色彩所表现出各不相同的色彩面貌，被称为（　　）。

A. 明度　　B. 彩度　　C. 色相　　D. 色立体

4. 形态是营造主题的一个重要方面，产品形态通过多种层次关系对用户心理体验产生影响，以下选项中不属于产品形态层次关系的选项是（　　）。

A. 结构　　B. 比例　　C. 形状　　D. 尺度

5. 产品的变换设计期不在于（　　）。

A. 增加产品的功能　　B. 提高产品的性能

C. 减少产品类型　　D. 降低成本

6. 进行产品造型设计时，必须考虑所用（　　）的性能和加工成型工艺对产品形态的约束和影响。

A. 功能　　B. 结构　　C. 材料　　D. 外观

7. 从造型意义上看，（　　）是最富个性和活力的要素。

A. 点　　B. 线　　C. 面　　D. 体

8. 时代在不断发展，设计师也应不断更新（　　），成为引领消费观念的先行者。

A. 人生观　　B. 发展观　　C. 价值观　　D. 形态观

9. 可称为几何形态，属于功能形态的是（　　）。

A. 产品形态　　B. 纯粹形态　　C. 自然形态　　D. 人工形态

10. （　　）是材料和结构的外在表现。

A. 结构　　B. 功能　　C. 形态　　D. 形式

## 二、多选题

11. 形态设计的形式美法则包括（　　）。
A. 整体一律与调和　　B. 均衡
C. 比例与尺寸　　D. 节奏
E. 对比

12. 色彩的属性包括（　　）。
A. 明度　　B. 彩度　　C. 色温　　D. 色相
E. 色差

13. 现代的造型语言应用于产品设计的主要包含三个学科领域，分别是（　　）。
A. 心理学　　B. 人体工学　　C. 生态学　　D. 语言符号学
E. 仿生学

14. 功能主义所信守的有机体形态、合理主义所强调的直线形态等，都是为了追求（　　）。
A. 调和　　B. 完美　　C. 正确　　D. 效率
E. 速度

15. 律动可以解释为是一种静态的形式，它给人以视觉上富有规律的节奏效果，其原则有（　　）。
A. 强调　　B. 动力　　C. 反复　　D. 渐层
E. 对比

16. 快速成型机主要用于制作实体模型，而以下哪些技术主要用于快速制作成各种模具?（　　）
A. 结合精铸　　B. 金属喷涂　　C. 电镀　　D. 电极研磨
E. 快速成型

17. 机器中常用的连接件是（　　）。
A. 键连接　　B. 销连接　　C. 拉连接　　D. 推连接
E. 锁连接

18. 螺纹的标注类型有（　　）。
A. 螺纹特征代号　　B. 螺距代号　　C. 螺向代号　　D. 尺寸代号
E. 进程代号

19. 螺纹直径包括（　　）。
A. 大径　　B. 小径　　C. 中径　　D. 外径
E. 内径

20. （　　）均符合国家标准的螺纹，称为标准螺纹。
A. 直径　　B. 牙型　　C. 半径　　D. 螺距
E. 线数

## 三、判断题

21. 色彩唤起各种情绪，表达感情，甚至影响我们正常的生理感受。（　　）
22. 美观是衡量产品设计的一条重要标准，是产品存在的依据。（　　）
23. 彩色系列是指除去黑白系列之外的有纯度的各种颜色。（　　）
24. 纯度是指颜色的纯净程度。（　　）
25. 色彩的统一变化是色彩构图的基本原则。（　　）

26. 功能美学提供了实用性和功能性在生理和心理上的有机联系。（ ）
27. 设计美学指的是产品的视觉外观和表面装饰。（ ）
28. 美观是衡量产品设计的一条重要标准，是产品存在的依据。（ ）
29. 影响塑件尺寸精度的主要因素有模具、塑料、成型工艺和成型的时效。（ ）
30. 注射模具的成型零件由型芯、凹模、成型杆和镶块等构成。（ ）

## 练习与思考题参考答案

| 1. B | 2. C | 3. C | 4. A | 5. C | 6. C | 7. B | 8. D | 9. B | 10. D |
|---|---|---|---|---|---|---|---|---|---|
| 11. ABCD | 12. ABD | 13. BCD | 14. ABCD | 15. BCD | 16. ABCD | 17. AB | 18. AD | 19. ABC | 20. ABD |
| 21. Y | 22. N | 23. Y | 24. Y | 25. Y | 26. N | 27. N | 28. N | 29. Y | 30. Y |

# 任务 13

# 产品纸模型制作

该训练任务建议用 3 个学时完成学习。

## 13.1 任务来源

纸模型，也称作卡片模型，是一种由纸（通常是厚纸或卡片）制成的，在产品造型设计效果图制作完成之后制作的简单模型，主要用于产品造型、体积的评估。适用于一些小型产品。

## 13.2 任务描述

使用瓦楞纸制作一款简单的坐具模型，要求使用尽可能少的材料，保持纸张的平整度。从草图设计到模型制作，设计构思并画出立体图、原理图与展开图。最后成品模型可以实际使用，最低承重 60kg。

## 13.3 能力目标

### 13.3.1 技能目标

完成本训练任务后，你应当能（够）：

**1. 关键技能**

（1）了解纸模型的材料种类与特性。

（2）会使用纸模型的造型工具。

（3）了解纸模型的制作过程与方法。

（4）可以完成纸模型的后期处理与交付。

**2. 基本技能**

（1）会产品造型设计的方法与流程。

（2）了解各种纸材料的分类。

（3）了解各种纸材料的技术参数。

### 13.3.2 知识目标

完成本训练任务后，你应当能（够）：

（1）掌握纸质材料的基本特性。

(2) 掌握纸质材料的测量与裁切方法。

(3) 懂得纸模型的制作流程。

### 13.3.3 职业素质目标

完成本训练任务后，你应当能（够）：

(1) 具有严谨科学的工作态度。

(2) 具备娴熟的手工技能。

## 13.4 任务实施

### 13.4.1 活动一 知识准备

(1) 瓦楞纸的特性。

(2) 瓦楞纸造型的方法。

### 13.4.2 活动二 示范操作

**1. 活动内容**

使用瓦楞纸制作一款简单的坐具模型，具体要求如下：

(1) 使用尽可能少的材料，保持纸张的平整度。

(2) 从草图设计到模型制作，设计构思并画出立体图、原理图与展开图。

**2. 操作步骤**

(1) 步骤一：绘制草图、三视图与展开图。做好模型制作的规划，准备好相关材料与工具。图纸的绘制在模型制作过程中起着重要的辅助作用，绘制内容根据制作模型的需要而定，可以是表现图、各面视图、局部细节及展开图等，结果如图 13-1 所示。

(2) 步骤二：剪切插口。在剪切纸的过程中要特别小心谨慎，不要划伤纸的表面。根据选用的纸材和要加工的形态来选择合适的刀具，保证纸的切口准确、干净利落，结果如图 13-2 所示。

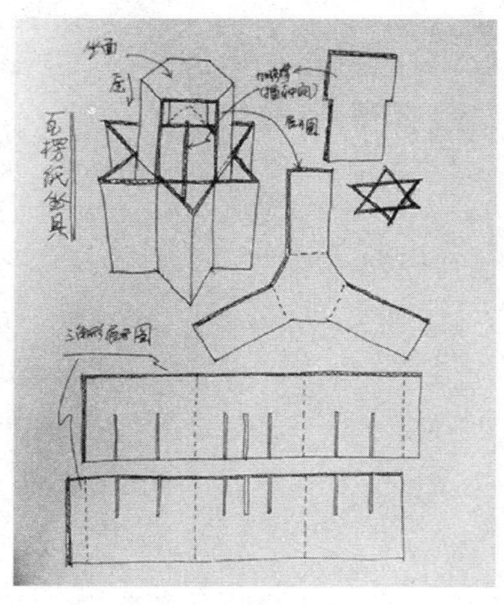


图 13-1 绘制草图、三视图与展开图

图 13-2 剪切插口

(3) 步骤三：刻画，刻画的目的是减小弯折处材料的厚度。刻画应在纸的背面进行。用针尖沿需弯折处进行轻轻的刻画，注意不要将纸面划穿，以免弯折后发生断裂。

（4）步骤四：弯折。对刻画后的纸的下一步操作就是弯折，结果如图 13-3 所示。

（5）步骤五：粘接。将模型的各个展开面粘接成型。

（6）步骤六：组装。按照最初设计要求将各部件组装到位，结果如图 13-4 所示。

图 13-3　弯折

图 13-4　组装

（7）步骤七：表面处理。选择合适的纸面饰材料，对模型表面的质感进行加工，形成更加真实的视觉效果。

（8）步骤八：完成制作。根据方案设计内容对需要调整的地方进行改进，最后交付使用。

### 13.4.3 活动三　能力提升

参考示范操作，使用瓦楞纸设计一款简单的模型，具体要求如下：

（1）设计要有主题、有创意。

（2）使用尽可能少的材料，保持纸张的平整度。

（3）从草图设计到模型制作，设计构思并画出立体图、原理图与展开图。

## 13.5 效果评价

效果评价参见任务 1，评价标准见附录。

**一、单选题**

1.（　　）光源下感受到的色彩最具有普遍性，给人的认识最稳定，因而被认为是固有色。

A. 红色　　B. 白色　　C. 紫色　　D. 黑色

2. 不管是何种色彩，加大它们之间的（　　）差异是造成色彩认知度增强的关键。

A. 色调　　B. 色相　　C. 明度　　D. 纯度

3.（　　）属于最强的色相对比。

A. 互补色相对比　　B. 对比色相对比　　C. 中差色相对比　　D. 类似色相对比

4. 对事物进行（　　），使联想富有逻辑性、理智性、科学性，可以使联想更符合客观规律。

A. 有意联想　　B. 无意联想　　C. 相似联想　　D. 对比联想

5.（　　）是形式美的法则之一，是指造型中整体与局部或局部与局部之间的大小关系。

A. 面积　B. 大小　C. 比例　D. 对比

6.（　　）最常用，也是最著名的比例关系。

A. 黄金分割比　B. 等差数列比　C. 调和数列比　D. 贝尔数列比

7. 螺纹连接件主要是指螺钉、螺柱、螺母、（　　）等。

A. 螺牙　B. 螺圈　C. 垫圈　D. 圆圈

8. 厚钢板是指厚度在（　　）以上的钢板。

A. 2mm　B. 4mm　C. 8mm　D. 1mm

9. 管螺纹的种类有非螺纹密封的管螺纹、60°圆锥管螺纹、（　　）。

A. 方螺纹管　B. 长螺纹管

C. 用螺纹密封的管螺纹　D. 短螺纹管

10. 锁主要用于零件之间的连接和（　　）。

A. 锁定　B. 结合　C. 定位　D. 定向

**二、多选题**

11. 孔类可分为（　　）。

A. 圆孔　B. 锥孔　C. 螺孔　D. 沉孔

E. 方孔

12. 假定构件为刚体，且忽略构件的弹性变形的分析方法有（　　）。

A. 静力分析　B. 动态静力分析　C. 弹性动力分析　D. 动力分析

E. 应力分析

13. 以下选项中，以动态静力分析方法为基础计算出来的是（　　）。

A. 运动副反力　B. 平衡力矩　C. 摆动力矩　D. 摆动力

E. 阻力

14. 在动力分析中，主要涉及的力是（　　）。

A. 驱动力　B. 重力　C. 摩擦力　D. 生产阻力

E. 弹力

15. 以下选项中，可归为阻尼的有（　　）。

A. 物体的内力　B. 物体表面间的摩擦力

C. 周围介质的阻力　D. 材料的内摩擦

E. 物体的反作用力

16. CMOS数字集成电路与TTL数字集成电路相比突出的优点是（　　）。

A. 微功耗　B. 高速度

C. 高抗干扰能力　D. 电源范围宽

E. 低速度

17. 物质按导电能力的强弱可分为（　　）几大类。

A. 导体　B. 绝缘体　C. 半导体　D. 纯净半导体

E. 非纯净半导体

18. 小功率直流稳压电源由哪几部分组成？（　　）

A. 变压　B. 整流　C. 滤波　D. 稳压

E. 放大

19. 最常用的半导体材料是（　　）。

A. 硅　B. 锗　C. 锡　D. 砷
E. 炭

20. 影响消费者购买行为的心理因素包括（　　）。
A. 需要和动机　B. 感觉和知觉　C. 学习和态度　D. 记忆
E. 生活习惯

**三、判断题**

21. 局部自由度是与机构运动无关的自由度。（　　）
22. 一部机器可以只含有一个机构，也可以由数个机构组成。（　　）
23. 构件可以由一个零件组成，也可以由几个零件组成。（　　）
24. 尺寸公差是指容许尺寸的变动量。（　　）
25. 物体受到的浮力（$F$）＝液体的密度（$\rho$）×重力加速度（$g$）×该物体排开液体的体积（$V$）。（　　）
26. 机构平衡问题在本质上是一种以动态静力分析为基础的综合动力学或动力学设计。（　　）
27. 平衡是在运动设计完成之前的一种动力学设计。（　　）
28. 优化平衡就是采用优化的方法获得一个绝对最佳解。（　　）
29. 在动力分析中主要涉及的力是驱动力和生产阻力。（　　）
30. 平衡的实质就是采用构件质量再分配等手段完全地或部分地消除惯性载荷。（　　）

## 练习与思考题参考答案

| 1. B | 2. C | 3. A | 4. A | 5. C | 6. A | 7. C | 8. B | 9. C | 10. C |
|---|---|---|---|---|---|---|---|---|---|
| 11. ABCD | 12. ABD | 13. ABCD | 14. AD | 15. BCD | 16. ACD | 17. ABC | 18. ABCD | 19. AB | 20. ABCD |
| 21. Y | 22. Y | 23. Y | 24. Y | 25. Y | 26. Y | 27. N | 28. N | 29. Y | 30. Y |

# 任务 14

# 产品油泥模型制作

该训练任务建议用 3 个学时完成学习。

## 14.1 任务来源

油泥模型，也称作泥塑模型，是一种由油泥制成的，在产品造型设计效果图制作完成之后制作的简单模型，主要用于产品造型、体积的评估。适用于一些小型产品。

## 14.2 任务描述

使用油泥材料制作产品模型，为节省材料和提高效率，模型内部应衬有聚氨酯泡沫塑料制作的芯模。

## 14.3 能力目标

### 14.3.1 技能目标

完成本训练任务后，你应当能（够）：

**1. 关键技能**

（1）了解油泥模型的材料的种类与特性。

（2）会使用油泥模型的造型工具。

（3）了解油泥模型的制作过程与方法。

（4）可以完成油泥模型的后期处理与交付。

**2. 基本技能**

（1）了解产品造型设计的方法与流程。

（2）懂得各种油泥的分类。

（3）了解各种油泥的技术参数。

### 14.3.2 知识目标

完成本训练任务后，你应当能（够）：

（1）掌握油泥材料的基本特性。

（2）掌握油泥材料的测量与裁切方法。

（3）熟悉油泥模型的制作流程。

### 14.3.3 职业素质目标

完成本训练任务后，你应当能（够）：

（1）具有严谨科学的工作态度。

（2）具备娴熟的手工技能。

（3）善于总结工作经验。

## 14.4 任务实施

### 14.4.1 活动一　知识准备

（1）油泥的物理、化学特性。

（2）油泥模型的基本塑性方法。

### 14.4.2 活动二　示范操作

**1. 活动内容**

制作某款控制仪的油泥模型。为节省油泥，模型内部衬有聚氨酯泡沫塑料制作的芯模；具体要求如下：

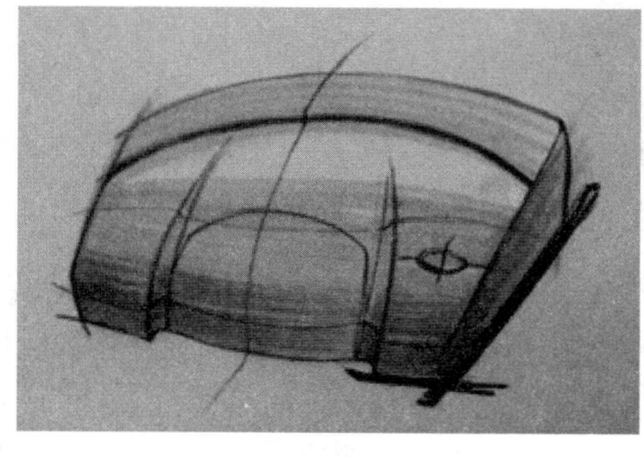

图 14-1　模型效果图

（1）制作 1∶1 的控制仪模型。

（2）绘制草图。

（3）仔细刻画模型外观细节。

**2. 操作步骤**

（1）步骤一：绘制草图。做好模型制作的规划，准备好相关材料与工具。图纸的绘制在模型制作过程中起着重要的辅助作用，绘制内容根据制作模型的需要而定，可以是表现图、各面视图、局部细节及展开图等，结果如图 14-1 所示。

（2）步骤二：芯模制作。使用聚氨酯泡沫塑料，按照尺寸制作比目标模型稍小 20～30mm 的芯模，结果如图 14-2 所示。

（3）步骤三：油泥加热。油泥加热工具为热风枪及装油泥的不锈钢碗。使用油泥数量较多时可以选用烤箱加热油泥。用量少时用吹风机即可，结果如图 14-3 所示。

图 14-2　芯模制作

图 14-3　油泥加热

（4）步骤四：铺贴油泥。使用加热后的油泥均匀铺贴到芯模上，根据形态按一定厚度铺贴油泥，注意压实，结果如图 14-4 所示。

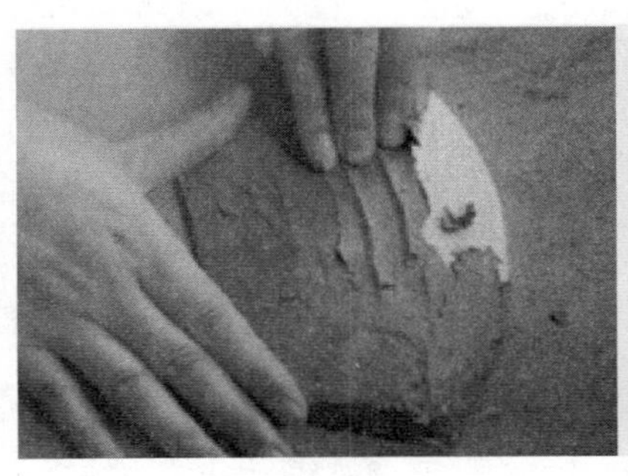

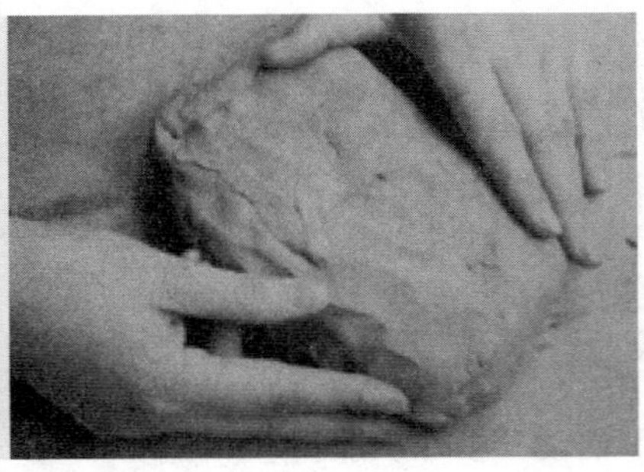

图 14-4　铺贴油泥

（5）步骤五：粗刮油泥。主要是针对大的块面。在粗刮时，要注意把握油泥模型与设计图纸的一致性，尤其是左右两部分要对称，结果如图 14-5 所示。

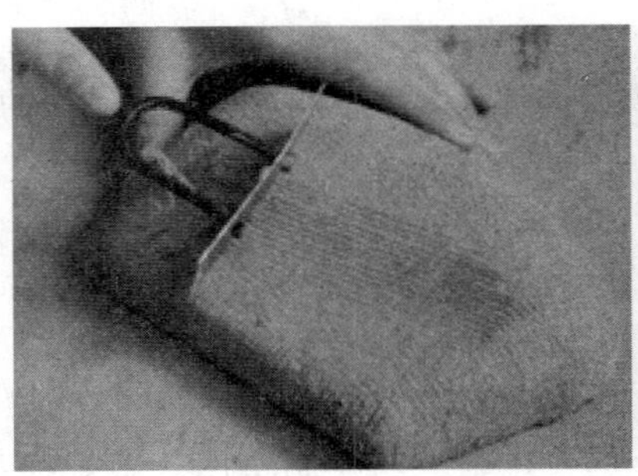

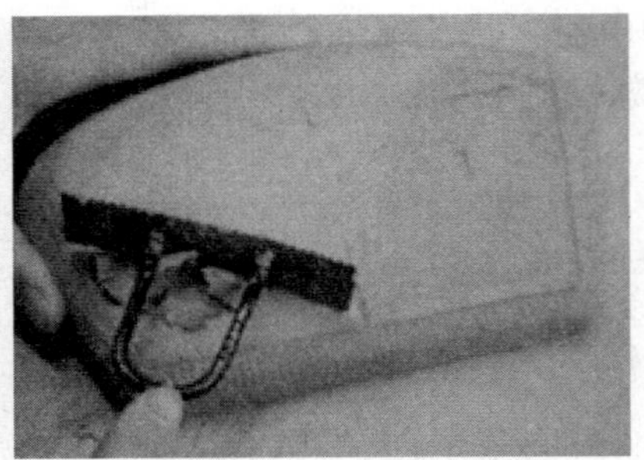

图 14-5　粗刮油泥

（6）步骤六：精修油泥。在粗刮后的油泥基础上，按照图纸要求的尺寸进行精修油泥，结果如图 14-6 所示。

（7）步骤七：表面处理。选择合适的油泥面饰材料，对模型表面的质感进行加工，形成更加真实的视觉效果，结果如图 14-7 所示。

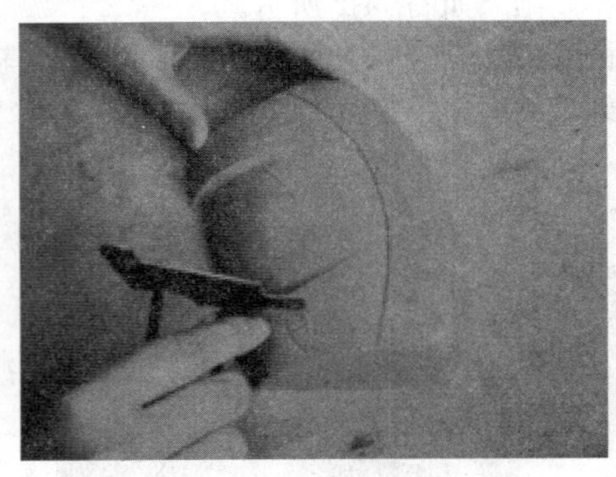

图 14-6　精修油泥

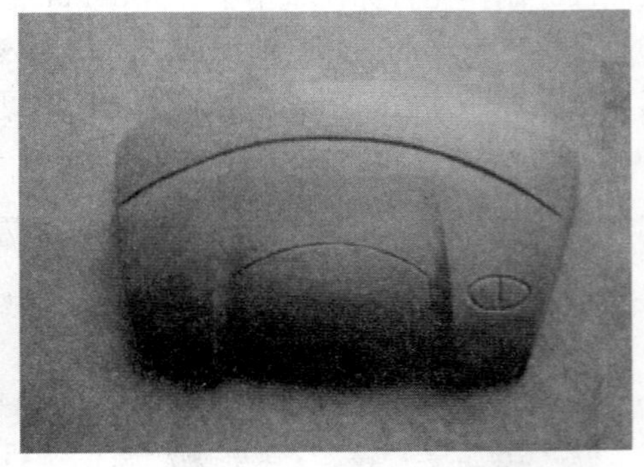

图 14-7　表面处理

### 14.4.3 活动三　能力提升

参考示范操作，使用油泥模型制作一款简单的汽车模型。为节省油泥，模型内部应衬有聚氨酯泡沫塑料制作的芯模，具体要求如下：

（1）使用尽可能少的材料。

（2）从草图设计到模型制作，设计构思并画出立体图、原理图与展开图。

（3）比例自定。

## 14.5 效果评价

效果评价参见任务 1，评价标准见附录。

### 一、单选题

1. 传动比大而且准确的传动是（　　）。
   A. 带传动　B. 链传动　C. 齿轮传动　D. 蜗杆传动
2. 普通螺纹的公称直径是（　　）。
   A. 螺纹的中径　B. 螺纹的小径　C. 螺纹的大径　D. 螺纹的外径
3. 转轴承受（　　）。
   A. 扭矩　B. 弯矩　C. 扭矩和弯矩　D. 力矩
4. 在铸锻件毛坯上支承螺母的端面加工成凸台和沉头座，其目的是（　　）。
   A. 易拧紧　B. 避免偏心载荷　C. 增大接触面　D. 外观好
5. 国家标准规定，标准渐开线齿轮的分度圆压力角 $\alpha$=（　　）。
   A. 35°　B. 30°　C. 25°　D. 20°
6. 两个构件之间以线或点接触形成的运动副，称为（　　）。
   A. 低副　B. 高副　C. 移动副　D. 转动副
7. 组成机器的运动单元体是什么？（　　）
   A. 机构　B. 构件　C. 部件　D. 零件
8. 机器与机构的本质区别是什么？（　　）
   A. 是否能完成有用的机械功或转换机械能
   B. 是否由许多构件组合而成
   C. 各构件间能否产生相对运动
   D. 两者没有区别
9. 关于力的作用，下述说法正确的是（　　）。
   A. 没有施力物体的力是不存在的
   B. 只有直接接触的物体之间才有力的作用
   C. 人推物体时，人只是施力物而不是受力物
   D. 一个施力物也一定同时是受力物
10. 关于力，下列说法中正确的是（　　）。
    A. 只有相互接触的两个物体间才能产生力的作用
    B. 力的大小可以用弹簧秤或杆秤来测量
    C. 在力的作用下物体才能发生形变和运动
    D. 施力物体同时也一定是受力物体

## 二、多选题

11. 消费者的信息主要有（　　）等几个方面的来源。
A. 商业　B. 经验　C. 个人　D. 大众
E. 网络

12. 产品整体概念包括（　　）。
A. 工业品　B. 形式产品　C. 核心产品　D. 附加产品
E. 生活用品

13. 涉及企业产品组合的几个维度有（　　）。
A. 宽度　B. 长度　C. 深度　D. 相关性
E. 整体性

14. 设计与消费的关系是（　　）。
A. 设计为促进经济　B. 设计为消费服务
C. 设计创造消费　D. 消费是设计的消费
E. 设计与消费无关

15. 审美观的培养需要（　　）等相关知识的把握。
A. 艺术学　B. 哲学　C. 社会学　D. 心理学
E. 数学

16. 产品的设计完美体现在创新理念的（　　）。
A. 审美性　B. 独创性　C. 经济性　D. 信赖性
E. 地域性

17. 绿色设计的核心是（　　）。
A. Reduce　B. Recycle　C. Rebuild　D. Reuse
E. Revert

18. 产品风险评估包括哪三个部分？（　　）
A. 风险预测　B. 风险确认　C. 风险分析　D. 风险评价
E. 风险避免

19. 质量风险管理程序主要由哪三部分组成？（　　）
A. 风险评估　B. 风险控制　C. 风险回顾　D. 风险预测
E. 风险避免

20. 风险控制的过程涵盖哪三个过程的全部？（　　）
A. 供应链　B. 生产制造　C. 分发流通　D. 销售
E. 广告

## 三、判断题

21. 晶体二极管和晶体三极管都是非线性器件。（　　）
22. 晶体三极管的主要性能是具有电压和电流放大作用。（　　）
23. 直流放大器也能放大交流信号。（　　）
24. 石英晶体振荡器的最大特点是振荡频率高。（　　）
25. 电功率大的用电器，电功也一定大。（　　）
26. 晶体管是单极型器件，场效应管是双极型器件。（　　）
27. 电路中任意两个节点之间连接的电路统称为支路。（　　）
28. 半导体二极管具有单向导电特性，它的反向电流越小，表明管子的单向导电性越好。

（　　）

29. 电路等效变换时，如果一条支路的电流为零，可按短路处理。（　　）

30. 对于消费者而言他们的个性心理主要表现在个性倾向性与个性心理特征两个方面。（　　）

## 练习与思考题参考答案

| 1. D | 2. C | 3. A | 4. B | 5. D | 6. B | 7. B | 8. A | 9. D | 10. D |
|---|---|---|---|---|---|---|---|---|---|
| 11. ABCD | 12. BCD | 13. ABCD | 14. BCD | 15. ABCD | 16. ABCD | 17. ABD | 18. BCD | 19. ABC | 20. ABC |
| 21. Y | 22. Y | 23. Y | 24. N | 25. N | 26. N | 27. Y | 28. Y | 29. N | 30. Y |

# 任务 15 产品泡沫模型制作

该训练任务建议用3个学时完成学习。

## 15.1 任务来源

泡沫模型，是一种由聚氨酯泡沫（通常是厚泡沫或卡片）制成的，在产品造型设计效果图制作完成之后制作的简单模型，主要用于产品造型、体积、的评估。

## 15.2 任务描述

使用聚氨酯泡沫塑料制作1∶1的产品模型，表现出产品的基本形态，反映出面、线关系，表面打磨平整。

## 15.3 能力目标

### 15.3.1 技能目标

完成本训练任务后，你应当能（够）：

**1. 关键技能**

（1）了解泡沫模型的材料的种类与特性。

（2）会使用泡沫模型的造型工具。

（3）懂得泡沫模型的制作过程与方法。

（4）可以完成泡沫模型的后期处理与交付。

**2. 基本技能**

（1）了解产品造型设计的方法与流程。

（2）了解各种泡沫材料的分类。

（3）了解各种泡沫材料的技术参数。

### 15.3.2 知识目标

完成本训练任务后，你应当能（够）：

（1）掌握泡沫材料的基本特性。

（2）掌握泡沫材料的测量与裁切方法。

（3）懂得泡沫模型的制作流程。

### 15.3.3 职业素质目标

完成本训练任务后，你应当能（够）：
（1）具备严谨科学的工作态度。
（2）具备耐心细致的工作素养。
（3）善于总结工作经验。

## 15.4 任务实施

### 15.4.1 活动一　知识准备

（1）泡沫塑料材料的特性。
（2）泡沫塑料模型的造型方法。

### 15.4.2 活动二　示范操作

**1. 活动内容**

使用聚氨酯泡沫材料制作门把手模型，具体要求如下：
（1）使用聚氨酯泡沫塑料制作 1∶1 的门把手模型。
（2）表现出门把手的基本形态，反映出面、线关系。
（3）表面打磨平整。

**2. 操作步骤**

（1）步骤一：绘制草图。做好模型制作的规划，准备好相关材料与工具。泡沫的绘制在模型制作过程中起着重要的辅助作用，绘制内容根据制作模型的需要而定，可以是表现图、各面视图、局部细节及展开图等，如图 15-1 所示。

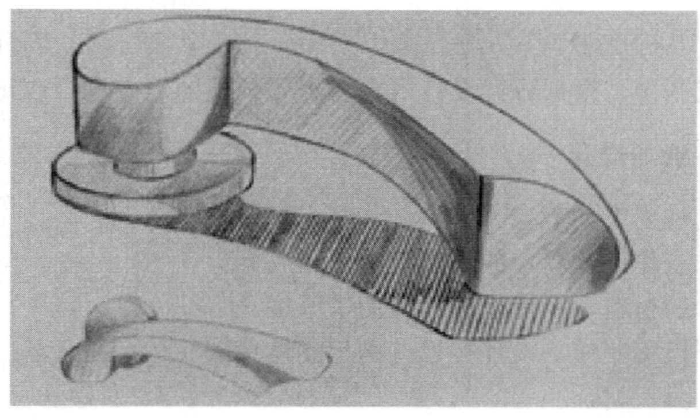

图 15-1　绘制草图

（2）步骤二：剪切。在剪切泡沫的过程中要小心谨慎，不要划伤泡沫的表面。根据选用的泡沫材和要加工的形态来选择合适的刀具，保证泡沫的切口准确、干净利落，如图 15-2 所示。

（3）步骤三：刻画，刻画的目的是减小弯折处材料的厚度。刻画应在泡沫的背面进行。用针尖沿需弯折处进行轻轻地刻画，注意不要将泡沫面划穿，以免弯折后发生断裂，如图 15-3 所示。

图 15-2　剪切

图 15-3　刻画

（4）步骤四：弯折。对刻画后的泡沫的下一步操作就是弯折。

（5）步骤五：粘接。将模型的各个展开面粘接成型。

（6）步骤六：组装。按照最初设计要求将各部件组装到位，结果如图 15-4 所示。

（7）步骤七：表面处理。选择合适的泡沫面饰材料，对模型表面的质感进行加工，形成更加真实的视觉效果，结果如图 15-5 所示。

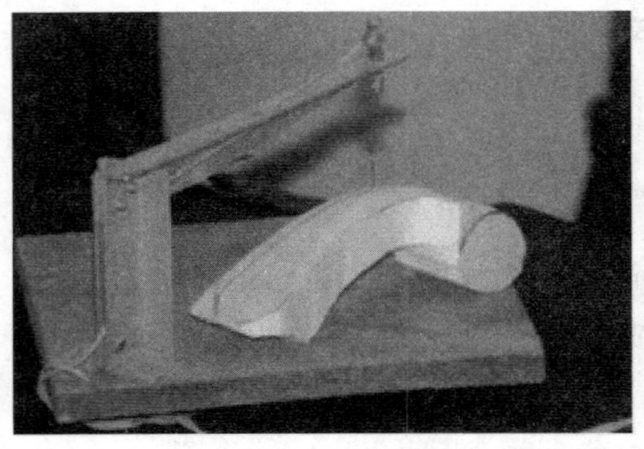

图 15-4　组装

图 15-5　表面处理

（8）步骤八：完成制作。根据方案设计内容对需要调整的地方进行改进，最后交付使用。

### 15.4.3 活动三　能力提升

制作坐具模型，具体要求如下：

（1）使用瓦楞泡沫制作一款简单的坐具模型。

（2）使用尽可能少的材料，保持泡沫材料的平整度。

（3）从草图设计到模型制作，设计构思并画出立体草图。

## 15.5 效果评价

效果评价参见任务 1，评价标准见附录。

### 一、单选题

1. 可以引起机构在机座上的振动的是（　　）。

A. 速度的变化　B. 摆动力　C. 速度的周期变化　D. 加速度的变化

2. 以下选项中，不能归为阻尼的是（　　）。

A. 物体的内力　B. 物体表面间的摩擦力

C. 周围介质的阻力　D. 材料的内摩擦

3. 机械零部件许用应力（$\sigma$）是保证机械零部件安全工作的（　　）。

A. 最高极限应力　B. 最低极限应力　C. 最大允许应力　D. 最小允许应力

4. 下列说法中不正确的是（　　）。

A. 力使物体绕矩心逆时针旋转为负

B. 平面汇交力系的合力对平面内任一点的力矩等于力系中各力对同一点的力矩的代数和

C. 力偶不能与一个力等效也不能与一个力平衡

D. 力偶对其作用平面内任一点的矩恒等于力偶矩，而与矩心无关

5. 矩形截面梁发生平面弯曲时，横截面的最大正应力分布在（　　）。

A. 上下边缘处　B. 左右边缘处　C. 中性轴处　D. 两端

6. 下列哪项不是杆件轴向拉压时强度计算要解决的问题（　　）。

A. 设计截面　B. 求安全系数　C. 校核强度　D. 计算许用载荷

7. 下列哪个现象是低碳钢材料拉伸试验出现的现象（　　）。

A. 屈服　B. 收缩　C. 斜截面断裂　D. 横截面断裂

8. 阻容耦合放大器（　　）。

A. 只能传递直流信号　B. 只能传递交流信号

C. 交直流信号都能传递　D. 交直流信号都不能传递

9. 采用差分放大器的目的是为（　　）。

A. 抑制零点漂移　B. 提高电压放大倍数

C. 增大输入电阻　D. 降低电压放大倍数

10. 结型场效应管属于（　　）。

A. 增强型　B. 耗尽型　C. 降低型　D. 不确定

**二、多选题**

11. 巴黎卡西诺赌博公司设计的海报，由更多的（　　）风格组成。

A. 直线形　B. 曲线形　C. 华丽的装饰　D. 朴素

E. 简洁

12. 20 年代书籍装帧设计师使用（　　）创造对称或不对称构图。

A. 线条　B. 斑点　C. 重复的圆形　D. 向心

E. 发射条纹

13. 20 世纪经济发展中，美国快速发展的原因是（　　）。

A. 起步晚　B. 观念少

C. 利用两次世界大战争取财富　D. 人口少

E. 吸取外界经验

14. 到 20 世纪初，美国的设计风格是（　　）。

A. 简洁　B. 豪华　C. 轻快　D. 舒适

E. 夸张

15. 美国工业设计开始走向成熟，其中最典型的例子是（　　）。

A. 贝尔电话机　B. 爱迪生 A 型唱机

C. 福特汽车大量生产　　D. 胡佛吸尘器外观改进
E. 巴尼和汤尼打字机

16. 被认为拥有工业和产品设计中心的国家是（　）。
A. 美国　B. 英国　C. 德国　D. 法国
E. 意大利

17. 设计具有两个可以区分却又不可割离的功能，分别指的是（　）。
A. 广告运作　　B. 公司从战略上用来帮助规划生产
C. 创造个性化产品吸引消费者　　D. 平面设计
E. 广告代理

18. 20世纪50年代，美国最大的两家公司是（　）。
A. IBM　B. 福特　C. 西屋　D. 米勒
E. 通用

19. 图形设计专业的学生必须能够正确处理（　）。
A. 形式　B. 色彩　C. 线条　D. 平衡
E. 比例

20. 第一代工业设计师主要来自美国，包括（　）。
A. 盖德斯　B. 拂兰特　C. 德雷夫斯　D. 罗维
E. 蒂格

**三、判断题**

21. 判断工业设计水平的高低，是以提高产品附加值程度作为考量。（　）

22. 凡是工业设计先进的国家和地区，人民的生活水平一定高。（　）

23. 虽然企业的特点是千差万别的，但设计管理的组织结构是大致相同的。（　）

24. 工业设计是建立在市场经济基础之上的一种设计行为，其设计的“产品”必须具有物质方面和精神方面的双重功能。（　）

25. “设计”，包括“纵向设计”和“横向设计”，“纵向设计”是指多科学交叉性方面的规划设计，“横向设计”是指工程技术方面的设计。（　）

26. 工业设计的内容是包括产品设计、环境设计和视觉传达设计三个专业的内容。（　）

27. 工业设计即艺术设计。（　）

28. 工业设计在贯彻国际化、时代化、民族化、地域特色化时，既要采用时代最先进的科学技术，又要反映中国民族文化的特色。（　）

29. 工程技术设计强调的是产品生命周期的全过程的规划设计。（　）

## 练习与思考题参考答案

| 1. B | 2. A | 3. C | 4. A | 5. A | 6. B | 7. A | 8. B | 9. A | 10. B |
|---|---|---|---|---|---|---|---|---|---|
| 11. BC | 12. ABCDE | 13. BCE | 14. ACD | 15. CD | 16. CE | 17. BC | 18. AE | 19. ABCDE | 20. ACDE |
| 21. N | 22. Y | 23. N | 24. Y | 25. N | 26. N | 27. N | 28. Y | 29. N | |

# 任务 16

# 产品3D打印制作

该训练任务建议用3个学时完成学习。

## 16.1 任务来源

在完成设计项目的过程中，产品创意方案及结构设计方案往往需要以实物形式进行展示和检验，传统的实物形式是手板，但制作周期相对较长且成本较高。3D打印成型制件方便快捷，成本可控，随着其技术的成熟，愈加受到企业和设计公司的青睐。

## 16.2 任务描述

将现有产品三维模型导出为STL格式，导入三维打印软件完成相关设置准备，随后应用3D打印机将其快速制作成型。

## 16.3 能力目标

### 16.3.1 技能目标

完成本训练任务后，你应当能（够）：

**1. 关键技能**

（1）会用三维软件将现有产品的三维模型导出为STL格式文件。

（2）会熟练使用3D打印数据处理软件完成数据处理。

（3）会操作工业级SLS工艺3D打印机完成实物打印操作。

**2. 基本技能**

（1）会熟练操作三维软件处理设计模型。

（2）会熟练操作3D打印机配套机器。

（3）熟悉3D打印所需耗材。

### 16.3.2 知识目标

完成本训练任务后，你应当能（够）：

（1）理解3D打印原理。

（2）了解3D打印机在工业上的应用。

### 16.3.3 职业素质目标

完成本训练任务后，你应当能（够）：

（1）具有较强的实操动手能力。

（2）具备严谨细致的工作态度。

## 16.4 任务实施

### 16.4.1 活动一　知识准备

（1）3D打印的基本概念与技术原理。

（2）3D打印的一般过程。

（3）3D打印的优势和问题及应用类型。

（4）SLS工艺3D打印机。

### 16.4.2 活动二　示范操作

**1. 活动内容**

对现有的产品三维数据模型进行修整和格式转换，操作3D打印机完成模型打印；具体步骤如下：

（1）打开现有产品三维数据模型，将其导出为STL格式文件；

（2）开启连接3D打印设备的电脑和激光水冷机，进行建造前的环境和设备清理工作；

（3）将STL格式文件在3D打印软件中建立数据包，用于测算打印所需的耗材量并进行配粉；

（4）运行3D打印软件，设定好建造前的数据设置和物料准备工作，导入建好的工作包，启动建造程序开始建造实物模型；

（5）建造完毕以后，按相关程序提示取出工件，关闭电脑和机器并进行制作现场清理，工作完成。

图16-1　STL三维数据文件

**2. 操作步骤**

（1）步骤一：打开三维软件数据文件，将其导出为STL数据文件，结果如图16-1所示。

（2）步骤二：建造前准备，结果如图16-2所示。

1）打开专用电脑和激光水冷机。

2）进行建造前环境和设备清理工作。

（3）步骤三：在软件中建立工作包，结果如图16-3所示。

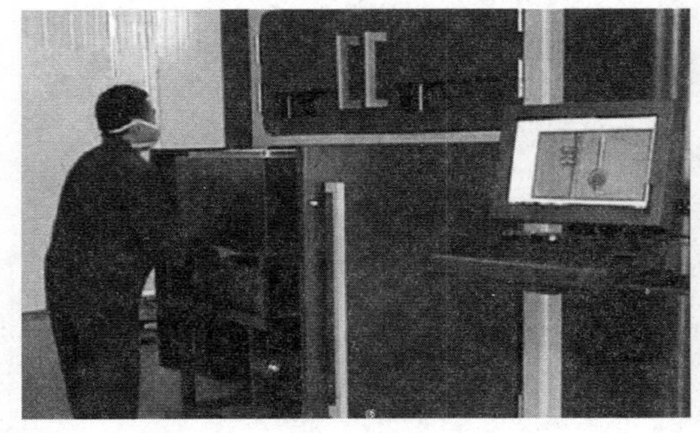

图16-2　建造前准备工作

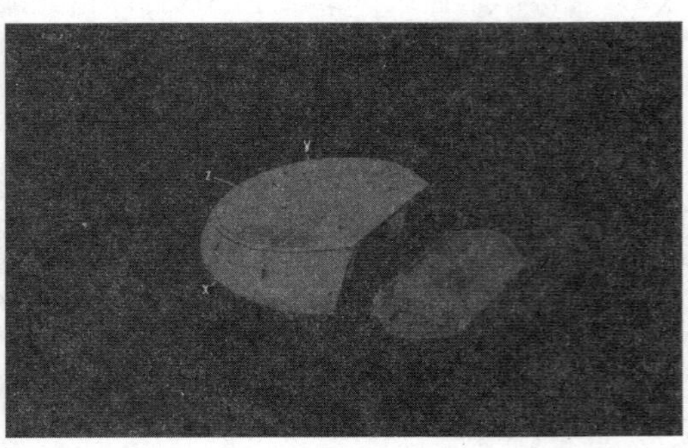

图16-3　建立工作包

（4）步骤四：按建立好的工作包得出的需要粉末量进行配粉。配粉量主要根据构造数据测算表来定，结果如图 16-4 所示。

| 属性名 | 值 |
| --- | --- |
| 预热高度 | 12.70 mm |
| 建造高度 | 149.20 mm |
| 冷却高度 | 2.54 mm |
| 粉末需求量 | 187.46 mm |
| 要求最大送粉缸位置 | 269.74 mm |
| 估计完成的时间 | 56:40:06 |

图 16-4　构造数据测算表

（5）步骤五：打开 ALLStar 软件，完成构造成型前设置及准备工作。

1）进入手动控制界面，如图 16-5 所示。

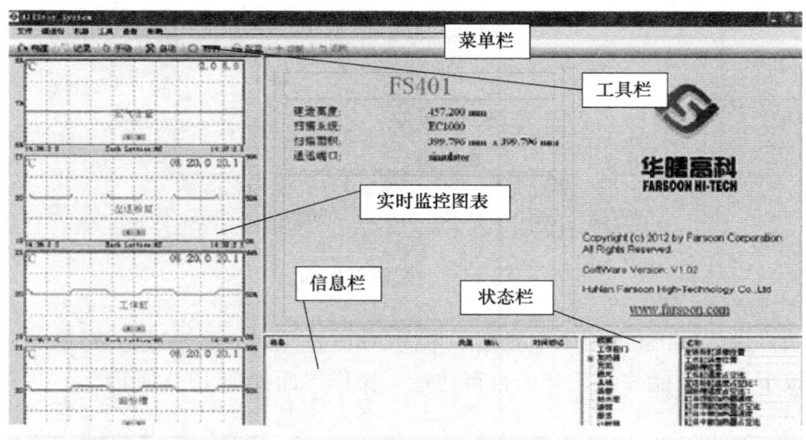


图 16-5　ALLStar 软件手动控制界面

2）操作机器，手动装粉，操作界面如图 16-6 所示。

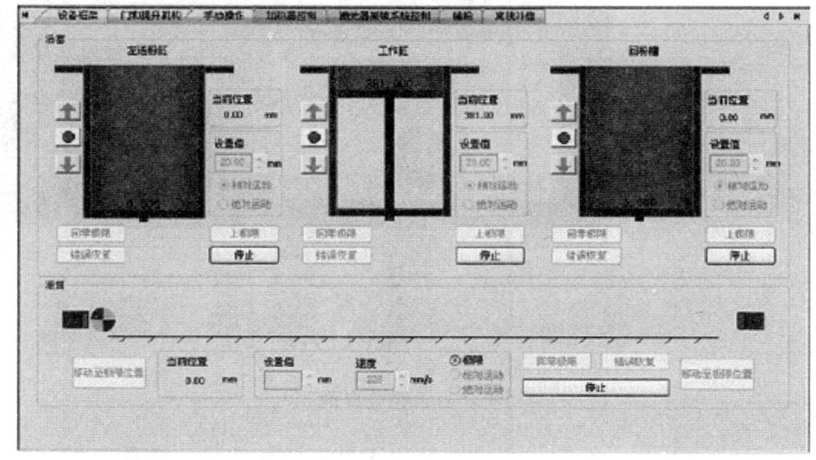

图 16-6　手动装粉控制界面

3）手动铺粉，操作界面如图 16-7 所示。

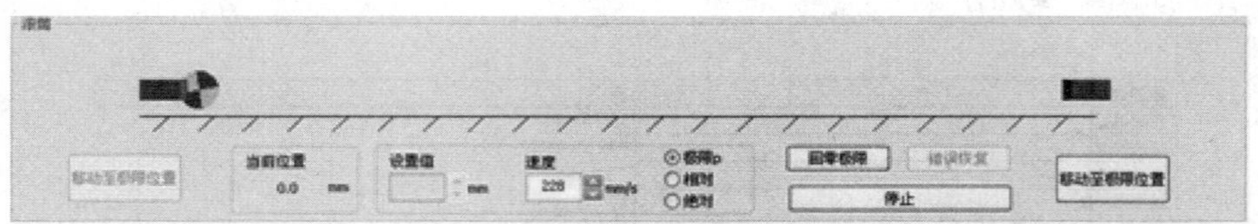

图 16-7　手动铺粉软件界面

4）手动充氮气，打开氮气阀，对 3D 打印机机体充氮气，操作界面如图 16-8 所示。

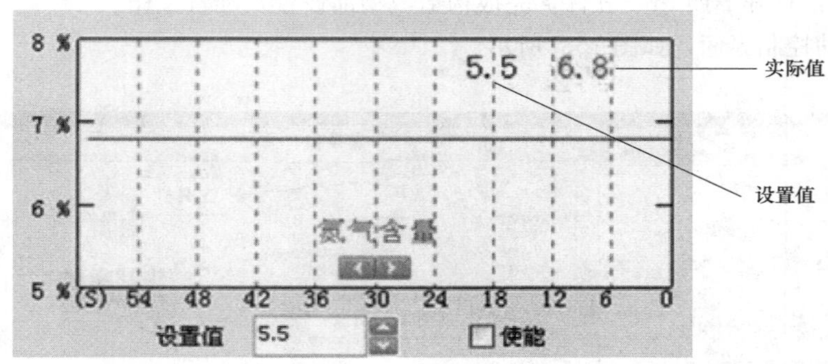


图 16-8　充氮气界面

（6）步骤六：进入 AllStar 软件主界面，单击 Auto 选项进入自动建造界面，点击开始加载建好的工作包，按下系统使能按钮，开始自行建造，操作界面如图 16-9 所示。

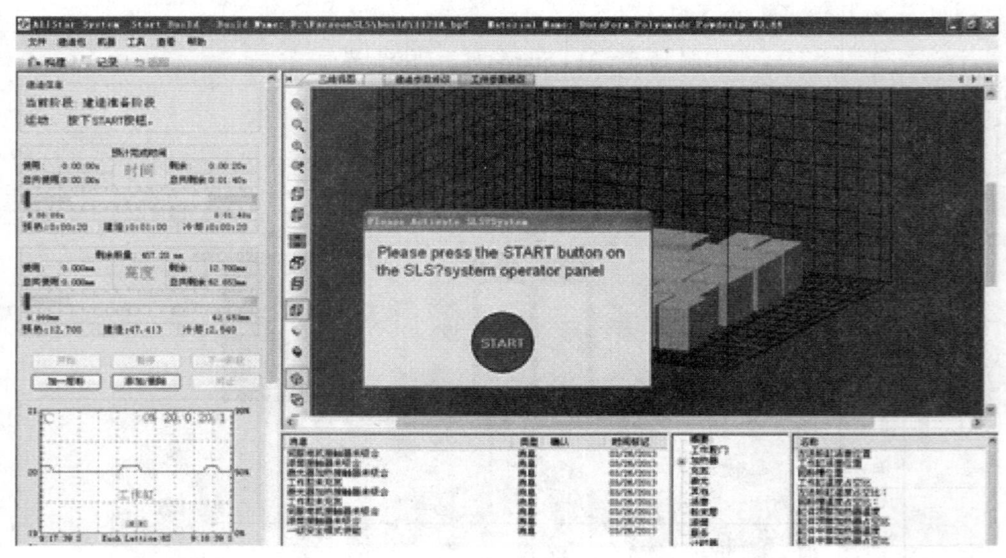


图 16-9　建造界面

（7）步骤七：建造完毕后，按相关程序，取出工件，清洁机器，关闭电脑，结果如图 16-10 所示。

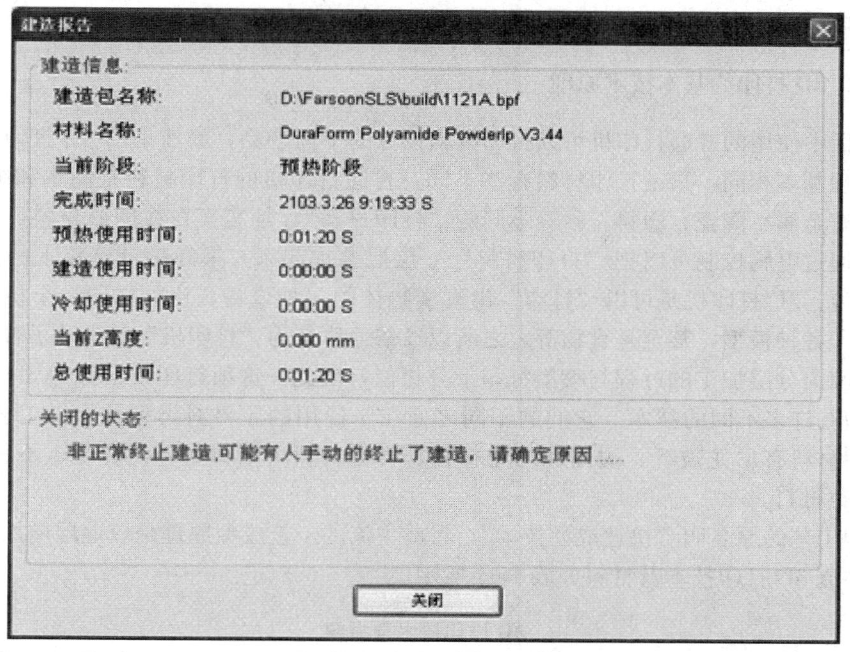


图 16-10　建造完毕界面

### 16.4.3 活动三　能力提升

参考示范操作，并且利用所学知识完成某典型产品的 3D 打印操作，具体步骤如下：

(1) 打开现有产品三维数据模型，将其导出为 STL 格式文件，开启连接 3D 打印设备的电脑和激光水冷机，进行建造前的环境和设备清理工作。将 STL 格式文件在 3D 打印软件中建立数据包，用于测算打印所需的耗材量并进行配粉。

(2) 运行 3D 打印软件，设定好建造前的数据设置和物料准备工作，导入建好的工作包，启动建造程序开始建造实物模型。

(3) 建造完毕以后，按相关程序提示取出工件，关闭电脑和机器并进行制作现场清理，工作完成。

## 16.5 效果评价

效果评价参见任务 1，评价标准见附录。

## 16.6 相关知识与技能

### 16.6.1 3D 打印的基本概念

3D 打印，即快速成型技术的一种，它是一种以数字模型文件为基础，运用粉末状金属或塑料等可粘合材料，通过逐层打印的方式来构造物体的技术。3D 打印通常是采用数字技术材料打印机来实现的。常在模具制造、工业设计等领域被用于制造模型，后逐渐用于一些产品的直接制造。现已经有使用这种技术打印而成的零部件。该技术在珠宝、鞋类、工业设计、建筑、工程和施工（AEC）、汽车、航空航天、牙科和医疗产业、教育、地理信息系统、土木工程、枪支及其他领域都有所应用。

### 16.6.2 3D打印的基本技术原理

日常生活中使用的普通打印机可以打印电脑设计的平面物品，而所谓的3D打印机与普通打印机工作原理基本相同，只是打印材料有些不同，普通打印机的打印材料是墨水和纸张，而3D打印机内装有金属、陶瓷、塑料、砂等不同的“打印材料”，是实实在在的原材料，打印机与电脑连接后，通过电脑控制可以把“打印材料”一层层叠加起来，最终把计算机上的蓝图变成实物。通俗地说，3D打印机是可以“打印”出真实物体的一种设备，比如打印一个机器人、打印玩具车，打印各种模型，甚至是食物等。之所以通俗地称其为“打印机”是参照了普通打印机的技术原理，因为分层加工的过程与喷墨打印十分相似，因此，这项打印技术称为3D立体打印技术。3D打印有许多不同的技术。它们的不同之处在于使用的原材料类型及加工工艺的差异上。3D打印常用材料有尼龙玻纤、耐用性尼龙材料、石膏材料、铝材料、钛合金、不锈钢、镀银、镀金、橡胶类材料。

3D打印工艺的原名叫“快速成型技术”，目前主流的工艺成型原理是以逐层增加材料来生成3D实体，主流3D打印技术及材料如表16-1所示。

表16-1 3D打印技术及材料

| 设备类型 | 加工工艺 | 原材料类型 | 主要优点 |
|---|---|---|---|
| SLA | 激光光固化法 | 光敏树脂 | 分辨率高、精度高、表面质量好 |
| FDM | 熔丝堆积法 | 热塑性塑料 | 原材料适用性好，成本较低 |
| LOM | 分层堆层法 | 专用纸、薄膜 | 加工速度快、成本低 |
| SLS | 选择性激光烧结法 | 尼龙粉末、石蜡、酚醛树脂、塑料、金属等 | 原材料应用范围广 |
| 3DP | 微滴喷射法 | 光敏数值、陶瓷粉末、金属粉末、塑料粉末 | 树脂喷射层厚度可达16μm，适用性广 |

### 16.6.3 3D打印的一般过程

**1. 三维设计**

三维打印的设计过程：先通过计算机建模软件建模，再将建成的三维模型“分区”成逐层的截面，即切片，从而指导打印机逐层打印。

设计软件和打印机之间协作的标准文件格式是STL文件格式。一个STL文件使用三角面来近似模拟物体的表面。三角面越小其生成的表面分辨率越高。PLY是一种通过扫描产生的三维文件的扫描器，其生成的VRML或者WRL文件经常被用作全彩打印的输入文件。

**2. 切片处理**

打印机通过读取文件中的横截面信息，用液体状、粉状或片状的材料将这些截面逐层地打印出来，再将各层截面以各种方式粘合起来从而制造出一个实体。这种技术的特点在于其几乎可以造出任何形状的物品。

打印机打出的截面的厚度（即$Z$方向）以及平面方向即$X$—$Y$方向的分辨率是以DPI（像素每英寸）或者微米（μm）来计算的。一般的厚度为100μm，即0.1mm，也有部分打印机如ObjetConnex系列还有3D Systems的ProJet系列可以打印出16μm薄的一层。而平面方向则可以打印出跟激光打印机相近的分辨率。打印出来的“墨水滴”的直径通常为50～100μm。用传统方法制造出一个模型，根据模型的尺寸以及复杂程度而定通常需要数小时到数天。而用3D打印的技术则可以将时间缩短为数个小时，当然具体用时是由打印机的性能以及模型的尺寸和复杂程度而定的。

传统的制造技术，如注塑法可以以较低的成本大量制造聚合物产品，而3D打印技术则可以以更快、更有弹性及更低成本的办法生产数量相对较少的产品。一个桌面尺寸的3D打印机就可以满足设计者或概念开发小组制造模型的需要。

**3. 完成打印**

3D打印机的分辨率对大多数应用来说已经足够（在弯曲的表面可能会比较粗糙，像图像上的锯齿一样），要获得更高分辨率的物品可以通过如下方法：先用当前的三维打印机打出稍大一点的物体，再经过表面稍微打磨即可得到表面光滑的“高分辨率”物品。

有些技术可以同时使用多种材料进行打印。有些技术在打印的过程中还会用到支撑物，比如在打印一些有倒挂状的物体时就需要用到一些易于除去的东西（如可溶的东西）作为支撑物。

### 16.6.4 3D打印的优势和问题

**1. 3D打印技术优势**

（1）降低产品生产门槛。

（2）简化生产制造过程。

（3）大幅减少材料浪费。

（4）能够生产重量轻60%，并且同样坚固的产品。

**2. 3D打印面临的问题**

（1）精度高、适合生产用途的打印机价格昂贵。

（2）生产材料昂贵，且品种较少。

（3）版权控制。

### 16.6.5 3D打印机的应用类型

**1. 商用3D打印机**

（1）价格昂贵。

（2）精度高。

（3）打印成本贵。

（4）打印材料丰富：金属、橡胶、尼龙、塑料（ABS）、陶瓷、树脂、石膏、可食用材料等。

（5）主要公司：Stratasys、3D System（Z Corporation）、EOS等。

**2. 家用3D打印机**

（1）价格便宜。

（2）精度低。

（3）打印成本低。

（4）打印材料单一：塑料（ABS）、聚乳酸（PLA）。

（5）主要为开源3D打印机：RepRap，MakerBot，Ultimaker等。

### 16.6.6 SLS工艺3D打印机

SLS工艺3D打印机融合了目前工业中的计算机辅助设计、数控技术、激光技术及材料技术。

**1. 工作原理**

整个工艺装置由粉末缸和成型缸组成，工作时粉末缸活塞（送粉活塞）上升，由铺粉辊将粉末在成型缸活塞（工作活塞）上均匀铺上一层，计算机根据原型的切片模型控制激光束的二维扫描轨迹，有选择地烧结固体粉末材料以形成零件的一个层面。粉末完成一层后，工作活塞下降一个层厚，铺粉系统铺上新粉。控制激光束再扫描烧结新层。如此循环往复，层层叠加，直到零件成型。最后，将未烧结的粉末回收到粉末缸中，并取出成型件。

对于金属粉末激光烧结，在烧结之前，整个工作台须被加热至一定温度，可减少成型中的热变形，并利于层与层之间的结合。

**2. 技术特点**

SLS最突出的优点在于它所使用的成型材料十分广泛。从理论上说，任何加热后能够形成原子间粘结的粉末材料都可以作为SLS的成型材料。目前，可成功进行SLS成型加工的材料有石蜡、高分子尼龙、碳纤、玻纤、高分子、金属、陶瓷粉末和它们的复合粉末材料。SLS具有成型材料品种多、用料节省、成型件性能分布广泛、适合多种用途，以及其无须设计和制造复杂的支撑系统等诸多特性。

**3. 参考机型——FS402P**

（1）外形尺寸长×宽×高：2660mm×1600mm×2010mm。

（2）成型缸尺寸长×宽×高：400mm×400mm×450mm。

（3）成型层厚：0.06～0.3mm。

（4）单缸供粉、双向铺粉系统。

（5）可移动式送粉缸和成型缸。

（6）八区加热智能温控系统。

（7）分级尺寸补偿系统。

（8）氮气保护系统。

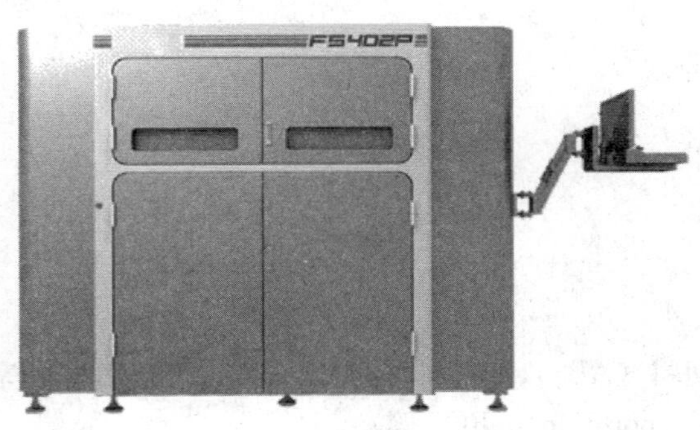


图16-11　3D打印机FS402P

（9）冷却水恒温保护系统。

（10）可以烧结多种材料。

1）高分子工程材料：尼龙、高精细尼龙、阻燃尼龙、尼龙复合玻璃纤维、尼龙＋碳纤维。

2）金属混合材料：尼龙＋铝粉、尼龙＋铜粉等。

3）铸造类用材料：铸造用聚丙乙烯、树脂砂、陶瓷砂、石英砂。

3D打印机FS402P如图16-11所示。

## 练习与思考

**一、单选题**

1. 3D打印通常是采用（　　）材料打印机来实现的。

   A. 磨削成型　　B. 数字技术　　C. 钻削成型　　D. 手工制作

2. 3D打印技术的源文件基础是（　　）。

   A. 文本文件　　B. 2D数字文件　　C. 图像文件　　D. 数字模型文件

3. 3D打印技术构造物体的方式主要为（　　）。

   A. 逐层打印　　B. 逐条打印　　C. 逐帧打印　　D. 逐项打印

4. 3D打印技术常在模具制造、工业设计等领域被用于制造（　　）。

   A. 材料　　B. 效果图　　C. 模型　　D. 图纸

5. 目前主流的工艺成型原理是以（　　）来生成 3D 实体。

A. 逐层融化材料　B. 打磨材料　C. 逐层增加材料　D. 去除材料

6. 以 SLA 技术为基础的 3D 打印模式主要采用（　　）加工工艺。

A. 分层堆层法　B. 激光光固化法　C. 选择性激光烧结法　D. 微滴喷射法

7. 以 FDM 技术为基础的 3D 打印模式主要采用（　　）加工工艺。

A. 分层堆层法　B. 激光光固化法　C. 熔丝堆积法　D. 微滴喷射法

8. 以 SLA 技术为基础的 3D 打印方式主要以（　　）为原材料。

A. 专用纸、薄膜　B. 热塑性塑料

C. 光敏树脂　D. 尼龙粉末、石蜡、酚醛树脂、塑料、金属等

9. 以 FDM 技术为基础的 3D 打印方式主要以（　　）为原材料。

A. 专用纸、薄膜　B. 热塑性塑料

C. 光敏树脂　D. 尼龙粉末、石蜡、酚醛树脂、塑料、金属等

10. 打印机打出的截面的厚度一般为（　　）。

A. 5mm　B. 10mm　C. 0.1mm　D. 8mm

**二、多选题**

11. 以下哪些字母缩写属于目前主流的 3D 打印工艺技术？（　　）。

A. FDM　B. SLA　C. SLS　D. LOM

E. ABB

12. 以下哪些领域属于 3D 打印技术的应用范围（　　）。

A. 工业设计　B. 珠宝　C. 航空航天　D. 餐饮

E. 医疗产业

13. 3D 打印机内可装有（　　）等不同的“打印材料”。

A. 金属　B. 陶瓷　C. 面粉　D. 塑料

E. 砂

14. 3D 打印机通过读取文件中的横截面信息，用（　　）的材料将这些截面逐层地打印出来，再将各层截面以各种方式粘合起来从而制造出一个实体。

A. 液体状　B. 螺纹状　C. 粉状　D. 片状

E. 气体状

15. 3D 打印技术优势在于（　　）。

A. 降低产品生产门槛　B. 简化生产制造过程

C. 取得更好的产品生产质量　D. 大幅减少材料浪费

E. 能够生产重量轻 60%，并且同样坚固的产品

16. 3D 打印面临的问题在于（　　）。

A. 精度高适合生产用途的打印机价格昂贵

B. 打印速度过快

C. 生产材料昂贵，且品种较少

D. 技术过于复杂

E. 版权控制

17. 目前，可成功进行 SLS 成型加工的材料有以下哪些？（　　）。

A. 石蜡　B. 碳纤　C. 水银　D. 高分子

E. 陶瓷粉末和它们的复合粉末材料

18. SLS工艺3D打印机融合了目前工业中（　　）。

A. 计算机辅助设计　　B. 包装工程
C. 数控技术　　D. 激光技术
E. 材料技术

19. 以下哪些属于商用3D打印机的特点？（　　）

A. 价格昂贵　　B. 精度高　　C. 打印成本贵　　D. 体积小
E. 打印材料丰富

20. 以下哪些属于家用3D打印机的特点？（　　）

A. 价格便宜　　B. 精度低　　C. 打印材料单一　　D. 打印成本低
E. 打印材料丰富

**三、判断题**

21. 通俗地说，3D打印机是可以“打印”出真实物体的一种设备。（　　）

22. 之所以通俗地将3D快速成型设备称之为“打印机”，主要是参照了普通打印机的技术原理，因为分层加工的过程与喷墨打印十分相似。（　　）

23. 3D打印目前仅存在一种技术。（　　）

24. 3D打印常用材料有尼龙玻纤、耐用性尼龙材料、石膏材料、铝材料、钛合金、不锈钢、二氧化碳、镀金、氢气等。（　　）

25. 三维打印的设计过程是：先通过计算机建模软件建模，再将建成的三维模型“分区”成逐层的截面，即切片，从而指导打印机逐层打印。（　　）

26. STL格式文件使用四角面来近似模拟物体的表面。（　　）

27. PLY是一种通过扫描产生的三维文件的扫描器，其生成的VRML或者WRL文件经常被用作全彩打印的输入文件。（　　）

28. 用三维打印的技术可以将模型制作时间缩短为数个小时，当然其是由打印机的性能以及模型的尺寸和复杂程度而定。（　　）

29. 一个桌面尺寸的三维打印机就可以满足设计者或概念开发小组制造模型的需要。（　　）

30. SLS工艺3D打印机的整个工艺装置主要由气缸和喷头组成。（　　）

## 练习与思考题参考答案

| 1. B | 2. D | 3. A | 4. C | 5. A | 6. B | 7. C | 8. C | 9. B | 10. C |
|---|---|---|---|---|---|---|---|---|---|
| 11. ABCD | 12. ABCDE | 13. ABDE | 14. ACD | 15. ABDE | 16. ACE | 17. ABDE | 18. ACDE | 19. ABCE | 20. ABCD |
| 21. Y | 22. Y | 23. N | 24. N | 25. Y | 26. N | 27. Y | 28. Y | 29. Y | 30. N |

# 任务 17

# 产品宣传文案制作

该训练任务建议用 3 个学时完成学习。

## 17.1 任务来源

设计创意与市场研究，都需要组织文字进行表达。文案表达的合理及准确性对最终产品设计的推广具有重要意义。所以设计师应当熟练掌握文案表达的技能。

## 17.2 任务描述

根据产品资料介绍，编写产品宣传文案。

## 17.3 能力目标

### 17.3.1 技能目标

完成本训练任务后，你应当能（够）：

**1. 关键技能**

（1）会根据产品定位收集并整理文案资料。

（2）会对用户和市场进行研究分析。

（3）会针对品牌宣传进行创意表达。

**2. 基本技能**

（1）掌握文案的基本内容。

（2）会运用准确规范的语言、文字进行表达。

### 17.3.2 知识目标

完成本训练任务后，你应当能（够）：

（1）掌握文案编辑的基本方法。

（2）了解不同产品文案创意的表达方式。

（3）了解用户研究和市场分析的方法。

### 17.3.3 职业素质目标

完成本训练任务后，你应当能（够）：

（1）具备严谨认真的工作态度。

（2）具有敏锐的市场洞察力。

（3）善于沟通交流。

## 17.4 任务实施

### 17.4.1 活动一　知识准备

（1）文案基本概念与经典的广告语。

（2）文案的用途及作用。

（3）文案的组成要素及其表达特点。

（4）文案的编辑方法。

（5）营销学基础及小米手机市场营销案例。

### 17.4.2 活动二　示范操作

**1. 活动内容**

通过对艾乐家产品文案策划过程的分析，谈一谈产品文案编辑的基本方法，以及如何从用户研究和市场分析中提取文案灵感素材（100～200 字），具体要求如下：

（1）从工业设计的角度看文案，如某品牌插座广告文案如图 17-1 所示。

1）实现策略落地。

2）与消费者沟通。

3）表达产品优势。

4）为设计铺好路。

（2）设计阶段用文案传达设计概念，为设计方案服务，公牛插座设计文案如图 17-2 所示。

图 17-1　某品牌插座广告文案

图 17-2　公牛插座设计文案

图 17-3　艾乐家产品 LOGO

（3）产品阶段用文案传达产品价值，为产品推广服务，艾乐家产品 LOGO 如图 17-3 所示。

**2. 操作步骤**

（1）步骤一：消费群洞察。洞察各消费群，需要做各消费群购物需求的调查，对各年龄层购买热水器的调查，如图 17-4 所示。由得到的数据分析，即热型电热水器消费群主要是青年消费者如图 17-5 所示。

（2）步骤二：企业洞察。即了解企业的精神，艾乐家构筑的新工业精神主要体现在三个方面，如图 17-6 所示。

年龄vs会购买类型
100%
80%
60%
40%
20%
0
35%
31%
19%
15%
24%
31%
15%
30%
21%
23%
18%
38%
27%
23%
18%
32%
9%
45%
45%
50%
50%
23岁以下
24~28岁
29~35岁
36~45岁
46~60岁
60岁以上
燃气型
储水型
即热型
太阳能型

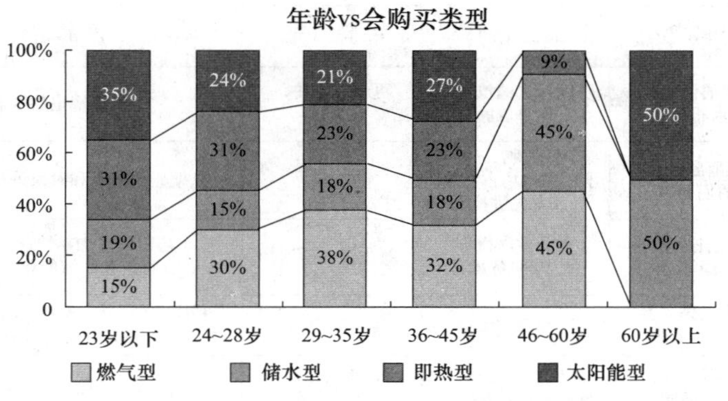

图 17-4　各年龄层购买热水器调查

综合上述分析，即热型电热水器的主要消费者应该是：拥有一定经济能力，注重生活品质和环保，拥有一定时尚和前卫意识的中青年消费者，即：
25~35岁都市青年白领
核心消费群
青年新房置业者
次要消费群
公寓式青年租房者
带动消费群
35岁以上的新房购置和换房者
边缘消费群
团体购买者，工程市场

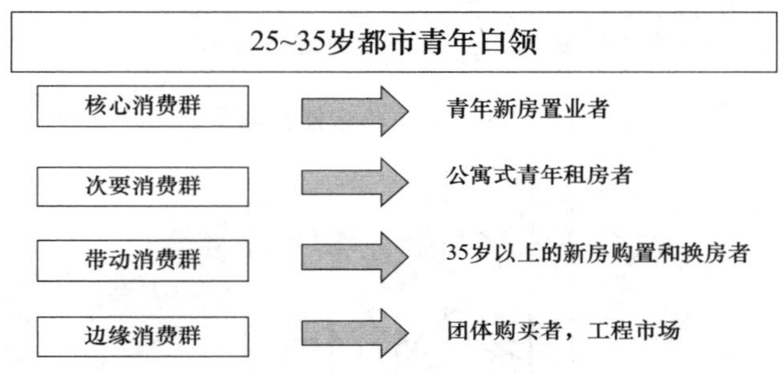

图 17-5　即热型电热水器消费群分析

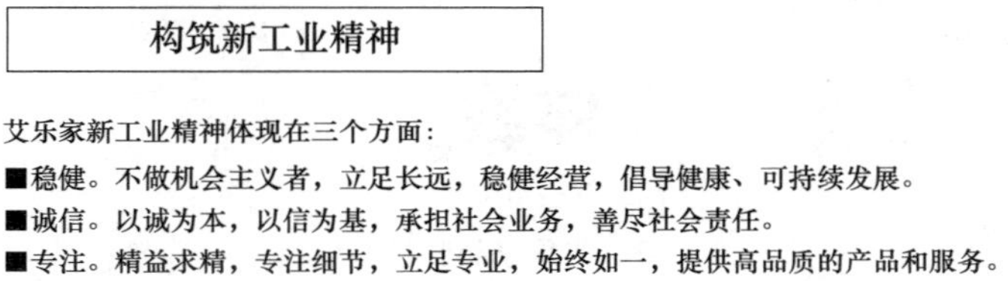

构筑新工业精神
艾乐家新工业精神体现在三个方面：
■稳健。不做机会主义者，立足长远，稳健经营，倡导健康、可持续发展。
■诚信。以诚为本，以信为基，承担社会业务，善尽社会责任。
■专注。精益求精，专注细节，立足专业，始终如一，提供高品质的产品和服务。

图 17-6　艾乐家企业精神

（3）步骤三：行业洞察。如果想要进入某行业，就必须了解整个行业的趋势，多观察行业的动向。例如，热水器行业，对几个知名的品牌进行分析比较，最后作出总结，结果如图 17-7 所示。还可以找其他知名品牌或者自己喜爱的品牌具体分析，首先从核心价值观分析。艾乐家品牌核心价值如图 17-8 所示。然后分析其核心价值观体现在哪些方面，艾乐家品牌核心价值的体现如图 17-9 所示。接着从品牌的特征分析，即品牌的核心价值、主张、个性等，艾乐家品牌特征分析如图 17-10 所示。最后通过产品的特征分析，即产品的 USP、口号、定位、利益点等，艾乐家产品特征分析如图 17-11 所示。

（4）步骤四：艾乐家品牌文案策划。

1）品牌定位：完美生活的设计者。

2）广告语：生活完美主义，艾乐家。

3）产品定位：热水生活“芯”体验。

4）产品广告语：热源于芯，美源于水。

| 品牌 | 品牌定位 | 品牌核心 | 品牌口号 | 产品定位 |
|---|---|---|---|---|
| 奥特朗 | 专业的快速电热水器品牌 | 以领先的技术优势取胜 | 更小、更快、更安全 | 高端电热水器 |
| 哈佛 | 即热型电热水器的倡导者 | 至尊品质，一脉相承，高市场占有率，开发先进技术 | | 以领先的技术和时尚外型为品牌优势 |
| 联创 | 快速电热水器的新领军品牌 | 靠品质赢得信赖/5F服务承诺 | 新生活、新选择 | 小巧时尚、加热快速、安全节能/科技化、智能化、人性化 |
| 太尔 | 快速电热水器的专业品牌 | 美国技术支撑 | 尊享你生活 | 专利技术/安全、美观、耐用/时尚外形、快速安全的效果、专业标准的服务体系 |
| 斯狄凤 | 打造世界一流品牌 | 高技术、高品质高节能、研发中心 | 百年相伴、真心服务 | 简单、快捷、安全/德国技术 |
| 总结 | 国内目前比较大的即热性电热水器厂家基本上都是专业做即热性电热水器的厂家，在品牌定位方面基本上都宣称自己是这个领域的专业品牌，品牌宣传上都声称自己有技术、品质优势，并有相关研发中心，在产品定位方面，目前市场上几个主要的即热性电热水器的价格和目标消费人群的定位都相差不多，在产品宣传上，同样也是突出产品的专业、时尚、科技含量等即热型产品本身所拥有的优点 | | | |

| 整个市场品牌的诉求主要是以“价值诉求”为中心，以“专业和品质”为支撑 |
|---|

图 17-7　即热型电热水器行业分析

图 17-8　艾乐家品牌核心价值

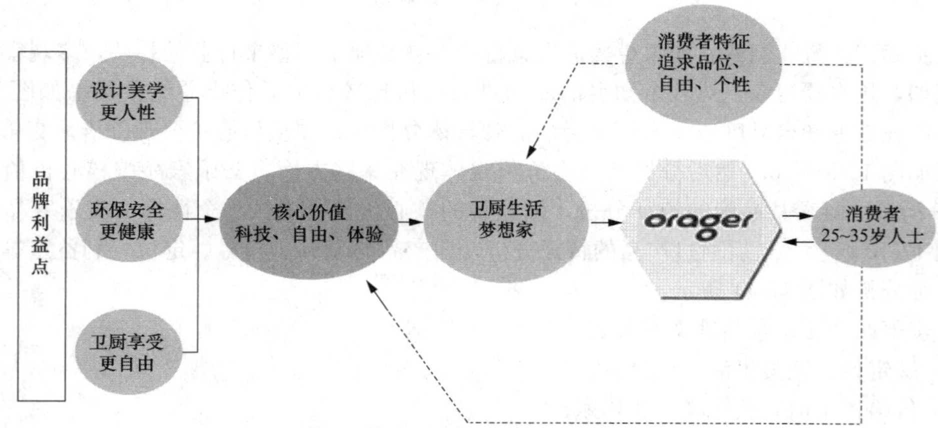


图 17-9　艾乐家品牌核心价值的体现

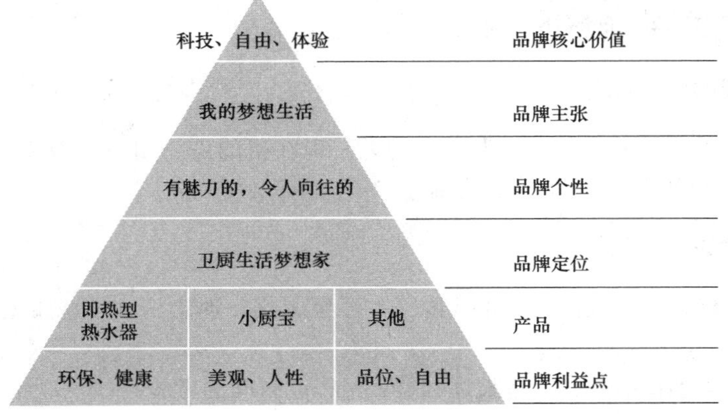


图 17-10　艾乐家品牌特征分析

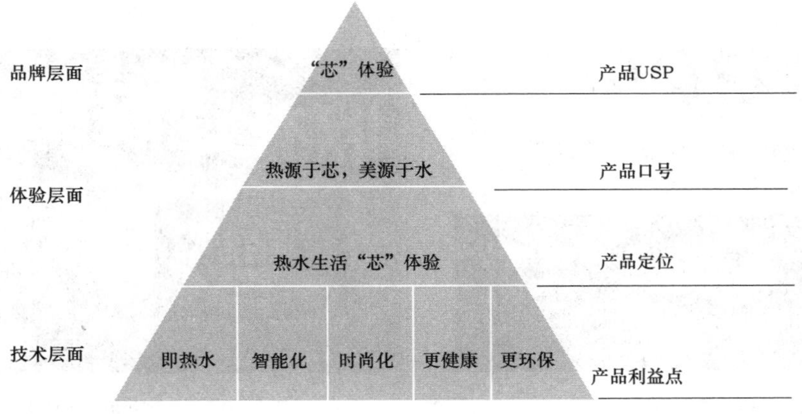


图 17-11　艾乐家产品特征分析

### 17.4.3 活动三　能力提升

宜家（IKEA）是瑞典家具卖场。截至 2008 年 12 月，宜家在全世界 36 个国家和地区拥有 292 家大型门市。“为大多数人创造更加美好的日常生活”是宜家公司自创立以来一直努力的方向。宜家品牌始终和提高人们的生活质量联系在一起并秉承“为尽可能多的顾客提供他们能够负担、设计精良、功能齐全、价格低廉的家居用品”的经营宗旨。请为深圳的“宜家家居”写一篇宣传文案，具体要求如下：

（1）家居产品的类型、特点介绍（座椅/沙发系列、办公用品、卧室系列、厨房系列、照明系列、纺织品、炊具系列、房屋储藏系列、儿童产品系列等任选一个）。

（2）语言表达清晰优美。

（3）写明标题、正文口号、附文。

（4）字数在 200 字以上。

## 17.5 效果评价

效果评价参见任务 1，评价标准见附录。

## 17.6 相关知识与技能

### 17.6.1 文案的基本概念

原指放书的桌子，后来指在桌子上写字的人。现在指的是公司或企业中从事文字工作的职位，就是以文字来表现已经制定的创意策略。

### 17.6.2 文案的用途及作用

企业：企业宣传、新闻宣传、形象宣传等，甚至文化、理念、口号，如飞利浦广告图 17-12 所示。

企业文案：注重塑造品牌、打造长远利益、经得起时间的考验。

广告：为广告对象而创作的广告文字。

广告文案：强调广告对象、以广告对象的曝光率和销量为目标，快速推广，如脑白金广告图 17-13所示。

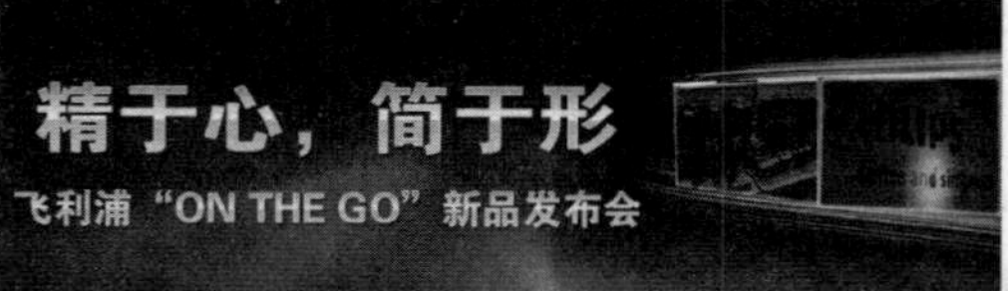


图 17-12　飞利浦广告

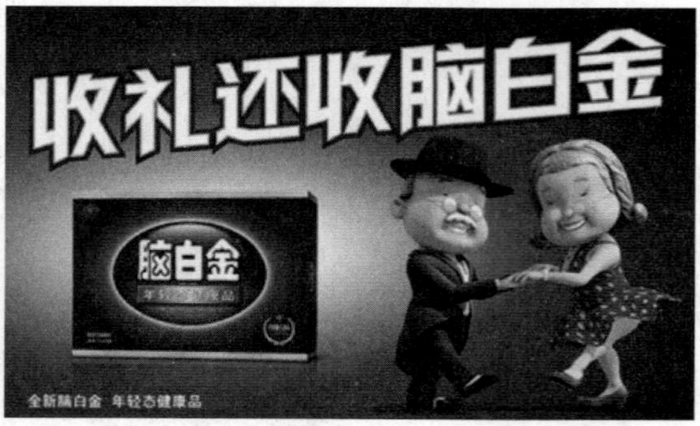

图 17-13　脑白金广告

产品：为了更有效地把价值传递给客户，打动消费者。

产品文案：把产品的价值传递给客户，打动消费者，推进产品的曝光率和销量，如公牛牌插座广告图 17-14 所示。

图 17-14　公牛牌插座广告

### 17.6.3 文案的组成要素及其表达特点

组成要素：

（1）标题——灵魂、诉求重点。

（2）副标题——承上启下、点睛补充、引见内文。

（3）内文——产品及服务的详细说明。

（4）口号——朗朗上口，易记。

特点：

准确、简练、生动、易记。

### 17.6.4 文案的编辑方法

**1. 先有策略，再有文案**

（1）上承策略下启设计——轴承、齿轮。

（2）着重体现产品的优势——跟班、化妆师。

（3）在相应的媒体下用消费者语言体系沟通——翻译、传话员。

**2. 精确数字**

“乌江榨菜，三腌三榨”

“特伦苏，每 100g 牛奶中蛋白质含量高达 3.3g，比国家标准高出 13.8%”

“你能品味的历史，440 年，国窖 1573”

“我家的 A.O. 史密斯热水器，是父亲在 50 多年前买的”

“这辆新款劳斯莱斯在时速 60 英里时，最大的噪声来自电子钟”

“益达，饭后嚼两粒”

“香飘飘奶茶绕地球几圈”

**3. 纳入情感**

“好空调，格力造”

“钻石恒久远，一颗永流传（戴尔比斯）”

“牙好，胃口就好，身体倍儿棒，吃嘛嘛香（蓝天六必治）”

“小身材、大智慧”

“停下来，享受美丽（美即）”

**4. 情景再现**

“小孩咳嗽老不好，多半是肺热”

“人头马一开，好事自然来”

“鼻子不通睡不着觉？快用新康泰克牌通气鼻贴……鼻子通了精神爽”

**5. 工整句式**

“打土豪，分田地”

“人靠衣装，美靠亮庄”

“车到山前必有路，有路必有丰田车”

“人类失去联想，世界将会怎样”

“挖掘机技术哪家强？中国山东找蓝翔”

“今年过节不收礼，收礼只收脑白金”

### 17.6.5 营销学基础

**1. 需要，欲望和需求**

（1）需要。人类的需要是指没有得到某些基本满足的感受状态。

（2）欲望。欲望是指想得到基本需要的具体满足物时的愿望。

（3）需求。需求是指对于有能力购买并且愿意购买的某个具体产品的欲望。当具有购买能力时，欲望便转化成需求。

**2. 产品**

人们靠产品来满足自己的各种需要和愿望。产品是能够用以满足人类某种需要或欲望的任何东西，如商品、服务、创意等，营销者常常用商品和服务这两种表述来区别有形产品和无形产品。

产品的层次：

核心产品：核心利益或服务。

有形产品：品牌；品质；设计；特征；包装。

附加产品：安装；保证；售后服务；交货方式与优惠条件。

**3. 价值，满意和质量**

（1）价值。价值是指消费者对产品满足各种需要的能力评估。一般来说，顾客是根据产品和服务对其提供价值的感知做出购买选择的。

顾客价值是指顾客拥有和使用某种产品所获利益与获得该种产品所需成本之间的差别。

（2）满意。满意是指一个人通过一个产品的可感知效果，与他的期望值相比较后，所形成的愉悦或失望的感觉状态。

顾客满意取决于产品的感知使用效果，这种感知效果与顾客的期望有密切关系。顾客的满意度与质量的关系十分密切。

（3）质量。从狭义的角度上说，质量可定义为“零缺陷”。美国质量管理协会把质量定义为：“产品或服务具有满足顾客需要的性质和特征的总和。”

**4. 交换和交易**

（1）交换。交换是指从他人那里取得想要的产品，同时以某种东西作为回报的行为。交换的发生，必须符合5个条件：

1）至少需要具有交换两方；

2）每一方都存在被对方认为有价值的东西；

3）每一方都能沟通信息和传递货物；

4）每一方都可以自由接受或拒绝对方的产品；

5）每一方都认为与另一方进行交易是适当的或称心如意的。

（2）交易。所谓交易是指双方价值的交换。交换是营销的核心概念，交易则是营销的度量单位。交易包括：货币交易和实物交易。

**5. 市场**

从交换的概念可以导出市场的概念。

市场是指某种产品的实际购买者和潜在购买者的集合。这些购买者都具有某种需要或欲望，并且能够通过交换得到满足。以前，市场这一术语特指买卖双方交换的地点，如农贸市场。

市场规模取决于具有这种需要或欲望，以及支付能力，并且愿意进行交换的人口数量。

**6. 营销和营销者**

营销就是要管理市场，促成并满足人们欲望和需要的交换。

（1）营销：是个人或群体通过创造，提供出售或同别人交换产品和价值，以获得其所需所欲之物的一种社会和管理过程。交换过程涉及多项活动，卖者必须寻找买者，确认其欲望，为其适当的产品和服务确定价格。营销的核心内容包括产品的研究与开发、沟通、分销、定价及服务等。

（2）营销者：是指寻找一个或更多能与他交换价值的预期顾客的人。预期顾客是指营销者所确定的有潜在愿望和能力进行交换价值的人。

### 17.6.6 小米手机市场营销案例

如果你经常关注手机类新闻的话，你一定知道 2011 年的手机“黑马”小米手机，一个创造了首日预定超过 10 万，两天内预订超过 30 万记录的国产手机。小米手机能达到这样的成绩，网络营销策略可谓是功不可没，接下来让我们了解一下小米手机的网络营销策略吧。

**1. 背景**

手机自诞生以来，经历了几次升级浪潮，第一次是 2002 年的彩屏化，第二次是 2004～2006 年的手机多媒体化，包括手机照相和彩铃，第三次则是手机的移动宽带和移动运算化，也就是智能手机化。过去，几乎所有消费者在买手机时只注重手机的外形特点而不关心手机里的软件。但是智能手机，如苹果 iPhone 等的出现改变了这一消费习惯。现在，选购手机时，更多消费者开始将注意的焦点转移到所选购手机的操作系统和软件上。据权威机构预测，智能手机将超过 PC 成为最重要的联网设备。而在我国，诺基亚塞班机将我们带入智能手机时代，随着 iPhone 和安卓机的热卖，智能机在我们身边普及开来。

**2. 中国当前智能手机销售现状**

(1) 2011 年时老牌的手机企业，如诺基亚、摩托罗拉、三星、LG 等，它们原有的销售渠道仍然发挥着重要的作用，各类手机卖场或者专卖店都能买到其产品。同时这些老牌厂商也开始积极拓宽销售渠道，如建立自己的官网直接销售，与新蛋、京东等 B2C 商城开展合作销售等。这些企业的产品认可度较高，且覆盖了不同的消费档次，占据了智能手机销售的半壁江山。

(2) 2011 年中国内地一些新近出头的手机企业，主要是苹果、黑莓和 HTC。其中 HTC 几乎成了安卓智能机的代名词而大卖。黑莓选择了与运营商合作开发高端商务用户和企业用户。而苹果和 HTC 则选择开设专卖店、授权店进行裸机销售，销售群体也以中高端消费人群为主，拥有大批拥护者。

(3) 此外，与运营商的捆绑也是智能手机销售的一种重要方式。中国联通凭借 WCDMA 制式，2011 年时在国内拥有 iPhone 的唯一代理权，为联通带来了大量高端客户。而中国电信则抓住了安卓这根稻草，一方面与国外厂商合作大量销售高端 C 网手机，另一方面与国内一线的手机厂商中兴、华为等推出千元智能安卓机，占领了部分低端的智能手机市场。

**3. 小米的困境**

在上述的智能手机销售现状中，我们可以看出，虽然智能手机兴起不久，但整个市场已经可以说是“血雨腥风”，竞争异常激烈。小米作为一个后起的厂商，如何吸引到关注度，如何做到与其他国产企业的差异化，如何抢占为数不多的市场份额，没有议价能力如何降低成本等，都是小米面临的难题。

**4. 小米的选择**

(1) 安卓系统。当前的内地市场，以 iPhone 为代表的 IOS 系统占领了大半的高端市场，风格一时的塞班系统在中高端领域失宠但在低端领域仍是瘦死的骆驼比马大。而安卓系统作为免费开源的系统，发展尤其迅速，各家厂商纷纷开发安卓智能机，安卓系统迅速占领了高中低端的智能手机市场，以 42.4%的关注度成为 2011 年上半年中国用户最关注的智能操作系统。同时，智能手机市场上超七成的用户关注的手机价位处于 1000～3000 元。小米手机在这个时候选择了安卓系统，当然是十分应景的。

(2) 高配低价。1.5G 处理器，4 寸夏普屏，1GRAM，800 万像素摄像头，1930mAh 电池。小米手机的硬件配置在全世界而言都处于绝对的中上等，而 CPU 更是超人一等，但它的售价却只有 1999 元，对比其他的手机，最便宜的双核手机 LG P990 也要 2575 元。从性价比上来说，小米手机可以说是 No. 1。这样高配低价的策略，一方面让小米避开了国内厂商的价格战和同质化；另一方面让小米与一些国际大牌保持了同样的配置水平，但价格上却诱人的多，可以说是另辟蹊径。当然，这样的定价使得小米手机并没有很高的利润率，但是却极大地吸引了眼球，使得小米手机能最快地被大众接受。

(3) 细分市场。小米科技的创始人雷军将小米手机定位为发烧友用的手机，小米手机在硬件之外，最大的特色就是其特有的基于安卓系统二次开发的 MIUI 桌面系统和每周定期发布的 ROM 更新，并且小米手机没有 root 权限，可以自由安装系统和软件。这样一个配置强悍且售价不高的手机，可能其工业设计和品牌影响力都不尽如人意，但是它却适合那些喜欢折腾的、喜欢特立独行但是收入不高的青年群体或者学生群体。尽管智能手机市场竞争激烈，这里却是其他厂商没有发现的一处细分市场。

**5. 小米的营销方案**

(1) 信息发布。从小米公司内部和供应商爆料，到其关键信息正式公开，小米手机的神秘面纱被一点点掀开，引发了大量猜测，并迅速引爆成为网络的热门话题。小米手机的创始人——雷军凭借其自身的名声号召力，自称自己是乔布斯的超级粉丝，于是一场酷似苹果的小米手机发布会于 2011 年 8 月 16 日在中国北京召开。如此发布国产手机的企业，小米是第一个。不可否认，小米手机这个高调的宣传发布会取得了众媒体与手机发烧友的关注，网络上也到处都充斥了小米手机的身影，在各大 IT 产品网站上随处可见小米手机的新闻，如拆机测评、比较等。

(2) 工程机先发实属第一例。小米手机的正式版尚未发布，却先预售了工程纪念版。而且小米手机工程机采用秒杀的形式出售，8 月 29～31 日三天，每天 200 台限量，比正式版手机优惠 300 元。此消息一出，在网上搜索如何购买小米手机的关键词点击量飙升。而且，并不是每个人都有资格秒杀工程机，需 8 月 16 日之前在小米论坛达到 100 积分以上的才有资格参与秒杀活动，这项规则无不把那些想看究竟的“门外汉”挤在了外面，销售给之前就已经关注小米手机的发烧友们，客户精准率非常高。而且让人有种想买买不到的心情，而大多数人都是不怕买得贵，就怕买不到。小米手机这一规则的限制，让更多的人对小米手机充满了好奇，越来越多的人想买一台。

(3) 病毒式营销（口碑营销）。也许你不关注 IT 产品，可是你仍然知道了小米手机，因为你的手机控朋友们都在讨论小米手机，出于好奇心，你也开始在网上去了解小米手机，了解到小米手机的种种优越性，于是你也不由自主地当起了“病毒传播者”。通过人们之间各种途径的交流，小米手机实现了品牌的输入与推广。

(4) 消息半遮半露，让人猜测。小米手机工程机的秒杀告一段落，没有资格参与活动的“米粉”们可是憋足了劲等待着 9 月 5 号的预定。此前有消息传出，小米手机正式版的预定限量 10000 台，没有资格的限制。后来又出传闻说 9 月 5 号需要 500 积分的米粉才有资格预定。宁可信其有不可信其无，小米论坛里刷米的人都闹翻了天，错过了工程机，如果再预定不到正式版，估计会有大多“米粉”要“吐血”了。小米手机的这个营销策略也非常酷似苹果的公关，苹果的新产品上市之前的造势也是煞费苦心，消息总是遮一半露一半，让媒体跟着跑，让粉丝们跟着追，然后在万众瞩目下发布新产品。而且在新产品发布之后，总是会出现货源不足的情况，让人买不到心痒痒。

(5) 事件营销。在 2011 年 8 月 16 日进行的小米手机发布会上，小米手机的神秘面纱被全部解开，超强的配置，极低的价格，极高的性价比，小米手机凭借这些特点赚足了媒体的眼球，而雷军也以乔布斯风格召开的“向乔布斯致敬”的发布会而被媒体所八卦。就在这次的新闻发布会之后，小米手机在网络上的关注从几千上升到了 20 多万。

(6) 微博营销。小米手机在正式发布前，其团队充分发挥了社交媒体——微博的影响力。比如，在小米手机发布前，通过手机话题的小应用和微博用户互动，挖掘出小米手机包装盒“踩不坏”的卖点；产品发布后，又掀起发微博送小米手机活动，以及分享图文并茂的小米手机评测等。在小米手机之发布前，雷军每天发微博的数量控制在两三条，但在小米手机发布前后，他不仅利用自己微博高密度宣传小米手机，还频繁参与新浪微访谈，出席腾讯微论坛、极客公园等活动。雷军的朋友们，包括过去雷军投资过的公司高管，如凡客 CEO 陈年、多玩网 CEO 李学凌、优视科技 CEO 俞永福、拉卡拉 CEO 孙陶然、乐淘网 CEO 毕胜等，纷纷出面在微博里为小米手机造势，作为 IT 界的名人，他们中的每一个人都拥有着众多的粉丝，由此可见，微博的营销功能被小米团队运用到了极致。

**6. 营销效果**

小米手机没有做任何的广告，但是凭借网络媒体的宣传，以及病毒式营销成功地实现了品牌的推广，让很多人认识了小米手机以及小米公司这个大家庭。同时也创造了国产手机的一个记录，仅仅两天的时间，准确地讲是 34 个小时，小米手机的预订量就超过了 30 万，用“人气爆棚”来形容一点都不为过。这其中，网络营销手段可谓是功不可没。当然，如此营销也带来了一些问题，如网络销售的单一渠道带来的售后问题、消费者对于小米的期望过高、人们对网络水军的反感等。不过，相较于其取得的效果而已，小米手机的营销是非常成功的。

**一、单选题**

1. 文案现在指从事（　　）创意策划的专业人士。

A. 图案　　B. 文字　　C. 色彩　　D. 商标

2. 文案在古代指的是放书的（　　）。

A. 桌子　　B. 凳子　　C. 柜子　　D. 箱子

3. 广告文案写作就是将（　　）转化为文字作品的过程。

A. 客户心理　　B. 产品特点　　C. 市场需求　　D. 广告创意

4. 文案工作大概经历收集、咀嚼、抛出、（　　）等过程。

A. 提升　　B. 夸大　　C. 检验　　D. 改正

5. 市场竞争中处于不同地位的企业或品牌需要采取不同的定位策略。以下选项哪一个不属于市场跟进策略？（　　）。

A. 保持现有定位，不断加强最初的产品概念

B. 市场觅隙

C. 高级俱乐部策略

D. 在消费者心目中加强和提高现有的地位

6. 产品在市场成长期主要采取哪种广告策略？（　　）

A. 开拓性　　B. 提醒性　　C. 劝服性　　D. 不做广告

7. 以下对文案附文的描述中（　　）是错误的。

A. 附文又称随文

B. 附文的作用在于促进或者方便诉求对象采取行动

C. 附文是广告文案中可有可无的附加部分

D. 附文传达购买商品或接受服务的方法等基本信息

8. 加强商标法、专利法、著作权法、反不正当竞争法等（　　）法律法规宣传普及，完善

有利于创意和设计发展的产权制度。

A. 配合　B. 重要　C. 知识产权保护　D. 现实

9. 创意活动是现代广告运作的一个核心环节，是创意人员根据（　）进行的创造性思考过程。

A. 广告主的要求　B. 广告策略　C. 诉求对象的喜好　D. 自身经验

10. （　）不是一个真正有效的创意必须具备的优秀特质。

A. 创造性　B. 艺术性　C. 简明　D. 人性化

## 二、多选题

11. 文案的内容包括（　）。

A. 标题　B. 副标题　C. 内文　D. 口号

12. 文案的要求包括（　）。

A. 准确　B. 简练　C. 生动　D. 易记

13. 文案的工作总体分为（　）。

A. 寻找客户　B. 发起创意　C. 用文字表达创意　D. 想象画面

14. 报纸文案标题需要有冲击力和吸引力，其特点包括（　）。

A. 与读者利益密切相关　B. 能挑起人的自负心理

C. 能引起读者好奇心　D. 富有新闻性

E. 夸张荒诞

15. 电视广告词对电视画面所起的辅助作用是（　）。

A. 补充画面不完整的信息　B. 对画面进行解释

C. 消除画面的多样性　D. 弥补画面难以表达的内容

16. 电视广告写作步骤包括（　）。

A. 产品定位　B. 参与拍摄　C. 电视广告创意　D. 文字表达

E. 修改完善

17. 广告文案按内容可以分为（　）。

A. 消费物品类　B. 生产资料类　C. 服务娱乐类　D. 信息产业类

E. 企业形象类　F. 社会公益类

18. 广告文案按诉求可以分为（　）。

A. 理性诉求型　B. 情感诉求型　C. 情理交融型　D. 公益宣传型

19. 在电视广告中，文案包括（　）。

A. 脚本　B. 旁白　C. 字幕　D. 口号

20. 策划文案的评判标准包括（　）。

A. 书写规范性　B. 策划书完整性

C. 营销创意性　D. 产品服务及营销策略介绍与描述

E. 营销策略运用

## 三、判断题

21. 文案中对数字精度要求不高。（　）

22. 文案的目的是为了促进产品的销售和品牌的建设，策略性地传播品牌信息。（　）

23. 广告文案的表达方式包括叙述、描写、议论、说明、抒情。（　）

24. 字体大小由标题、副标题、正文、随文的字体逐渐变大。（　）

25. 广告文案写作语言运用的三种基本类型是：书面语言、口头语言、文学语言。（　）

26. 广告文案没有功利性。(　　)

27. 文案的基本工作是广告文案构思与撰写、市场调研与市场分析、广告宣传排期、广告媒介沟通。(　　)

28. 文案是策划与平面设计师之间的桥梁。(　　)

29. 文案的核心，一定是某种承诺，让消费者从消费中得到某种好处。(　　)

## 练习与思考题参考答案

| 1. B | 2. A | 3. D | 4. C | 5. A | 6. A | 7. C | 8. C | 9. B | 10. B |
|---|---|---|---|---|---|---|---|---|---|
| 11. ABCD | 12. ABCD | 13. BCD | 14. ABCD | 15. ACD | 16. ACDE | 17. ABCDEF | 18. ABC | 19. ABCD | 20. ABCDE |
| 21. N | 22. Y | 23. N | 24. N | 25. Y | 26. N | 27. Y | 28. Y | 29. Y | |

# 任务 18

# 产品展示多媒体制作

该训练任务建议用 6 个学时完成学习。

## 18.1 任务来源

在产品设计展示阶段，常常需要设计公司提供展现产品创意的多媒体文件，设计师应当具备动态演示产品效果的能力。

## 18.2 任务描述

根据产品设计主题和现有创作素材，利用多媒体软件制作动态文件，对产品创意进行多媒体动态展示。

## 18.3 能力目标

### 18.3.1 技能目标

完成本训练任务后，你应当能（够）：

**1. 关键技能**

（1）会利用素材进行动画合成。

（2）完成交互演示动画创意性的表达。

（3）完成多媒体作品的打包和发布。

**2. 基本技能**

（1）会 Flash 软件操作。

（2）会制作产品广告动画。

### 18.3.2 知识目标

完成本训练任务后，你应当能（够）：

（1）了解多媒体表达的用途及作用。

（2）掌握收集、编辑相关素材的方法。

（3）掌握产品交互演示的制作技法。

### 18.3.3 职业素质目标

完成本训练任务后，你应当能（够）：
（1）具备严谨认真的工作态度。
（2）具有敏锐的市场洞察力。
（3）善于沟通交流。

## 18.4 任务实施

### 18.4.1 活动一　知识准备

（1）多媒体技术及其发展。
（2）多媒体的应用。

### 18.4.2 活动二　示范操作

**1. 活动内容**

操作 Flash 软件制作产品展示的 banner 动画，具体要求如下：
（1）学习 Flash Banner 广告设计、制作的要点。
（2）运用 Flash 软件制作产品展示 banner 动画。

**2. 操作步骤**

（1）步骤一：Flash Banner 广告设计、制作的要点解析。

1）主题。投放在媒体的 banner 需要在最短的时间内给用户传递出最关键的信息，这就要求我们在设计之前一定要和需求方充分沟通，明确设计主题、重点，一定要求对方提交宣传文案、商品图。例如，××商城全场正品春季疯狂大特卖。默认情况下，价格信号、打折标签都是需要重点突出的，所以要对数字进行强化处理，如图 18-1 所示。

图 18-1　某商城特卖宣传图案

2）字体。在 banner 的设计中文字扮演着相当重要的角色，正确的选择字体是一个良好的开端。首先要根据主题选择适合氛围的字体，如轻松氛围的可以选择卡通、活泼一点的字体，中国传统节日可以选择书法字体等，另外还需要注意下面几点：

a. 最好不要选用过细的字体；
b. 选用小字体时要适当地扩大字体间距，方便用户快速浏览；
c. 选用大字体时要适当地减小字体间距。

但并不是要求小字体的间距一定要大于大字体间距，只是相对而言。字体运用的例子，如图 18-2所示。

图 18-2　banner 里的字体应用案例

图 18-3　某商城 banner 视线分析

3）视线。浏览者的视线一般是从左到右、从上到下，要让 banner 里的文字、图片排序符合用户的浏览顺序，某商城 banner 的视线分析，如图 18-3 所示。

如果你没有更好的排放方式，把产品图放在 banner 的左侧一般不会出错，如果是人物图，尽量使人物的视线方向对着主题或关键词。

4）按钮。如果添加“立刻购买”“查看详情”等按钮，应尽量放在最右侧或者图片下方，如图 18-4 所示。

5）运动轨迹。Flashbanner 中，良好的排版是 banner 成功的一半，另一半就是流畅的动画节奏，这需要后期不断的调节。这里简单说一下在图片或文字的运动轨迹中需要注意的一些问题。

a. 一般情况下，物体在进入和离开场景时，要尽量选择较短的路线。特别是物体离开场景时，不要占用太多时间和空间，要干净迅速，产品图进入和离开场景时的路线，如图 18-5 所示。

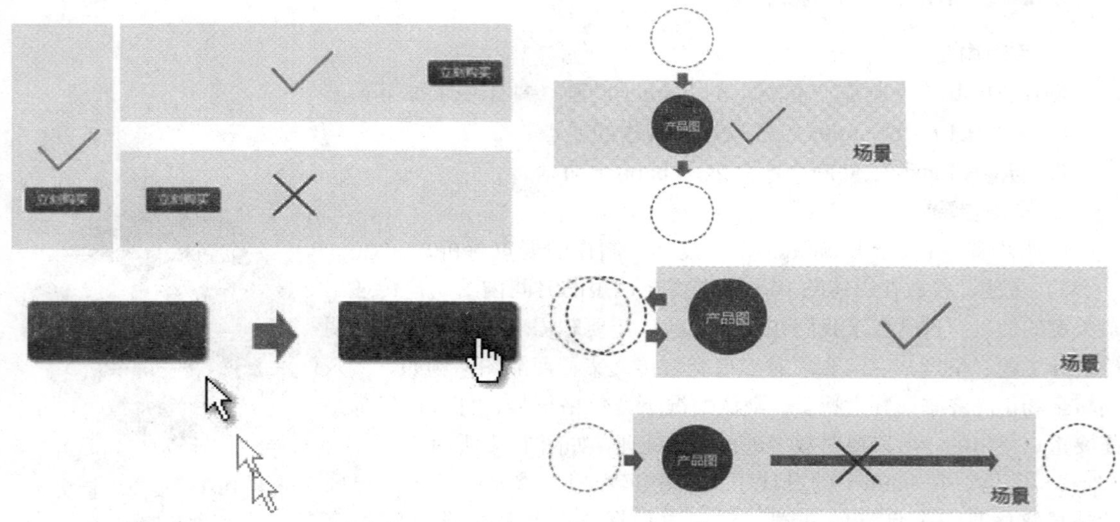


图 18-4　按钮摆放规则　　　　图 18-5　产品图进入和离开场景时的路线

b. 物体进入和退出场景的运动方式应该采取同样的风格，例如物体以滑行方式进入场景，最好也以滑行方式退出场景，产品图进入和离开场景时应避免选择不同的方式，如图 18-6 所示。

图 18-6　产品图进入和离开场景时应避免选择不同的方式搭配

6）创意。好的创意往往能让人印象深刻并且增加点击率。在 Flash 广告中有两种特殊的创意形式。

a. 异形广告，其制作成本较高，周期较长，对设计和创意都有很高的要求。由于可能同时会用到两个及以上的广告位，所以往往还需要投放媒体的配合，以保证在相应时间同时播放。如加多宝广告图 18-7 所示，又如某品牌汽车广告图 18-8 所示。

图 18-7　加多宝广告

图 18-8　某品牌汽车广告

b. 交互式广告——需要用户参与互动的广告。这种广告往往具有一定趣味性，能激起用户的兴趣，从而增加点击率。为了引导用户参与，一般会有文字提示，或者间隔几秒钟后自动播放，如图 18-9 所示。

图 18-9　“东风风神”汽车的交互式广告

这两种方式都要承担一定风险，但如果广告创意能激起用户兴趣，其效果将非常好。

7）时间。控制每一帧的播放时间，保证用户可以快速浏览完关键信息即可，总体时间不宜过长，往往需求方希望每一帧播放的时间尽可能的久一点，但是他们忘记了用户是很少会耐着性子看完的，另外，有的媒体对广告播放时间有限制。

8）压缩。目前的国内主流媒体对 Flash 广告大小一般限制在 20～30k。这就要求我们在保证完整创意的基础上对 Flash 进行压缩。在压缩的时候请注意这几点：

a. 所有文字打散处理（Ctrl+b），不仅能减少文件大小，而且可以防止在其他 PC 端上特殊字体被替换成系统默认字体。

b. 删减多余的关键帧，包括空白关键帧。

c. 使用位图时，在 PS 里将图片处理成需要的大小，而不要在 Flash 中直接缩小。如果图片需要在 Flash 中做放大、缩小的动画，那么选取的尺寸应该是展示时间最长的那个尺寸。

d. 超出场景的位图记得切除。

e. 位图的发布设置适当调低一点，一般是 50%～80%，甚至有的只有 20%，不过这个时候图片的质量已经很低了，基本可以考虑去掉这张图片。

f. 复杂的矢量图形有时候会比位图更占资源，特别要注意那些直接从 AI 里面复制粘贴过来的矢量图形。可以在 Flash 里面简化一些线条和形状，去掉不必要的节点。

g. Flash 播放器对 png 格式的位图渲染速度高于其他格式位图，所以文件大小允许的情况下不妨选取 png 格式位图作为制作素材。

（2）步骤一：Flash 制作产品展示 banner 动画。

主要使用创建元件功能、设置元件属性功能与补间动画来制作。

1）新建文档。新建一个 Flash 文档，执行“修改——文档”命令，将“尺寸”设置为 600×200 像素，帧频改为 12，单击确定按钮，结果如图 18-10 所示。

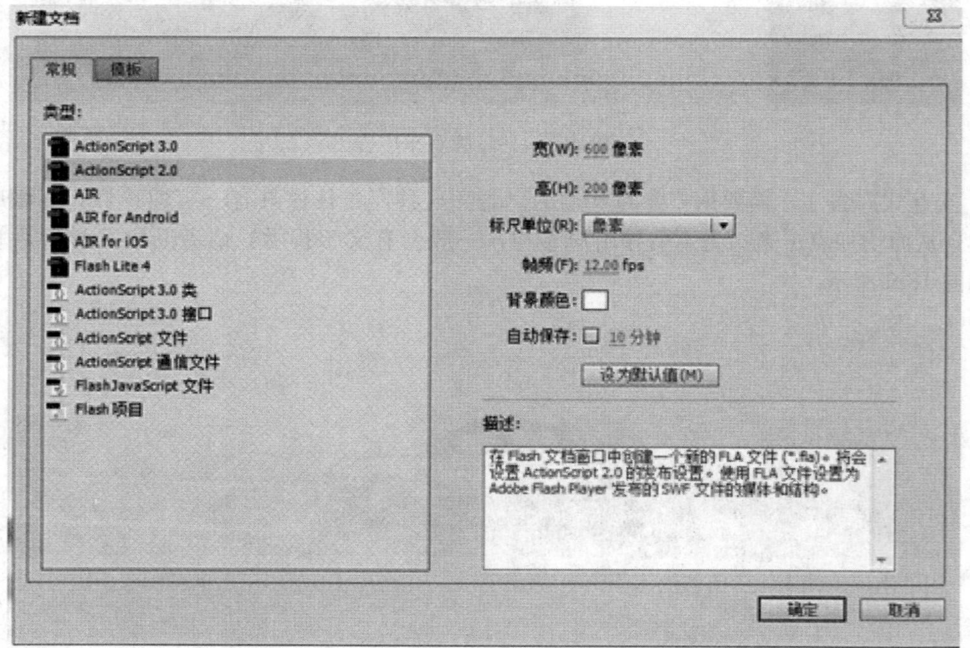


图 18-10　新建文档

2）导入图像。导入一幅素材图像到舞台上，结果如图 18-11 所示。

图 18-11 导入图像 I

3）设置 Alpha 值。选中舞台上的图像，将其转换为图形元件。在时间轴的第 18 帧处插入关键帧，将第一帧中图像的 Alpha 值设置为 0%，并在第一帧与第 18 帧中间创建补间动画。

4）插入关键帧。分别在时间轴的第 21 帧、第 23 帧、第 25 帧、第 27 帧、第 29 帧、第 31 帧与第 33 帧处插入关键帧，结果如图 18-12 所示。

图 18-12 插入关键帧

5）设置色调。选择第 21 帧处的图像，在属性面板中将其色调设置为 71%的黑色。将第 23 帧、第 25 帧、第 27 帧、第 29 帧、第 31 帧与第 33 帧处图像的色调分别设置为 71%的红色、绿色、紫色、蓝色、黄色、白色，结果如图 18-13 所示。

6）设置样式。在第 35 帧处插入关键帧，在属性面板中将该帧处图像的样式设置为“无”，结果如图 18-14 所示。

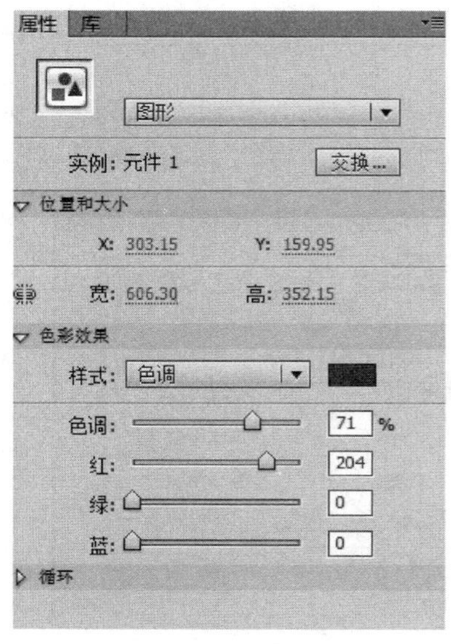


图 18-13 设置色调 I

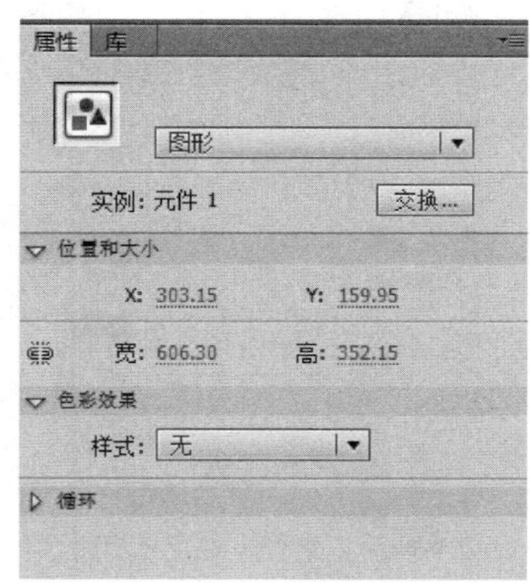


图 18-14 设置样式

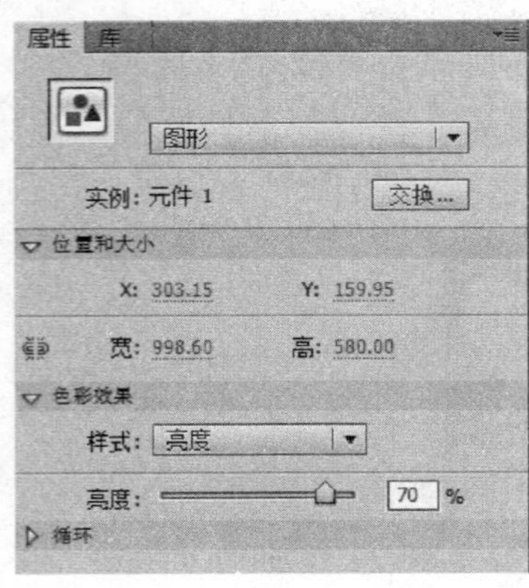


图 18-15 设置亮度

7）创建动画。在第 55 帧处插入关键帧，并将该帧处的图像放大，然后在第 35 帧与 55 帧之间创建补间动画。

8）设置亮度。在第 61 帧处插入关键帧，在“属性”面板上将该帧图像的亮度设置为“70%”，结果如图 18-15 所示。

9）插入关键帧。在第 85 帧处插入关键帧，并将该帧处图像的样式设置为“无”，然后将图像缩小并向左移动。

10）创建动画。在第 55 帧与 61 帧之间、第 61 帧与 85 帧之间创建补间动画。

11）导入图像。新建图层 2，在第 61 帧处插入关键帧，然后导入一幅图像到舞台上，结果如图 18-16 所示。

12）设置色调。将导入的图像转换为图形元件，然后其色调设为 87%的红色。结果如图 18-17所示。

图 18-16 导入图像Ⅱ

13）移动图像。在第 85 帧处插入关键帧，然后将该帧处图像的样式设置为“无”，并向左移动，接着在第 61 帧与 85 帧之间创建补间动画，结果如图 18-18 所示。

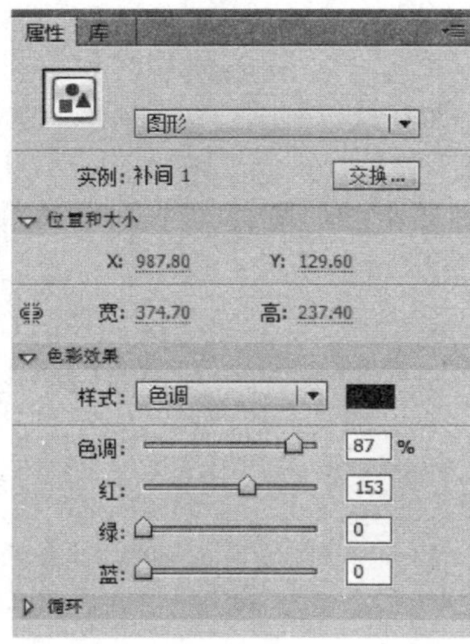


图 18-17 设置色调Ⅱ

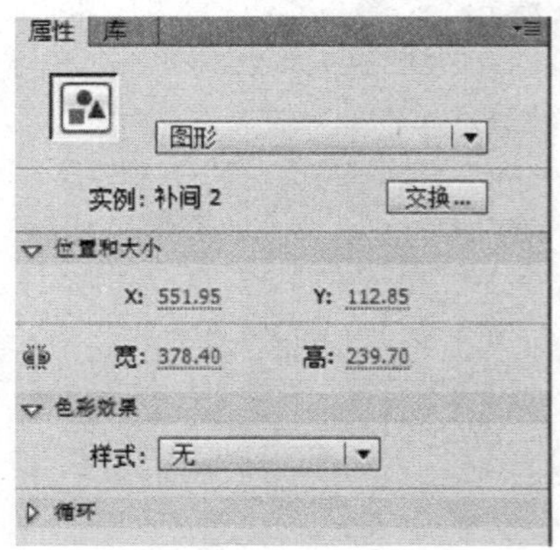


图 18-18 移动图像

14）新建影片剪辑元件。执行“插入——新建元件”命令后，弹出“创建新元件”对话框，在名称文本框中输入影片剪辑的名称“文字”，在“类型”下拉列表中选择影片剪辑选项，单击确定，结果如图 18-19 所示。

图 18-19　创建新影片剪辑元件

15）导入图像。在第 1 帧导入图像，第 5 帧处插入关键帧，然后在第 3 帧处插入空白键帧，并导入图像，结果如图 18-20 所示。

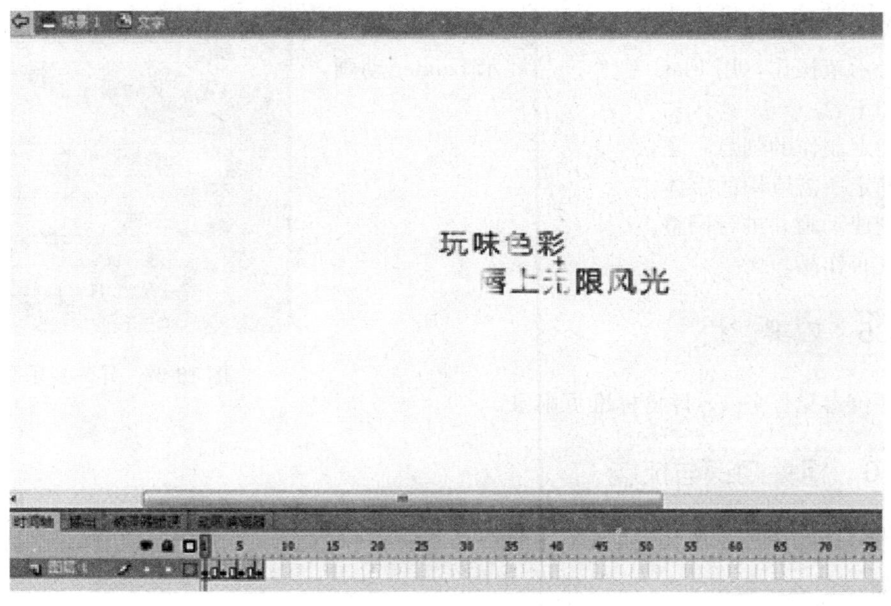


图 18-20　导入图像Ⅲ

16）粘贴图像。在第 7 帧处插入空白关键帧，然后将第 3 帧中的图像粘贴到第 7 帧处。

17）拖入元件。回到主场景，新建图层 3，在第 87 帧处插入关键帧，然后从库中将影片剪辑元件“文字”拖到舞台右上方，结果如图 18-21 所示。

18）插入帧。在图层 1、图层 2 与图层 3 的第 380 帧处插入帧。

19）移动元件。在图层 3 的第 97 帧处插入关键帧，并将该帧处的元件向下移动，然后在第 87帧与 97 帧之间创建补间动画。

20）选择音乐文件。新建图层 4，将一个音乐文件导入到库面板中。然后选择图层 4 的第 1 帧，在属性面板声音栏中名称下拉列表中选择刚才导入的音乐文件，结果如图 18-22 所示。

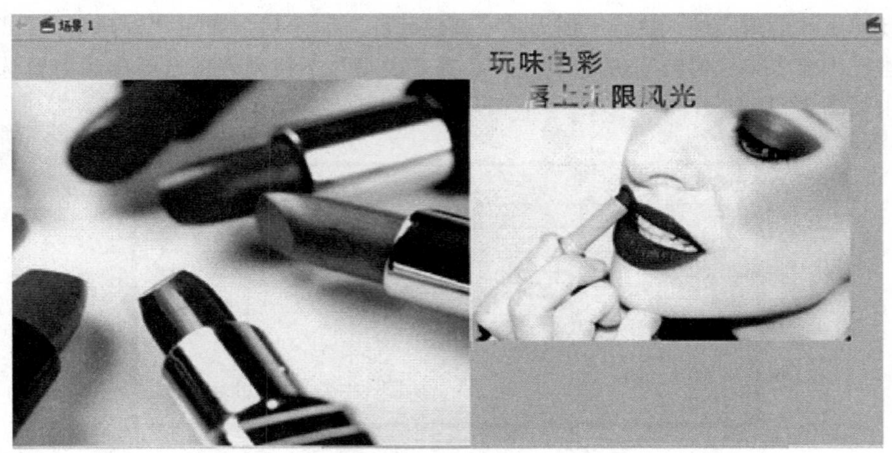

图 18-21 拖入元件

21）欣赏效果。按 Ctrl+Enter 欣赏效果，结果如图 18-23 所示（见文前彩页）。

图 18-22 导入音乐文件

### 18.4.3 活动三 能力提升

请参考示范操作，用 Flash 制作产品展示 banner 动画，具体要求如下：

（1）确定制作的创意主题。

（2）确定所需应用的字体。

（3）创建动画并进行调整。

（4）发布作品。

## 18.5 效果评价

效果评价参见任务 1，评价标准见附录。

## 18.6 相关知识与技能

### 18.6.1 多媒体技术及其发展

**1. 多媒体技术的概念**

多媒体技术就是利用计算机技术将各种媒体（文本、图形制品、声音、动画和视频等）以数字化的方式集成在一起，从而使计算机具有了表现、处理、存储多种媒体信息的综合能力。

**2. 多媒体的特征**

多媒体的特征就是信息表现形式的多样化，常见的有文本、图形、图像、声音和视频等多种形式。多媒体不只单向地接收多种媒介载体的信息，还有一个重要的特征就是交互性，使用户能更加有效地控制和使用信息。

### 18.6.2 多媒体的应用

**1. 多媒体的应用领域**

（1）商业应用：视频会议、网上产品展示等。

（2）教育应用：改变传统的教学模式和教学过程。

（3）电子出版：电子杂志等。

（4）娱乐应用：游戏等。

**2. 多媒体软件类型**

（1）开发工具软件：Authorware、VB、PS 等。

（2）电子出版物：大百科全书、多媒体词典等。

（3）演示软件：产品展示、各种介绍等。

（4）教育培训软件：CAI 等。

（5）娱乐软件：多媒体音乐、游戏、影视节目点播等。

（6）专门应用软件：多媒体视频会议系统、医学诊断系统等。

**3. 图形图像处理软件**

（1）PhotoShop。主要处理以像素所构成的数字图像。可以有效地进行图片编辑工作。从功能上可分为图像编辑、图像合成、校色调色、特效制作。

1）图像编辑是图像处理的基础，可以对图像做各种调整。如放大、缩小、旋转、倾斜、镜像、透视等。也可进行复制、去除斑点、修补、修饰图像的残损等。

2）图像合成是将几幅图像通过图层操作、工具应用合成完整的、传达明确意义的图像。

3）校色调色可方便快捷地对图像的颜色进行明暗、色调的调整和校正，也可在不同颜色进行切换以满足图像在不同领域，如网页设计、印刷、多媒体等方面应用。

4）特效制作包括图像的特效创意和特效字的制作。

（2）CorelDraw。矢量图处理软件。适用于文字和图片排版，创建矢量图案等，提供了一整套的绘图工具包括圆形、矩形、多边形、方格、螺旋线，以及塑形工具，同时也提供了特殊笔刷如压力笔、书写笔、喷洒器等。其文字处理是迄今所有软件最为优秀的。

（3）Google Photos（picasa）。Google 的免费图片管理工具，简单的操作即可获得震撼效果，可迅速实现图片共享，可以通过电子邮件发送图片、制作礼品 CD 等。

（4）光影魔术手。它是国内受欢迎的图像处理软件，主要是对数码照片画质进行改善及效果处理，能够满足绝大部分照片后期处理的需要；具有强大的批处理功能。

（5）Freehand。它是 Adobe 公司软件中的一员，简称 FH，也是一个功能强大的平面矢量图形设计软件；常用于制作书籍海报、广告创意、机械制图、绘制建筑蓝图等。

（6）Flash。使用矢量图形和流式播放技术：矢量图形可以任意缩放尺寸而不影响图形的质量；流式播放技术使得动画可以边播放边下载。通过使用关键帧和图符使得所生成的动画（swf）文件非常小，实现文件压缩的效果最好；通过 Action 和 FScommand 可以实现交互性，使 Flash 具有更大的设计自由度；与当今最流行的网页设计工具 Adobe Dreamweaver 配合默契，可以直接嵌入网页的任一位置，非常方便。

（7）3ds max。Autodesk 公司开发的基于 PC 系统的三维动画渲染和制作软件，主要应用于游戏动画、建筑动画、室内设计、影视动画中，还有虚拟的运用，如建三维模型、运动路径设置、计算动画长度、创建摄像机并调节动画。3ds max 模拟的自然界，可以做到真实、自然。比如用细胞材质、光线追踪制作的水面。3ds max 参与了大量的游戏制作——《古墓丽影》系列就是 3ds max 的杰作。《阿凡达》《诸神之战》《2012》等热门电影都引进了先进的 3D 技术。

（8）AutoDesk Animator Pro。它是美国 Autodesk 电脑公司设计的一套 2D 动画软件；使用 Animator Pro 的 Optics 功能，可以很方便地控制 $X$、$Y$、$Z$ 坐标的旋转动作，使在 2D 的画面中，有着 3D 空间的移动效果，还可以很方便地处理 3ds max 中编辑的图片和动画。

(9) Autodesk Maya。它是相当高级而且复杂的三维电脑动画软件，被广泛用于电影、电视、广告、电脑游戏和电视游戏等的数码特效创作，结合了最先进的建模、数字化布料模拟、毛发渲染和运动匹配技术。包括《星球大战前传》《透明人》《黑客帝国》《恐龙》等大片中的电脑特技镜头都是应用Maya完成的。

(10) Maya和3ds max的区别。

1) Maya是高端三维动画软件，3ds max是中端软件，易学易用，但在遇到一些高级要求（如角色动画/运动学模拟）时远不如Maya强大。

2) Maya软件主要是应用于动画片制作、电影制作、电视栏目包装、电视广告、游戏动画制作等。3ds max软件主要是应用于动画片制作、游戏动画制作、建筑效果图、建筑动画等。

**4. 声音处理软件**

(1) Wave Editor。它是一种音频处理程序，集声音编辑、播放、录制和转换功能的音频工具，可以实现音频录制，快进、倒放、淡入、淡出、混音、回声等。可打开的音频文件格式相当多，包括WAV、OGG、VOC、AIFF、AIF、AFC、AU、SND、MP3、MAT、DWD、SMP、VOX、SDS、AVI、MOV、APE等。

(2) Cool Edit Pro。数字音乐编辑器和MP3制作软件；主要面向音频和视频的专业设计人员，操作复杂；可以在AIF、AU、MP3、RAW PCM、SAM、VOC、VOX、WAV等文件格式之间进行转换，并且能够保存为RealAudio格式。

(3) Sound Forge。能够非常方便、直观地对音频文件（WAV文件）以及视频文件（AVI文件）中的声音进行各种处理，满足从最普通用户到最专业的录音师的所有用户的各种需求，也是多媒体开发人员首选的音频处理软件之一。

**5. 视频处理软件**

(1) 会声会影（Corel Video Studio Pro）。会声会影是一款“视频编辑”软件，支持导入多种来源的视频资源（摄像机、照相机或TV），从中抓取截图和视频。可以添加主题、背景音乐和特殊效果，甚至在视频上绘画，使影像更生动更吸引人！

会声会影为数字化影音创造生活，提供了最易学易用的方式！

(2) Ulead Media Studio Pro。它是非常专业、屡获嘉奖的视频制作软件，包括视频捕捉、视频编辑、视频输出等功能，相当于会声会影的专业版。Ulead Media Studio Pro是一套专为所有追求最新、最强、最高质量数字影片技术的玩家及专业人员所设计的超强软件；支持最新DV与IEEE 1394应用及MPEG-2影片格式，能够制作出具有专业水准的影片、录影带、光盘、网络影片；完美集成的矢量图生成程序可制作出优质的动画标题与动作图形。强大的动态视频绘图（非破坏型）程序可直接在视频序列的任何帧上绘图。

(3) Adobe After Effects。简称“AE”，是Adobe公司推出的一款图形视频处理软件，适用于设计和视频特效制作，包括电视台、动画制作公司、个人后期制作工作室以及多媒体工作室等，属于层类型后期软件；强大的路径功能就像在纸上画草图一样，可加入动画模糊；After Effects使用多达几百种的插件修饰增强图像效果和动画控制；可以同其他Adobe软件和三维软件结合；After Effects可以精确到一个像素点的千分之六，可以准确地定位动画。

(4) Adobe Premiere。Premiere是一款剪辑软件，用于视频段落的组合和拼接，并提供一定的特效与调色功能；Premiere和AE可以通过Adobe动态链接联动工作，满足日益复杂的视频制作需求；开放轨道设计：软件上的按钮像一个个可以随意拆卸、拼接的玩具，可以像搭积木一样自己拼接自己喜欢的按钮；隐藏字幕：可以使用Premiere Pro CC中的隐藏字幕文本，而不需要单独的隐藏字幕创作软件。

**6. 多媒体作品的创作过程**

典型多媒体作品创作过程如图 18-24 所示，多媒体作品设计的工作体系如图 18-25 所示。

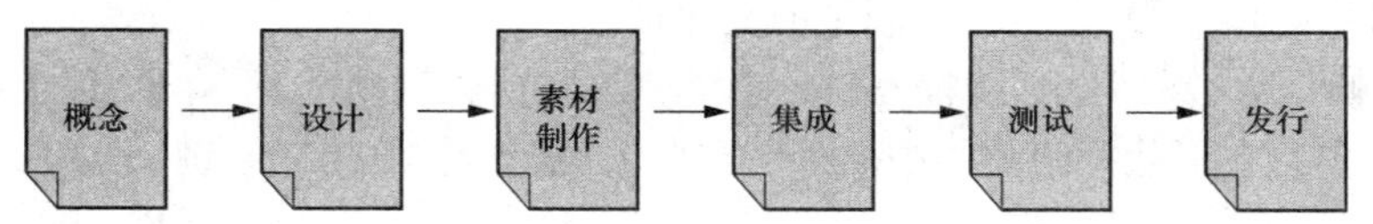


图 18-24　典型多媒体作品创作过程

(1) 概念阶段：主要任务是明确将要开发的系统是干什么的。即要确定主题、对象。制作人应明确要制作何种类型的作品，以及适合哪些群体的人观看。

(2) 设计阶段：主要任务是确定将要开发的系统如何做。即确定所包含的详细内容和表现手法，包括编写剧本、确定角色和布景等。

(3) 准备素材阶段：主要任务是采集、编辑项目中所需要的全部数据，包括图形、图像、音频和视频素材。

(4) 集成阶段：主要任务是构建项目的整体框架，把各种表现形式集成起来并加入一些交互特征。在这个创作阶段用到的工具叫作多媒体集成工具。

(5) 测试阶段：主要任务是运行并检测应用系统，以确信它能够按照作者的意图来运行。

(6) 发行阶段：主要任务是最后制作发行版本，编写用户使用手册，最终发行到用户手中。

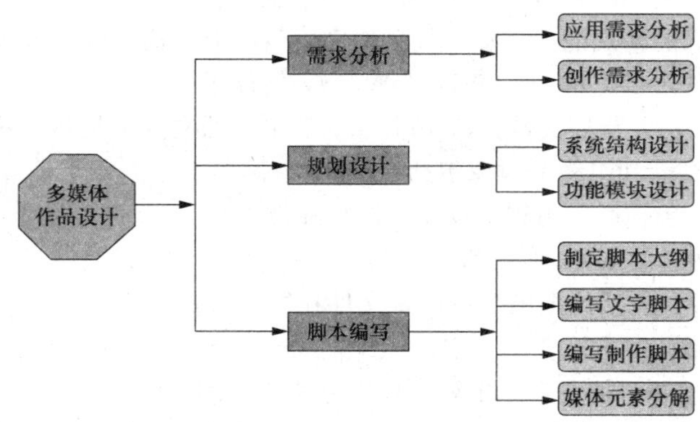


图 18-25　多媒体作品设计的工作体系

## 一、单选题

1. 以下影片格式中，Flash 默认的影片格式是（　　）。

A. swf　　B. avi　　C. mov　　D. gif

2. 在 Flash 中，按下“Ctrl+Enter”可以（　　）。

A. 测试影片　　B. 设置影片　　C. 导入影片　　D. 导出影片

3. 在 Flash 中创建一个对象，需要给它填充全红的色彩时，选择哪种模式？（　　）

A. 位图　　B. 线性　　C. 纯色　　D. 放射

4. 在 Flash 中元件分为按钮、影片剪辑和（　　）三类。

A. 声音　　B. 图像　　C. 图形　　D. 视频

5. 在 Flash 中创建补间动画需要先将对象转换为（　　）。

A. 位图　　B. 绘制对象　　C. 元件　　D. 按钮

6. 在 Flash 中，（　　）是定义动画中的变化帧。

A. 关键帧　　B. 延续帧　　C. 空白关键帧　　D. 以上都正确

7. 在 Flash 中，在形状补间动画中插入一空白关键帧应按（　　）键。

A. F5　　B. F6　　C. F7　　D. F8

8. 在按钮编辑模式中，其时间轴上有（　　）个帧。

A. 1　　B. 2　　C. 3　　D. 4

9. 在 Flash 中，用于绘制曲线和自由绘图的工具是（　　）。

A. 画笔工具　　B. 铅笔工具　　C. 选择工具　　D. 套索工具

10. 下列对矢量图和像素图的描述错误的是（　　）。

A. 矢量图是由数学公式计算获得的

B. Flash 作为一种矢量动画创作软件，是无法处理像素图的

C. 像素图适合表现真实的照片

D. 矢量图的文件一般比较小，并且放大、旋转后不会失真

**二、多选题**

11. 以下哪些是动画发布之前必经的步骤？（　　）

A. 测试　　B. 查看　　C. 优化　　D. 编辑

12. Flash 拥有强大的输出能力，在动画创作完成后，能够播放的设备或媒介是（　　）。

A. 互联网　　B. CD 或 DVD 光盘　　C. 智能手机　　D. 电视

E. 标明保密文件、受控文件、Confidential 等字样的文件都是商业秘密

13. “库”面板中存储和组织的对象包括（　　）。

A. 各种元件，包括影片剪辑、按钮、图形元件

B. 动画中使用过的 URL 地址和颜色

C. 导入的文件，包括位图图形、声音文件和视频剪辑

D. 以上说法都对

14. 在 Flash 中为动画添加声音，下列选项中方法正确的是（　　）。

A. 选择要插入声音的关键帧，在“属性”检查器的声音列表中选择声音

B. 选择要插入声音的关键帧，将声音从库中拖入舞台

C. 选择要插入声音的关键帧，将声音从库中拖入时间轴

D. 选择要插入声音的关键帧，将声音从库中拖入关键帧

15. 下列对 Flash 相关文件格式的描述正确的是（　　）。

A. FLA 文件是您在 Flash 中使用的主要文件，它们是包含 Flash 文档的媒体、时间轴和脚本基本信息的文件

B. SWF 文件是 FLA 文件的默认导出格式，它们是在 Web 页中显示的文件

C. AS 文件指 ActionScript 文件。如果您希望将某些或全部 ActionScript 代码保存在 FLA 文件以外的位置，则可以使用这些文件

D. 以上说法都错

16. 在 Flash 中以下关于电影剪辑特点的叙述中，正确的是（　　）。

A. 可以嵌套其他的电影剪辑实例　　B. 可以包含交互式控件、声音

C. 可以用来创建动态按钮　　D. 拥有自己独立的时间轴

17. 在 Flash 中创建一个元件，可以使用以下哪些操作？（　　）

A. 选中舞台上的对象，然后单击“插入——转换为元件”

B. 直接按 Ctrl+F8

C. 直接将选定的对象拖动到库面板内

D. 单击“插入——新元件”

18. 以下各项中，哪些是使用元件的好处？（　　）

A. 使影片的编辑简单化　　B. 使文件大小显著地缩减

C. 使影片的播放速度提高　　D. 使影片的下载速度提高

19. Flash 动画大多被用在 Web 页面上，所以，一定要严格控制 Flash 动画的导出大小，下列关于 Flash 文档的优化，正确的是（　　）。

A. 将每个多次出现的元素，转换为元件

B. 创建动画序列时，尽可能使用补间动画。补间动画所占用的文件尺寸要小于一系列的关键帧

C. 对于声音，尽可能使用 MP3 这种占用空间最小的声音格式

D. 避免使用动画式的位图元素，位图元素一般被用在静态对象上

20. 在 Flash 中按钮元件的弹起帧、按下、指针经过帧、点击帧中，哪几帧在舞台上是可见的？（　　）

A. 弹起帧　　B. 按下帧　　C. 指针经过帧　　D. 点击帧

**三、判断题**

21. 多媒体技术就是利用计算机技术将各种媒体文件（文本、图形制品、声音、动画和视频等）以数字化的方式集成在一起。（　　）

22. 交互性，使用户能更加有效地控制和使用信息，它是多媒体的重要特征。（　　）

23. 矢量图形可以任意缩放尺寸而不影响图形的质量。（　　）

24. 3ds max 是高端 3D 软件，Maya 是中端软件，易学易用，但在遇到一些高级要求（如角色动画/运动学模拟）时远不如 3ds max 强大。（　　）

25. 会声会影是一款“视频编辑”软件，支持导入多种来源的视频资源（摄像机、照相机或 TV），从中抓取截图和视频。（　　）

26. 设计阶段的主要任务是确定将要开发的系统如何做。即详细确定所包含的内容和表现手法，包括编写剧本、确定角色和布景等。（　　）

27. 在 Flash 中，按钮内的对象可直接添加滤镜效果。（　　）

28. Flash 为我们提供了辅助线和网格，以便我们在绘制图像的时候确定坐标、大小，方便对象间的对齐。（　　）

29. Flash 作为一种矢量动画创作软件，是无法处理像素图的。（　　）

30. 多媒体就是单向地接收多种媒介载体的信息。（　　）

## 练习与思考题参考答案

| 1. A | 2. A | 3. C | 4. C | 5. C | 6. A | 7. C | 8. D | 9. B | 10. B |
|---|---|---|---|---|---|---|---|---|---|
| 11. AC | 12. ABCD | 13. AC | 14. AB | 15. ABC | 16. ABCD | 17. ABCD | 18. ABCD | 19. ABCD | 20. ABC |
| 21. Y | 22. Y | 23. Y | 24. N | 25. Y | 26. Y | 27. N | 28. Y | 29. N | 30. N |

# 任务 19

# 产品设计演示文件制作

该训练任务建议用 3 个学时完成学习。

## 19.1 任务来源

设计提案阶段，常常需要设计机构制作 PPT 文件。PPT 主要是用于全面展示设计研究及设计方案，方便甲乙双方推介与沟通。PPT 制作是设计师的必备重要能力之一。

## 19.2 任务描述

制作一款产品的宣传提案。要求根据产品的特点和实际用户需求，完成其推广方案 PPT 设计，主要任务包括：首页设计、内容介绍编排、结束页面设计等。

## 19.3 能力目标

### 19.3.1 技能目标

完成本训练任务后，你应当能（够）：

**1. 关键技能**

（1）会合理安排 PPT 的内容构架。

（2）会合理组织 PPT 的语言文字。

（3）会完成 PPT 图文排列。

**2. 基本技能**

（1）会 PPT 软件基本操作。

（2）会进行 PPT 页面动画的选用与编排。

（3）会进行 PPT 页面的色彩搭配。

### 19.3.2 知识目标

完成本训练任务后，你应当能（够）：

（1）熟悉 PPT 软件的使用方法。

（2）了解产品提案的表现方法。

### 19.3.3 职业素质目标

完成本训练任务后，你应当能（够）：

（1）具有较强的实操动手能力。

（2）具备严谨细致的工作态度。

## 19.4 任务实施

### 19.4.1 活动一　知识准备

（1）PPT 制作基础。

（2）PPT 制作基本步骤与注意事项。

（3）PPT 制作成功的关键原则。

### 19.4.2 活动二　示范操作

**1. 活动内容**

熟悉并且利用 Microsoft Office PowerPoint 软件进行某产品推广演示 PPT 制作，具体要求如下：

（1）确定提案主题、中心思想，并且组织语言表达。

（2）用 PPT 设计制作，界面素材新颖，有创意。

**2. 操作步骤**

（1）步骤一：规划。需从三方面进行规划。

1）内容大纲：主题、提纲、内容、目录。

2）设计风格：简约、古朴、清新、自然、梦幻等。

3）设计元素：色彩、肌理、图表、图片、音乐、视频、数据、文字。

具体规划内容如下：

1）编写方案大纲；

2）确定设计风格；

3）选取设计元素。

（2）步骤二：通过问题引出概念，方案背景介绍。通过问题引出要点并以市场调研、用户分析、品牌理念、设计特征为基础解说，页面中包含章节、子目录、内容、页脚几个基本部分，具体内容架构如下：

1）提出问题；

2）制作目录；

3）品牌分析；

4）产品分析；

5）使用人群分析；

6）市场定位。

（3）步骤三：产品介绍。简单说明产品的概念、组成部分、实现方法。

（4）步骤四：制作结束页面。致谢。

（5）步骤五：对文件进行演示和修正，完成演示文件制作，图 19-1～图 19-10 见文前彩页。

### 19.4.3 活动三　能力提升

参考示范操作，试制作某一款产品设计的提案 PPT，具体要求如下：

(1) 确定主题，思想以及表达的语言。

(2) 自己准备素材。

(3) 用 PPT 演示的方式，向众人展示自己的作品。

## 19.5 效果评价

效果评价参见任务 1，评价标准见附录。

## 19.6 相关知识与技能

### 19.6.1 PPT 制作基础

**1. 认识 PowerPoint**

PowerPoint 和 Word、Excel 等应用软件一样，都是 Microsoft 公司推出的 Office 系列产品之一。随着办公自动化的普及，PowerPoint 的应用越来越广。

**2. PowerPoint 窗口界面**

PowerPoint 软件相关工作界面如图 19-11～图 19-13 所示。

图 19-11　PowerPoint 软件窗口界面

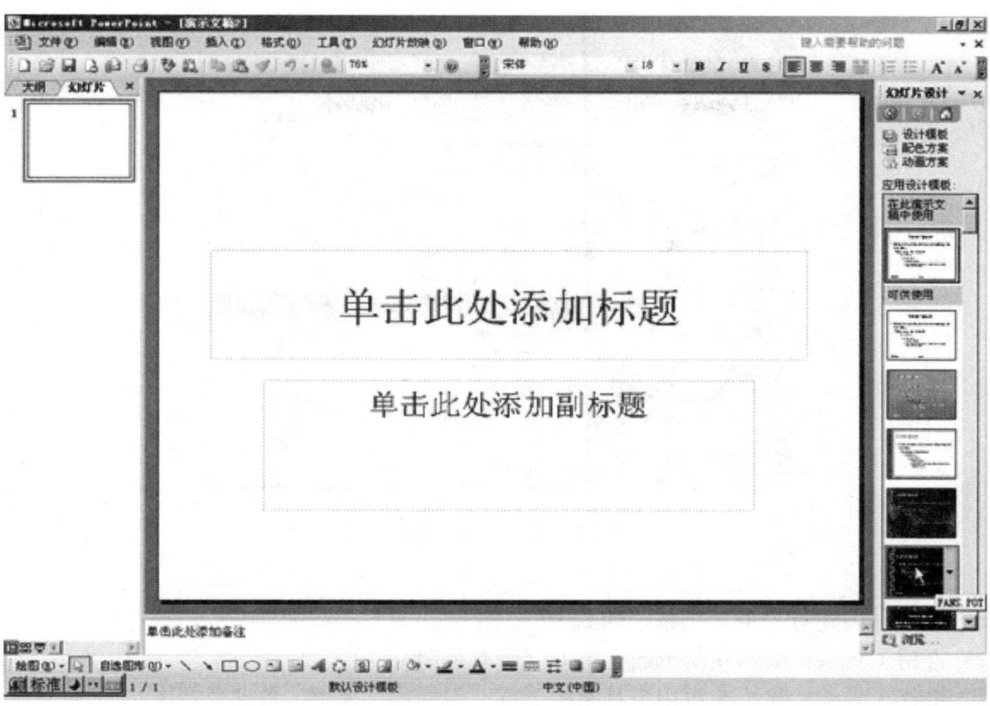


图 19-12 PowerPoint 软件工作界面

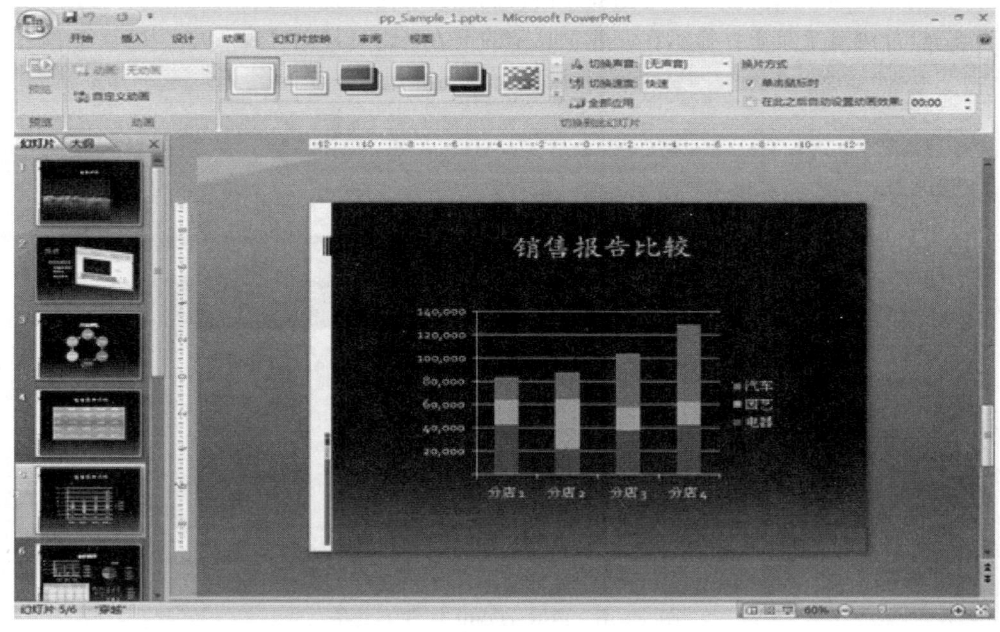


图 19-13 PPT 图标制作实例

**3. PowerPoint 的安装及启动**

如果已安装了 Microsoft Office 的其他组件，只要重新运行“setup. exe”，然后“添加新组件”，选中 PowerPoint 即可，启动 PowerPoint 软件如图 19-14 所示。

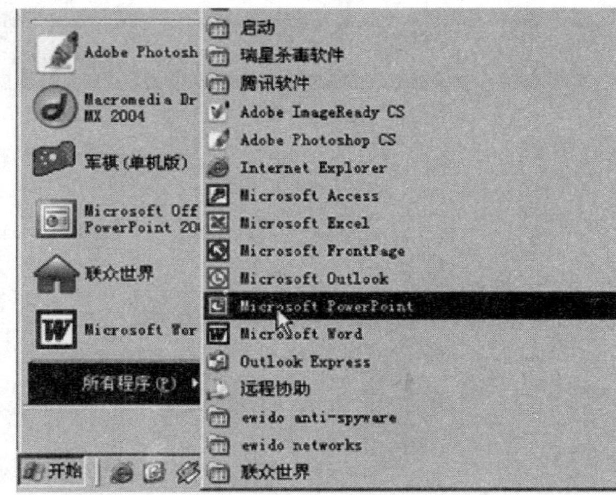


图 19-14 启动 PowerPoint 软件

**4. 工具条**

PowerPoint 内建有 5 种工具条，如图 19-15 所示。

（1）常用工具条：显示在菜单的正下方（所有视图）。

（2）格式工具条：显示在常用工具条的下方（幻灯片、大纲、备注页视图）。

（3）基本绘图工具条：显示在应用窗口的底部（幻灯片、备注页视图）。

（4）大纲工具条：垂直显示在应用程序窗口的左边（大纲视图）。

（5）幻灯片浏览工具条：显示在一般工具条的下方（幻灯片浏览视图）。

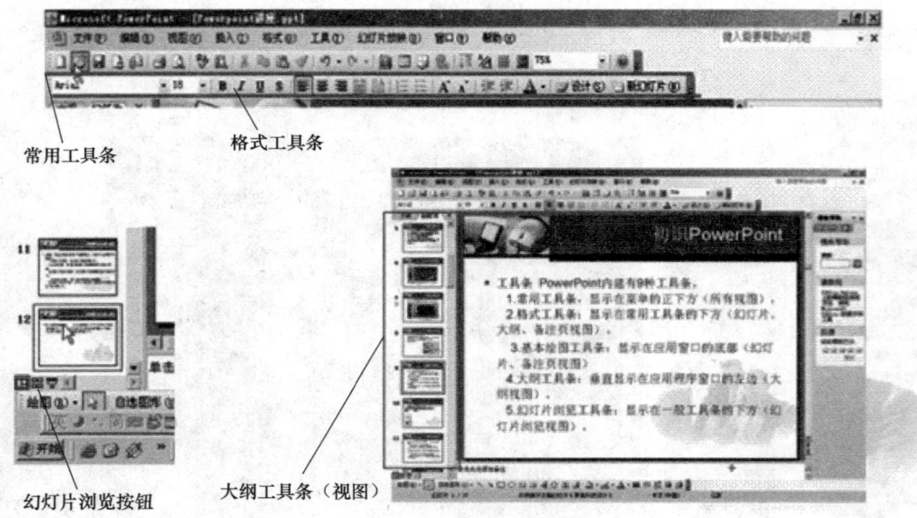


图 19-15 PowerPoint 软件工具条

**5. 视图**

PowerPoint 有 5 种视图模式，可在菜单“视图”中切换，如图 19-16 所示。

（1）幻灯片视图：可处理个别的幻灯片。

（2）大纲视图：直接处理幻灯片的标题及文本段落内容。

（3）幻灯片浏览视图：重组幻灯片的顺序及选定播放效果。

（4）备注页视图：可建立演示者的参考信息。

（5）幻灯片放映模式：以全屏幕的电子简报方式播放出每一张幻灯片。

建立新的幻灯片可以单击状态条上的“新幻灯片”，或单击常用工具条上的“新幻灯片”按钮，也可在“插入”菜单上选择“新幻灯片”，如图 19-17 所示。

**6. 制作 PPT 文件涉及的相关软件**

PPT 与 Word 和 Excel 相比，有两点需重点学习：

（1）母版设计：幻灯片母版、讲义母版、备注母版。

（2）幻灯片放映设计：自定义动画、动作设置、放映设置等。要能熟练操作 Word 或 Excel，能掌握图片剪辑软件，如 PhotoShop、ACD FotoCanvas 等。如有动画演示，还需掌握 Flash、Gif 动画制作软件，掌握基本的色彩搭配知识，PhotoShop 工作界面窗口如图 19-18 所示。

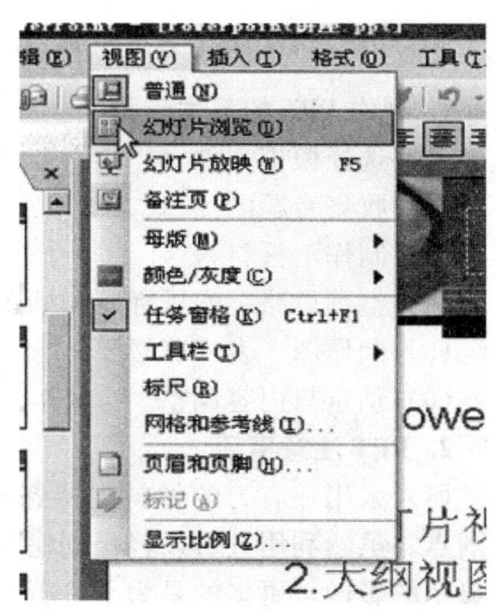


图 19-16 PowerPoint 视图选择

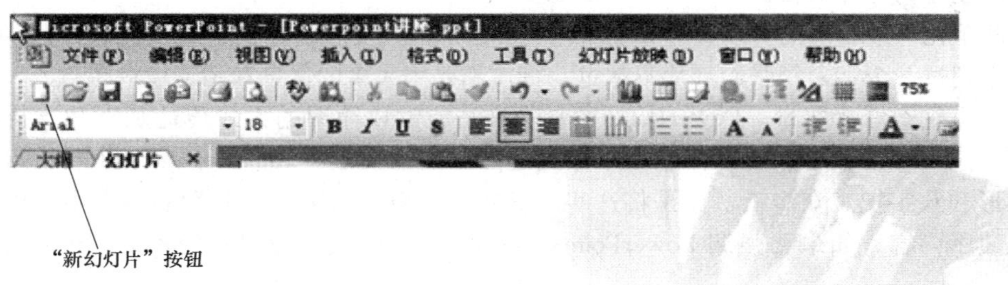


图 19-17 创建新幻灯片

图 19-18 PhotoShop 工作界面窗口

### 19.6.2 PPT制作基本步骤与注意事项

**1. 制作PPT的基本步骤**

(1) 选择模板文件。

(2) 收集专题图片。

(3) 制作汇报材料。

(4) 整理思路，安排标题和插图。

(5) 制作图、表（非必要）。

(6) 预览与内容调整。

**2. PPT注意事项**

(1) 采用强有力的材料支持您的演示。在某种程度上，PowerPoint的易用性也是它最致命的弱点。虽然利用它可以轻松创建引人注目的幻灯片和图形，但观众前来并不只是为了观看屏幕上显示的影像，更多的是为了聆听演示人的演说。因此，既需要构建一组强有力的PowerPoint程序，但也应确保演示人口头评论同样引人入胜。PowerPoint不负责演示，只负责制作并播放幻灯片，而创建幻灯片的目的是支持口头演示。

(2) 简单化。最有效的PowerPoint很简单，只需要易于理解的图表和反映演讲内容的图形。建议每行不超过5个字，每张幻灯片不超过5行。不要用太多的文字和图形模糊焦点。

(3) 最小化幻灯片数量。PowerPoint的魅力在于能够以简明的方式传达观点和支持演讲者的评论。通过大量的数字和统计信息很难做到这点。因此，最有效的PowerPoint展示绝不会用太多的图形和数字把观众淹没，而是将这些图形和数字留在演示结尾分发的讲义中，以便观众彻底消化演示内容。如果要强调PowerPoint中的某处统计信息，可以考虑采用图表或影像来传达。

(4) 不要照本宣科。仅仅为观众照着念可见的演示是PowerPoint用户最常见也最不好的习惯。这样说来，演讲者简直就是多余的。不仅如此，即使是最具视觉吸引力的演示也会因此变得索然无味。制作精良的演示内容与扩充性和讨论性的口头评论搭配才能达到最佳效果，而不是照着念屏幕上的内容。

(5) 安排评论时间。另一个潜在的不良习惯是演讲者在一张新PowerPoint幻灯片出现时就立即开始评论。那只会分散观众的注意力，应该先给观众阅读和理解的时间，然后再加以评论，拓展并增补屏幕内容。

(6) 要有一定的间歇。PowerPoint是口头评语最有效的视觉搭配。经验丰富的PowerPoint演示者会不失时机地将屏幕转为空白。那不仅能带给观众视觉上的休息，还能有效地将注意力集中到更需要口头强调的内容中，如讨论或问答环节。

(7) 使用鲜明的颜色。文字、图表和背景颜色的强烈反差在传达信息和情感方面非常有效。

(8) 导入其他影像和图表。不要把演示限制在PowerPoint提供的模板范围内。使用外部影像和图表（包括视频）链接能增强多样性和视觉吸引力。可以加入一两个很短的视频剪辑，这有助于制造幽默效果、传达信息和减轻拥堵感。

(9) 在演示结尾分发讲义，而不是在演示过程中。没人希望对着一群忙于阅读评论总结的观众演讲，除非规定观众在观看演示时要对照讲义，否则应先演示完再分发讲义。

(10) 演示前要严格编辑。永远不要忽视观众的看法。完成PowerPoint幻灯片草稿后，在复查时演示者应假设自己只是一名观众，如果发现不吸引人、跑题或令人疑惑的内容，要严格进行编辑。这是完善演示的好机会。

### 19.6.3 PPT 制作成功的关键原则

**1. 对象原则**

（1）目的：PPT 永远是为听者服务的。

（2）地点：是一对一还是一对多，场地大小应随使用对象的数量而变化。

（3）内容：只讲一个重点。

（4）听众：针对不同听众制作不同层次内容。

**2. KISS 原则**

（1）风格简明（标题大小区别化、文字减少、充分借助图标图示等）。

（2）注意留白。

（3）用标准版式，规范的图表工具。

（4）限制要点与文本数量（优秀的幻灯片只有非常少的文本）。

（5）限制使用特效与动画（使用简单的从左至右移动，不要在所有的幻灯片之间都添加切换特效）。

**一、单选题**

1. PowerPoint 内建有（　　）种工具条。
   A. 5　　B. 8　　C. 9　　D. 10
2. PowerPoint 菜单栏中，提供显示和隐藏工具栏命令的菜单是（　　）。
   A. 格式　　B. 工具　　C. 试图　　D. 编辑
3. 在 PowerPoint 中，幻灯片通过大纲形式创建和组织（　　）。
   A. 标题和正文　　B. 标题和图形
   C. 正文和图片　　D. 标题、正文和多媒体信息
4. 幻灯片上可以插入（　　）多媒体信息。
   A. 声音、音乐和图片　　B. 声音和影片
   C. 声音和动画　　D. 剪贴画、图片、声音和影片
5. PowerPoint 的“超级链接”命令可实现（　　）。
   A. 实现幻灯片之间的跳转　　B. 实现演示文稿幻灯片的移动
   C. 中断幻灯片的放映　　D. 在演示文稿中插入幻灯片
6. 在幻灯片页脚设置中，有一项是讲义或备注的页面上存在的，而在用于放映的幻灯片页面上无此选项，是下列哪一项设置？（　　）。
   A. 日期和时间　　B. 幻灯片编号　　C. 页脚　　D. 页眉
7. 在（　　）模式下，不能使用视图菜单中的演讲者备注选项添加备注。
   A. 幻灯片视图　　B. 大纲视图　　C. 幻灯片浏览视图　　D. 备注页视图
8. 在空白幻灯片中不可以直接插入（　　）。
   A. 文本框　　B. 文字　　C. 艺术字　　D. Word 表格
9. 如果要播放演示文稿，可以使用（　　）。
   A. 幻灯片视图　　B. 大纲视图　　C. 幻灯片浏览视图　　D. 幻灯片放映视图

10. PowerPoint 的制作原则是（　　）。

A. 对象原则、KISS 原则　　B. 简化原则、对象原则

C. 视觉平衡原则、简化原则　　D. 整洁原则、KISS 原则

## 二、多选题

11. PowerPoint 放映方式的选项中，包括（　　）。

A. 演讲者放映　B. 观众自行放映　C. 投影机放映　D. 在展台浏览

12. 在 PowerPoint 中，下列关于项目符号的说法中，正确的是（　　）。

A. 在 PowerPoint 中，项目符号是系统默认的，用户不可以更改

B. 在 PowerPoint 中，项目符号的大小和颜色是可以更改的

C. 每一段文字只能有一个项目符号

D. 在一段文字里可以同时有符号和编号

13. 在 PowerPoint2000 中，选中对象后，（　　）可以插入超级链接。

A. 按“CTRL＋K”键，选择链接目标

B. 单击插入超级链接的按钮、选择链接目标

C. 单击鼠标右键，选择超级链接目标

D. 在插入菜单中选择超级链接，选择链接目标

14. 若要选定多张幻灯片，应采用（　　）方法。

A. 用鼠标拖动选定各张幻灯片

B. 按下 CTRL 键并逐个单击各张幻灯片

C. 按下 SHIFT 键并单击所要选的第一张和最后一张幻灯片

D. 按下 ALT 键并逐个单击各张幻灯片

15. 下列说法正确的是（　　）。

A. 允许插入在其他图形程序中创建的图片

B. 能插入 BMP 和 JPG 格式的图片

C. 选择插入菜单中的“图片”命令，再选择“来自文件……”

D. 一个演示文稿只能使用一个模板

E. 不能插入剪贴图

16. PowerPoint 制作的演示文稿包含以下哪几个部分？（　　）

A. 幻灯片　B. 演示文稿大纲　C. 讲义　D. 旁白

17. PowerPoint 的幻灯片浏览视图中，可进行的工作有（　　）。

A. 复制和移动幻灯片　　B. 幻灯片切换

C. 幻灯片的删除　　D. 设置动画效果

18. 在幻灯片按钮的动作设置对话框中，不能设置鼠标动作为（　　）。

A. 单击　B. 双击　C. 移过　D. 按下

19. PowerPoint 的主要功能包括（　　）。

A. 制作幻灯片　　B. 制作备注、讲义和大纲

C. 财务统计　　D. 屏幕演示

20. PPT 基本步骤有哪些？（　　）

A. 选择模板文件　　B. 收集专题图片

C. 制作汇报材料　　D. 整理思路安排标题和插图

E. 制作图、表（非必要）　　F. 预览与内容调整

### 三、判断题

21. 在 PowerPoint 中，幻灯片只能按顺序连续播放。(　　)
22. PowerPoint 插入的声音能够在幻灯片放映时自动播放。(　　)
23. 在任何视图下都能改变演示文稿的顺序。(　　)
24. 在 PowerPoint 里可以对文字，图片设置超链接，但对其他的对象就不可以。(　　)
25. 在幻灯片浏览视图能方便地实现幻灯片包含对象的移动和复制。(　　)
26. 更改了一张幻灯片的背景，整个演示文稿的背景都发生了改变。(　　)
27. 一般情况一个演示文稿作品要包含目录页设计，用于控制播放的顺序。(　　)
28. 演示文稿文本框中的文字不能设置相应的项目符号和编号。(　　)
29. 演示文稿中还可以对幻灯片进行隐藏，相当于删除。(　　)
30. 在演示文稿中包含着丰富的超链接，甚至可以链接到电子邮件的地址。(　　)

## 练习与思考题参考答案

| 1. A | 2. C | 3. A | 4. D | 5. A | 6. D | 7. C | 8. B | 9. D | 10. A |
|---|---|---|---|---|---|---|---|---|---|
| 11. ABD | 12. BC | 13. ABCD | 14. AC | 15. ABDE | 16. ABD | 17. ABCD | 18. BD | 19. ABD | 20. ABCDEF |
| 21. N | 22. Y | 23. N | 24. N | 25. Y | 26. N | 27. Y | 28. N | 29. N | 30. N |

# 任务 20

# 产品配色制作与表现

该训练任务建议用 6 个学时完成学习。

## 20.1 任务来源

产品开发需紧贴潮流甚至引导潮流，其中色彩是最直观也是最多变的一种手段，普通消费者第一眼所见的往往不是形态而是颜色。在产品 CMF（注：CMF 指代色彩、材质、表面工艺）设计过程中，颜色是其中很重要的一部分，合理的颜色运用会帮助产品设计效果达到事半功倍的作用。

## 20.2 任务描述

根据产品市场、用户等的需求，通过资料整理，确定产品的色彩风格和配色方案。应用软件制作产品的配色效果图，配套制作 CMF 相关配色信息表。

## 20.3 能力目标

### 20.3.1 技能目标

完成本训练任务后，你应当能（够）：

**1. 关键技能**

（1）会根据设计需求合理选择并搭配产品色彩。

（2）会运用软件充分表现产品色彩。

（3）会制作完成产品 CMF 相关配色信息表。

**2. 基本技能**

（1）会根据设计定位收集整理产品色彩资料。

（2）会科学处理色彩与材料及表面处理工艺间的关系。

（3）会应用相关软件完成产品配色的设计与出图。

### 20.3.2 知识目标

完成本训练任务后，你应当能（够）：

（1）掌握产品色彩搭配的基本方法。

（2）了解不同色彩与市场需求的相互关系。

### 20.3.3 职业素质目标

完成本训练任务后，你应当能（够）：
（1）具备严谨认真的工作态度。
（2）具有敏锐的色彩流行趋势洞察力。
（3）善于沟通交流。

## 20.4 任务实施

### 20.4.1 活动一 知识准备

（1）设计色彩基础。
（2）设计色彩的应用。
（3）国际色彩体系。

### 20.4.2 活动二 示范操作

**1. 活动内容**

利用互联网寻找当下智能手表流行的素材，熟悉并学会运用 KeyShot 软件，以及利用平面设计软件完成智能手表的三维效果配色与出图，具体要求如下：

（1）洞察并分析智能手表产品的市场需求（用户群、档次、成本、实用环境等）因素，收集整理相关的案例资料，确定智能手表的色彩风格和配色方案；

（2）运用 KeyShot 软件给智能手表三维模型附上色彩和材质，渲染出图。应用平面设计软件设计制作智能手表产品 CMF 表相关色彩信息表，填写配色说明（100～200 字）。

**2. 操作步骤**

（1）步骤一：搜索现代产品流行色彩资料，并以其作为产品配色参考，图 20-1 见文前彩页。

（2）步骤二：打开 KeyShot 软件，并导入智能手表三维模型，结果如图 20-2 所示。

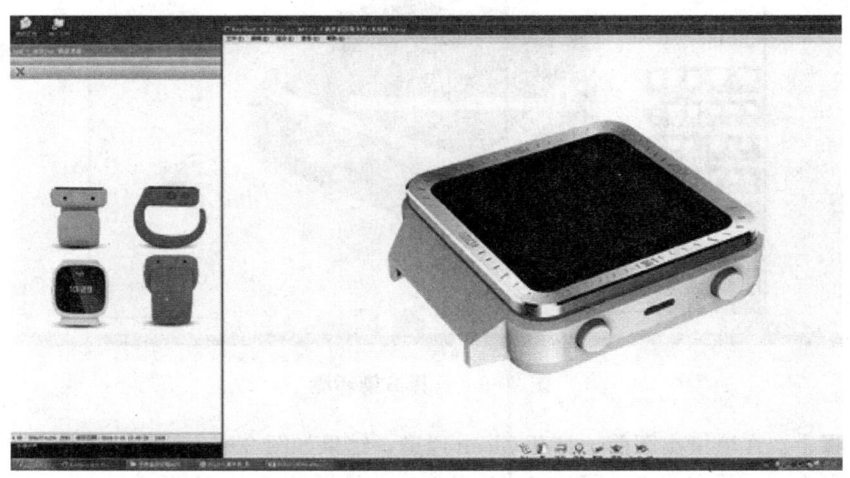

图 20-2 导入智能手表三维模型

（3）步骤三：为智能手表塑胶壳附上色彩和材质，图 20-3 见文前彩页。

（4）步骤四：配合塑胶壳色彩，给旋钮也附上材质和色彩，结果如图 20-4 所示（见文前彩页）。需注意旋钮为金属材料制作。

（5）步骤五：给表盘附上金属材质和金属色，结果如图 20-5 所示（见文前彩页）。

（6）步骤六：给屏幕赋予对应的材质和色彩，结果如图 20-6 所示（见文前彩页）。

（7）步骤七：根据既定风格和材质搭配细节对配色进行调整，结果如图 20-7 所示（见文前彩页）。

（8）步骤八：添加相机，为出图做准备，结果如图 20-8 所示。

图 20-8　添加相机

（9）步骤九：选择渲染环境，如图 20-9 所示。调节相关角度和参数，如图 20-10 所示。调节完成的，结果如图 20-11 所示。

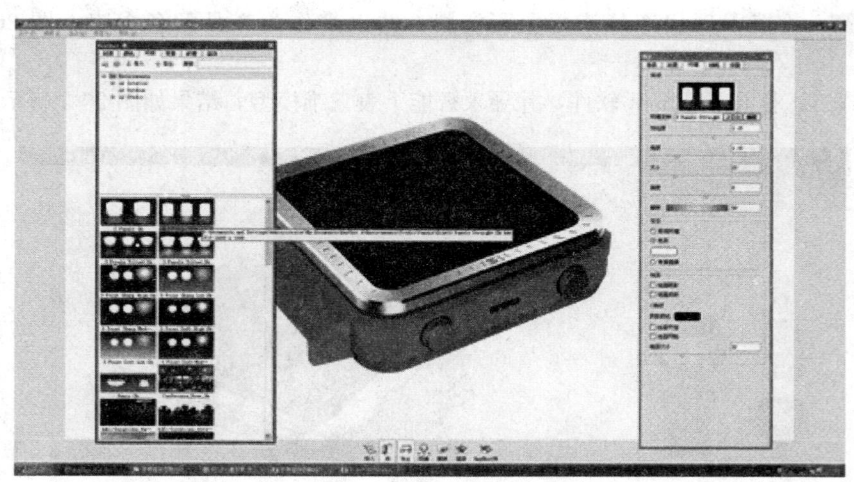

图 20-9　选择渲染环境

（10）步骤十：在渲染出图前，打开 Clean 通道，结果如图 20-12 所示。

（11）步骤十一：设定渲染出图的格式和分辨率，结果如图 20-13 所示。

（12）步骤十二：渲染出图，结果如图 20-14 所示。

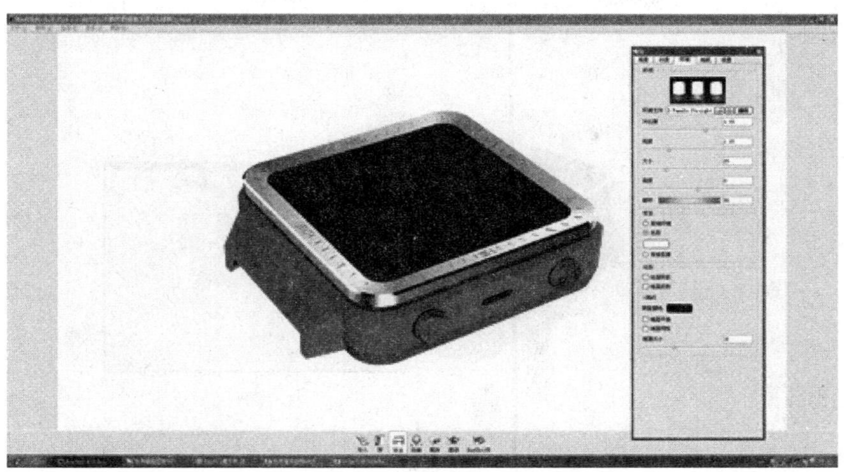

图 20-10 调节渲染角度和参数

图 20-11 调节完毕

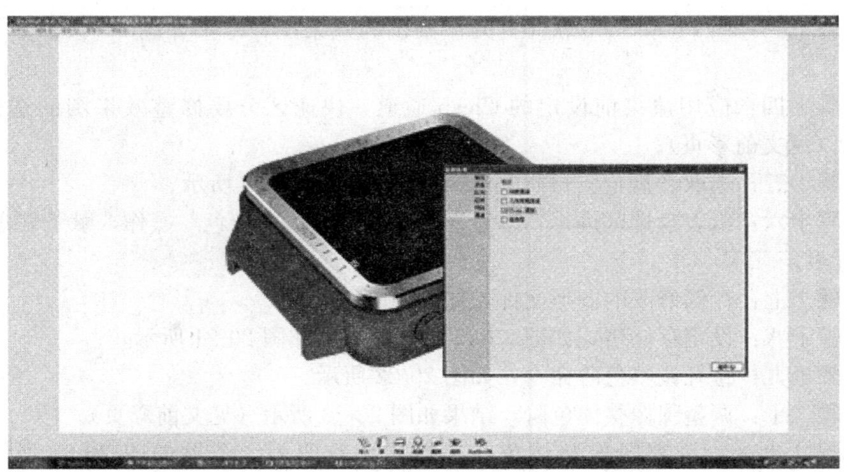

图 20-12 打开 Clean 通道

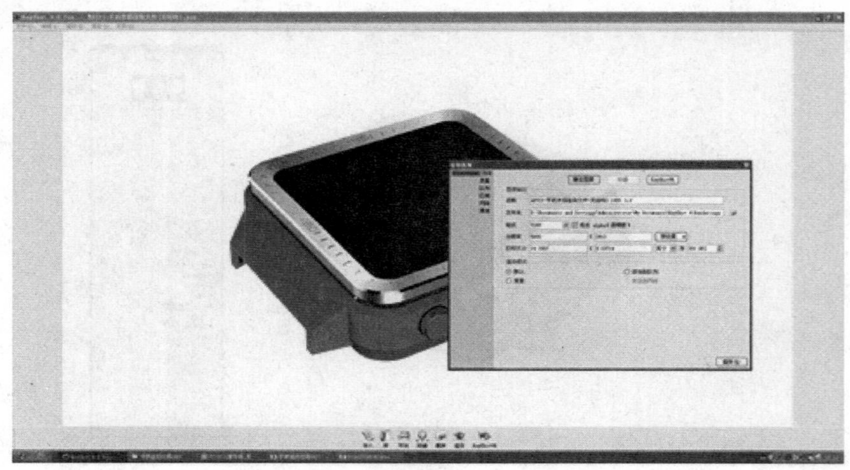

图 20-13 设定渲染出图格式和分辨率

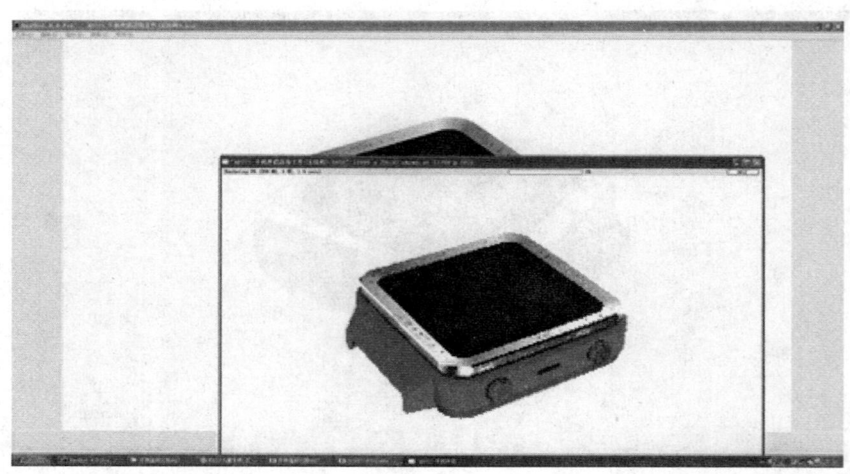

图 20-14 渲染出图

(13) 步骤十三：用 PhotoShop 软件打开渲染出的效果图，结果如图 20-15 所示（见文前彩页）。

(14) 步骤十四：应用渲染前设定的 Clean 通道，快速区分要修整效果图的选区，结果如图 20-16所示（见文前彩页）。

(15) 步骤十五：选取表盘金属材质的选区，结果如图 20-17 所示。

(16) 步骤十六：给表盘选区进行“滤镜——杂色——添加杂色”操作，赋予表盘磨砂材质，如图 20-18 所示。

(17) 步骤十七：存储修改的图形文件，如图 20-19 所示。

(18) 步骤十八：设定存储格式如图 20-20 所示，结果如图 20-21 所示。

(19) 步骤十九：打开调整色阶命令，如图 20-22 所示。

(20) 步骤二十：调整图像整体色阶，结果如图 20-23 所示（见文前彩页）。

(21) 步骤二十一：调整图像整体色相、饱和度及明度，结果如图 20-24 所示（见文前彩页）。

图 20-17　选取金属表盘选区

图 20-18　赋予表盘磨砂材质

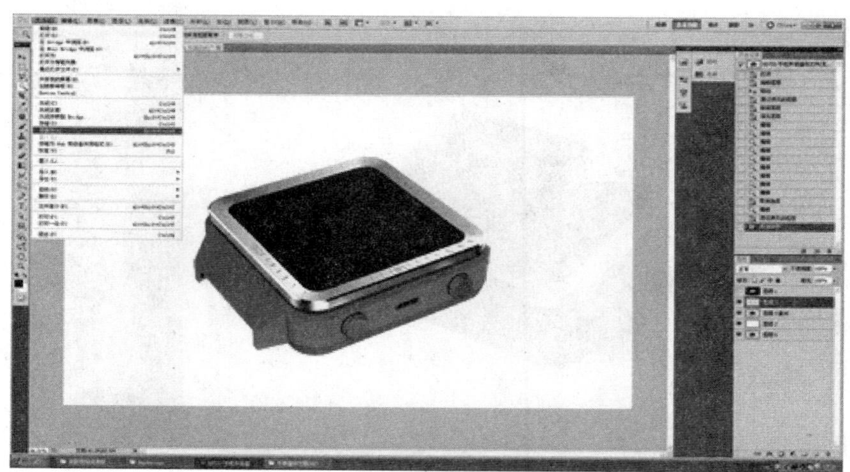

图 20-19　存储图形

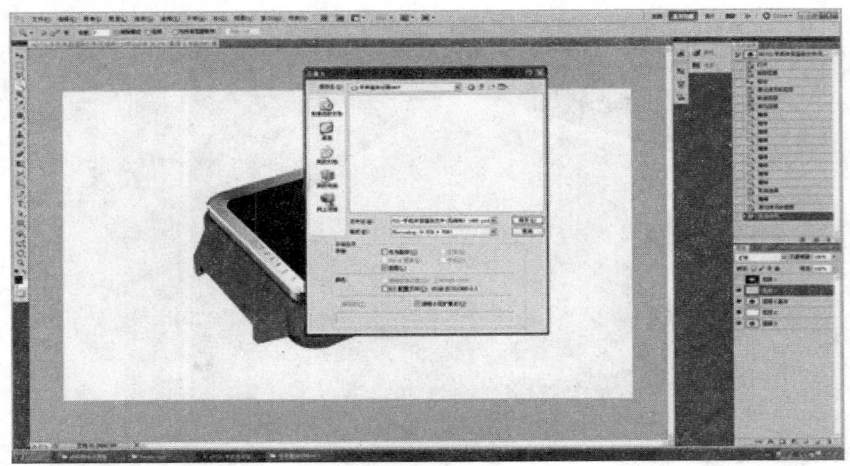

图 20-20 设定存储格式

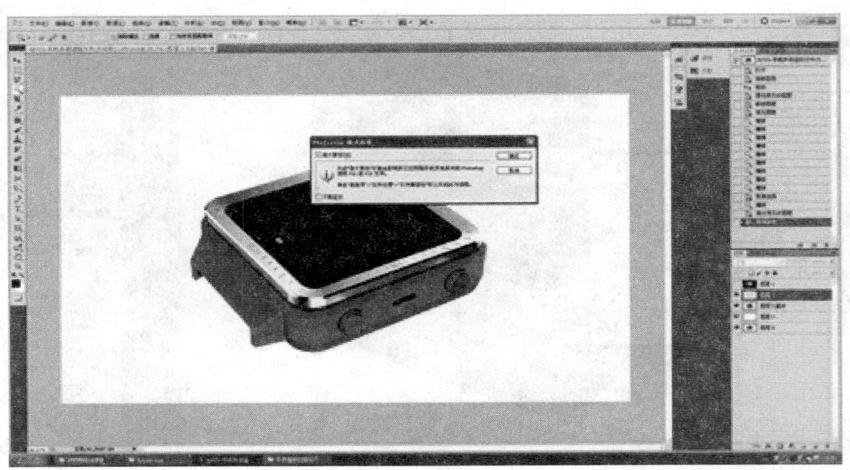

图 20-21 存储完毕

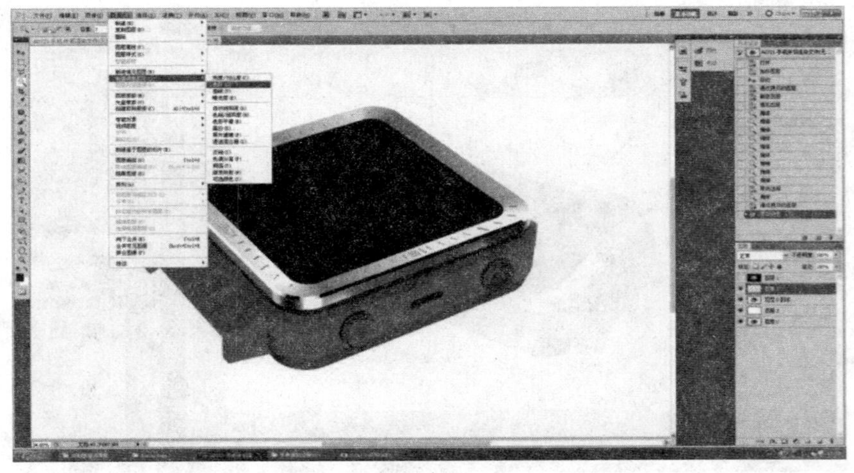

图 20-22 打开色阶命令

（22）步骤二十二：选定旋钮区域并进行调整，如图 20-25 和图 20-26 所示。

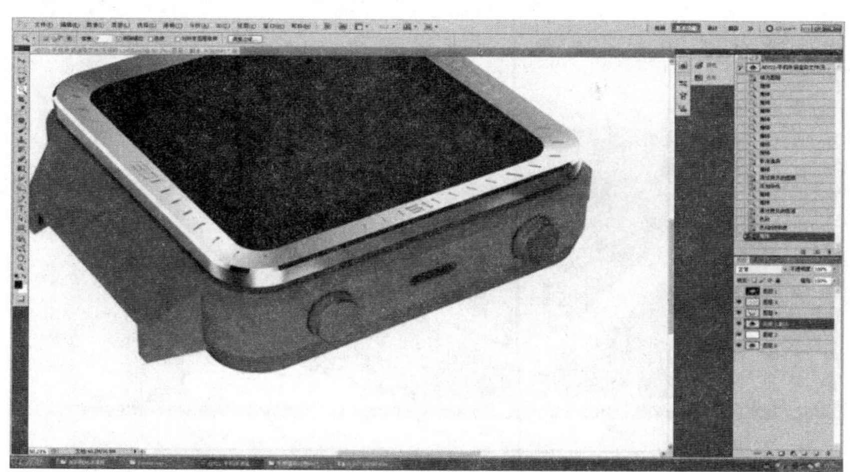

图 20-25　选定旋钮区域

图 20-26　调整旋钮区域

（23）步骤二十三：为屏幕区域添加反光，使其更为逼真。选定反光区域，如图 20-27 所示。完成反光效果，结果如图 20-28 所示。

（24）步骤二十四：使用图章工具修整屏幕内的瑕疵。使用图章工具修整，如图 20-29 所示。修整完毕，结果如图 20-30 所示。

（25）步骤二十五：选定红色塑胶壳区域，用曲线工具调整其对比度。调整红色胶壳对比度，如图 20-31 所示（见文前彩页），调整完成，结果如图 20-32 所示（见文前彩页）。

（26）步骤二十六：应用渐变工具为红色塑胶壳迎光面增强轮廓层次，结果如图 20-33 所示。

（27）步骤二十七：存储图像，更改格式为 TIFF，结果如图 20-34 所示。

（28）步骤二十八：在 CorelDRAW 软件中制作填写 CMF 相关色彩信息表，结果如图 20-35 所示（见文前彩页）。

### 20.4.3　活动三　能力提升

请参考示范操作，根据所学的知识，综合运用 KeyShot 及平面设计软件完成某款移动电源的三维效果配色与出图。以移动电源为题目，按要求进行配色练习，具体要求如下：

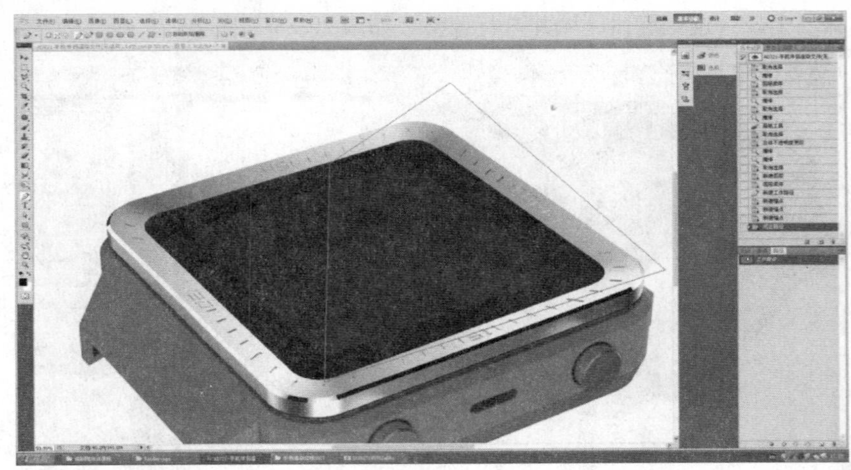

图 20-27　选定反光区域

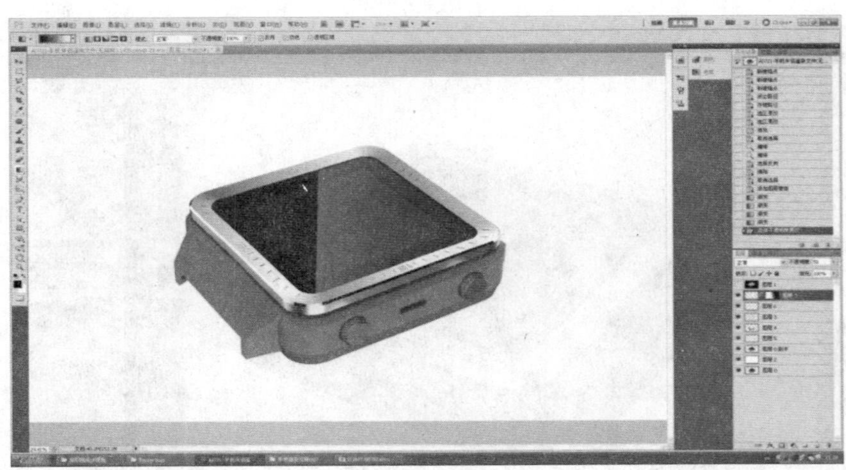

图 20-28　反光效果

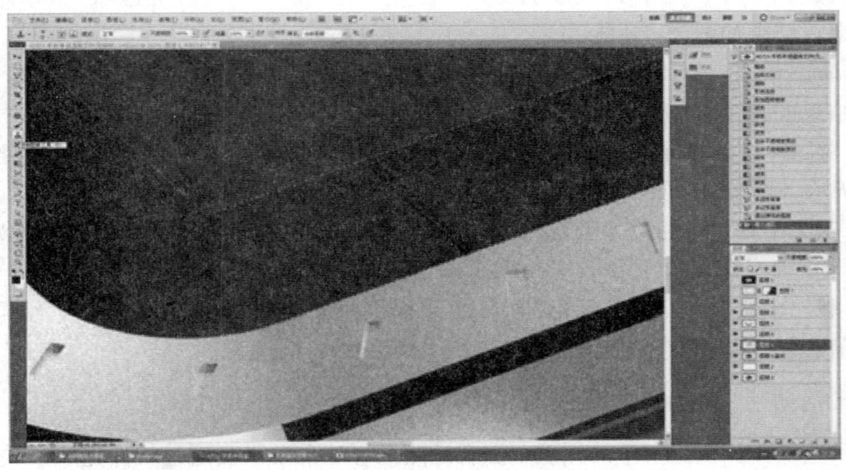

图 20-29　使用图章工具修整

图 20-30　修整完毕后效果

图 20-33　增强轮廓层次

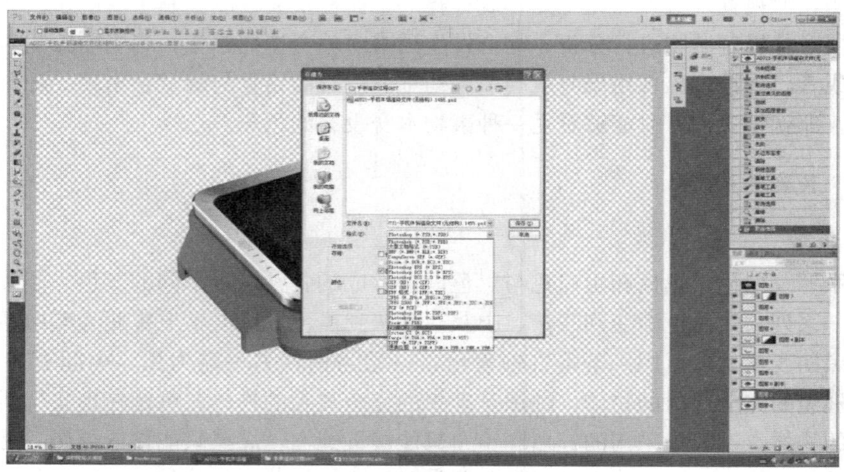

图 20-34　存储图像

（1）综合分析移动电源产品的市场需求（用户群、档次、成本、实用环境等）因素。

（2）收集整理相关的案例资料，确定移动电源的色彩风格和配色方案。

（3）运用 KeyShot 软件给移动电源三维模型附上色彩和材质，渲染出图。

（4）应用平面设计软件设计制作移动电源产品 CMF 表相关色彩信息表，填写配色说明（100～200 字）。

## 20.5 效果评价

效果评价参见任务 1，评价标准见附录。

## 20.6 相关知识与技能

### 20.6.1 设计色彩基础

**1. 色彩的物理学基础**

光是色的源泉，色是光的表现。光是一种电磁波，光分为可见光和不可见光：

（1）可见光：自然光只有范围在 380～780nm 的辐射才能引起人的视感觉。

（2）不可见光：超出 380～780nm 范围的光波。

**2. 色彩的生理学基础**

人的色彩感觉是由客观因素及主观因素造成的。客观因素有光源、可见光、不同质的物体、反射与吸收的作用等。人眼的形状像一个小球，通常称为眼球，眼球内具有特殊的折光系统，使进入眼内的可见光汇聚在视网膜上。入射光到达视网膜之前，主要是折射在角膜和晶状体两个面上。眼睛内部各处的距离都固定不变，只有晶状体可以突出外张，所以有聚像于网膜上的功能，这完全靠晶状体曲率的调整。水晶体的弹性随年龄的增长而减小，调节的本领也随年龄的增长而降低，因此发生老年性远视。要使近处的物体落在网膜上，可用聚光镜将远处的光线收拢，方能使聚焦恰当地落到视网膜上，达到正常视觉。视觉发生于出生后一个月左右，大致一年以后即对所有色彩具备完全感受能力。随年龄的增长（大约 30 岁开始）其效力日趋衰退（50 岁以后特别明显）。

颜色视觉机制的最后阶段发生在大脑皮层的视觉中枢，在这里产生对不同颜色的感觉。物体是客观存在的，但视觉现象并非完全是客观存在的，而在很大程度上是主观的东西在起作用。当人的大脑皮层对外界刺激物进行分析、综合发生困难时就会造成错觉；当当前知觉与过去经验发生矛盾时，或者思维推理出现错误时就会引起幻觉。色彩的错觉与幻觉会出现一种令人难以想象的奇妙变化。那就是人们有时能够看见一种事物本身没有的色彩。

### 20.6.2 色彩的种类

**1. 无彩色系**

无彩色系——白色、黑色和由白色与黑色调合形成的各种深浅不同的灰色。能按照一定的变化规律排成一系列，由白色渐变到浅灰、中灰、深灰到黑色，色度学上称此为黑白系列。黑白系列中由白到黑的变化，可以用一条垂直轴表示，一端为白，另一端为黑，中间有各种过渡的灰色。纯白是理想的完全反射的物体，纯黑是理想的完全吸收的物体。可是在现实生活中并不存在纯白与纯黑的物体，颜料中采用的锌白和铅白只能接近纯白，煤黑只能接近纯黑。无彩色系的颜色只有一种基本性质——明度。它们不具备色相和纯度的性质，也就是说它们的色相与纯度在理论上都等于零。色彩的明度可用黑白度来表示，越接近白色，明度越高；越接近黑色，明度越低。黑与白作为颜料，可以调节物体色的反射率，使物体色提高明度或降低明度。

**2. 有彩色系**

有彩色系——不同的红、橙、黄、绿、青、蓝、紫色调都属于有彩色系。有彩色系是由光的波长和振幅决定的，波长决定色相，振幅决定色调。

### 20.6.3 色彩的基本特性

有彩色的颜色具有三个基本特性：色相、纯度、明度。在色彩学上也称为色彩的三大要素或色相的三属性。

（1）色相。色相是有彩色的最大特征。所谓色相是指能够比较确切地表示某种颜色色别的名称。如玫瑰红、桔黄、柠檬黄、钴蓝、群青、翠绿……从光学物理上讲，各种色相是由射入人眼的光线的光谱成分决定的。对于单色光来说，色相的面貌完全取决于该光线的波长；对于混合色光说，则取决于各种波长光线的相对量。物体的颜色是由光源的光谱成分和物体表面反射（或透射）的特性决定的。

（2）纯度。色彩的纯度是指色彩的纯净程度，它表示颜色中所含有色成分的比例。含有色彩成分的比例越大，则色彩的纯度越高，含有色成分的比例越小，则色彩的纯度也越低。可见光谱的各种单色光是最纯的颜色，为极限纯度。当一种颜色掺入黑、白或其他彩色时，纯度就产生变化。当掺入的色达到很大的比例时，在眼睛看来，原来的颜色将失去本来的光彩，而变成混和的颜色了。当然这并不等于说在这种被混合的颜色里已经不存在原来的色素，而是由于大量的掺入其他彩色而使得原来的色素被同化，人的眼睛已经无法感觉出来了。有色物体色彩的纯度与物体的表面结构有关。如果物体表面粗糙，其漫反射作用将使色彩的纯度降低；如果物体表面光滑，那么，全反射作用将使色彩比较鲜艳。

（3）明度。指的是色彩的敏感程度。各种有色物体由于它们的反射光量的区别而产生颜色的明暗强弱。色彩的明度有两种情况：一是同一色相不同明度，如同一颜色在强光照射下显得明亮，弱光照射下显得较灰暗模糊；同一颜色加入黑色或加白色混合以后也能产生各种不同的明暗层次。二是各种颜色的不同明度。每一种纯色都有与其相应的明度。黄色明度最高，蓝紫色明度最低，红色、绿色为中间明度。色彩的明度变化往往会影响到纯度，如红色加入黑色以后明度降低了，同时纯度也降低了；如果红色加白则明度提高了，纯度却降低了。

彩色的色相、纯度和明度三特征是不可分割的，应用时必须同时考虑这三个因素。

### 20.6.4 色彩的对比关系

色相对比：两种以上色彩组合后，由于色相差别而形成的色彩对比效果称为色相对比。它是色彩对比的一个根本方面，其对比强弱程度取决于色相之间在色相环上的距离（角度），距离（角度）越小对比越弱，反之则对比越强。

**1. 零度对比**

（1）无彩色对比。无彩色对比虽然无色相，但它们的组合在实用方面很有价值。如黑与白、黑与灰、中灰与浅灰，或者黑与白与灰、黑与深灰与浅灰等。对比效果感觉大方、庄重、高雅而富有现代感，但也易产生过于素净的单调感。

（2）无彩色与有彩色对比。如黑与红、灰与紫，或者黑与白与黄、白与灰与蓝等。对比效果感觉既大方又活泼，无彩色面积大时，偏于高雅、庄重，有彩色面积大时活泼感加强。

（3）同类色相对比。一种色相的不同明度或不同纯度变化的对比，也称同类色组合。如蓝与浅蓝（蓝＋白）色对比，绿与粉绿（绿＋白）与墨绿（绿＋黑）色等对比。对比效果统一、文静、雅致、含蓄、稳重，但也易产生单调、呆板的感觉。

（4）无彩色与同类色相比。如白与深蓝与浅蓝、黑与桔与咖啡色等对比，其效果综合了无彩色与有彩色对比和同类色相对比的优点。感觉既有一定层次，又显大方、活泼、稳定。

**2. 调和对比**

（1）邻近色相对比。色相环上相邻的二至三色对比，色相距离大约30度，为弱对比类型。如红橙与橙与黄橙色对比等。效果感觉柔和、和谐、雅致、文静，但也感觉单调、模糊、乏味、无力，必须调节明度差来加强效果。

（2）类似色相对比。色相对比距离约60度，为较弱对比类型，如红与黄橙色对比等。效果较丰富、活泼，但又不失统一、雅致、和谐的感觉。

（3）中度色相对比。色相对比距离约90度，为中对比类型，如黄与绿色对比等，效果明快、活泼、饱满、使人兴奋，对比既有相当力度，但又不失调和之感。

**3. 强烈对比**

（1）对比色相对比。色相对比距离约120度，为强对比类型，如黄绿与红紫色对比等。效果强烈、醒目、有力、活泼、丰富，但也不易统一而感杂乱、刺激、造成视觉疲劳。一般需要采用多种调和手段来改善对比效果。

（2）补色对比。色相对比距离180度，为极端对比类型，如红与蓝绿、黄与蓝紫色对比等。效果强烈、眩目、响亮、极有力，但若处理不当，易产生幼稚、原始、粗俗、不安定、不协调等不良感觉。

## 20.6.5 色彩的构成

**1. 固有色**

指物体在正常日光照射下所呈现出的固有色彩，如红花、紫花、黄花等色彩的区别都是以固有色为基础。

**2. 光源色**

指某种光线（太阳光、月光、灯光、蜡烛光等）照射到物体后所产生的色彩变化。在日常生活中，同样一个物体，在不同的光线照射下会呈现不同的色彩变化。比如同是阳光，早晨、中午、傍晚的色彩也是不相同的，早晨偏黄色、玫瑰色；中午偏白色，而黄昏则偏桔红、桔黄色。阳光还因季节的不同，呈现出不同的色彩变化，夏天阳光直射，光线偏冷，而冬天阳光则偏暖。光源颜色越强烈，对固有色的影响也就越大，甚至可以改变固有色。比如一堵白墙，在中午阳光照射下呈现白色，在早晨的阳光下则呈淡黄色，在晚霞的照射下又呈桔红色，在月亮下则呈灰蓝色。所以光线的颜色直接影响物体固有色的变化，光源色在色彩写生中尤为重要。

**3. 环境色**

物体表面受到光照后，除吸收一定的光外，也能将光反射到周围的物体上，尤其是光滑的材质具有强烈的光反射作用。环境色的存在和变化，加强了画面要素相互之间的色彩呼应和联系，也大大丰富了画面的色彩。

## 20.6.6 色彩视觉

**1. 色彩的冷暖**

物体能通过表面色彩给人们或暖或冷或凉爽的感觉；红、橙、黄等颜色极易使人联想到阳光、烈火，故称“暖色”。青、蓝等颜色常与黑夜、寒冷联系在一起，故称“冷色”。

色彩的冷暖感觉，不仅表现在固定的色相上，而且在比较中还会显示其相对的倾向性。如同样表现天空的霞光，用玫红画早霞那种清新而偏冷的色彩，感觉很恰当，而描绘晚霞则需要暖感强的大红了。但如与橙色对比，前面两色又都加强了寒感倾向。人们往往用不同的词汇表述色彩的冷暖感觉，暖色——阳光、不透明、刺激的、稠密、深的、近的、重的、男性的、强烈的、干的、感情的、方角的、直线型、扩大、稳定、热烈、活泼、开放等。冷色——阴影、透明、镇静的、稀薄的、淡的、远的、轻的、女性的、微弱的、湿的、理智的、圆滑、曲线型、缩小、流动、冷静、文雅、保守等。

绿色和紫色是中性色。黄绿、蓝、蓝绿等色，使人联想到草、树等植物，产生青春、生命、和平等感觉。紫、蓝紫等色使人联想到花卉、水晶等稀贵物品，故易产生高贵、神秘感感觉。至于黄色，一般被认为是暖色，因为它使人联想起阳光、光明等，但也有人视它为中性色，当然，同属黄色相，柠檬黄显然偏冷，而中黄则感觉偏暖。

**2. 色彩的轻重感觉**

各种色彩给人的轻重感不同，我们从色彩得到重量感，是质感与色感的复合感觉。这主要与色彩的明度有关。明度高的色彩使人联想到蓝天、白云、彩霞及许多花卉，还有棉花、羊毛等，产生轻柔、飘浮、上升、敏捷、灵活等感觉。明度低的色彩易使人联想钢铁，大理石等物品，产生沉重、稳定、降落等感觉。

**3. 色彩的膨胀与收缩**

色彩的胀缩与色调密切相关，暖色属膨胀色，冷色属收缩色。

**4. 色彩的前、后感**

不同波长的色彩在人眼视网膜上的成像有前后差异，红、橙等光波长的色在后面成像，感觉比较迫近，蓝、紫等光波短的色则在外侧成像，在同样距离内感觉就比较后退。一般暖色、纯色、高明度色、强烈对比色、大面积色、集中色等有前进感觉，相反，冷色、浊色、低明度色、弱对比色、小面积色、分散色等有后退感觉，实际上这是视错觉的一种现象。

**5. 色彩的华丽、质朴感**

色彩的三要素对华丽感有影响，其中纯度影响最大。明度高、纯度高的色彩，丰富、强对比色彩感觉华丽、辉煌。明度低、纯度低的色彩，单纯、弱对比的色彩感觉质朴、古雅。但无论何种色彩，如果带上光泽，都有一定的华丽效果。

**6. 色彩的兴奋与沉静感**

其影响最明显的是色相，红、橙、黄等鲜艳而明亮的色彩给人以兴奋感，蓝、蓝绿、蓝紫等色使人感到沉着、平静。绿和紫为中性色，没有这种感觉。纯度的影响也很明显，高纯度色兴奋感，低纯度色沉静感。

### 20.6.7 色彩的调和

没有对比，就无所谓调和。对比与调和，是色彩的两大特性，是构成色彩美感的两个基本要素。色彩调和是指两种或两种以上的色彩有秩序的组合在一起，形成和谐统一的色彩搭配。

色彩调和的基本原理大体可分为两种：类似调和、对比调和。

### 20.6.8 设计色彩的应用

工业产品的色彩设计是工业产品造型的一个重要部分，它起着美化产品和美化环境作用。当工业产品作为商品在市场上流通时，色彩比形状更具强烈的吸引力。因此，色彩设计对提高产品的档次和竞争力，对协调操作者的心理要求和提高工作效率，满足人们对美的追求和创造舒适的生活环境等方面，具有现实意义。色彩设计与产品的形态、结构、功能要求达到和谐统一，是色彩设计成功的重要标志。

## 练习与思考

### 一、单选题

1. 色彩的种类分为（　　）。

A. 色相和明度　　B. 有彩色系和中性彩色系

C. 明度和亮度　　D. 无彩色系和有彩色系

2. （　　）指的是色彩的敏感程度。

A. 亮度　　B. 色相　　C. 明度　　D. 纯度

3. （　　）色彩组合后，由于色相差别而形成的色彩对比效果称为色相对比。

A. 两种以上　　B. 一种以上　　C. 两种　　D. 一种

4. 补色对比色相对比距离（　　），为极端对比类型。

A. 60°　　B. 180°　　C. 90°　　D. 120°

5. （　　）是色彩的两大特性。

A. 对比与调和　　B. 协调与统一　　C. 对比与统一　　D. 协调与调和

6. 色彩设计与产品的形态、结构、功能要求达到（　　）。

A. 科技简约　　B. 大气全能　　C. 高雅时尚　　D. 和谐统一

7. 把24色相的同色相三角形按色环的顺序排列成为一个复圆锥体，就是（　　）。

A. 赫林　　B. 奥斯特瓦德色立体　　C. PCCS体系　　D. 蒙塞尔系统

8. 蒙塞尔将色彩的三个因素（或称品质）命名为（　　）。

A. 色彩、明度和色度　　B. 色调、亮度和色度

C. 色调、明度和色度　　D. 色调、明度和色相

9. 无彩色系的颜色只有一种基本性质——（　　）。

A. 纯度　　B. 明度　　C. 色相　　D. 色调

10. PCCS（Practical Color coordinate System）色彩体系是（　　）色彩研究所研制的。

A. 德国　　B. 日本　　C. 美国　　D. 法国

### 二、多选题

11. 色彩的视觉基础有（　　）。

A. 色彩的生物学基础　　B. 色彩的物理学基础

C. 色彩的生理学基础　　D. 色彩的化学基础

E. 色彩的光学基础

12. 色彩的基本特性（　　）。

A. 暗度　　B. 亮度　　C. 色相　　D. 明度

E. 纯度

13. 色彩的对比关系有（　　）。

A. 明暗对比　　B. 零度对比　　C. 前后对比　　D. 调和对比

E. 强烈对比

14. 色彩的构成（　　）。

A. 固有色　　B. 投影色　　C. 光源色　　D. 亮面色

E. 环境色

15. 国际上常用的国际标准色彩体系有三个，分别是（　　）。

A. 法国的 Munsell　　B. 日本研究所的 PCCS 体系
C. 德国的 Ostwald　　D. 美国的 Ostwald
E. 美国的 Munsell

16. 人们往往用不同的词汇表述色彩的冷暖感觉，暖色（　　）。
A. 方角的　　B. 刺激的　　C. 阳光　　D. 不透明
E. 稀薄的

17. 明度高的色彩使人联想到（　　）。
A. 蓝天　　B. 棉花　　C. 彩霞　　D. 花卉
E. 大理石

18.（　　）色等有后退感觉。
A. 集中色　　B. 低明度色　　C. 弱对比色　　D. 小面积色
E. 分散色

19.（　　）的色彩给人以兴奋感。
A. 红色　　B. 橙色　　C. 绿色　　D. 黄色
E. 紫色

20. 明度高、纯度高的色彩，丰富、强对比的色彩感觉（　　）。
A. 单纯　　B. 古雅　　C. 华丽　　D. 辉煌
E. 质朴

**三、判断题**

21. 中度色相对比色相对比距离约 90 度，为中对比类型，如黄与绿色对比等，效果明快、活泼、饱满、使人兴奋，对比既有相当力度，但又不失调和之感。（　　）

22. 没有对比，就无所谓调和。（　　）

23. 类似色相对比色相对比距离约 90 度，为较弱对比类型。（　　）

24. 中度色相对比色相对比距离约 60 度，为中对比类型。（　　）

25. 邻近色相对比色相环上相邻的一至三色对比，色相距离大约 30 度，为弱对比类型。（　　）

26. 对比色相对比色相对比距离约 120 度，为强对比类型。（　　）

27. 色彩的纯度是指色彩的纯净程度，它表示颜色中所含有色成分的比例。（　　）

28. 对于混合色光来说，则取决于各种波长光线的相对量。物体的颜色是由光源的光谱成分和物体表面反射（或透射）的特性决定的。（　　）

29. 透视学作为研究型学科，在应用领域是具有广泛的推动作用的。它对设计的产生和发展具有决定性意义。（　　）

30. 当掺入的色达到很大的比例时，在眼睛看来，原来的颜色将失去本来的光彩，而变成混合的颜色了。当然这并不等于说在这种被混合的颜色里已经不存在原来的色素，而是由于大量掺入其他颜色而使得原来的色素被同化，人的眼睛已经无法感觉出来了。（　　）

## 练习与思考题参考答案

| 1. D | 2. C | 3. A | 4. B | 5. A | 6. D | 7. B | 8. C | 9. B | 10. C |
|---|---|---|---|---|---|---|---|---|---|
| 11. BC | 12. CDE | 13. ABD | 14. ACE | 15. BCE | 16. ABCD | 17. ABCD | 18. BCDE | 19. ABD | 20. CD |
| 21. Y | 22. Y | 23. N | 24. N | 25. N | 26. Y | 27. Y | 28. Y | 29. Y | 30. Y |

# 任务 21

# 产品表面处理效果表现

该训练任务建议用 6 个学时完成学习。

## 21.1 任务来源

在设计项目中，不同的产品有着不同的市场及品牌定位，表面处理是很必要的表达手段。在设计的过程中，配合不同的造型以及材料色彩需求，灵活地运用表面处理工艺，产品的制造周期会得以优化，同时具有更好的外观效果。

## 21.2 任务描述

将 KeyShot 中产品的白模进行表面处理设置与出图。制作该产品方案表面处理相关 CMF 信息表。

## 21.3 能力目标

### 21.3.1 技能目标

完成本训练任务后，你应当能（够）：

**1. 关键技能**

(1) 会根据需求定位合理选择并搭配产品表面处理效果。

(2) 会运用软件充分表现产品表面处理效果。

(3) 会制作完成产品 CMF 相关的表面处理信息表。

**2. 基本技能**

(1) 会根据设计定位收集整理产品表面处理资料。

(2) 会科学处理表面处理工艺与色彩及材料之间的关系。

(3) 会应用相关软件完成产品表面处理效果的表现与出图。

### 21.3.2 知识目标

完成本训练任务后，你应当能（够）：

(1) 掌握产品表面处理搭配的基本方法。

(2) 理解不同产品表面处理效果与市场需求的相互关系。

(3) 了解不同表面处理方式的成型原理。

### 21.3.3 职业素质目标

完成本训练任务后，你应当能（够）：

(1) 具有严谨认真的工作态度。

(2) 善于学习和交流。

(3) 具有敏锐的质感美学洞察力。

## 21.4 任务实施

### 21.4.1 活动一 知识准备

(1) 表面处理的基本概念。

(2) 表面处理简介。

(3) 表面加工的类型与方法。

### 21.4.2 活动二 示范操作

**1. 活动内容**

现代智能手表越来越受欢迎，越来越受年轻人的青睐，那么智能手表外观上能怎么设计得更引人注目呢，现在我们利用 KeyShot 软件对某款智能手表模型进行表面处理，具体要求如下：

(1) 在 KeyShot 软件中打开智能手表三维模型，此时，该智能手表外壳还处在尚未赋予任何材质和表面处理效果的阶段。本次表面处理效果目标为面向年轻人的青春风格，通过材质设置和表面效果设定，在 KeyShot 软件中赋予智能手表外壳及零件相应的材料和表面处理效果，然后渲染出图。

(2) 用 PhotoShop 软件打开渲染出的图片，为特定局部表面处理效果进行贴图处理，以更好实现其实际效果。

(3) 制作 CMF 相关表面处理信息表。

**2. 操作步骤**

(1) 步骤一：打开 KeyShot 软件中的智能手表白模，结果如图 21-1 所示。

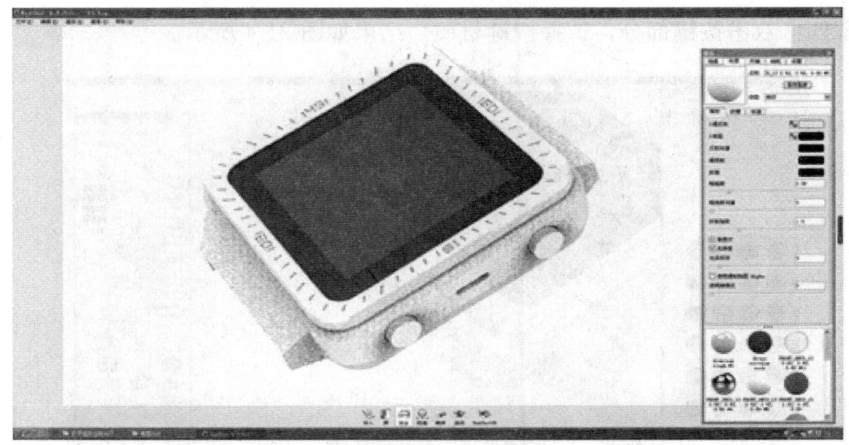

图 21-1 打开白模

（2）步骤二：鼠标左键双击选择手表中间部分，轻击键盘空格键打开项目栏，结果如图 21-2 所示。

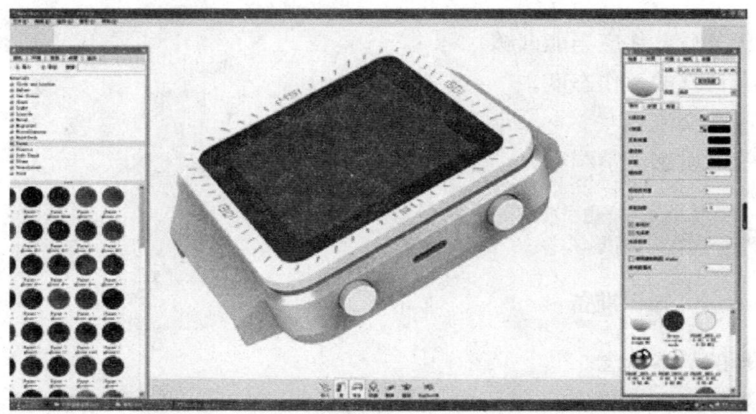

图 21-2 打开 KeyShot 软件项目栏

（3）步骤三：将材质类型改为油漆，调出油漆材质，结果如图 21-3 所示。

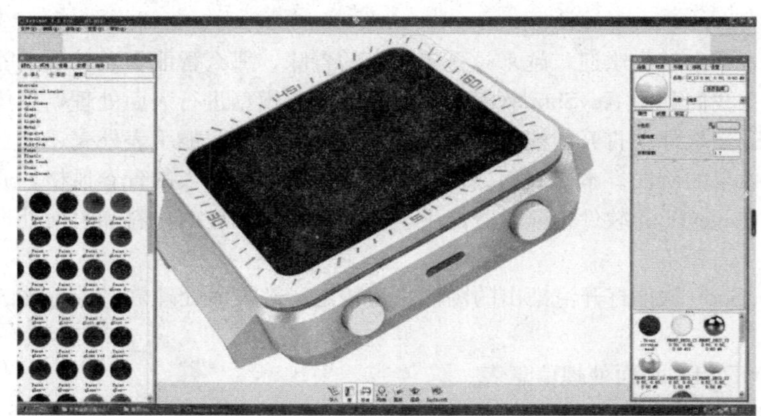

图 21-3 调出油漆材质

（4）步骤四：双击按键部分，选择按键材质，结果如图 21-4 所示。

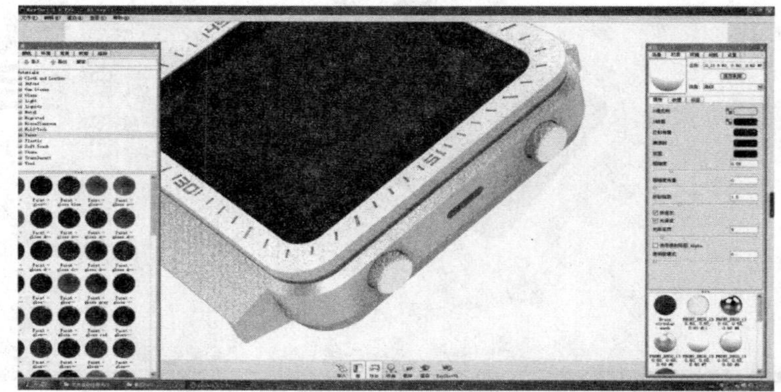

图 21-4 选择按键材质

（5）步骤五：将按键的材质类型改为金属，赋予按键金属材质，结果如图 21-5 所示。

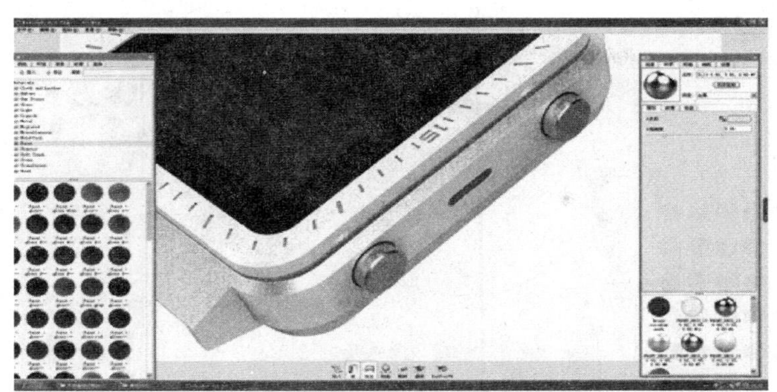

图 21-5　赋予按键金属材质

（6）步骤六：接下来对手表背面进行处理，将模型角度调到背面并双击背面圆圈以外的部分，选择表背部件，结果如图 21-6 所示。

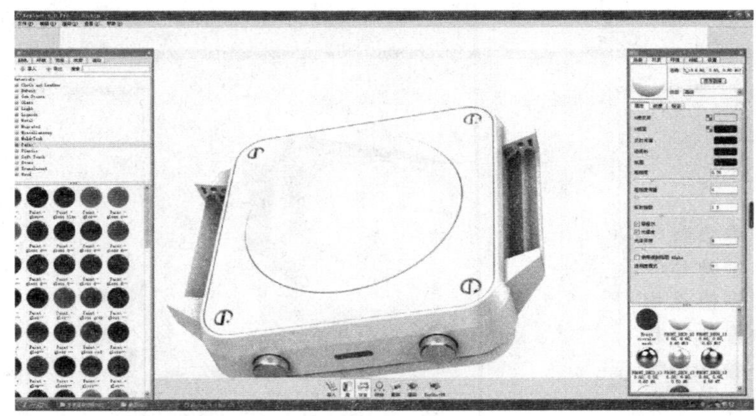

图 21-6　选择表背部件

（7）步骤七：将背面选中部分的材质类型改为金属，赋予金属材质，结果如图 21-7 所示。

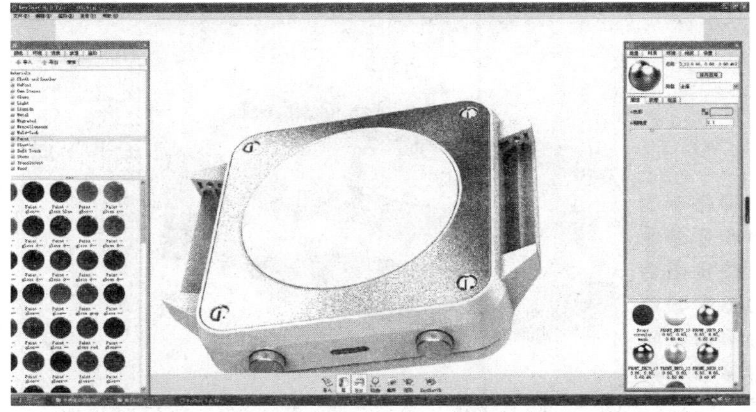

图 21-7　赋予金属材质

（8）步骤八：双击圆圈部分，选择表背圆圈部件，结果如图 21-8 所示。

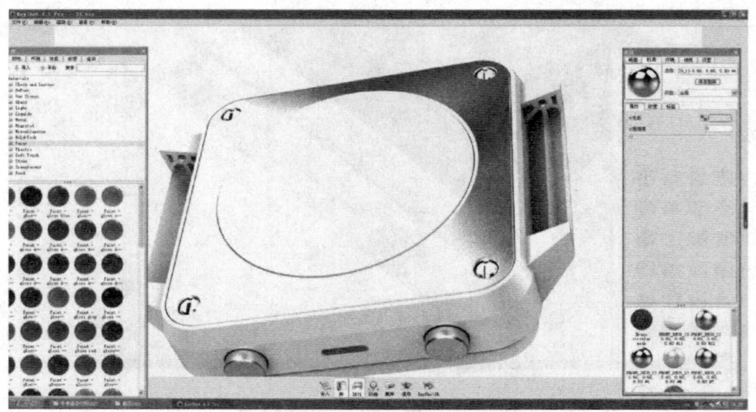

图 21-8　选择表背圆圈部件

（9）步骤九：将圆圈部分材质改为玻璃，折射指数调整为 1.7，赋予玻璃材质，结果如图 21-9 所示。

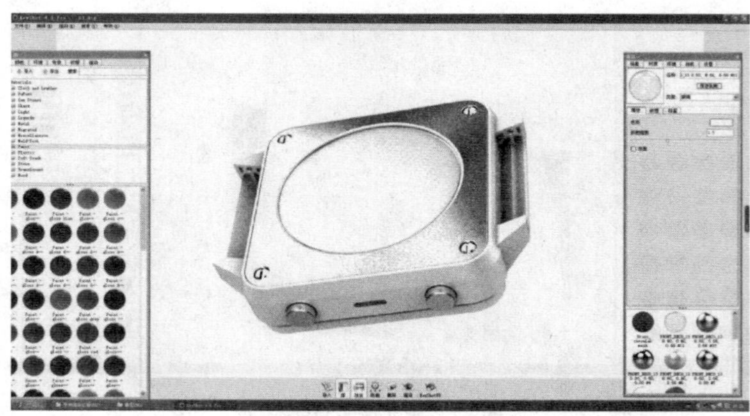

图 21-9　赋予玻璃材质

（10）步骤十：调整模型角度，双击白色条形的卡塞部分，选择卡塞部件，结果如图 21-10 所示。

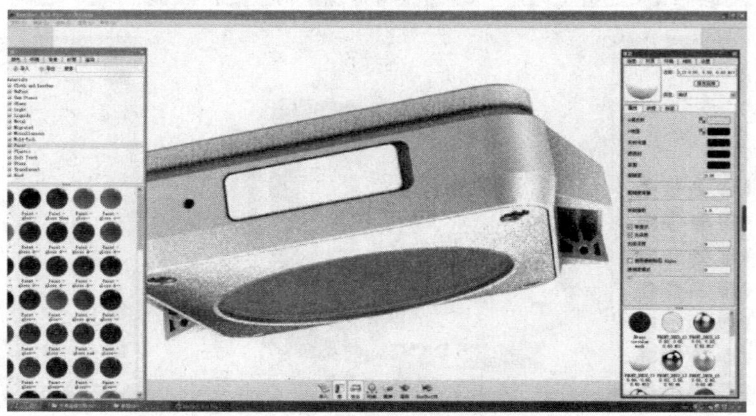

图 21-10　选择卡塞部件

（11）步骤十一：将卡塞的材质类型改为金属漆，赋予金属漆材质，结果如图 21-11 所示。

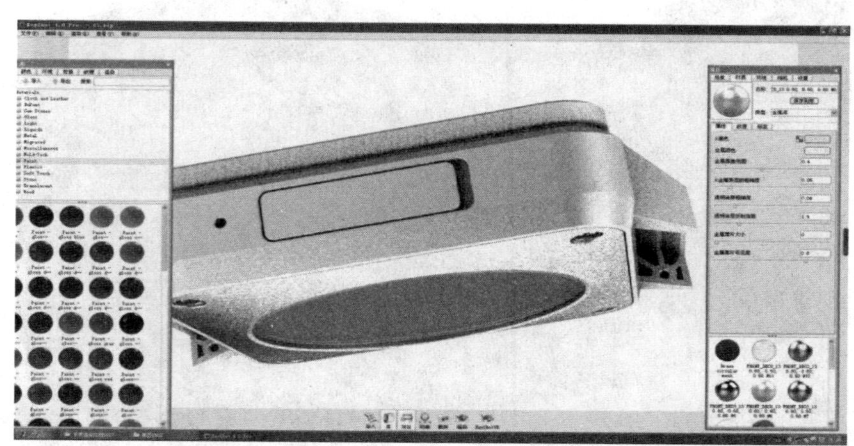

图 21-11　赋予金属漆材质

（12）步骤十二：将文件进行渲染，在渲染选项里要把 Clown 通道选中，设置渲染参数，结果如图 21-12 所示。

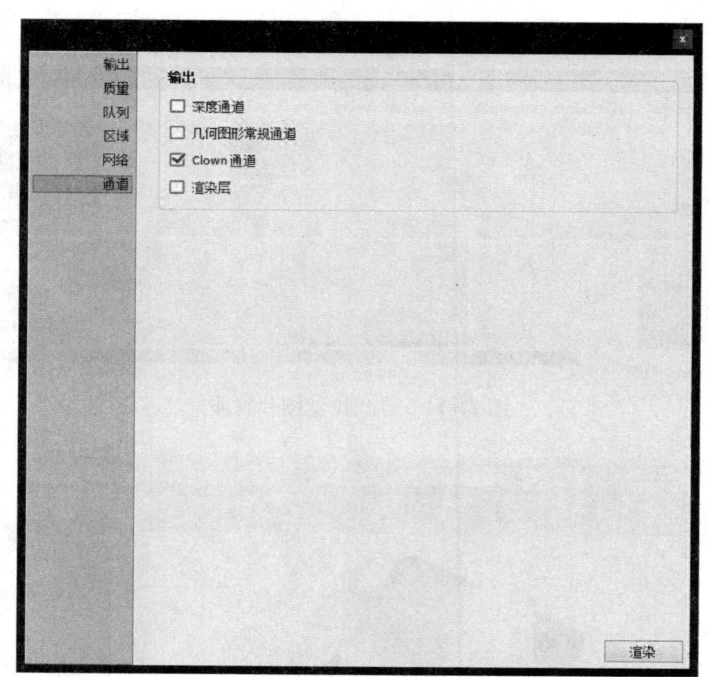


图 21-12　设置渲染参数

（13）步骤十三：为了进一步处理表面材质，以美化外观，将用 PhotoShop 把按键进行拉丝处理，打开 PhotoShop 软件，结果如图 21-13 所示。

（14）步骤十四：在互联网上寻找拉丝材质的图片，结果如图 21-14 所示。

（15）步骤十五：将渲染出来的手表图和找到的拉丝图片导入 PhotoShop 里，在 PhotoShop 界面中导入拉丝材质图片，结果如图 21-15 所示。

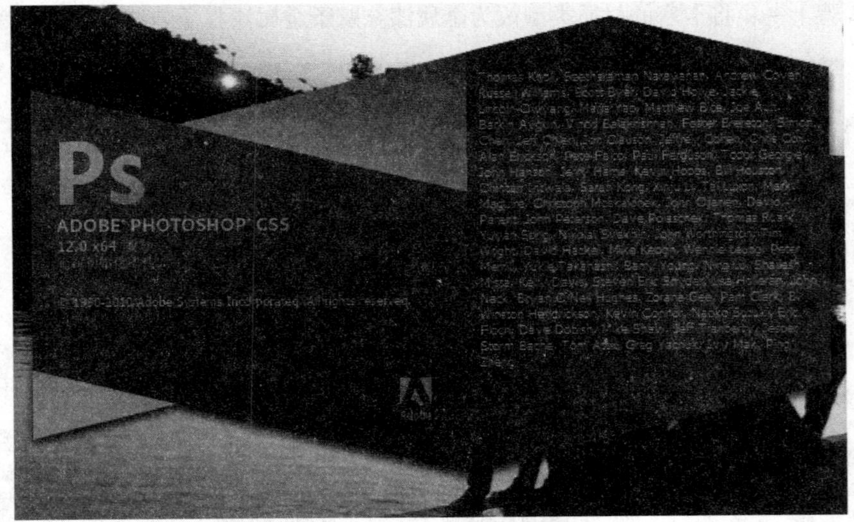


图 21-13 打开 PhotoShop 软件

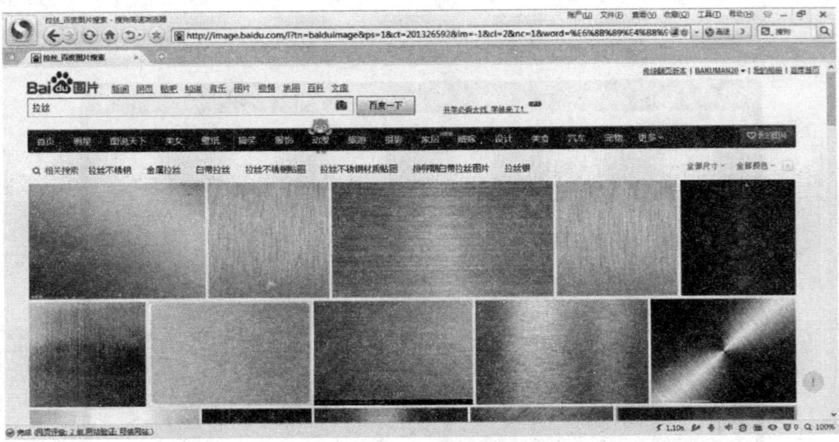

图 21-14 寻找拉丝图片材质

图 21-15 PhotoShop 界面中导入拉丝材质图片

（16）步骤十六：鼠标右键单击拉丝图片的图层部分，点击删除格式化图层，结果如图 21-16 所示。

图 21-16　删除格式化图层

（17）步骤十七：隐藏拉丝图片，点击选择椭圆工具，结果如图 21-17 所示。

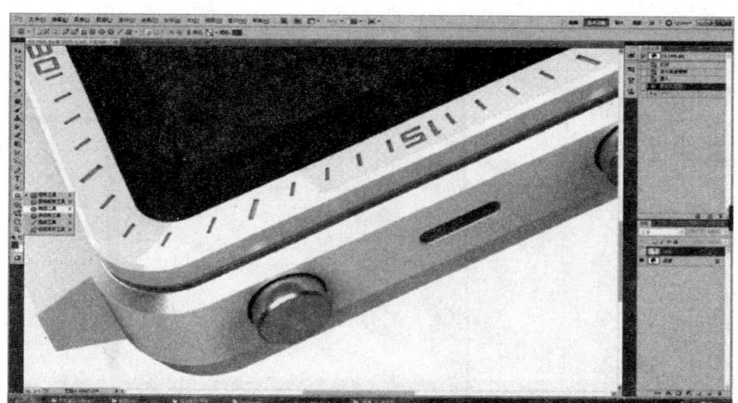

图 21-17　选择椭圆工具

（18）步骤十八：画出一个大小相似的圆，鼠标右键单击此圆并选择扭曲命令，结果如图 21-18 所示。

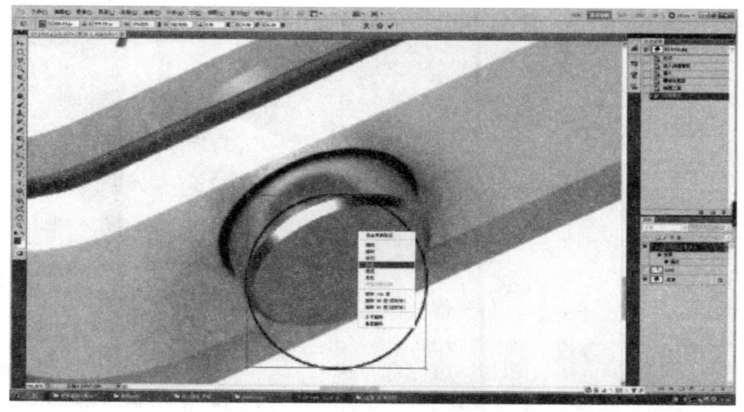

图 21-18　绘制圆形并调整

（19）步骤十九：将此圆调整到与手表按键形状完全一样，结果如图 21-19 所示。

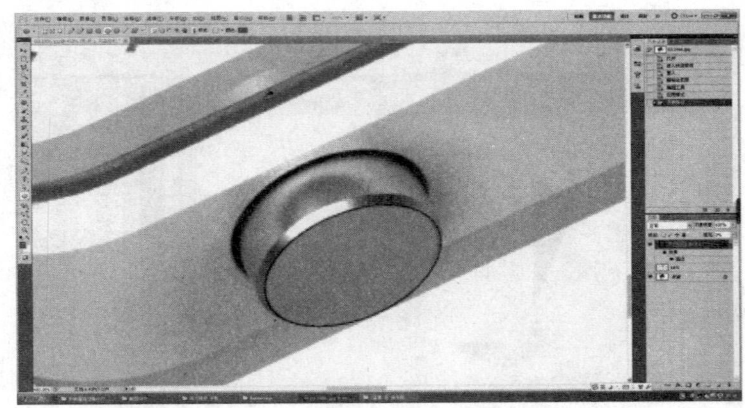

图 21-19 圆形调整后效果

（20）步骤二十：隐藏形状 1 图层并复制一个图层，结果如图 21-20 所示。

图 21-20 复制图层

（21）步骤二十一：显示拉丝图层并将不透明度调低，将拉丝图片的中间部分对准按键中间，调整拉丝图片位置，结果如图 21-21 所示。

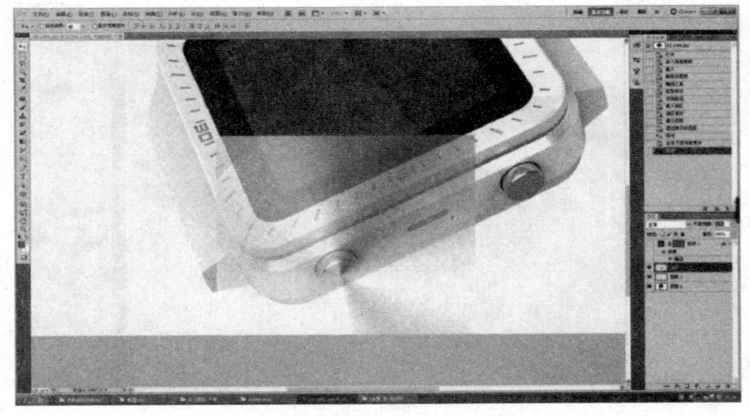

图 21-21 调整拉丝图片位置

（22）步骤二十二：右键选择拉丝图片，点击“扭曲”并调整拉丝图片，调整拉丝图片形状，结果如图 21-22 所示。

图 21-22　调整拉丝图片形状

（23）步骤二十三：将拉丝图片置入形状 1 图层即完成拉丝处理，结果如图 21-23 所示。

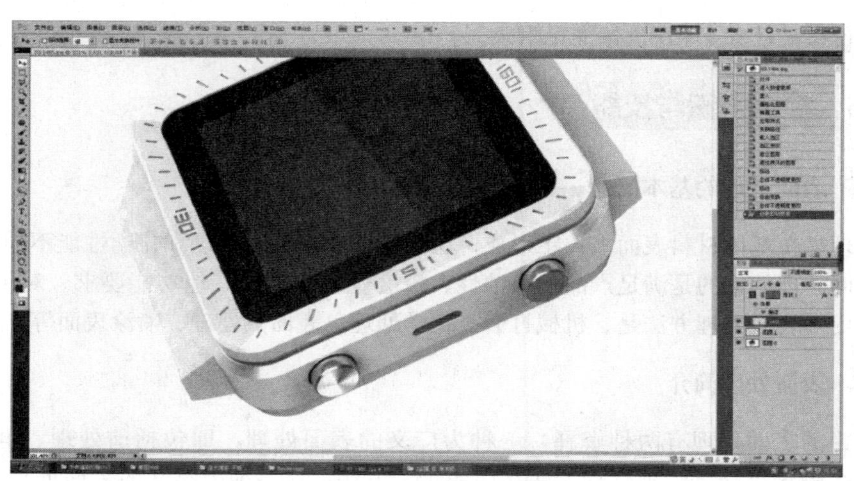

图 21-23　完成拉丝处理

（24）步骤二十四：制作 CMF 相关表面处理信息表，结果如图 21-24 所示。

### 21.4.3 活动三　能力提升

请参考示范操作，利用 KeyShot 及平面设计软件对 miniPC 产品进行表面处理表达，具体要求如下：

（1）按照要求将 miniPC QX2 用 KeyShot 进行表面处理，处理主题是高档质感的材质。

（2）按照要求将 miniPC MX1 用 KeyShot 进行表面处理，处理主题是科技质感的材质。

（3）针对两种主题制作 miniPC 产品的 CMF 相关表面处理信息表。

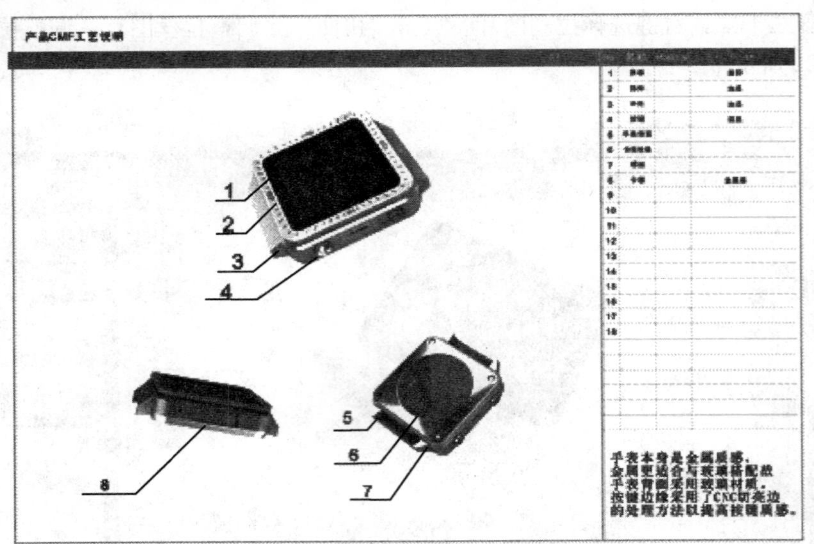


图 21-24 制作 CMF 相关表面处理信息表

## 21.5 效果评价

效果评价参见任务 1，评价标准见附录。

## 21.6 相关知识与技能

### 21.6.1 表面处理的基本概念

表面处理是在基体材料表面上人工形成一层与基体的机械、物理和化学性能不同的表层的工艺方法。表面处理的目的是满足产品的耐蚀性、耐磨性、装饰或其他功能要求。对于金属铸件，我们比较常用的表面处理方法是、机械打磨、化学处理、表面热处理、喷涂表面等。

### 21.6.2 表面处理简介

一般所说的表面处理有两种解释，一种为广义的表面处理，即包括前处理、电镀、涂装、化学氧化、热喷涂等众多物理化学方法在内的工艺方法；另一种为狭义的表面处理，即只包括喷砂、抛光等在内的，也就是我们常说的前处理部分。以下我们所说的主要是狭义的表面处理。

工件在加工、运输、存放等过程中，表面往往带有氧化皮、铁锈制模残留的型砂、焊渣、尘土，以及油和其他污物。若要涂层能牢固地附着在工件表面上，在涂装前就必须对工件表面进行清理，否则，不仅影响涂层与金属的结合力和抗腐蚀性能，而且还会使基体金属（即使有涂层防护）继续腐蚀，使涂层剥落，影响工件的机械性能和使用寿命。因此工件涂漆前的表面处理是获得质量优良的防护层，延长产品使用寿命的重要保证和措施。

就整个广义的表面处理行业来说，现在在中国的发展还很不成熟，技术空白点很多，相关资料匮乏，受重视程度又不够，这就造成了我国表面处理技术层次低而且发展缓慢，相关人才匮乏的现状。

### 21.6.3 表面加工的类型

**1. 拉丝**

拉丝是一种砂带磨削加工工艺，通过砂带对金属表面进行磨削加工，以去除金属表面缺陷，并形成具有一定粗糙度，纹路均匀的装饰表面。

由于拉丝属于一种磨削式加工，对工件表面有一定破坏，所以一般情况下拉丝工艺应该优先于其他表面处理进行，拉丝后再做电镀、氧化、烤漆等处理。

**2. 喷砂**

利用压缩气体或高速旋转的叶轮，将磨料加速冲击基体表面，去除油污、铁锈及其他残留物，使基体表面清洁、粗糙化、还能使表面产生内应力，对提高疲劳强度有利。

**3. 电镀与化学镀**

电镀是指在含有欲镀金属的盐类溶液中，以被镀基体金属为阴极，通过电解作用，使镀液中欲镀金属的阳离子在基体金属表面沉积出来，形成镀层的一种表面加工方法。

化学镀是在没有外电流通过的情况下，利用化学方法使溶液中的金属离子还原为金属并沉积在基体表面，形成镀层的一种表面加工方法。

**4. 喷涂（烤漆）**

用有机涂料通过一定方法涂覆于材料或制件表面，形成涂膜的全部工艺过程，称为涂装。涂装用的有机涂料是涂于材料或制件表面而能形成具有保护、装饰或特殊性能（如绝缘、防腐、标志等）固体涂膜的一类液体或固体材料之总称。

**5. 丝印**

丝印工序通常为最后一道加工工序（下一道工序为组装），而在丝印前都有经过表面处理，如电镀、烤漆、氧化等表面处理。

### 21.6.4 加工的方法

**1. 手工处理**

如刮刀、钢丝刷或砂轮等。用手工可以除去工件表面的锈迹和氧化外皮，但手工处理劳动强度大、生产效率低、质量差、清理不彻底。

**2. 化学处理**

主要是利用酸性或碱性溶液与工件表面的氧化物及油污发生化学反应，使其溶解在酸性或碱性的溶液中，以达到去除工件表面锈迹氧化皮及油污的效果，再利用尼龙制成的毛刷辊或304＃不锈钢丝（耐酸碱溶液）制成的钢丝刷辊清扫干净便可达到目的。化学处理适用于对薄板件清理，缺点是若时间控制不当，即使加缓蚀剂，也能使钢材产生过蚀现象，对于较复杂的结构件和有孔的零件，经酸性溶液酸洗后，浸入缝隙或孔穴中的余酸难以彻底清除，若处理不当，将成为工件以后腐蚀的隐患，且化学物易挥发、成本高。处理后的化学排放工作难度大，若处理不当，将对环境造成严重的污染。随着人们环保意识的提高，此种处理方法正被机械处理法取代。

**3. 机械处理**

主要包括钢丝刷辊抛光法、抛丸法和喷丸法。

抛光法也就是刷辊在电机的带动下，刷辊以与轧件运动相反的方向在板带的上下表面高速旋转，以刷去氧化铁皮。刷掉的氧化铁皮采用封闭循环冷却水冲洗系统冲掉。

抛丸法清理是利用离心力将弹丸加速，抛射至工件进行除锈清理的方法。但抛丸灵活性差，受场地限制大，清理工件时有些盲目性，在工件内表面易产生清理不到的死角。设备结构复杂、易损件多，特别是叶片等零件磨损快，维修工时多、费用高，一次性投入大。

用喷丸进行表面处理，打击力大，清理效果明显。但喷丸处理薄板工件时，容易使工件变形，且使用的钢丸打击到工件表面（无论抛丸或喷丸）使金属基材产生变形，由于四氧化三铁和三氧化二铁没有塑性，破碎后易剥离，而油膜与其材一同变形，所以对带有油污的工件，抛丸、喷丸无法彻底清除油污。在现有的工件表面处理方法中，清理效果最佳的还数喷砂清理。喷砂适用于工件表面要求较高的清理。但是我国目前通用喷砂设备中多由铰龙、刮板、头号式提升机等原始笨重输砂机械组成。用户需要施建一个深地坑及做防水层来装置机械，建设费用高，维修工作量及维修费用极大，喷砂过程中产生大量的矽尘无法清除，严重影响操作工人的健康并污染环境。

国外多使用吸砂机作为输送沙量的机械，吸砂机实际上就是一台超大型吸尘器，用较粗的输送管将料斗与吸砂机连接，将沙料吸入储料罐，吸砂机的特点是施工难度和工艺较斗提机简单，而且方便容易控制，较少需要维护，但是耗电量大，吸砂机目前国内也有几家专门制作吸砂机的厂商，但是技术相对不够成熟，所以绝大多数表面处理企业主要还是使用斗式提升机。

需要做喷抛工艺的工厂在选用输砂设备和除尘设备的时候一定要充分考虑到生产的实际情况，尽量选择功率相对于生产需要更大的设备，由于抛丸作业的设备一般损耗较快，长期使用之后这样或那样的问题会很多，影响生产，选用功率较大的设备会大大减少以后维护所浪费的时间和费用。除尘设备功率不够不仅损害工人健康，而且严重影响喷砂房的能见度，粉尘排不出去也影响沙料本身的质量，影响工件表面粗糙度。

手工喷砂房要根据实际情况设计相对于容纳工件较宽敞的空间，不能太局促，否则影响工人手工作业，同时照明条件一定要好，对于较干燥的地区完全可以把抛砂放在室外进行。

**4. 等离子处理**

等离子体又名电浆，是由带正电的正粒子、负粒子（其中包括正离子，负离子、电子、自由基和各类活性基团等）组成的集合体，其中正电荷和负电荷电量相等故称等离子体，是除固态、液态、气态之外物质存在的第四态——等离子态。

等离子表面处理器由等离子发生器、气体输送管路及等离子喷头等部分组成，等离子发生器产生高压高频能量在喷嘴钢管中被激活和被控制的辉光放电中产生低温等离子体，借助压缩空气将等离子喷向工件表面，当等离子体和被处理物体表面相遇时，产生了物体变化和化学反应。表面得到了清洁，去除了碳化氢类污物，如油脂、辅助添加剂等，或产生刻蚀而粗糙，或形成致密的交联层，或引入含氧极性基团（羟基、羧基），这些基团对各类涂敷材料具有促进其粘合的作用，在粘合和油漆应用时得到了优化。在同样效果下，应用等离子体处理表面可以得到非常薄的高张力涂层表面，有利于粘结、涂覆和印刷。不需其他机器、化学处理等强烈作用成分来增加粘合性。

（1）等离子表面处理应用在印刷包装行业：

1）解决覆膜开胶问题；

2）解决 UV、上光油开胶问题；

3）饮料瓶、果酱瓶粘贴封签，满足牢固及可靠性。

（2）等离子表面处理应用在汽车及船舶制造领域：

1）汽车密封条粘接表面处理，粘接更紧密、隔声、防尘；

2）汽车车灯粘接工艺中应用，粘接牢固，防尘，防潮；

3）汽车内饰表面喷涂，印刷前处理，不褪色、不掉漆；

4）汽车刹车片、油封、保险杠涂装前处理，粘接无缝；
5）船舶制造各材料粘接前处理，粘接完美。
（3）等离子表面处理应用在陶瓷表面：
1）陶瓷涂层前处理，不用底涂，涂层牢固；
2）陶瓷上釉前处理，附着力增强。
（4）线缆工业等离子表面处理：
1）特种线缆印字，喷码印字效果好；
2）光缆印字，牢固度可与激光标识相媲美；
3）光纤印字，印字清晰耐磨。
（5）等离子表面处理在医疗生物材料中的应用：
1）人体植入材料的表面处理，满足相容性；
2）医疗耗材的亲水处理；
3）医疗设备的消毒处理；
4）医疗导管表面处理后的粘接，粘结更加牢固。
（6）等离子表面处理在纺织印染工业中的应用：
1）纤维素纤维处理，提高染色性能上染率；
2）蛋白质纤维处理，增加亲水性，吸附性；
3）合成纤维处理，增加吸湿性，去静电。
（7）等离子表面处理在塑料表面处理中的应用：
1）管材表面处理，增加印字的附着力；
2）玩具表面处理，有利粘接、印刷等；
3）饮料瓶盖，化妆品表面印刷、粘接；
4）鞋子粘接前处理，保证牢固不开胶。
（8）数码产品等离子表面处理：
1）手机、笔记本外壳粘接，外壳不掉漆，文字不褪色；
2）手机按键和笔记本键盘粘接，键盘文字不掉漆；
3）手机壳和笔记本外壳的涂装，不掉漆；
4）LCD 柔性薄膜电路贴合，贴合更牢固；
5）元件绑定前处理，保证粘合牢固。
（9）橡塑行业等离子表面处理：
能够进行印刷、粘合、涂覆等操作。
（10）玻璃产品粘接前的等离子表面处理。
1）挡风玻璃粘接前处理，粘接处更防潮、隔声；
2）实验室细菌培养皿亲水、附着力处理，细菌生产均匀；
3）显示屏粘接前处理。
（11）等离子金属表面改性：
1）提高金属表面的附着力；
2）提高金属表面抗腐蚀能力；
3）提高金属的硬度和磨损特性。
（12）日用品及家用电器等离子处理：
1）涂层前表面处理，涂层更牢固；

2）印字前表面处理，印字不脱落；

3）粘接前表面处理，粘接稳定；

4）高档家具表面处理，不用打磨，直接刷漆，不掉漆。

## 练习与思考

### 一、单选题

1. 工件涂漆前的表面处理是获得质量优良的防护层、（　　）的重要保证和措施。

A. 提高产品质感　　B. 美观产品

C. 延长产品使用寿命　　D. 提高产品销量

2. 拉丝是一种砂带磨削加工，通过砂带对金属表面进行磨削加工，以去除金属表面缺陷，并形成具有一定（　　）、纹路均匀的装饰表面。

A. 粗糙度　　B. 美观效果　　C. 防滑效果　　D. 光滑度

3. 由于拉丝属于一种磨削式加工，对工件表面有一定破坏，所以一般情况下拉丝工艺应该（　　）于其他表面处理进行。

A. 迟　　B. 困难　　C. 简单　　D. 优先

4. 利用压缩气体或高速旋转的叶轮，将磨料加速冲击基体表面，去除油污、铁锈及其他残留物，使基体表面清洁、粗糙化，还能使表面产生内应力，对提高疲劳强度有利的处理类型是?（　　）。

A. 拉丝　　B. 喷涂　　C. 电镀与化学镀　　D. 砂喷

5. 化学镀是在（　　）外电流通过的情况下，利用化学方法使溶液中的金属离子还原为金属并沉积在基体表面，形成镀层的一种表面加工方法。

A. 微弱　　B. 适量　　C. 极强　　D. 没有

6. 用有机涂料通过一定方法涂覆于材料或制件表面，形成涂膜的全部工艺过程，称为（　　）。

A. 涂装　　B. 丝印　　C. 电镀与化学镀　　D. 砂喷

7. （　　）是精准制图的基础。

A. 色彩透视　　B. 大气透视　　C. 线性透视　　D. 透视

8. 丝印工序通常为（　　）加工工序。

A. 最先一道　　B. 最后一道　　C. 最简单一道　　D. 最困难一道

9. 处理劳动强度大、生产效率低，质量差，清理不彻底是哪一种加工方法?（　　）

A. 手工处理　　B. 化学处理　　C. 机械处理　　D. 等离子处理

10. 主要是利用酸性或碱性溶液与工件表面的氧化物及油污发生化学反应的是哪一种加工方法?（　　）。

A. 手工处理　　B. 化学处理　　C. 机械处理　　D. 等离子处理

### 二、多选题

11. 表面处理的目的是满足产品的（　　）功能要求。

A. 耐蚀性　　B. 耐磨性　　C. 装饰或其他　　D. 清晰度

E. 色彩

12. 一般所说的表面处理有两种解释，一种为广义的表面处理，即包括前处理、电镀、（　　）、热喷涂等众多物理化学方法在内的工艺方法。

A. 拉丝　　B. 丝印　　C. 涂装　　D. 化学氧化
E. 喷砂

13. 表面处理就是对工件表面进行（　　）等。
A. 清洁　　B. 清扫　　C. 去毛刺　　D. 去油污
E. 去氧化皮

14. 狭义的表面处理，即只包括（　　）等在内的，也就是我们常说的前处理部分。
A. 电镀　　B. 喷砂　　C. 抛光　　D. 拉丝
E. 涂装

15. 手工处理劳动强度（　　）、生产效率（　　），质量（　　），清理（　　）。
A. 大　　B. 不彻底　　C. 彻底　　D. 差
E. 低

16. 工件涂漆前的表面处理是获得（　　）的重要保证和措施。
A. 提高产品质感　　B. 美观产品
C. 质量优良的防护层　　D. 提高产品销量
E. 延长产品使用寿命

17. 表面处理的方法有（　　）。
A. 手工处理　　B. 机械处理　　C. 拉丝　　D. 喷涂
E. 化学处理

18. 表面处理的类型有（　　）。
A. 拉丝　　B. 机械处理　　C. 电镀　　D. 等离子处理
E. 化学处理

19. 就整个广义的表面处理行业来说，其在我国发展还不成熟的原因有（　　）。
A. 资金不足　　B. 技术空白点很多　　C. 相关资料匮乏　　D. 受重视程度又不够
E. 没有专门的专业

20. 加工的类型有哪些（　　）。
A. 拉丝　　B. 喷砂　　C. 电镀与化学镀　　D. 喷涂（烤漆）
E. 丝印

**三、判断题**

21. 表面处理是在基体材料表面上人工形成一层与基体的机械、物理和化学性能不同的表层的工艺方法。（　　）

22. 表面处理的目的是满足产品的耐蚀性、耐磨性、装饰或其他功能要求。（　　）

23. 对于金属铸件，我们比较常用的表面处理方法是拉丝、电镀、表面热处理、喷涂表面等。（　　）

24. 一般所说的表面处理有两种解释，一种为广义的表面处理，即包括前处理、电镀、涂装、化学氧化、热喷涂等众多物理化学方法在内的工艺方法。（　　）

25. 狭义的表面处理，即只包括手工处理、化学处理等在内的，也就是我们常说的前处理部分。（　　）

26. 工件涂漆前的表面处理是获得质量优良的防护层、延长产品使用寿命的重要保证和措施。（　　）

27. 就整个广义的表面处理行业来说，其在我国发展已经非常成熟。（　　）

28. 一般情况下拉丝工艺应该迟于其他表面处理进行。（　　）

29. 喷砂是利用压缩气体或高速旋转的叶轮，将磨料加速冲击基体表面，去除油污、铁锈及其他残留物，使基体表面清洁、粗糙化，还能使表面产生内应力，但是对提高疲劳强度会产生不好的效果。（ ）

30. 学镀是在没有外电流通过的情况下，利用化学方法使溶液中的金属离子还原为金属并沉积在基体表面，形成镀层的一种表面加工方法。（ ）

## 练习与思考题参考答案

| 1. C | 2. A | 3. C | 4. D | 5. D | 6. A | 7. D | 8. B | 9. A | 10. B |
|---|---|---|---|---|---|---|---|---|---|
| 11. ABC | 12. CD | 13. ABCDE | 14. BCD | 15. ABDE | 16. CE | 17. ABE | 18. AC | 19. BCD | 20. ABCDE |
| 21. Y | 22. Y | 23. N | 24. Y | 25. N | 26. Y | 27. N | 28. Y | 29. N | 30. Y |

# 任务 22

# 产品材料效果表现

该训练任务建议用 6 个学时完成学习。

## 22.1 任务来源

不同的产品材料有不同的成型工艺及特性。产品市场定位、不同的用户体验、使用场景、造型需求及成本要求等都会对于材料的选择有很多限定。所以设计师应当熟悉不同材料的表现效果。

## 22.2 任务描述

设计师根据设计需求和限定条件，在软件中赋予产品模型不同的材质效果，以寻求最优材料组合。

## 22.3 能力目标

### 22.3.1 技能目标

完成本训练任务后，你应当能（够）：

**1. 关键技能**

（1）会根据需求定位合理选择并搭配产品材料。

（2）会运用软件充分表现产品材料特点。

（3）会制作完成产品 CMF 相关材料信息表。

**2. 基本技能**

（1）会根据设计定位收集整理产品材料资料。

（2）会科学处理材料与色彩及表面处理工艺间的关系。

（3）会应用相关软件完成产品材料的表现与出图。

### 22.3.2 知识目标

完成本训练任务后，你应当能（够）：

（1）掌握产品材质搭配的基本方法。

（2）理解不同材料与市场需求的相互关系。

(3) 了解不同材料的特性与成型原理。

### 22.3.3 职业素质目标

完成本训练任务后，你应当能（够）：

(1) 具备严谨认真的工作态度。

(2) 具有敏锐的材料美学洞察力。

(3) 具备沟通交流的能力。

## 22.4 任务实施

### 22.4.1 活动一 知识准备

(1) 材料的基本概念。

(2) 材料的分类。

(3) 材料对设计的影响。

### 22.4.2 活动二 示范操作

**1. 活动内容**

学习运用 KeyShot 软件给手表赋予材质，具体要求如下：

(1) 根据手表的产品定位，为其赋予符合手表用户群需求、风格和档次的材质。

(2) 调整光影和角度，渲染出图。

(3) 制作手表产品 CMF 相关材质信息表。

**2. 操作步骤**

(1) 步骤一：用 KeyShot 软件打开手表文件，明确用户群、风格和产品档次，如图 22-1 所示（示范为中档现代时尚风，适合年轻上班族）。

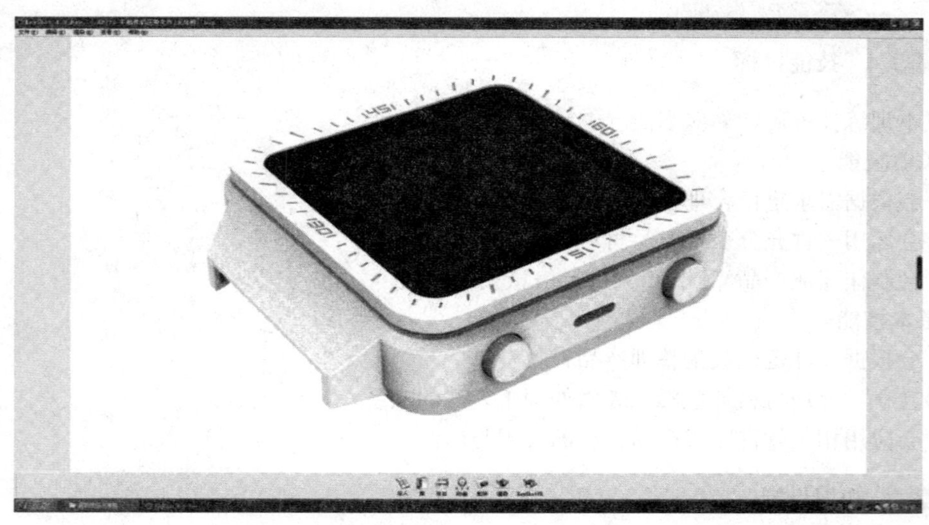

图 22-1 打开文件

(2) 步骤二：为装饰件附上金属材质，如图 22-2 所示。金属效果，如图 22-3 所示。

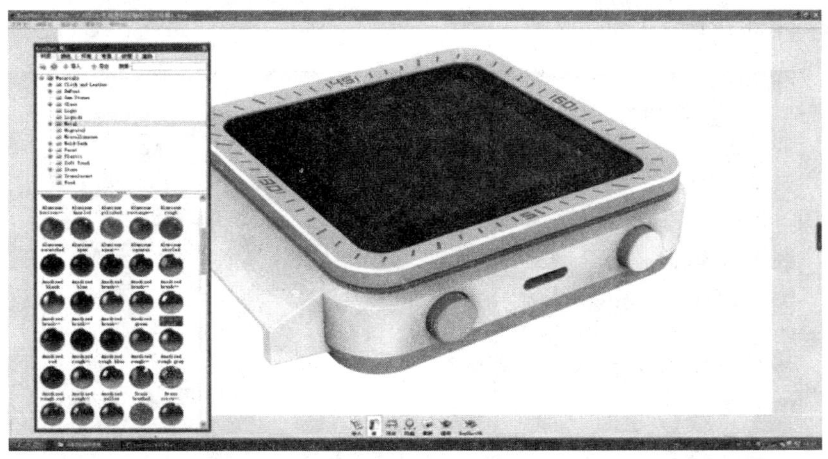

图 22-2　为装饰件附上金属材质

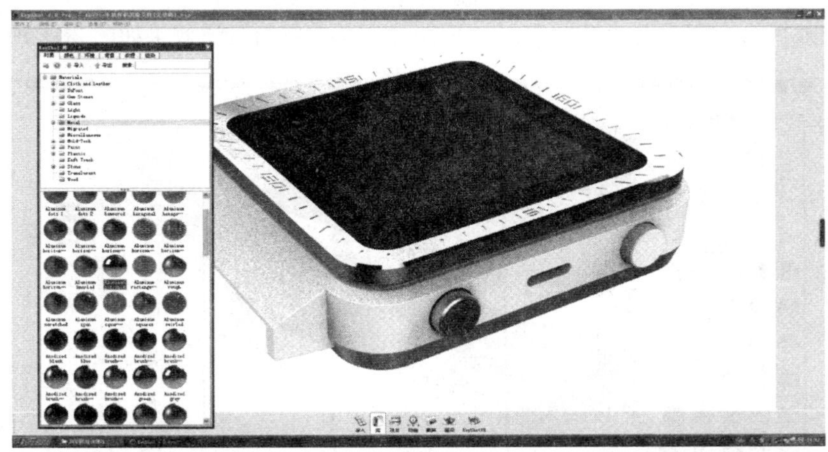

图 22-3　装饰件金属效果

（3）步骤三：给外壳附上塑料材质，结果如图 22-4 所示。

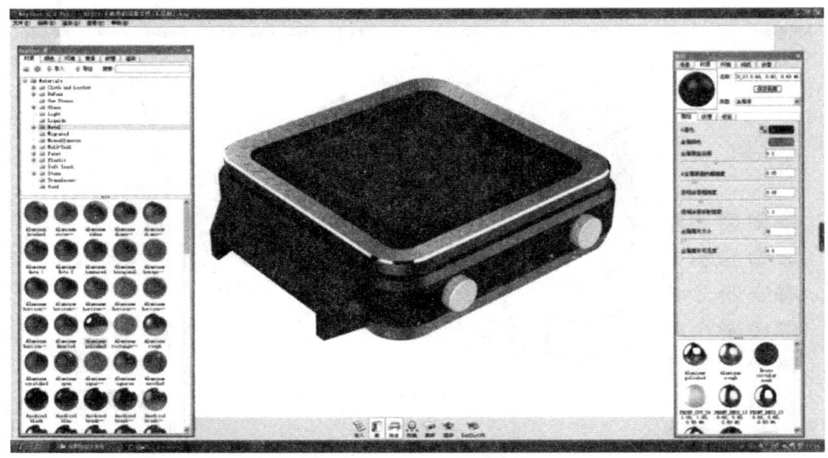

图 22-4　附上塑料材质

（4）步骤四：给按钮附上金属材质，结果如图 22-5 所示。

图 22-5 为按钮附上金属材质

（5）步骤五：给卡塞附上塑料材质，如图 22-6 所示，塑料材质效果如图 22-7 所示。

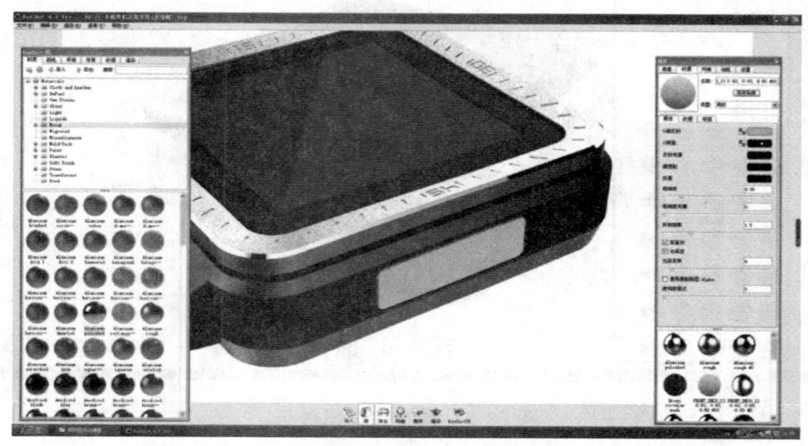

图 22-6 附上塑料材质

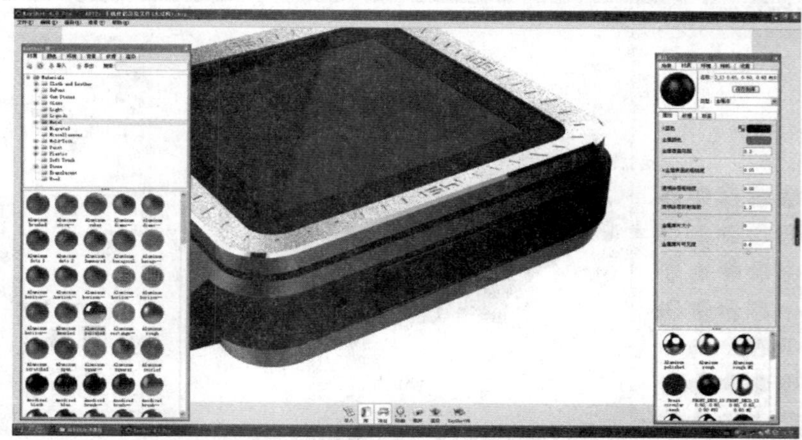

图 22-7 塑料效果

(6) 步骤六：给背面附上金属材质，如图 22-8 所示，金属效果如图 22-9 所示。

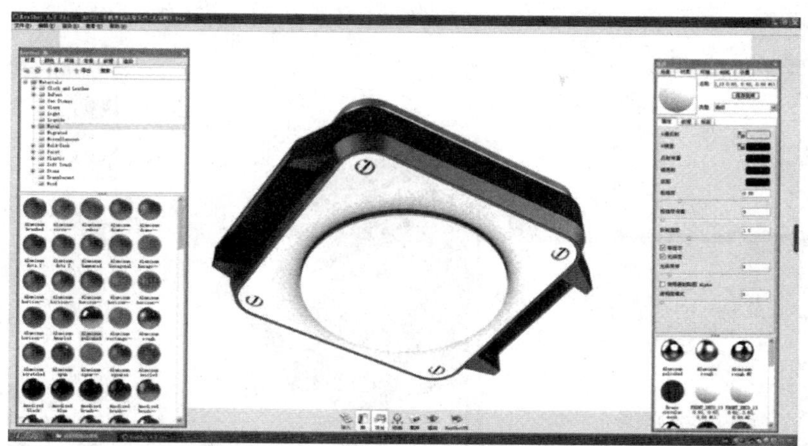

图 22-8　为背面附上金属材质

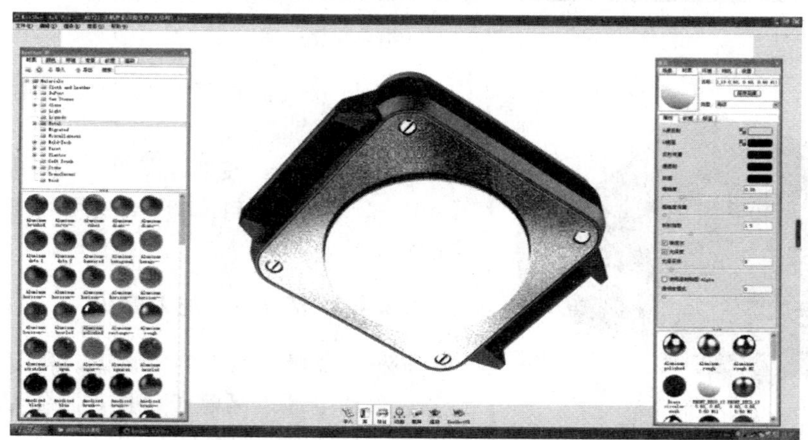

图 22-9　背面金属效果

(7) 步骤七：给背面装饰件附上玻璃材质，结果如图 22-10 所示。

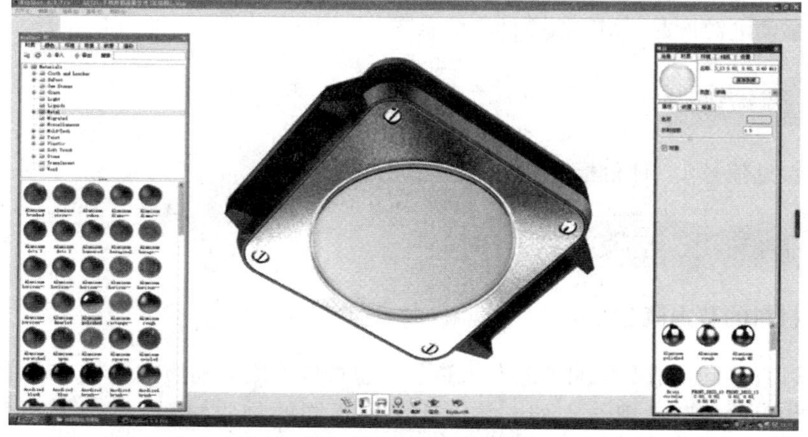

图 22-10　附上玻璃材质

（8）步骤八：调整角度与灯光，进行渲染出图，结果如图 22-11 所示。

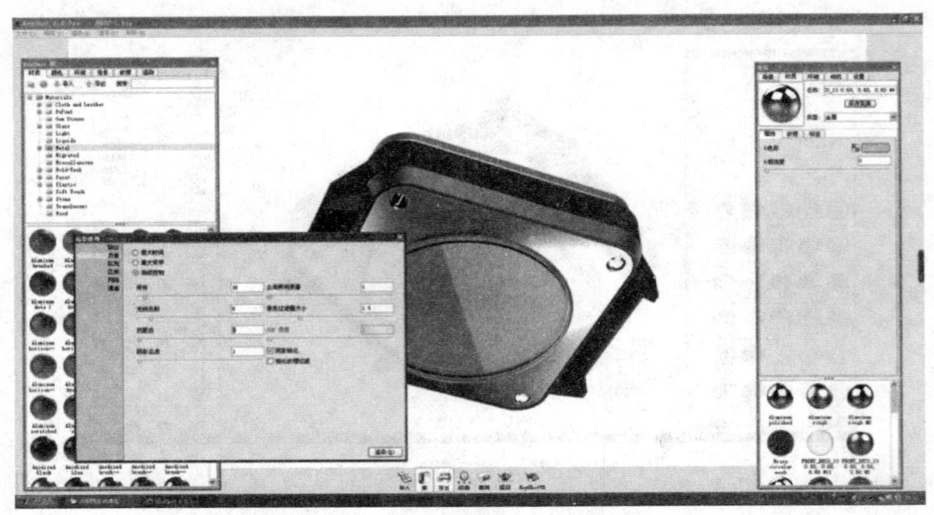

图 22-11　渲染出图

（9）步骤九：查看渲染效果，结果如图 22-12 所示。

图 22-12　最终效果

（10）步骤十：按要求填写 CMF 表的材质部分，写 100～200 字的材料说明，结果如图 22-13 所示（见文前彩页）。

### 22.4.3 活动三　能力提升

根据示范操作所学到的知识，利用 KeyShot 软件给某款移动电源产品赋予材质，制作 CMF 相关材质信息表，具体要求如下：

（1）运用 KeyShot 软件给移动电源附上材质。

（2）根据移动电源制定的产品定位，为其附上符合用户群需求、风格和档次的材质，最后可调整灯光和角度，渲染出图。

（3）制作移动电源产品 CMF 相关材质信息表。

## 22.5 效果评价

效果评价参见任务 1，评价标准见附录。

## 22.6 相关知识与技能

### 22.6.1 材料的基本概念

材料指可以直接制造成品的自然物与人造物，也可以称之为物质或原料，或称为尚未定型的物。所有材料均以“貌”呈现给人们，并以此区别不同的物质材料，这便是各种材料的独有特征。

设计就狭义方面而言，可解释为：为某一目的而赋予材料形状、色彩和机能，而材料必须合乎目的的需要。

### 22.6.2 材料的分类

设计中所用材料主要有金属材料、无机非金属材料、有机高分子材料和复合材料四类。金属材料又可以分为黑色金属和有色金属两种。长期以来，黑色金属在工程上得到了广泛应用。无机非金属材料和有机高分子材料种类繁多，常用的有塑料、橡胶、玻璃、陶瓷、木材等。非金属材料的使用历史悠久。近几十年来，非金属材料也得到了广泛的研究和飞速的发展，从而适用范围日益增大。复合材料由于性能特殊，是未来前景特别宽广的材料。

### 22.6.3 金属材料

金属材料是具有光泽、延展性、导电、传热等性能的物质，除汞外，在常温下均为固体。金属其有较高的强度、硬度及韧性。

通常金属材料分为两大类：一类称为铁金属材料，以铁为主，因其色黑，故又称为黑色金属。另一类称为有色金属材料，如金、银、铜、镍、铝、铅等，各具颜色，故称有色金属。因金、银金属的化学性质稳定、不易生锈，故又称为贵金属。一种金属元素与其他金属元素熔合而成的物质，称为合金。合金的物理性质已不同于原来的金属，一般合金比纯金属性能优异，合金可达到改善性能及研制新金属材料的目的。

**1. 黑色金属及其合金**

黑色金属就是通常所说的钢铁。

黑色金属包括钢、铸铁和铁合金。在工程上，黑色金属得到了最广泛的应用。在结构和工具材料范围内，钢铁的用量占到了 90%以上。

钢铁之所以会得到如此广泛的应用，是由于其具有优越的综合工程性能，包括力学性能（强度、刚度、冲击韧性等）、冷热加工成型性能、抗腐蚀性能等。此外，价格比较便宜也是重要原因。

（1）纯铁。铁元素的符号是 Fe。纯铁（通常称为工业纯铁）质软、价格昂贵，不能作结构材料使用。纯铁的特点是：强度低、硬度低、塑性好。纯铁的用处不多。

（2）铸铁。含碳量大于 2.11%的铁碳合金称为铸铁。由于工艺简单、价格便宜，铸铁在机械中有极其广泛的应用。如按重量统计，在汽车、拖拉机中铸铁件占总量为 50%～70%，在机床中占 60%～90%。

在铸铁中，碳是以石墨形式存在的。石墨的形态在很大程度上决定了铸铁的品种（灰口铸铁、白口铸铁、可锻铸铁和球墨铸铁）和性能。

1）灰口铸铁。灰口铸铁以其断口呈灰色而得名。灰口铸铁内，石墨呈片状。

灰口铸铁在机械加工上有广泛用途，如制作机床床身、机架、机座和许多机器的外壳。

2）球墨铸铁。如浇筑时在铁水中加入球化剂或孕育剂，则铸铁中的石墨将呈球状。这将使铸铁的抗拉强度及伸长率有较大提高。这种铸铁因其石墨以球状存在而得名。球墨铸铁可以用来代替重要受力零件的锻件毛坯以降低制造成本，如内燃机的曲轴等。

3）可锻铸铁。可锻铸铁是在浇筑成白口铸铁后，经过可锻化退火处理后形成。其内石墨以团絮状存在，抗拉强度和伸长率均得以提高，但它实际上不像其名称那样可以锻造。日常水、煤气管道中的连接管件（三通管件、弯头、中低压阀门等）都是可锻铸铁件。有些机器的外形复杂、受力较大的零件也有用可锻铸铁的，如卡车的后桥。

(3) 碳钢。碳素钢简称碳钢，就是含碳量小于2.11%的普通铁碳合金。在钢的熔炼过程中会带入许多杂质，杂质会影响碳钢的性能，尤其是有害杂质会使钢的性能大幅度下降。因此，在炼钢的过程中，必须有效控制有害杂质的含量。

(4) 合金钢。

1) 合金结构钢。

a. 低合金高强度钢。如16Mn，少量Mn的加入，使其强度比Q235钢提高20%～30%。耐腐蚀性提高20%～30%。

b. 合金渗碳钢。常用的合金渗碳钢20Cr的性能要比用作渗碳钢的优质低碳钢20要好许多。20Cr的典型热处理工艺过程是：渗碳——直接淬火——低温回火。

c. 合金调质钢。与典型调质用优质中碳钢45相对应的合金调质钢是40Cr，它比钢45的性能也有相当的提高。

d. 弹簧钢。与优质碳素钢的高碳弹簧钢65对应的合金弹簧钢是65Mn，更好一点的是6OSi2Mn。

e. 滚珠轴承钢。这是一类专门用于制造滚珠轴承的钢种。

2) 合金工具钢。由于工具使用条件的严酷，因此合金工具钢的普遍特点是：合金含量高，且大量使用稀贵合金元素（如钨、铝、钒、铬等)。

3) 特殊性能钢。特殊性能钢主要有不锈钢和耐热钢两类。不锈钢要求耐腐蚀，耐热钢要求抗氧化和抗高温蠕变。耐腐蚀和抗氧化有共同性，因此有的钢种既是不锈钢，也是耐热钢。特殊性能钢中也大量应用合金元素（如铬、镍、铝、钒等)，且合金元素的用量较大，以达到耐腐蚀或耐高温的特殊性能。

**2. 有色金属及其合金**

除了钢铁外的所有其他金属统称为有色金属。有色金属中，目前应用最广的是铝和铜及其合金。

有色金属的品种很多。许多稀有金属能用于航天、航空、军事等领域及其他特殊场合。随着技术的发展和进步。许多稀贵金属的成本有了大幅度的下降，加上其优异特性，有可能逐步进入普通用途领域。例如，相对密度小、熔点高、热胀低、导热差的金属钛便以其质轻、高强、耐高温、耐腐蚀以及低温下韧性好的特殊性能而被誉为“太空金属”。钛及其合金可制成在500℃以下环境中正常工作的零件，如超音速飞机和导弹中的构件。但过去由于其价格特别昂贵、加工条件复杂，只能在航天航空工业中应用。随着加工技术的进步，其成本已有大幅度下降。因此，目前在眼镜架及许多金属装饰件或其表面开始得到越来越多的应用。尽管如此，钛及其合金目前的价格仍较高，只能用于高档商品上。许多用于金属和非金属表面涂镀装饰的金属也大多是稀贵金属，由于用量少，性能好，也正在得到越来越广泛的应用。

(1) 铝和铝合金。铝的相对密度为2.7，仅为钢铁的1/3。铝合金的强度可达到与低合金高强度钢接近。铝的导电性能好，仅次于银、铜和金。铝靠电解铝矾土得到，资源丰富。铝抗大气腐蚀的性能好（但接触酸、碱或盐类后的抗腐蚀性不佳)。铝的加工性能好，可冷成型，切削性、铸造性能也好。因此，铝的应用十分广泛。

1) 纯铝。纯铝按其纯度有以下几类：

a. 高纯铝。一般用作制造电容器。

b. 工业高纯铝。用作制铝箔、包铝，以及熔炼铝合金。

c. 工业纯铝。用于制作电线电缆及配制合金。

2) 铝合金。

a. 变形铝合金。通过添加合金元素获得高强度，同时保持良好的加工性能。①防锈铝合金。其塑性和可焊性能好，但切削性能不好（太软）。可用于制作容器、管道、焊接件、深拉延或弯曲的低载零件和制品、铆钉等。②硬铝合金。为铝、铜、镁的合金，另含少量锰。

b. 铸造铝合金。①铝硅合金。可铸造活塞、电动机壳体、汽缸体等。②铝铜合金。高强、耐热，但铸造性能稍差。也可制造活塞、汽缸盖等。③铝镁合金。耐腐蚀性强，铸造性能稍差，可铸造船舰配件及氨用泵体等。④铝锌合金。铸造性能差。可铸造发动机零件、复杂仪器元件及日常用品。

(2) 铜和铜合金。铜是电和热的良导体，铜对大气和水的抗腐蚀性强，在电子设备中常用于磁屏蔽。铜的加工性能好，易冷热成型，铸造性能也很好。此外，铜的色泽很美观。因此，铜的应用广泛。

铜的有些合金还有些特殊的性能，如青铜和黄铜有很好的减摩性及耐磨性；磷青铜和铍青铜具有很高的弹性和疲劳极限。在电器中得到广泛应用。

但铜及其合金的价格较贵，限制了其应用范围。

### 22.6.4 无机非金属材料

无机非金属材料分子量低，属于无机物质。一般来源于天然的物质，如天然石材、玻璃、陶质材料、木材、无机胶凝材料等。

**1. 陶瓷**

陶瓷是陶器和瓷器的总称。硅酸盐材料是陶瓷的重要组成部分，包括了陶瓷器、玻璃、水泥和耐火材料四大类。由于近代无机非金属材料的发展，“陶瓷”的概念扩大了，故所有的无机非金属材料统称为陶瓷。

陶瓷材料具有极好的耐热性能和化学稳定性。这些性能可满足一些较高的使用要求。如刚玉瓷，可耐1700℃高温。透明的刚玉可制作高压钠灯。氮化硅和氮化硼几乎接近金刚石的硬度，可制作比硬质合金更优良的刀具。但陶瓷性能脆性极大，抵抗内部裂纹扩展能力低。

**2. 玻璃**

玻璃是以石英砂、长石、石灰石、纯碱等为主要原料，加入一些金属氧化物等，经高温熔化成型，冷却后形成透明的固体材料。其主要成分是二氧化硅、氧化钠和氧化钙。

玻璃因其透明和色彩丰富而用途广泛。按其用途划分，玻璃可分为：容器玻璃、仪器及医疗玻璃、平板玻璃、电真空玻璃（电光源和电真空器件外壳，如灯泡灯管壳、真空管壳等)、显像管壳、光敏玻璃（用于光掩模材料和光开关器件等)、工艺美术玻璃、光学玻璃（各种光学镜头等)、光纤玻璃（拉制光纤，用于激光信号传输通信)、建筑玻璃、照明器具玻璃（灯罩等)、纤维和泡沫玻璃（隔热保温材料及制造复合材料)，等等。其中平板玻璃是玻璃中用处最广泛的一种。

**3. 木材**

木材是人类使用最古老的造型材料之一。木材取之于森林，但而森林在生态、资源和环境保护中有其特殊的意义而森林本身又不是能迅速得以成长和恢复的。因此近年来各国都特别强调节约木材，限制木材的使用以及综合利用有限的森林资源。

木材质轻，有美丽的天然色泽和花纹，易加工，易涂饰，电和热的传导率低。但易变形，易燃，各向异性以及吸湿性使其在使用时又存在一定的缺点和局限性。此外，由于大多数木材是天然生成（另有少数是木材的再制品)，不可避免存在树节、虫害、弯曲变形、裂纹等缺陷，加上运输和储存中可能造成的变色、腐朽，使加工选料增加了难度，也降低了木材的利用率及使用外观效果。

常用木材有原木和人造板材两类：

(1) 原木即人工采伐得到的树干，经去皮后按一定规格锯成一定尺寸的木材。原木除可直接用作电杆、桩木、坑木外，一般都要经纵向锯割制成锯材，即板材和方才（通常以宽度为厚度的三倍来划分）。

(2) 人造板材则是利用原木、刨花、木屑、小材、废材以及其他植物（如竹材）或其纤维等为原料，经过机械或化学处理制成的板材。人造板提高了木材的利用率。

### 22.6.5 有机高分子材料

有机高分子材料亦称为“大分子化合物”“高聚物”。通常有机高聚物的分子可高达数千乃至数百万以上。一般分为天然和合成两大类。天然的如纤维素、天然橡胶等。合成的多由单体经聚合反应而成，如合成橡胶、合成纤维、合成树脂等。日常接触的绝大部分是由低分子化合物聚合而成的高分子材料，如聚乙烯、氯丁橡胶、涤纶纤维等。

**1. 橡胶**

橡胶是一种高分子弹性材料。其特点是在很宽的温度范围内有优越的弹性。所谓弹性大是指在较小的负荷下产生很大的变形，而除去负荷后又能很快恢复原始状态。材料的弹性可以用其弹性模量来表示。橡胶的弹性模量仅为钢铁的三万分之一，在相同的拉伸负荷下，橡胶的相对伸长会是钢铁的300倍。

橡胶可分为天然橡胶和人工合成橡胶两类：

(1) 天然橡胶是采自于橡胶树树皮上的一种白色黏液。天然橡胶具有最佳的综合机械性能，但产量有限，使其应用受到了相当的限制。

(2) 人工合成橡胶的种类有上百种，常用的就有丁苯胶、顺丁胶、异戊胶、氯丁胶、丁腈胶、硅橡胶、氟橡胶、丁基胶等。人工合成橡胶也可按其性能和使用范围分成通用合成橡胶和特种橡胶。前者广泛用于轮胎、运输带、胶管、密封件、减振装置等各种工业制品，各种日常用品以及医疗器械中。

**2. 塑料**

合成树脂是具有塑性的物质。按其加热后性质的变化和成型工艺的特点又可分为热塑性和热固性树脂两大类。

热塑性树脂变热后可软化，具有流动性可在外力作用下成型，冷却后即固化。

热固性树脂变热后具有流动性，成型冷却后不能再度软化。

为改善单一树脂加工或制作性能的不足，在使用时加入填充剂、增塑剂、稳定剂、着色剂等添加剂形成新的材料，称为塑料。

每一种塑料都有其特殊的性能，但他们又具有如下共性。

(1) 无色，可任意着色。

(2) 质轻，比强度（单位重量所能达到的强度）高。

(3) 质硬，弹性和柔性好，耐磨。

(4) 化学稳定性好，耐腐蚀性好，耐紫外光好，耐候性好。

(5) 电绝缘性和热绝缘性好。

(6) 吸振，消声。

塑料按其应用范围通常分为三类：

(1) 通用塑料。主要指聚乙烯、聚氯乙烯、聚苯乙烯、聚丙烯、酚醛塑料和氨基塑料等。通用塑料占塑料总产量的90%以上，设计中广为应用。

（2）工程塑料。指作为结构材料在机械装备和工程结构中使用的塑料。常用的品种有聚甲醛、尼龙、聚碳酸酯、聚砜、ABS、聚苯醚、环氧树脂等。

（3）其他塑料。即指具有某种特异功能，满足特需的塑料，如医用塑料等。

**3. 纤维**

纤维分为天然纤维与合成纤维，天然纤维主要有纤维素等。合成纤维主要有涤纶（的确良）、锦纶（尼龙）、腈纶（人造毛）、维纶（维尼纶）、丙纶、氯纶、氟纶和芳纶等。合成纤维具有强度高、比重小、耐磨、不霉不腐等特点，设计中广泛用来制作衣料、帘帷等，在交通运输等方面也广为应用。

### 22.6.6 复合材料

复合材料是指金属与金属、金属与非金属或非金属与非金属复合而成的多相体系，即凡是两种或两种以上不同化学性质或不同组织结构，以微观或宏观的形式组合而成的新材料，均可称为复合材料。复合材料的兴起是从 1932 年玻璃钢问世开始。

复合材料的性能指标大大超过各组成材料性能指标的总和，其特点是：比强度和比刚度高、抗疲劳性能好、减振能力强、高温性能好、断裂时的安全性高。复合材料还可以实行整体一次成型。从而可减少制品的零部件、紧固体和接头的数目，材料的利用率也高。所以复合材料是工业设计领域中前途十分广阔的应用材料，也是 21 世纪材料科学领域重点发展的材料之一。

目前，在复合材料领域尤以纤维复合较多。在纤维复合材料中使用的纤维有陶瓷（包括玻璃）纤维、碳纤维、硼纤维和难熔金属丝。

**一、单选题**

1. 材料分为（　　）大类。
   A. 3　　B. 4　　C. 5　　D. 6
2. 以下材料中，常温下不是固体的是（　　）。
   A. 铁　　B. 铜　　C. 汞　　D. 铝
3. 以下材料中，不属于黑色金属的是（　　）。
   A. 碳　　B. 铸铁　　C. 钢　　D. 合金钢
4. 以下材料中，属于无机非金属材料的是（　　）。
   A. 木材　　B. 玻璃　　C. 橡胶　　D. 塑料
5. （　　）是设计的物质基础。
   A. 表面处理　　B. 色彩　　C. 结构　　D. 材料
6. （　　）不属于“铝”加工性能好的表现。
   A. 铸造性能好　　B. 切削性能好　　C. 可冷成型　　D. 遇酸抗腐蚀性好
7. （　　）常用作制铝箔、包铝及熔炼铝合金。
   A. 高纯铝　　B. 工业纯铝　　C. 工业高纯铝　　D. 变形铝合金
8. 不属于塑料的共性的是（　　）。
   A. 可任意着色　　B. 电绝缘性好　　C. 密度小　　D. 吸振
9. 不属于合成纤维的是（　　）。
   A. 纤维素　　B. 丙纶　　C. 氯纶　　D. 芬纶

10. 以下不属于塑料按应用范围分类的类别是（　　）。
    A. 工业塑料　B. 工程塑料　C. 其他塑料　D. 通用塑料

## 二、多选题

11. 以下属于金属的性能的是（　　）。
    A. 有光泽　B. 延展性　C. 导电　D. 传热
    E. 绝缘
12. 黑色金属包括（　　）。
    A. 钢　B. 陶瓷　C. 碳钢　D. 铸铁
    E. 铁合金
13. 纯铝按其纯度分为哪几类？（　　）
    A. 变形纯铝　B. 高纯铝　C. 工业高纯铝　D. 其他高纯铝
    E. 工业纯铝
14. 以下材料中，哪些是无机非金属材料？（　　）
    A. 陶瓷　B. 玻璃　C. 天然石材　D. 木材
    E. 无机胶凝材料
15. 合成纤维主要有（　　）。
    A. 涤纶　B. 锦纶　C. 纤维素　D. 丙纶
    E. 腈纶
16. 复合材料特点有（　　）。
    A. 比强度和比刚度高　B. 抗疲劳性能好
    C. 减振能力强　D. 高温性能好
    E. 断裂时的安全性高
17. 以下哪些属于通用塑料？（　　）
    A. 聚乙烯　B. 聚氯乙烯　C. 聚苯乙烯　D. 聚丙烯
    E. 酚醛塑料
18. 以下哪些属于工程塑料？（　　）
    A. 聚甲醛　B. 尼龙　C. 聚碳酸酯　D. 聚砜
    E. ABS
19. 合成纤维具有（　　）的性质。
    A. 强度高　B. 比重小　C. 耐磨　D. 不霉不腐
    E. 延展性强
20. 铝铜合金具有（　　）的性质。
    A. 高强　B. 延展性强　C. 耐腐蚀　D. 铸造性能强
    E. 耐热

## 三、判断题

21. 铜是电和热的良导体，铜对大气和水的抗腐蚀性强。（　　）
22. 材料和工艺是产品设计的物质技术条件，是产品设计的基础和前提。（　　）
23. 在炼钢的过程中，不需要控制有害杂质的含量。（　　）
24. 因金、银金属的化学性质稳定、不易生锈，故又称为贵金属。（　　）
25. 复合材料由于性能特殊，未来前景不乐观。（　　）
26. 所有金属在常温下均为固体。（　　）

27. 黑色金属就是通常所说的钢铁。(　　)

28. 铁元素的符号是 Fe。纯铁质软、价格昂贵，不能作结构材料使用。纯铁的特点是：强度低、硬度低、塑性好。(　　)

29. 特殊性能钢主要有不锈钢和耐热钢两类。(　　)

30. 防锈铝合金。其塑性和可焊性能好，但切削性能不好（太软）。可用于制作容器、管道、焊接件、深拉延或弯曲的低载零件和制品、铆钉等。(　　)

## 练习与思考题参考答案

| 1. B | 2. C | 3. A | 4. B | 5. D | 6. D | 7. C | 8. C | 9. A | 10. A |
|---|---|---|---|---|---|---|---|---|---|
| 11. ABCD | 12. ACDE | 13. BCE | 14. ABCDE | 15. ABDE | 16. ABCDE | 17. ABCDE | 18. ABCDE | 19. ABCD | 20. AE |
| 21. Y | 22. Y | 23. N | 24. Y | 25. N | 26. Y | 27. Y | 28. Y | 29. Y | 30. N |

# 任务 23

# 产品结构爆炸图制作

该训练任务建议用 6 个学时完成学习。

## 23.1 任务来源

在产品造型设计二维表达和三维表达效果图完成后模型制作启动以前，需要输出一批文件，其中包括：产品排版效果图、产品三维电脑模型、产品配色方案、产品结构爆炸图、产品工艺文件、菲林等相关文件。其中产品结构爆炸图的绘制是作为工业设计必须掌握的重要技能之一。

## 23.2 任务描述

根据产品图片示范，绘制一个产品的结构爆炸图，并标注结构、材料与工艺，效果图如图 23-1（见文前彩页），结构爆炸图如图 23-2 所示。

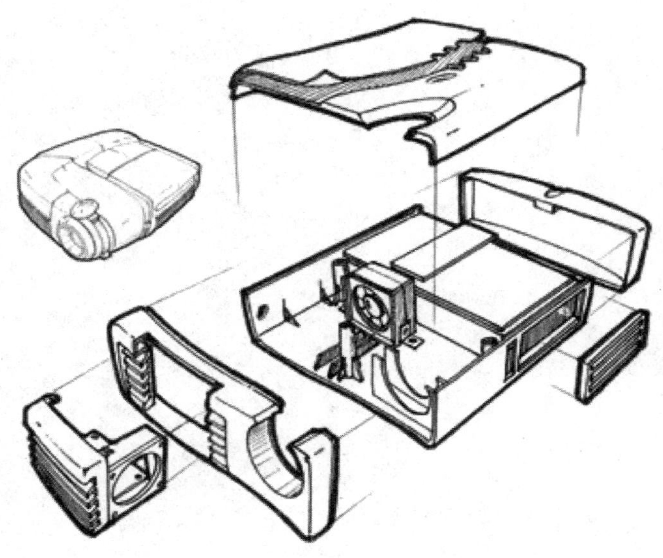

图 23-2 结构爆炸图

## 23.3 能力目标

### 23.3.1 能力目标

完成本训练任务后，你应当能（够）：

**1. 关键技能**

（1）了解塑胶件、钣金和压铸件等的零件设计原理。

（2）掌握进行产品的装配设计。

（2）了解材料、模具和表面处理工艺等原理。

**2. 基本技能**

（1）掌握产品造型设计的方法与流程。

（2）掌握手绘完整的产品效果图。

（3）掌握产品设计输出制作方法。

### 23.3.2 知识目标

完成本训练任务后，你应当能（够）：

（1）掌握基本的机械设计知识。

（2）掌握各类结构基础知识。

### 23.3.3 职业素质目标

完成本训练任务后，你应当能（够）：

（1）具备严谨科学的工作态度。

（2）具有耐心细致的工作素质。

（3）具有产品设计系统分析能力。

## 23.4 任务实施

### 23.4.1 活动一　知识准备

（1）塑胶产品结构设计要点。

（2）塑件设计知识。

### 23.4.2 活动二　示范操作

**1. 活动内容**

参照产品图片，绘制其装配示意图，即结构爆炸图，分析并表现其结构特征、材料及加工工艺，具体要求如下：

（1）绘制一个产品的结构爆炸图。

（2）标注结构、材料与工艺。

**2. 操作步骤**

（1）步骤一：基本布局。绘制出各个部件的基本位置，注意协调构图，各个部件构图，结果如图 23-3 所示。

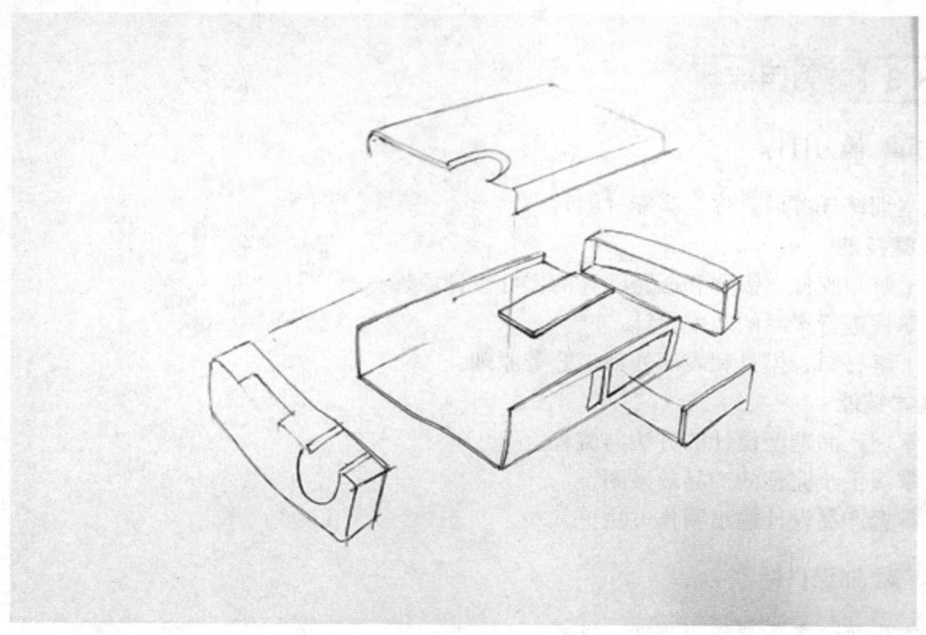

图 23-3　各个部件构图

（2）步骤二：深化布局。对产品爆炸图布局进一步深化，绘制出相应细节，结果如图 23-4 所示。

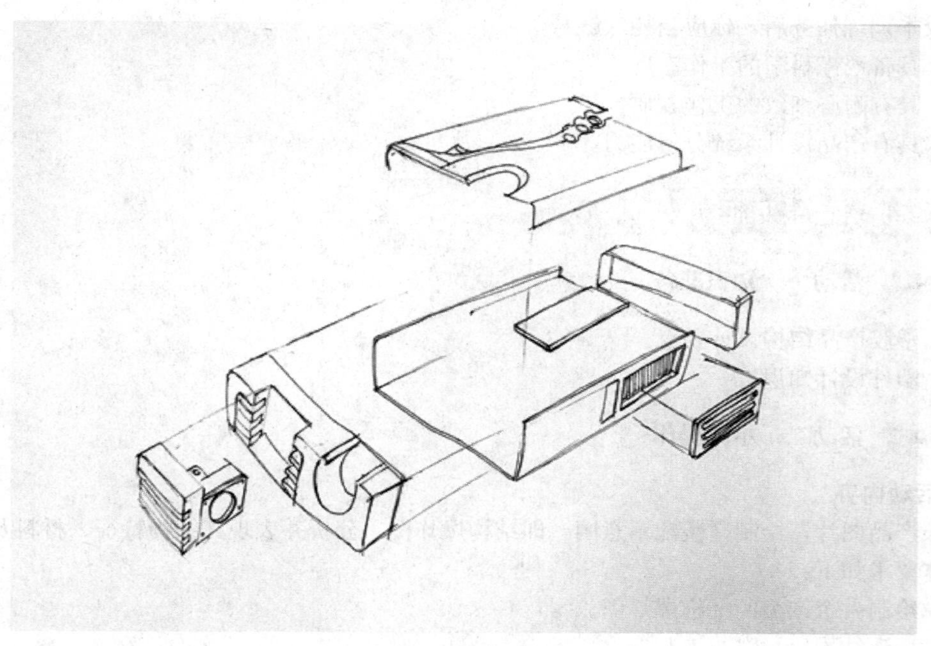

图 23-4　布局升华与绘制细节

（3）步骤三：扣件布局。每个单件都需要标注材质、色彩、表面处理，结果如图 23-5 所示。

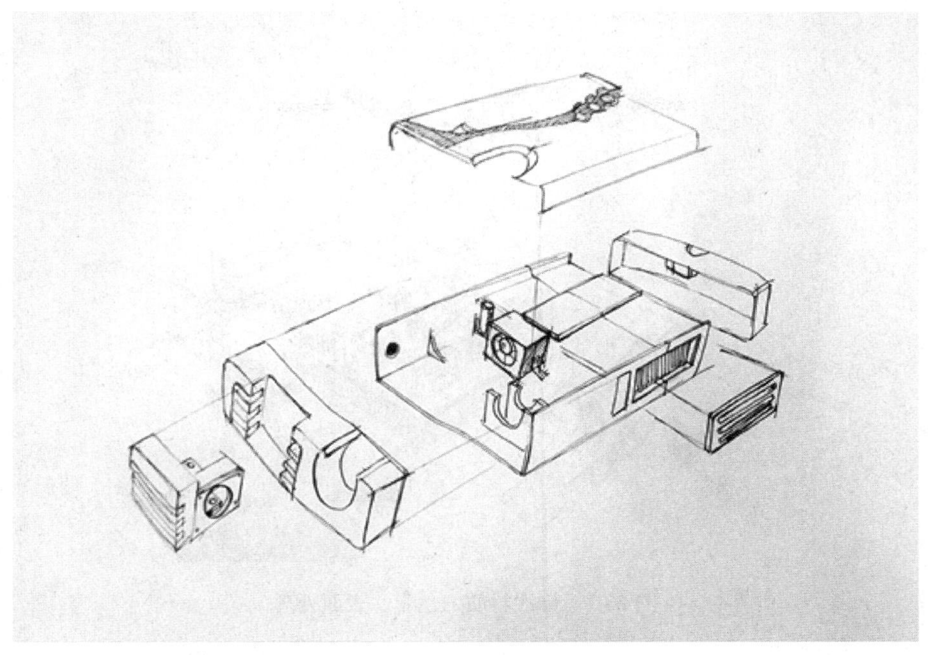

图 23-5　布局扣件

（4）步骤四：加强筋、螺丝孔布局。加强筋放置适当，螺丝孔表现清晰，结果如图 23-6 所示。

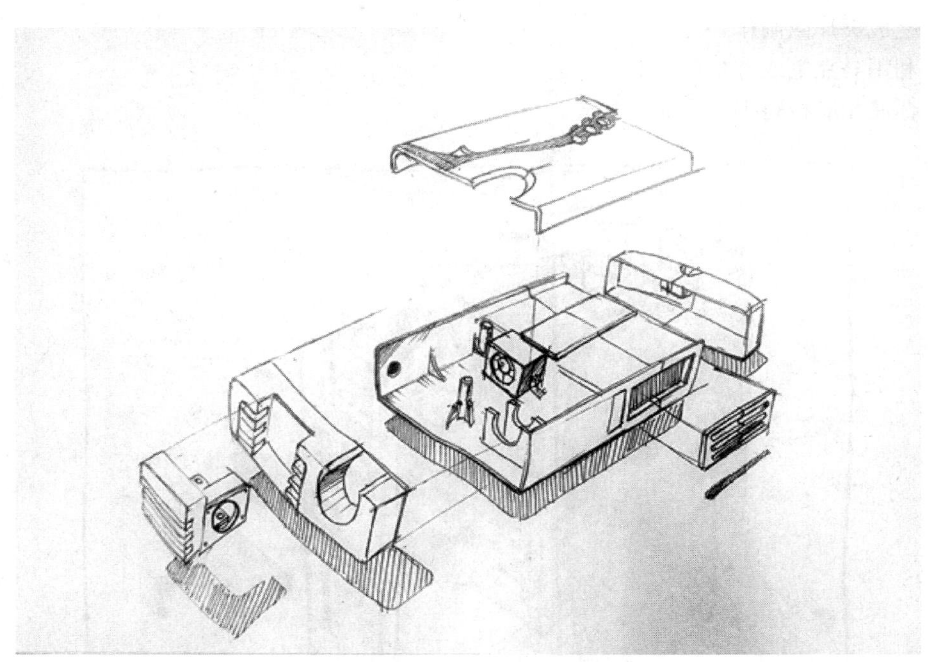

图 23-6　布局强筋、螺丝孔

（5）步骤五：标注工艺。每个单件都需要标注材质、色彩、表面处理，结果如图所示 23-7 所示。

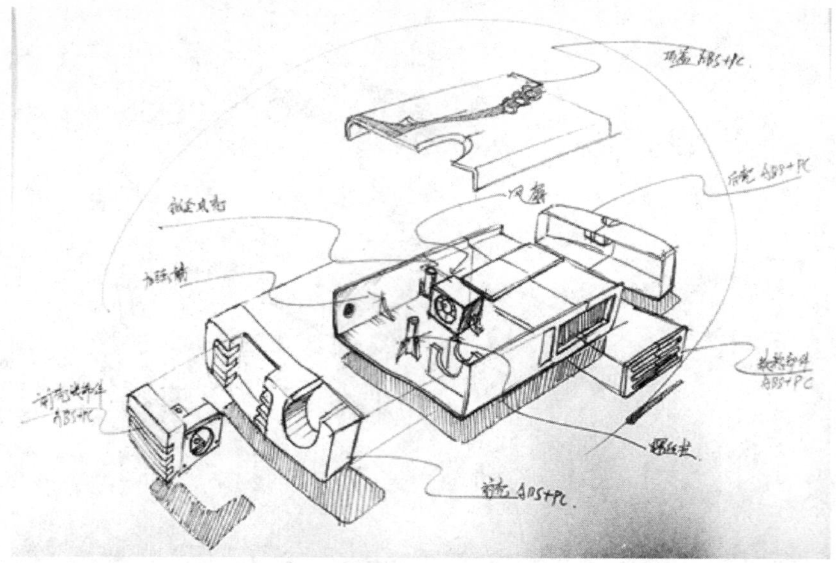


图 23-7　标注材质、色彩、表面处理

### 23.4.3 活动三　能力提升

参考如图 23-8 所示效果图，绘出新的产品的爆炸图，并对其结构、材料和加工工艺进行分析和标注，具体要求如下：

(1) 完成爆炸图制作。

(2) 利用马克笔或者扫描到电脑上进行上色。

(3) 标注相应材料工艺及加工方法。

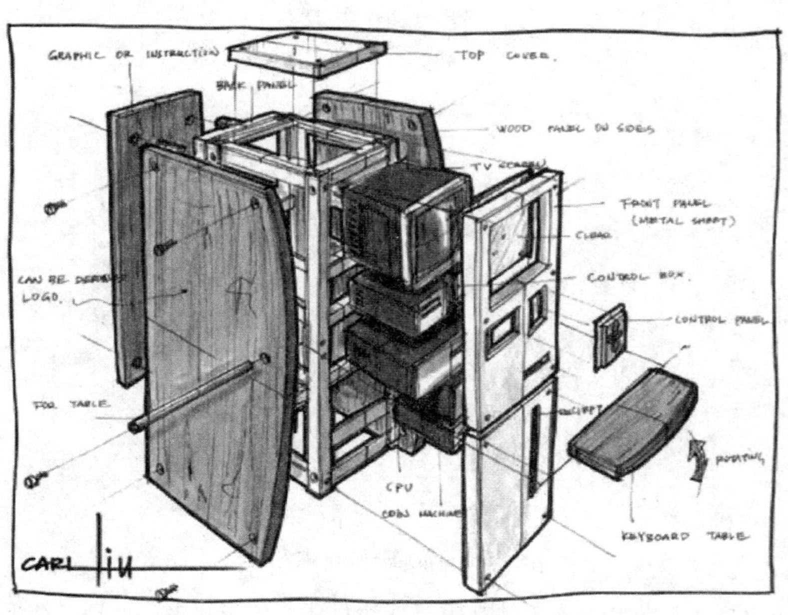


图 23-8　效果图

## 23.5 效果评价

效果评价参见任务 1，评价标准见附录。

## 23.6 相关知识与技能

### 23.6.1 塑胶产品结构设计要点

**1. 胶厚（胶位）**

塑胶产品的胶厚（整体外壳）通常在 0.80～3.00mm，太厚容易缩水和产生气泡，太薄难走满胶，大型的产品胶厚取厚一点，小的产品取薄一点，一般产品取 1.0～2.0mm。而且胶位要尽可能的均匀，在不得已的情况下，局部地方可适当的厚一点或薄一点，但需渐变不可突变，要以不缩水和能走满胶为原则，一般塑料胶厚小于 0.3mm 时就很难走胶，但软胶类和橡胶在 0.2～0.3mm 的胶厚时也能走满胶。

**2. 加强筋（骨位）**

塑胶产品大部分都有加强筋，因加强筋在不增加产品整体胶厚的情况下可以大大增加其整体强度，对大型和受力的产品尤其有用，同时还能防止产品变形。加强筋的厚度通常取整体胶厚的 0.5～0.7 倍，如大于 0.7 倍则容易缩水。加强筋的高度较大时则要做 0.5～1 的斜度（因其出模阻力大），高度较小时可不做斜度。

**3. 脱模斜度**

塑料产品都要做脱模斜度，但高度较浅的（如一块平板）和有特殊要求的除外（但当侧壁较大而又没出模斜度时需做行位）。出模斜度通常为 1°～5°，常取 2°左右，具体要根据产品大小、高度、形状而定，以能顺利脱模和不影响使用功能为原则。产品的前模斜度通常要比后模的斜度大 0.5°为宜，以便产品开模事时能留在后模。通常枕位、插穿、碰穿等地方均需做斜度，其上下断差（即大端尺寸与小端尺寸之差）单边要大于 0.1。

**4. 圆角（R 角）**

塑胶产品除特殊要求指定要锐边的地方外，在棱边处通常都要做圆角，以便减小应力集中、利于塑胶的流动和容易脱模。最小 R 通常大于 0.3mm，因太小的 R 使用模具很难做到。

**5. 孔**

从利于模具加工方面的角度考虑，孔最好做成形状规则简单的圆孔，尽可能不要做成复杂的异型孔，孔径不宜太小，孔深与孔径比不宜太大，因细而长的模具型芯容易断、变形。孔与产品外边缘的距离最好要大于 1.5 倍孔径，孔与孔之间的距离最好要大于 2 倍的孔径，以便产品有必要的强度。与模具开模方向平行的孔在模具上通常上是用型芯（可镶、可延伸留）或碰穿、插穿成型，与模具开模方向不平行的孔通常要做行位或斜顶，在不影响产品使用和装配的前提下，产品侧壁的孔在可能的情况下也应尽量做成能用碰穿、插穿成型的孔。

**6. 凸台（BOSS）**

凸台通常用于两个塑胶产品的轴一孔形式的配合，或自攻螺丝的装配。当 BOSS 不是很高而在模具上又是用司筒顶出时，其可不用做斜度。当 BOSS 很高时，通常在其外侧加做十字肋（筋），该十字肋通常要做 1°～2°的斜度，BOSS 看情况也要做斜度。当 BOSS 和柱子（或另一 BOSS）配合时，其配合间隙通常取单边 0.05～0.10mm 的装配间隙，以便适合各 BOSS 加工时产生的位置误差。当 BOSS 用于自攻螺丝的装配时，其内孔要比自攻螺丝的螺径单边小 0.1～

0.2mm，以便螺钉能锁紧。如用 M3.0 的自攻螺丝装配时，BOSS 的内孔通常做 $\phi$2.60-2.80mm。

**7. 嵌件**

把已经存在的金属件或塑胶件放在模具内再次成型时，该已经存在的部件叫嵌件。当塑胶产品设计有嵌件时，要考虑嵌件在模具内必须能完全、准确、可靠的定位，还要考虑嵌件必须与成型部分连接牢固，当包胶太薄时则不容易牢固，还要考虑不能漏胶。

**8. 产品表面纹面**

塑料产品的表面可以是光滑面（模具表面抛光）、火花纹（模具型腔用铜工放电加工形成）、各种图案的蚀纹面（晒纹面）和雕刻面。当纹面的深度深、数量多时，其出模阻力大，要相应地加大脱模斜度。

**9. 文字**

塑料产品表面的文字可以是凸字也可以是凹字，凸字在模具上做相应的凹槽容易做到，凹字在模具上要做凸型芯较困难。

**10. 螺纹**

塑胶件上的螺纹通常精度都不很高，还需做专门的脱螺纹结构，对于精度要求不高的可把其结构简化成可强行脱模的结构。

**11. 支撑面**

塑胶产品通常不用整个面作支撑面，而是单独做凸台、凸点、筋做支撑。因塑胶产品容易变形翘曲，而很难做到整个较大的绝对平面。

**12. 塑胶产品的装配形式**

(1) 超声线接合装配法，其特点是模具上容易做到，但装配工序中需专门的超声机器，成本增大，且不能拆卸。超声线的横截面通常做成 0.30mm 宽、0.3mm 高的三角形，在长度方向以 5～10mm 的长度间断 2mm。

(2) 自攻螺丝装配法，其特点是模具上容易做到，但增加装配工序，成本增大，拆卸麻烦。

(3) 卡钩—扣位装配法，其特点是模具加工较复杂，但装配方便，且可反复拆卸，多次使用。卡钩的形式有多种，要避免卡钩处局部胶位太厚，还要考虑卡钩处模具做模方便。卡钩要做到配合松紧合适，装拆方便，其配合面为贴合，其他面适当留间隙。

(4) BOSS 轴—孔形式的装配法，其特点是模具加工方便，装配容易，拆卸方便，但其缺点是装配不是很牢固。

**13. 齿口**

两个塑胶产品的配合接触面处通常做齿口，齿口的深度通常为 0.8～2.5mm，其侧面留 0.1mm 左右的间隙，深度深时做斜度 1°～5°，常取 2°，深度浅时可不做斜度。齿口的上下配合面通常为贴合（即 0 间隙）。

**14. 美观线**

两个塑胶产品的配合面处通常做美观线，美观线的宽度常取 0.2～1.0mm，视产品的整体大小而定。

**15. 塑胶产品的表面处理方法**

常用的有喷油、丝印、烫金、印刷、电镀、雕刻、蚀纹、抛光、加颜色等。

**16. 常用到的金属材料**

不锈钢、铜合金（黄铜、青铜、磷铜、红铜）、弹簧钢、弹簧、铝合金、锌合金。

**17. 金属材料常用的防锈方法**

电镀、涂防锈油、喷防锈漆。

### 23.6.2 塑件设计

**1. 材料及厚度**

（1）材料的选取。

1）ABS：高流动性，便宜，适用于对强度要求不太高的部件（不直接受冲击，不承受可靠性测试中结构耐久性的部件），如内部支撑架（键板支架、LCD支架）等。还有就是普遍用在电镀的部件上（如按钮、侧键、导航键、电镀装饰件等）。目前常用奇美PA-757、PA-777D等。

2）PC+ABS：流动性好，强度不错，价格适中。适用于高刚性、高冲击韧性的制件，如框架、壳体等。常用材料如拜尔T85、T65。

3）PC：高强度，价格贵，流动性不好。适用于对强度要求较高的外壳、按键、传动机架、镜片等。常用材料，如帝人L1250Y、PC2405、PC2605。

4）POM：具有高的刚度和硬度、极佳的耐疲劳性和耐磨性、较小的蠕变性和吸水性、较好的尺寸稳定性和化学稳定性、良好的绝缘性等。常用于滑轮、传动齿轮、蜗轮、蜗杆、传动机构件等，常用材料如M90-44。

5）PA：坚韧、吸水、但当水分完全挥发后会变得脆弱。常用于齿轮、滑轮等。受冲击力较大的关键齿轮，需添加填充物。材料如CM3003G-30。

6）PMMA：有极好的透光性，在光的加速老化240h后仍可透过92%的太阳光，放置室外10年仍有89%，紫外线穿透率达78.5%。机械强度较高，有一定的耐寒性、耐腐蚀，绝缘性能良好，尺寸稳定，易于成型，质较脆，常用于有一定强度要求的透明结构件，如镜片、遥控窗、导光件等。常用材料如三菱VH001。

（2）壳体的厚度。

1）壁厚要均匀，厚薄差别尽量控制在基本壁厚的25%以内，整个部件的最小壁厚不得小于0.4mm，且该处背面不是A级外观面，并要求面积不得大于100mm²。

2）在厚度方向上的壳体的厚度尽量在1.2～1.4mm，侧面厚度在1.5～1.7mm；外镜片支承面厚度0.8mm，内镜片支承面厚度最小0.6mm。

3）电池盖壁厚取0.8～1.0mm。

4）塑胶制品的最小壁厚及常见壁厚推荐值如表23-1所示。

**表23-1　　最小壁厚及常见壁厚推荐值**　　（单位 mm）

| 塑料制品的最小壁厚及常用壁厚推荐值 | | | | |
|---|---|---|---|---|
| 工程塑料 | 最小壁厚 | 小型制品壁厚 | 中型制品壁厚 | 大型制品壁厚 |
| 尼龙（PA） | 0.45 | 0.76 | 1.50 | 2.40～3.20 |
| 聚乙烯（PE） | 0.60 | 1.25 | 1.60 | 2.40～3.20 |
| 聚苯乙烯（PS） | 0.75 | 1.25 | 1.60 | 3.20～5.40 |
| 有机玻璃（PMMA） | 0.80 | 1.50 | 2.20 | 4.00～6.50 |
| 聚丙烯（PP） | 0.85 | 1.45 | 1.75 | 2.40～3.20 |
| 聚碳酸酯（PC） | 0.95 | 1.80 | 2.30 | 3.00～4.50 |
| 聚甲醛（POM） | 0.45 | 1.40 | 1.60 | 2.40～3.20 |
| 聚砜（PSU） | 0.95 | 1.80 | 2.30 | 3.00～4.50 |
| ABS | 0.80 | 1.50 | 2.20 | 2.40～3.20 |
| PC+ABS | 0.75 | 1.50 | 2.20 | 2.40～3.20 |

（3）厚度设计实例。塑料的成型工艺及使用要求对塑件的壁厚都有重要的限制。塑件的壁厚过大，不仅会因用料过多而增加成本，且也给工艺带来一定的困难，如延长成型时间（硬化时间或冷却时间）。对提高生产效率不利，而且容易产生气泡，缩孔，凹陷；塑件壁厚过小，则熔融塑料在模具型腔中的流动阻力就大，尤其是形状复杂或大型塑件，成型困难，同时因为壁厚过薄，塑件强度也差。塑件在保证壁厚的情况下，还要使壁厚均匀，否则在成型冷却过程中会造成收缩不均，不仅造成出现气泡，凹陷和翘曲现象，同时在塑件内部存在较大的内应力。设计塑件时要求厚壁与薄壁交界处避免有锐角，过渡要缓和，厚度应沿着塑料流动的方向逐渐减小，如图 23-9 所示。

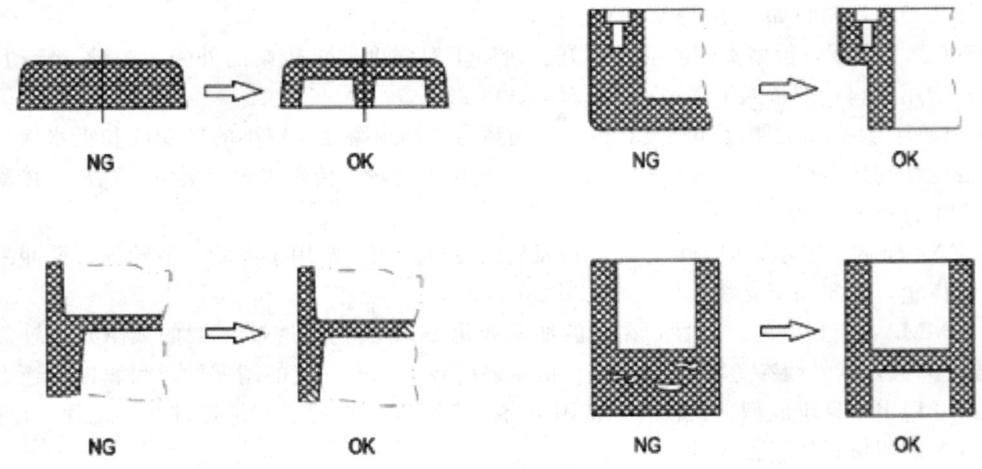

图 23-9　厚度设计

**2. 脱模斜度**

脱模斜度的要点。脱模角的大小是没有一定的准则，多数是凭经验和依照产品的深度来决定。此外，成型的方式、壁厚和塑料的选择也在考虑之列。一般来讲，对模塑产品的任何一个侧壁，都需有一定量的脱模斜度，以便产品从模具中取出。脱模斜度的大小可在 0.2°至数度间变化，视周围条件而定，一般以 0.5°～1°比较理想。具体选择脱模斜度时应注意以下几点：

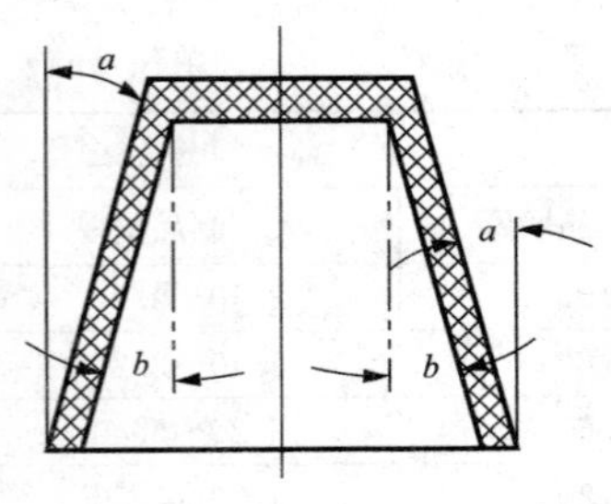

图 23-10　斜度方向

（1）取斜度的方向，一般内孔以小端为准，符合图样，斜度由扩大方向取得，外形以大端为准，符合图样，斜度由缩小方向取得，如图 23-10 所示。

（2）凡塑件精度要求高的，应选用较小的脱模斜度。

（3）凡较高、较大的尺寸，应选用较小的脱模斜度。

（4）塑件的收缩率大的，应选用较大的斜度值。

（5）塑件壁厚较厚时，会使成型收缩增大，脱模斜度应采用较大的数值。

（6）一般情况下，脱模斜度不包括在塑件公差范围内。

（7）透明件脱模斜度应加大，以免引起划伤。一般情况下，PS 料脱模斜度应大于 3°，ABS 及 PC 料脱模斜度应大于 2°。

（8）带革纹、喷砂等外观处理的塑件侧壁应加 3°～5°的脱模斜度，视具体的咬花深度而定，一般的晒纹版上已清楚例出可供参考的要求出模角。咬花深度越深，脱模斜度应越大。推荐值为

1°＋H÷0.0254°（H 为咬花深度），如 121 的纹路脱模斜度一般取 3°，122 的纹路脱模斜度一般取 5°。

（9）外壳面脱模斜度大于等于 3°。

（10）除外壳面外，壳体其余特征的脱模斜度以 1°为标准脱模斜度。特别的也可以按照下面的原则来取：低于 3mm 高的加强筋的脱模斜度取 0.5°，3～5mm 取 1°，其余取 1.5°；低于 3mm 高的腔体的脱模斜度取 0.5°，3～5mm 取 1°，其余取 1.5°。

**3. 加强筋**

为确保塑件制品的强度和刚度，又不致使塑件的壁增厚，而在塑件的适当部位设置加强筋，不仅可以避免塑件的变形，在某些情况下，加强筋还可以改善塑件成型中的塑料流动情况。为了增加塑件的强度和刚性，宁可增加加强筋的数量，而不增加其壁厚。

（1）加强筋厚度与塑件壁厚的关系比较密切，具体如图 23-11 和图 23-12 所示。

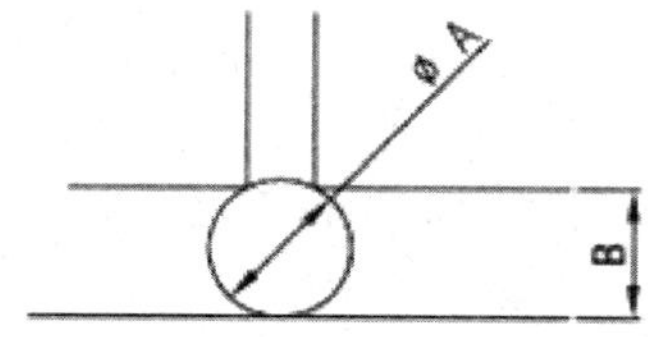


当 $\frac{A-B}{B} \times 100\% < 8\%$ 时，就不易缩水。

图 23-11　强筋与塑件的厚度关系

0.80
1.50
ø1.61

分析：

$$\frac{1.61-1.50}{1.50} \times 100\% = 7.3\% < 8.0\%$$

图 23-12　厚度数据分析

（2）加强筋设计应遵循一定的规范，如图 23-13 所示。

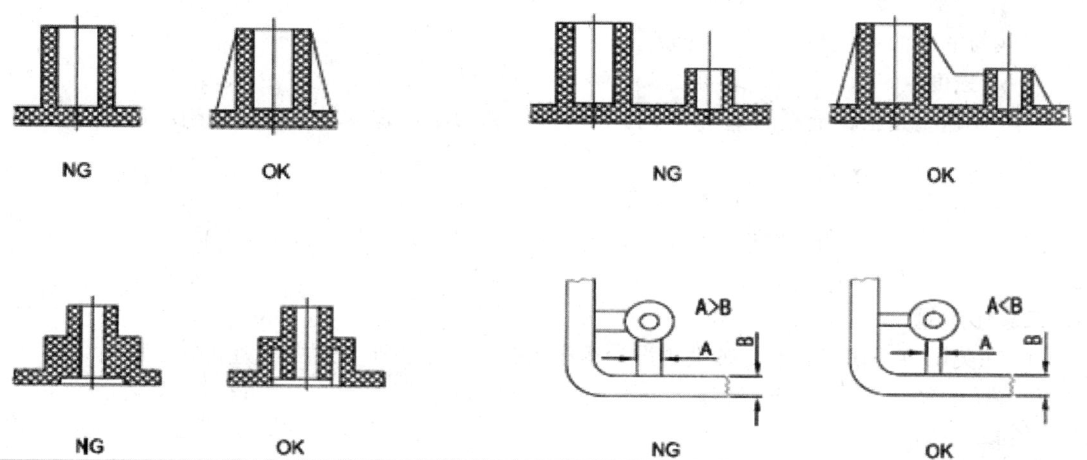


图 23-13　加强筋设计

**4. 柱和孔的问题**

(1) 柱子的问题。

1) 设计柱子时，应考虑胶位是否会缩水。

2) 为了增加柱子的强度，可在柱子四周追加加强筋。

(2) 孔的问题。

1) 孔与孔之间的距离，一般应取孔径的 2 倍以上。

2) 孔与塑件边缘之间的距离，一般应取孔径的 3 倍以上，如因塑件设计的限制或作为固定用孔，则可在孔的边缘用凸台来加强。

3) 侧孔的设计应避免有薄壁的断面，否则会产生尖角，有伤手和易缺料的现象发生。

## 练习与思考

**一、单选题**

1. 工程的工艺技术是工业设计的（　　）。

A. 设计手段　　B. 造型手段　　C. 生产手段　　D. 工作手段

2. 设计是（　　）的产物。

A. 分工　　B. 协作　　C. 物质追求　　D. 分工与协作

3. （　　）就是以形状、色彩与材质为要素构成的产品的各种单元部件。

A. 设计符号的象征价值　　B. 设计符号的实用功能

C. 设计符号的色彩价值　　D. 设计符号的材质要求

4. （　　）是将产品中所承载的文化价值确切地传达给最广大的使用者。

A. 手绘　　B. 设计　　C. 制作　　D. 销售

5. 人类对运动的知觉首先要依靠视网膜上（　　）来搜集信息。

A. 一种感光元　　B. 一种色彩　　C. 两种色彩　　D. 两种感光元

6. 色彩的三要素色相、（　　）、纯度。

A. 色阶　　B. 对比度　　C. 明度　　D. 冷暖

7. 材料的基本连接分为“滑接”“铰接”（　　）三种形式。

A. 卡箍连接　　B. 对夹连接　　C. 螺纹连接　　D. 刚接

8. 线材的断面形状与（　　）有关。

A. 强度　　B. 结构　　C. 材料　　D. 力度

9. 立体造型是根据造型的基本（　　）的性能和力学原理，材料有机的组织起来，实现立体形态的成型。

A. 结构　　B. 形体　　C. 材料　　D. 形态

10. （　　）出现了商业性的广告，出现了现存的中国历史上的第一个商标。

A. 宋代　　B. 元代　　C. 唐代　　D. 汉代

**二、多选题**

11. 在美国第一代工业设计师关于设计程序问题上，盖德斯表述得最为（　　）。

A. 模糊　　B. 清晰　　C. 概念　　D. 直观

E. 精确

12. 设计师偏重结构设计是从（　　）等方面对设计进行了更多条件约束。

A. 材料　　B. 色彩　　C. 安全性　　D. 减轻重量

E. 外形

13. 蒂格是从事（　　）设计的一位设计师。

A. 工业设计　　B. 平面设计　　C. 摄影设计　　D. 室内设计

E. 玩具设计

14. 蒂格的设计风格是以（　　）为主。

A. 省略　　B. 豪华　　C. 简化　　D. 装饰性

E. 精致

15. 作为产品创造的一部分，德国设计界以（　　）为代表。

A. 贝尔　　B. 包豪斯　　C. 米勒　　D. 乌尔姆

E. 流线型

16. 绿色设计的核心是 3R，即（　　）。

A. Reduce　　B. Recycle　　C. Reuse　　D. Reborn

E. Repeat

17. 产品改良设计是对原有传统的产品进行（　　），（　　）和（　　）的再开发设计。

A. 优化　　B. 再设计　　C. 充实　　D. 改进

E. 再生产

18. 产品改良设计包括：（　　）。

A. 局部造型调整　　B. 整体造型调整　　C. 功能调整　　D. 技术改进

E. 人机调整

19. 改良设计中设计者应力图从中找出现有产品的（　　），以及它们存在的合理性与不合理性、偶然性与必然性。

A. 优点　　B. 缺点　　C. 需求　　D. 市场状况

E. 美观

20. 商品设计包括：（　　）。

A. 产品、价格　　B. 渠道、促销　　C. 公关、政治　　D. 外观、体积

E. 人机、使用

**三、判断题**

21. ARIZ 是基于知识的、面向人的解决发明问题的系统化方法学。（　　）

22. 工业设计实际是重新回到生活原点的设计。（　　）

23. 优化设计过程可以提升设计师的设计能力、设计素质及应变能力。（　　）

24. 创新构思是从创造学原理出发，综合开发思维的一种基本原理，是工业设计最基有的原理之一。（　　）

25. 微气候是指工作或生活场所所处的局部气候条件，只包括气温、热辐射参数。（　　）

26. 物体在绝对温度小于 0K 时的辐射量，称为热辐射。（　　）

27. 在人类作业或起居环境中，气温、湿度、热辐射和气流速度对人体的影响是可以互相替代的。（　　）

28. 影响人体热平衡的因素主要是人在外界温度环境下的得热或散热。（　　）

29. 人体单位时间蒸发热交换量、取决于皮肤表面积、服装热阻值、蒸发散热系数及相对湿度等。（　　）

30. 改善照明条件可以减少视疲劳，但不会提高工作效率。（　　）

## 练习与思考题参考答案

| 1. B | 2. D | 3. B | 4. B | 5. B | 6. C | 7. D | 8. A | 9. C | 10. A |
|---|---|---|---|---|---|---|---|---|---|
| 11. BE | 12. CD | 13. ABD | 14. AC | 15. BD | 16. ABC | 17. ACD | 18. ABCD | 19. AB | 20. ABC |
| 21. N | 22. Y | 23. Y | 24. N | 25. N | 26. N | 27. Y | 28. N | 29. Y | 30. N |

# 任务 24

# 产品工艺说明文件制作

该训练任务建议用 6 个学时完成学习。

## 24.1 任务来源

在产品造型设计二维表达和三维表达效果图完成后模型制作启动以前，需要输出一批文件，其中包括：产品排版效果图、产品三维电脑模型、产品配色方案、产品工艺说明文件、菲林等相关文件。为模型制作提供有效的支持。因此，制作产品工艺说明文件是作为工业设计必须掌握的重要技能之一。

## 24.2 任务描述

根据产品的效果图，制作其相关工艺文件，示范的产品案例如图 24-1 所示（见文前彩页）。

## 24.3 能力目标

### 24.3.1 技能目标

完成本训练任务后，你应当能（够）：

**1. 关键技能**

（1）会对产品设计方案进行零部件的工艺分析。

（2）会使用矢量软件制作产品的菲林文件。

（3）会标注并制作产品效果图工艺文件。

**2. 基本技能**

（1）掌握产品造型设计的方法与流程。

（2）能够手绘完整的产品效果图。

（3）会使用矢量软件表达产品效果图。

### 24.3.2 知识目标

完成本训练任务后，你应当能（够）：

（1）掌握输出文件的制作方法。

（2）掌握各类产品工艺基础原理。

（3）掌握输出文件管理方法。

### 24.3.3 职业素质目标

完成本训练任务后，你应当能（够）：

（1）具有严谨科学的工作态度。

（2）具备扎实的产品工艺知识。

（3）具备查找相关资料、知识的能力。

（4）具有独立工作的能力。

## 24.4 任务实施

### 24.4.1 活动一　知识准备

（1）塑胶产品表面处理知识。

（2）金属表面处理知识。

### 24.4.2 活动二　示范操作

**1. 活动内容**

根据此滑盖手机效果图制作其相关工艺说明文件，手机效果图如图 24-2 所示，具体要求如下：

（1）分析并标注其整体工艺。

（2）分析并标注其零部件工艺。

（3）制作产品丝印菲林文件。

图 24-2　手机效果图

**2. 操作步骤**

（1）步骤一：整体工艺。在进行工艺标注前要清晰认识手机各部件间的关系，然后对每个部件进行详细的标注，其中内容包括：部件名称、材料及表面处理、潘通色号等。单部件标注分析如图 24-3 所示。每个部件均是如此，左视图和正视图的工艺标注如图 24-4 所示。展开状态工艺标注如图 24-5 所示。图 24-3～图 24-5 见文前彩页。

（2）步骤二：主按键工艺。主按键主体为“P＋R（PC 和橡胶材料的简称）”按键的键体喷涂镭雕，“OK”按键为电镀银色。接听和挂断按键材料与主按键一样激光镭雕，但颜色不一样所以也要进行分别标注，结果如图 24-6 所示（见文前彩页）。

(3) 步骤三：侧按键工艺。

侧按键采用电铸模电镀镭雕，并且有光面和雾面的区别，结果如图 24-7 所示（见文前彩页）。

(4) 步骤四：A 壳按键工艺。A 壳按键为“P＋R”按键喷涂镭雕设计。颜色为黑色潘通色号为“PANTONE BLACK”七分消光，结果如图 24-8 所示（见文前彩页）。

(5) 步骤五：A 壳丝印，结果如图 24-9 所示（见文前彩页）。

(6) 步骤六：摄像头装饰件。摄像头装饰件为切割钢化玻璃或透明 PMMA 材料设计。钢化玻璃的硬度高、透光度好所以其成本高于透明 PMMA。在此与钢化玻璃为例进行工艺标注，结果如图 24-10 所示（见文前彩页）。在实际的生产中可以根据成本用透明 PMMA 替代，其丝印工艺是相同的。

(7) 步骤七：电池盖丝印。电池盖丝印采用双色丝印，双色丝印是两个颜色所以要出两个菲林，出两个菲林相应成本也就增加两倍。同样的在实际生产中节约成本也可考虑出一个菲林单色的丝印，结果如图 24-11 所示（见文前彩页）。

(8) 步骤八：D 壳蚀纹菲林。D 壳蚀纹的形成在生产中是由模具凹刻生成，模具的凹刻是由菲林文件晒纹实现。所以在进行此菲林文件的制作需要标注其详细的参数：间距、斜度、粗细度等，结果如图 24-12 所示（见文前彩页）。

### 24.4.3 活动三 能力提升

请参考示范操作，根据电动工具工艺特点，完成其工艺说明文件制作，电动工具图 24-13 见文前彩页。具体要求如下：

(1) 分析并标注其整体工艺。

(2) 分析并标注其零部件工艺。

(3) 制作产品丝印菲林文件。

## 24.5 效果评价

效果评价参见任务 1，评价标准见附录。

## 24.6 相关知识与技能

### 24.6.1 塑胶产品表面处理

**1. 印刷**

在工程塑料的表面上印字或图案时采用：丝网印刷、曲面印刷、渗透印刷、蚀刻印刷，电化铝烫印、激光印字（镭雕）等方法。

(1) 丝网印刷。丝网印刷是一种古老，而又应用很广的印刷方法。根据印刷对象材料的不同可以分为：织物印刷、塑料印刷、金属印刷、陶瓷印刷、玻璃印刷、彩票丝印、广告板丝印、不锈钢制品丝印、丝印版画及漆器丝印等。

1) 丝网印刷原理。丝网印版的部分网孔能够透过油墨，漏印至承印物上；印版上其余部分的网孔堵死，不能透过油墨，在承印物上形成空白。传统的制版方法是手工的，现代普遍使用的是光化学制版法。这种制版方法，以丝网为支撑体，将丝网绷紧在网框上，然后在网上涂布感光胶，形成感光版膜，再将阳图底版密合在版膜上晒版，经曝光、显影，印版上不需过墨的部分受光形成固化版膜，将网孔封住，印刷时不透墨；印版上要过墨的部分的网孔不封闭，印刷时油墨透过，在承印物上形成墨迹，印刷时在丝网印版的一端倒入油墨，油墨在无外力的作用下不会自行通过网孔漏在承印物上，当用刮墨板以一定的倾斜角度及压力刮动油墨时，油墨通过网版转移到网版下的承印物上，从而实现图像复制。

2）丝网印刷的特点。

丝网印刷的特点很多，最根本的一点是印刷适应性很强。在所有不同材料和表面形状不同的承印物上都能进行印刷，而且不受印刷面积大小的限制，所以也叫万能印刷法。

丝网印刷同其他印刷方法相比具有以下特点：

a. 成本低、见效快。丝网印刷既可以机械化生产，也可以手动作业，它的投资可大可小，从数千元就可以从事个体手工生产，到上千万元兴建一个现代化网印厂。这种印刷方法所需设备和材料费用较其他印刷方法低，另外其制版方法和印刷方法也较简便。

b. 适应不规则承印物表面的印刷。丝网版富于弹性，除在平面物体上进行印刷之外，还可以在曲面、球面或凹凸不平的异形物体表面进行印刷，比如各种玻璃器皿、塑料、瓶罐、漆器、木器等，在平印、凸印、凹印方法所不能印刷的，它都能印刷。

c. 附着力强、着墨性好。由于丝网版的特点，油墨透过丝网孔，直接附着于承印物表面。根据承印物材质的要求，既可用油墨印刷，也可用各种涂料或色浆、胶浆等进行印刷。而其他印刷方法则由于对油墨中颜料粒度的细微要求，而受到限制。

d. 墨层厚实、立体感强。在四大印刷方法中，丝网印刷的墨层较厚实，图文质感丰富，立体感强。胶印墨层为1.6$\mu$m，凸印约为5$\mu$m，凹印的墨层约达到12.8$\mu$m，柔性版印刷的墨层厚度为10$\mu$m，而丝网印刷的墨层厚度可达到60$\mu$m。厚膜丝网印刷的墨层厚度可达到1mm左右。

e. 耐旋光性强、成色性好。如果按使用黑墨在铜版纸上一次压印后测得的最大密度范围进行比较的话，胶印为1.4k/cm$^3$，凸印为1.6k/cm$^3$，凹印为1.8k/cm$^3$，而丝网印刷的最大密度值范围可达到2.0k/cm$^3$。在印品的成色性方面，即使是印色彩相当浅淡的同一件彩色印品，丝网印刷的质感和色泽远远超过了胶印。

f. 印刷对象材料广泛。可以是纸张、纸板、木材、金属、纺织品、塑料、软木、皮革、毛皮、陶瓷、玻璃、贴花纸、转印纸，以及各种材料的结合体，所以丝网印刷除了在印刷工业应用之外，还广泛地分布在印染、服装、标牌、无线电、电子、陶瓷和包装装潢行业。

g. 印刷幅面大。现在平印、凸印、凹印和柔性版印刷都受到印刷幅面尺寸的限制，而丝网印刷却可以进行大幅面印刷。特别是目前随广告市场的迅速发展、网印大型户外广告印刷品在广告市场中所占比重日益增大。现在最大幅面的网印户外广告可达到2.2m×3.8m和2.2m×4m。

（2）曲面印刷。曲面印刷法常常被作为在塑料成型品的表面进行文字或图案的印刷方法，曲面印刷是指用一块柔性橡胶，将需要印刷的文字、图案，印刷至含有曲面或略为凹凸面的塑料成型品的表面。

曲面印刷是先将油墨放入雕刻有文字或图案的凹板内，随后将文字或图案复印到橡胶上，再利用橡胶将文字或图案转印至塑料成型品表面，最后通过热处理或紫外线光照射等方法使油墨固化。

曲面印刷工艺有：成型品的脱脂、成型品的表面处理（必要时）、印刷、油墨的固化处理、涂布过多等后处理（必要时）。

印刷流程：首先将油墨放入凹板内；其次刮去过量的油墨；然后挤压曲面取得油墨；之后将

曲面的油墨转印到成型品的表面；最后清洗曲面、板面（必要时）。

**2. 涂料**

（1）涂料。

喷漆涂装为目前电子产品最为广泛应用技术，其创新及演进有一定的过程。当塑料材料尚未流行喷漆涂装时，塑料成型的主要关注点在于其合胶线，尽管塑料成型工艺在持续进步，但始终难以避免合胶线留在产品表面而形成瑕疵。后来，人们发现在塑料表面轻度喷涂与其本色相同的涂料可以掩盖留痕线及合胶线等表现瑕疵。塑料喷涂最早被应用于移动电话产品，Nokia 率先将此工艺在自己产品线上推广，而另一厂商 Motorola 则实现了对塑料喷涂工艺的发扬光大。Motorola 针对喷涂工艺所制订的规则已经成为全球制造商广泛认可并遵守的规范，而其他非喷漆的涂装工艺也大多参考了此规范。此后，塑料表面的喷漆涂装规格逐渐稳定下来，逐渐形成了行业标准。

所谓烤漆，是喷漆或刷漆后，将工件送入烤漆房，通过电热或远红外线加热，使漆层固化的过程。

光油是喷塑涂料的表面层，起到美化喷塑涂层外表和提高涂层耐久耐磨性等作用。

1）涂料组成。涂料可以用来保护物体表面，并增加其外观、圆滑、美感，且对太阳光线、水分、汽油等所生的铁锈、腐蚀作用具有防护的功效。由于现在合成树脂工艺发达，涂装机器日新月异地发展，新颜料开发，大大地提高了涂料价值。

涂料：一般是由三种主成分混合成液体，即树脂、颜料及溶剂，另外，有少量涂料添加剂。

2）涂料用添加剂。涂料成分除了树脂、颜料、溶剂外，尚须加入其他添加剂以改善涂料与涂膜的性能，这些添加剂宜视涂料的种类与发生的现象而慎重选用。

醇酸树脂涂料及油性涂料以熟炼油为展色剂时，须用干燥剂，涂料分散时又须用分散剂、平坦剂、防沉剂、增粘剂、防结皮剂、颜色分离防止剂等，硝化纤维素涂料须用可塑剂，使用添加剂应视情况而添加。

（2）PU 漆。PU 漆又叫双组分聚氨酯漆，皮革漆是 PU 漆的一种。化学组分：甲组分（固化剂）的异氰酸酯基（—NCO）＋乙组分（漆）的羟基（—OH）＝聚氨酯高聚物（漆膜）。稀释剂（香蕉水）：起调节黏度，便于稀释的作用。

PU 漆的漆膜较薄，硬度最高能达到 2H，耐黄变，漆膜附着力很强，漆面不容易开裂脱落，光泽匀称，但看上去不是很亮；具有很强的渗透性和柔韧性，能渗透到基材的表层里面，抗重击能力和耐磨性很强，兼具保护性和装饰性，可用于高级工艺品、高级木器、钢琴、大型客机等的涂装。漆膜具有优良的耐化学药品性，耐酸、碱、盐、石油产品，能烘干，也能常温或低温固化。

（3）UV 涂料。UV 就是紫外线（Ultraviolet rays）的英文简称，工业用的 UV 波长范围是 200～450nm。用 UV 来照射“UV 照射可硬化的材料”而使它硬化的制作过程，我们称之为“紫外光固化处理”。

UV 涂料的硬度高，最高硬度可达 5～6H，但手机、相机产品一般不会做到太高的硬度，因为硬度太高，势必其他的物性会降低，如柔韧性等；时间长了会泛黄，因此，在产品外观要求纯白时，一般不使用 UV 涂料；固化速度快，生产效率高，固化机理属一种自由基的链式反应，交联固化在瞬间完成，所设计生产流水线速度最高可达 100m/min，工件下线即可包装，属于绿色环保型涂料，与传统烘干型涂料相比使用 UV 涂料的效率是其 15 倍以上；常温固化，很适合于塑料工件，不产生热变形；涂层性能优异，UV 涂料固化后的交联密度大大高于热烘型涂料，故涂层在硬度、耐磨、耐酸碱、耐盐雾、耐汽油等溶剂各方面的性能指标均很高；其漆膜丰满、光泽尤为突出；UV漆所采用的光固化工艺在淋刷油漆时无污染，是公认的绿色环保产品，比PU漆更环保。

### 24.6.2 电镀

(1) 电镀介绍。电镀被定义为一种电沉积过程，就是利用电解的方式使金属附着于物体表面，以形成均匀、致密、结合力良好的金属层的。简单的理解，就是物理和化学的变化或结合。其目的是在改变物体表面之特性或尺寸。例如，赋予产品以金属光泽而美观大方。

电镀的目的是在基材上镀上金属镀层，改变基材表面性质或尺寸。例如赋予金属光泽、防锈、磨耗，提高导电度、润滑性、强度、耐热性、耐候性、热处理之防止渗碳、氮化、尺寸错误或磨耗之零件修补。

电镀件的结构设计注意点。

1）基材最好采用电镀级ABS材料，ABS电镀后覆膜的附着力较好，同时价格也比较低廉。

2）塑件表面质量一定要非常好，电镀无法掩盖塑件表面的一些缺陷，而且通常会使得这些缺陷更明显。

3）电镀件镀层厚度对配合尺寸的影响。

电镀件的厚度按照理想的条件会控制在0.02mm左右，但是在实际的生产中，可能最多会有0.08mm的厚度，所以在有滑动配合的位置上，单边的间隙要控制在0.3mm以上，才能达到满意的效果。

4）表面凸起最好控制在0.1～0.15mm/cm，尽量没有尖锐的边缘。

5）如果有盲孔的设计，盲孔的深度最好不超过孔径的一半，或者不要对孔的底部的色泽作要求。

6）要以适当的壁厚防止变形，最好在1.5～4mm，如果需要做得很薄的话，要在相应的位置做加强的结构来保证电镀的变形在可控的范围内。

7）在设计中要考虑到电镀件变形，由于电镀的工作条件一般在60～70℃的环境温度中，在吊挂的条件下，结构不合理，变形的产生难以避免，所以在塑件的设计中对水口的位置要多注意，同时要有合适的吊挂的位置，防止在吊挂时对有要求的表面带来伤害。另外最好不要在塑件中有金属嵌件存在，由于两者的膨胀系数不同，在温度升高时，电镀液体会渗到缝隙中，对塑件结构造成一定的影响。

8）要避免采用大面的平面。塑料件在电镀之后反光率提高，平面上的凹坑、局部的轻微凹凸不平都变得很明显，最终影响产品效果。这种零件可采用略带弧形的造型。

9）要避免直角和尖角。初做造型和结构的设计人员往往设计出棱角的造型。但是，这样的棱角部位很容易产生应力集中而影响镀层的结合力。而且，这样的部位会造成结瘤现象。因此，方形的轮廓尽量改为曲线形轮廓，或用圆角过渡。造型上一定要要求方的地方，也要在一切角和棱的地方倒圆角（$R$=0.2～0.3mm）。

10）不要有过深的凹部，不要有小孔和盲孔，这些部位不仅电镀困难，而且容易残存溶液，污染下道工序的溶液。像旋钮和按钮这类不可避免的盲孔，应从中间留缝。

11）要考虑留有装挂的结点部位。结点部位要放在不显眼的位置。可以用挂钩、槽、缝和凸台等位置作结点。

12）厚度不应太薄，也不要有突变。太薄的零件在电镀过程中受热或受镀层应力的影响容易变形。厚度的突变容易造成应力集中，一般来说厚度差不应超过两倍。

13）标记和符号要采用流畅的字体，如：圆体、琥珀、彩云等。因多棱多角不适于电镀。流畅的字体容易成形、电镀后外观好。文字凸起的高度以 0.3～0.5mm 为宜，斜度 65°。

14）如果能够采用皮纹、滚花等装饰效果要尽量采用，因为降低电镀件的反光率有助于掩盖可能产生的外观缺陷。

15）尽量不要采用螺纹和金属嵌件，以免电镀时为保护螺纹、嵌件而增加工序。

（2）电镀效果介绍。

1）高光电镀。高光电镀通常要求模具表面良好抛光，采用光铬处理后得到的效果，如图 24-14 所示。

图 24-14　高光电镀

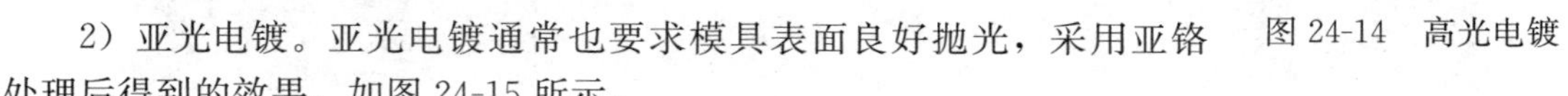

2）亚光电镀。亚光电镀通常也要求模具表面良好抛光，采用亚铬处理后得到的效果，如图 24-15 所示。

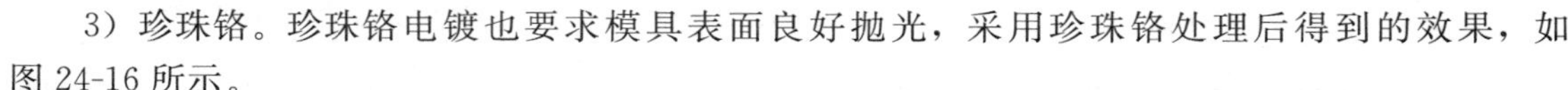

3）珍珠铬。珍珠铬电镀也要求模具表面良好抛光，采用珍珠铬处理后得到的效果，如图 24-16 所示。

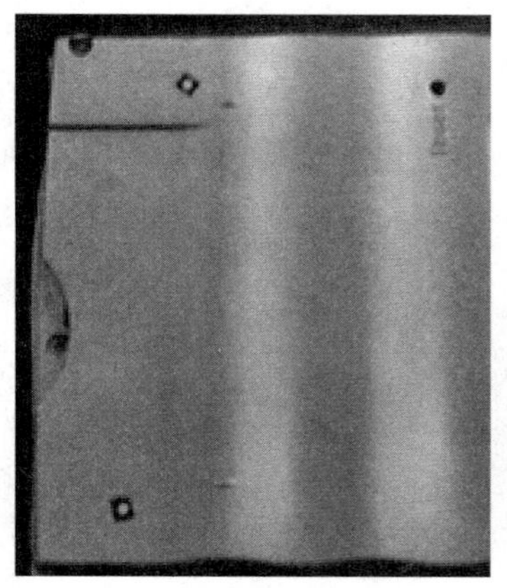

图 24-15　亚光电镀

图 24-16　珍珠铬

4）蚀纹电镀。蚀纹电镀要求模具表面处理出不同效果的蚀纹方式后，采用光铬处理，效果如图 24-17 所示。

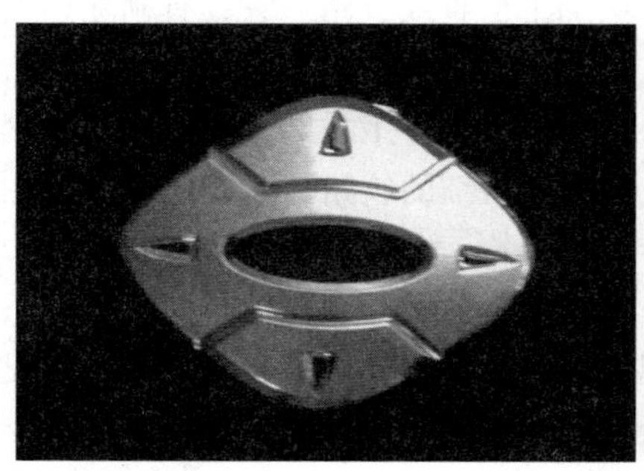

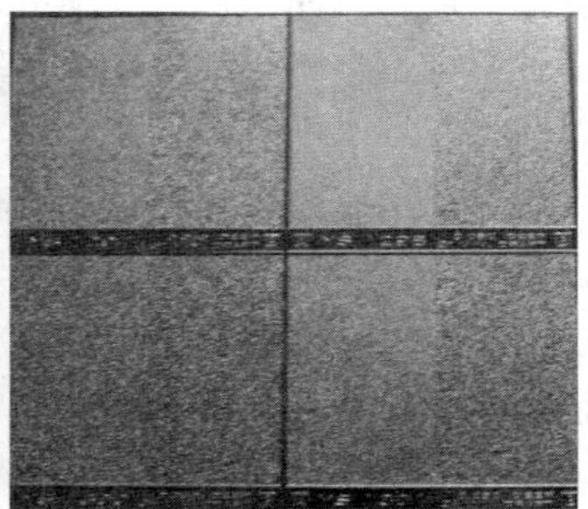

图 24-17　蚀纹电镀

5）局部电镀。通过采用不同的加工方式使得成品件的表面局部没有电镀的效果，与有电镀的部分形成反差，形成独特的设计风格，如图 24-18 所示。

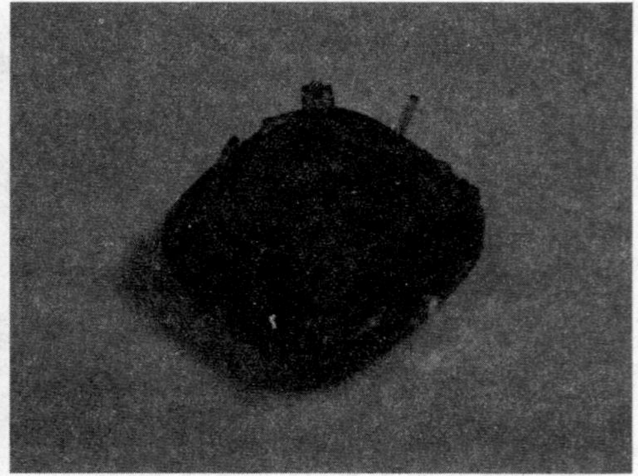

图 24-18 局部电镀

6）彩色电镀。通过采用不同的电镀溶液，在电镀后塑件表面沉积的金属会反射出不同的光泽，形成独特的效果，如图 24-19 所示。

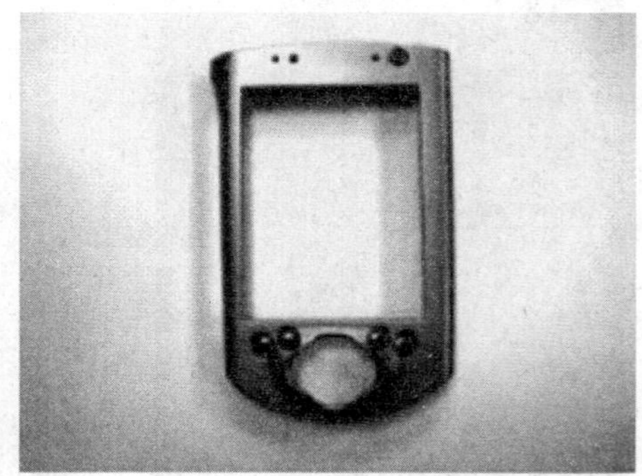

图 24-19 彩色电镀

### 24.6.3 金属表面处理

(1) 拉丝。拉丝可根据装饰需要，制成直纹、乱纹、螺纹、波纹和旋纹等几种。

直纹拉丝是指在铝板表面用机械摩擦的方法加工出直线纹路。它具有刷除铝板表面划痕和装饰铝板表面的双重作用。直纹拉丝有连续丝纹和断续丝纹两种。连续丝纹可用百洁布或不锈钢刷通过对铝板表面进行连续水平直线摩擦（可根据现有装置手工技磨或用刨床夹住钢丝刷在铝板上磨刷）获取。改变不锈钢刷的钢丝直径，可获得不同粗细的纹路。断续丝纹一般在刷光机或擦纹机上加工制得。制取原理：采用两组同向旋转的差动轮，上组为快速旋转的磨辊，下组为慢速转动的胶辊，铝或铝合金板从两组辊轮中经过，被刷出细腻的断续直纹。

乱纹拉丝是在高速运转的铜丝刷下，使铝板前后左右移动摩擦所获得的一种无规则、无明显纹路的亚光丝纹。这种加工，对铝或铝合金板的材料表面要求较高。

波纹一般在刷光机或擦纹机上制取。利用上组磨辊的轴向运动，在铝或铝合金板表面磨刷，得出波浪式纹路。

旋纹也称旋光，是采用圆柱状毛毡或研石尼龙轮装在钻床上，用煤油调和抛光油膏，对铝或铝合金板表面进行旋转抛磨所获取的一种丝纹。它多用于圆形标牌和小型装饰性表盘的装饰性加工。

螺纹是用一台在轴上装有圆形毛毡的小电机，将其固定在桌面上，与桌子边沿成 60°左右的角度，另外做一个装有固定铝板压槽的拖板，在拖板上贴一条边沿齐直的聚酯薄膜用来限制螺纹宽度。利用毛毡的旋转与拖板的直线移动，在铝板表面旋擦出宽度一致的螺纹纹路。

（2）喷砂。喷砂处理在金属表面的应用是非常普遍的。

喷砂的目的是用来克服和掩盖铝合金在机械加工过程中产生的一些缺陷以及满足客户对产品外观的一些特殊要求。

工作原理是将加速的磨料颗粒向金属表面撞击，而达至除锈、去毛刺、去氧化层或做表面预处理等，它能改变金属表面的光洁度和应力状态。常用的砂材有玻璃砂、金刚砂、钢珠、碳化硅等。

喷砂工艺的好处：喷砂工艺可分为气压喷枪及叶轮抛丸两种，而喷砂工艺的优点在于它能够除披峰、去除在压铸、冲压、火焰切割和锻压后的毛刺，对较薄工件及有毛孔的毛刺效果更好，它可清理砂铸过程残余的砂粒、清理铸铁件或钢材的锈迹、清理热处理、烧悍、热锻、辗压等热工序后的除氧化皮。另外，在涂层应用上，它可把现有的涂料或保护层除去，在覆盖铸件上的缺陷，如龟裂或冷纹，提供光泽表面。再加上于表面应力上，它能提供一致性的粗化表面，上油及喷涂效果，在高应力的金属件如弹簧和连接杆经局部被不断敲打，会产生变形并呈现强化现象。此强化效果是需要使用圆形磨料如不锈钢丸，在高能量的抛丸机或专用强力喷砂机中使用。如要测定机器的表面强化效果，可将 Almen 试片进行抛丸或喷砂处理，然后测出变形量是否符合要求。

气压喷枪的原理：喷枪的气压输入主要分直接压力缸及间接注射式。直接压力缸将磨料放于压力罐，并施以 6～7bar 大气压力，直接喷出磨料。它的好处是压力大，缺点是当要添加压力罐内的磨料时需要暂停操作。但如需要长时间连续喷砂而不受间断，可使用双压力缸设计，使添加磨料不必停止操作。而间接注射式则利用高速气流吸入磨料，它的好处是添加磨料时不会干扰正常生产，设备简单及投资小，因此最为普遍。

在各喷砂机类型中，最简单的是密封喷砂室式的，操作人员可透过橡胶手套持着工件，脚踏喷枪开关，透过窗口观察喷砂过程，这类喷枪常与叶轮抛丸共同使用，喷枪一般与工件距离 150～200mm，处理直径范围约 30mm。其次，喷砂亦可分为干式和湿式的，如真空吸回型是属于直接压力型和干式的，它直接吸回磨料，主要用于现场维修工作。而湿式喷流型是属于间接注射式的，它利用液体（水或油性液体）与幼细磨料混合做喷砂步骤，能提供较细致的表面质感。但湿式喷砂有不少缺点，如不适宜于黑色金属工件，因较易造成腐蚀，也不可使用钢丸作磨料，因处理时间较长。所以如工艺参数控制良好，干式喷砂也可达到大部分湿式喷砂的效果，除非是一些特别工艺或效果。

## 一、单选题

1. 北京奥运会主会场“鸟巢”的设计者是（　　）。

A. 帕克斯顿　　B. 里特维特　　C. 赫尔左格　　D. 罗维

2.（　　）是天坛最突出的主要建筑，它优美的体形和高超的艺术处理，是中国古代建筑艺术最成功的优秀典范之一。

A. 太和殿　　B. 祈年殿　　C. 故宫　　D. 长城

3. 现代设计文化对物化的分类是：视觉传达的平面设计、建筑设计的公共艺术、（　　）。

A. 工业产品设计　　B. 手工艺设计　　C. 纺织品设计　　D. 生活用品设计

4. 杰出的设计大师密斯，用现代材料设计了1929年巴塞罗纳博览会德国馆，全面体现了他的（ ）的设计思想。

A. 形式服从功能　　B. 少则多

C. 建筑是凝固的音乐　　D. 机器美学

5. 说唱俑是（ ）代具有时代特色的雕塑。

A. 明　　B. 清　　C. 宋　　D. 东汉

6. 中国古代什么颜色等级最高（ ）。

A. 红色　　B. 蓝色　　C. 绿色　　D. 黄色

7. 构成主义最有名的作品当属建筑师塔特林创作于1919年的（ ）。

A. PH灯　　B. 卢浮宫金字塔　　C. 第三国际纪念塔　　D. 包豪斯校舍

8. 装饰艺术运动是于1920年在（ ）首度出现的。

A. 巴黎　　B. 伦敦　　C. 中国　　D. 俄罗斯

9. （ ）实现了密斯本人在20世纪20年代初的摩天楼构想，被认为是现代建筑的经典作品之一。

A. 第三国际纪念塔　　B. 巴黎地铁设计　　C. 佩莱利大厦　　D. 西格莱姆大厦

10. 构成主义是一战前后（ ）的一个先锋艺术流派。

A. 俄罗斯　　B. 英国　　C. 法国　　D. 美国

**二、多选题**

11. 根据男女用户在消费上的差异特点，其消费心理也会有所不同，女性用户的消费心理特点表现为（ ）。

A. 强烈的购买动机　　B. 从众心理　　C. 联想力强　　D. 自尊心强

E. 求实的购买

12. 人机工程学是研究人在某种工作环境下中的解剖学（ ）等方面的因素。

A. 解剖学　　B. 生理学　　C. 测量学　　D. 心理学

E. 哲学

13. 产品最佳功能尺寸为（ ）之和。

A. 人体尺寸百分位数　　B. 功能修正量

C. 常用尺寸　　D. 心理修正量

E. 标准尺寸

14. 个性由（ ）方面组成。

A. 兴趣爱好　　B. 能力　　C. 气质　　D. 性格

E. 人格

15. 交通工具设计的本质在于为了（ ）的设计。

A. 速度、安全　　B. 自由、舒适　　C. 财富、地位　　D. 反思、批判

E. 面子、品味

16. 中国古代设计的鲜明特征包括（ ）。

A. 施法自然　　B. 天人合一　　C. 形式服从功能　　D. 注重意境

E. 一箭双雕

17. 洛可可艺术主要体现于建筑的室内装饰和家具等设计领域。其基本特征是（ ）。

A. 具有纤细、轻巧的妇女体态的造型　　B. 华丽和烦琐的装饰

C. 在构图上有意强调不对称　　D. 显出一种潜在的威严之感

E. 极简物品的高档感

18. 与荷兰风格派有关的艺术家有（　　）。

A. 蒙得里安　　B. 里特维尔德　　C. 陶斯伯　　D. 康定斯基

E. 洛可可

19. 商品的废止有如下几种形式：（　　）。

A. 功能型废止　　B. 合意型废止　　C. 成本型废止　　D. 质量型废止

E. 造型废止

20. 鲍豪斯主要在（　　）两地办学。

A. 法国　　B. 英国　　C. 美国　　D. 德国

E. 中国

**三、判断题**

21. 色彩唤起各种情绪，表达感情，甚至影响我们正常的生理感受。（　　）

22. 美观是衡量产品设计的一条重要标准，是产品存在的依据。（　　）

23. 彩色系列是指除去黑白系列之外的有纯度的各种颜色。（　　）

24. 纯度是指颜色的纯净程度。（　　）

25. 色彩的统一变化是色彩构图的基本原则。（　　）

26. 功能美学提供了实用性和功能性这两者之间生理上和心理上的有机联系。（　　）

27. 设计美学指的是产品的视觉外观和表面装饰。（　　）

28. 美观是衡量产品设计的一条重要标准，是产品存在的依据。（　　）

29. 影响塑件尺寸精度的主要因素有模具、塑料、成型工艺和成型的时效。（　　）

30. 注射模具的成型零件由型芯、凹模、成型杆和镶块等构成。（　　）

## 练习与思考题参考答案

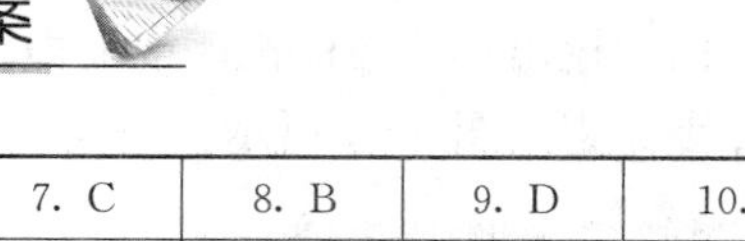

| 1. C | 2. B | 3. A | 4. B | 5. D | 6. D | 7. C | 8. B | 9. D | 10. A |
|---|---|---|---|---|---|---|---|---|---|
| 11. ABCD | 12. ABD | 13. ABD | 14. ABCD | 15. ABC | 16. ABD | 17. ABC | 18. AB | 19. ABD | 20. CD |
| 21. Y | 22. N | 23. Y | 24. Y | 25. Y | 26. N | 27. N | 28. N | 29. Y | 30. Y |

# 任务 25

# 设计后期现场跟踪训练

该训练任务建议用3个学时完成学习。

## 25.1 任务来源

产品设计交付后期制作以后，设计师应该继续对后续的工作进行跟踪和现场交流，随时针对后续过程中所出现的问题进行沟通解决，确保产品模型制作和制造的最终效果与设计效果相一致。

## 25.2 任务描述

学习了解工业设计文件交付以后的工作流程，现场参观手板制作车间，进行工作小结。

主要内容：手板样机确认，结构设计可行性、可生产性评估。

阶段性流程主导：事业部结构人员。

阶段性输出：手板样机评审报告。

详细流程如图25-1所示。

## 25.3 能力目标

### 25.3.1 技能目标

完成本训练任务后，你应当能（够）：

**1. 关键技能**

(1) 了解工业设计文件交付以后的工作流程。

(2) 会和后续结构、手板等工作部门进行工作沟通。

(3) 会对设计后期工作进行评估和小结。

**2. 基本技能**

(1) 掌握产品造型设计的方法与流程。

(2) 会进行产品设计与制造评估。

(3) 会和其他设计制作部门人员进行沟通。

### 25.3.2 知识目标

完成本训练任务后，你应当能（够）：

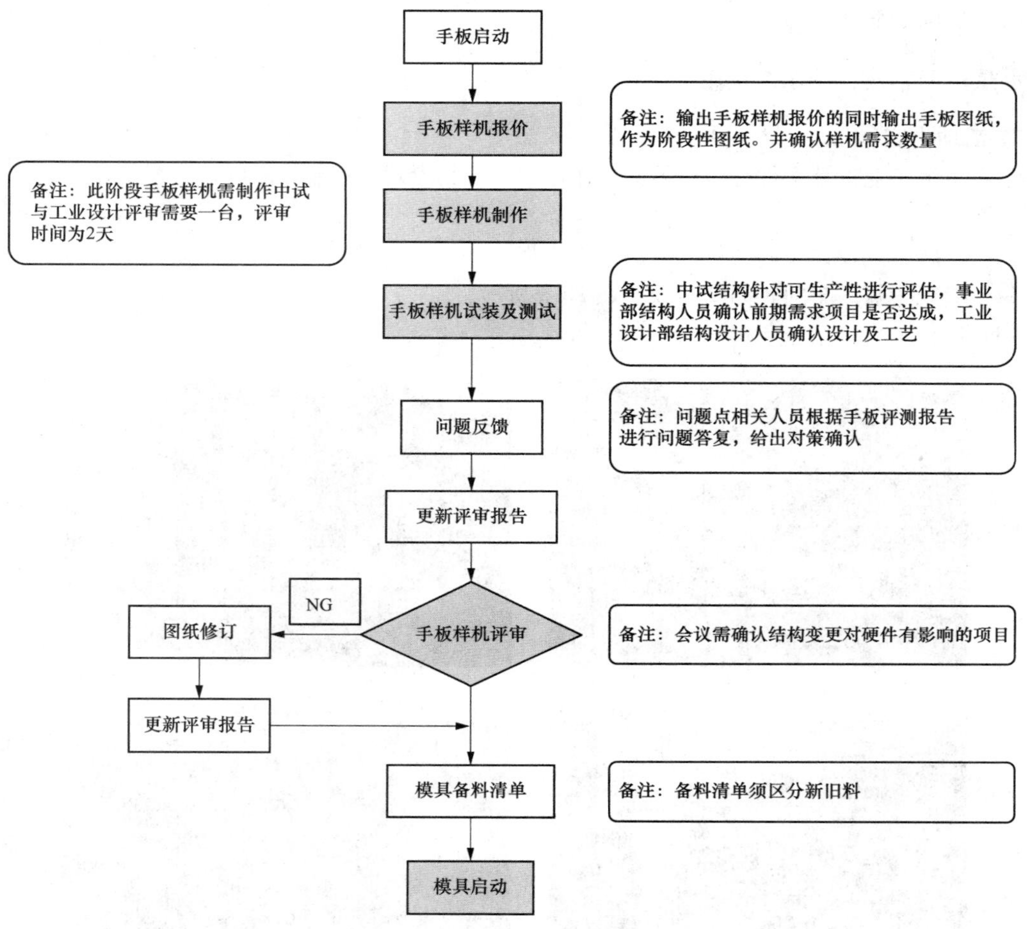


图 25-1　工业设计文件交付以后的工作流程

（1）掌握输出文件的分类方法。
（2）掌握各类现场跟踪方法。
（3）掌握人际沟通方法。

### 25.3.3 职业素质目标

完成本训练任务后，你应当能（够）：
（1）具备严谨科学的工作态度。
（2）具备良好的沟通能力。
（3）具有总结工作的能力。
（4）具有团结协作精神。

## 25.4 任务实施

### 25.4.1 活动一　知识准备

（1）现场跟踪的相关流程。
（2）工作评估的方法。

（2）人际沟通的技巧。

### 25.4.2 活动二 示范操作

**1. 活动内容**

学习了解工业设计文件交付以后的工作流程，现场参观手板制作车间，进行工作小结，具体要求如下：

（1）了解工业设计文件交付以后的工作流程。

（2）参观手板厂车间，如图 25-2～图 25-6 所示。

（3）进行工作小结。

图 25-2 操作车间

复膜烤箱

搅拌机(抽真空、灌料、搅拌)

图 25-3 机器

抛光区域

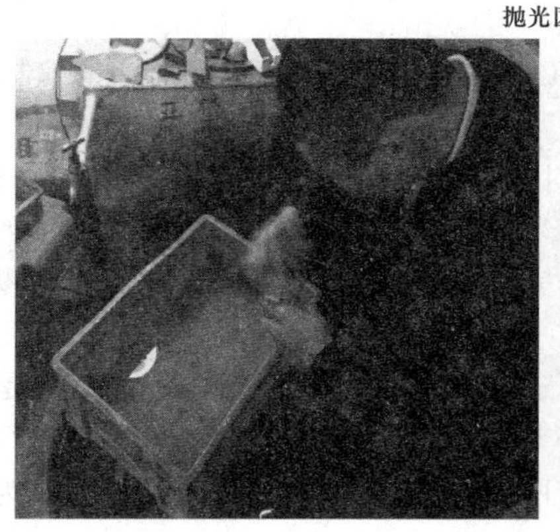

图 25-4　铣床

(a)

(b)

图 25-5　丝印、移印

(a) 丝印；(b) 移印，用于大量印花

(a)

(b)

图 25-6　烤箱、UV 机

(a) 烤箱；(b) UV 机

**2. 操作步骤**

(1) 步骤一：分析客户资料。在接到手板的制作任务后，手板制作部门应首先分析客户所提供的资料，明确手板所需的材料，数量、交货期及包装等。如果客户未提供三维效果图则还需根

据具体情况决定是否需构建三维效果图。

(2) 步骤二：向CNC组下发编程任务。CNC组根据三维效果图进行程序的编制并安排CNC加工。

(3) 步骤三：向手工组下发手工制作任务。因产品的零件有难易之分，有些比较简单的零件只需手工制作便能达到要求，此时无须通过CNC便可完成零件制作。

(4) 步骤四：测图。当所有的零件均已制作完成后应根据客人的资料或图纸对零件进行测量验证。

(5) 步骤五：装配。零件验证无问题后便可进行装配。此时的装配极为关键，是验证产品设计是否合理、是否达到预期功能的必不可少的环节。对功能无影响的零件可以不进行装配，直接进入下一步。装配过程中如发现问题，原则上有两种处理方法，一为手工修改，二为重新设计有问题的零件，即再从步骤一开始。

(6) 步骤六：打磨或抛光。经过前面几步均无问题后便可将零件打磨或抛光。打磨抛光是为下一步表面处理做准备，对于最终产品组装完毕后不可见的零件可以选择不做打磨抛光或只做简单的处理。执行此步前有可能需先对步骤五所组装的零件先拆卸。

(7) 步骤七：表面处理。表面处理指的是喷油上色或电镀等。同理，对于最终产品组装完毕后不可见的零件可以选择不做表面处理，但前提是客人同意。

(8) 步骤八：最后点缀装饰。此处提的是丝印，移印，烫金等，主要是对LOGO或特定文字的处理，有时客人为了提高其公司在市场上的知名度，往往将自己公司LOGO表现在手板上，这也是比较常见的做法。

(9) 步骤九：装配。与步骤五不同的是，此次是指全部零件的装配。

(10) 步骤十：包装出货。

确认全部零件可使用、无缺漏后即可包装出库。

以上就是一般性手板的制作流程，当然一些手板的制作远远不是所说的这么简单，做法也可能不一致，比如说当手板的数量比较多，有二三十套时，如果全部采用CNC的方法制作会出现成本高、制作时间长、每套手板有不统一的地方等问题，此时通过真空复模制作相同零件便是另一种不错的选择。

### 25.4.3 活动三 能力提升

学习了解工业设计文件交付以后的工作流程，现场参观手板制作车间，进行工作小结，具体要求如下：

(1) 了解工业设计文件交付以后的工作流程。

(2) 参观手板厂车间。

(3) 进行工作小结。

## 25.5 效果评价

效果评价参见任务1，评价标准见附录。

## 25.6 相关知识与技能

### 25.6.1 快速原型技术

快速成型是20世纪80年代末及90年代初发展起来的新兴制造技术，是由三维CAD模型直接驱动的，快速制造任意复杂形状三维实体的总称。它集成了 CAD 技术、数控技术、激光技术和材料技术等现代科技成果，是先进制造技术的重要组成部分。由于它把复杂的三维制造转化为一系列二维制造的叠加，因而可以在不用模具和工具的条件下生成几乎任意复杂的零部件，极大地提高了生产效率和制造柔性。

与传统制造方法不同，快速成型从零件的 CAD 几何模型出发，通过软件分层离散和数控成型系统，用激光束或其他方法将材料堆积而形成实体零件。通过与数控加工、铸造、金属冷喷涂、硅胶模等制造手段相结合，已成为现代模型、模具和零件制造的强有力手段，在航空航天、汽车摩托车、家电等领域得到了广泛应用。

快速成型技术自问世以来，得到了迅速的发展。由于 RP 技术可以使数据模型转化为物理模型，并能有效地提高新产品的设计质量，缩短新产品开发周期，提高企业的市场竞争力，因而受到越来越多领域的关注，被一些学者誉为敏捷制造技术的使能技术之一。

**1. 基本原理**

与传统的机械切削加工，如车削、铣削等“材料减削”方法不同的是，快速成型制造技术是靠逐层融接增加材料来生成零件的，是一种“材料叠加”的方法，快速成型技术采用离散/堆积成型原理，根据三维 CAD 模型，对于不同的工艺要求，按一定厚度进行分层，将三维数字模型变成厚度很薄的二维平面模型。再将数据进行一定的处理，加入加工参数，在数控系统控制下以平面加工方式连续加工出每个薄层，并使之粘结而成形。实际上就是基于“生长”或“添加”材料原理一层一层地离散叠加，从底至顶完成零件的制作过程。快速成型有很多种工艺方法，但所有的快速成型工艺方法都是一层一层地制造零件，所不同的是每种方法所用的材料不同，制造每一层添加材料的方法不同。该技术的基本特征是“分层增加材料”，即三维实体由一系列连续的二维薄切片堆叠融接而成，如图 25-7 所示。

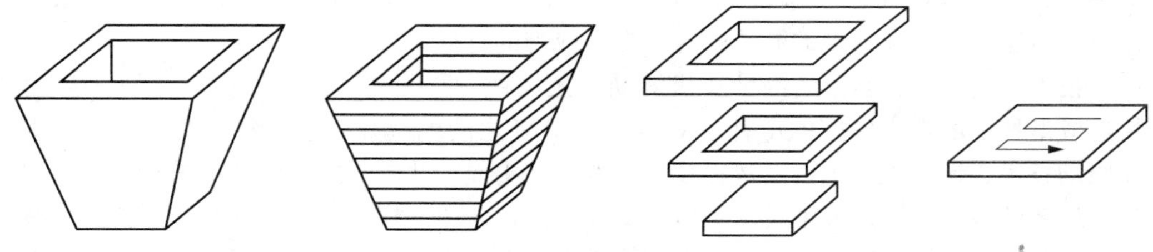

图 25-7　二维薄切片堆叠融接

**2. 工艺过程**

（1）三维模型的构造：按图纸或设计意图在三维 CAD 设计软件中设计出该零件的 CAD 三维模型文件。一般快速成型支持的文件输出格式为 STL 模型，即对实体曲面做近似的所谓面型化处理，是用平面三角形面片近似模型表面。以简化 CAD 模型的数据格式。便于后续的分层处理。由于它在数据处理上较简单，而且与 CAD 系统无关，所以很快发展为快速成型制造领域中 CAD 系统与快速成型机之间数据交换的标准，每个三角面片用 4 个数据项表示。即三个顶点坐标和一个法向矢量，整个 CAD 模型就是这样一个矢量的集合。在一般的软件系统中可以通过调整输出精度控制参数，减小曲面近似处理误差。如 Pre/1E 软件是通过选定弦高值作为精度参数。

（2）三维模型的离散处理（切片处理）：在选定了制作（堆积）方向后，通过专用的分层程序将三维实体模型（一般为 STL 模型）进行一维离散，即沿制作方向分层切片处理，获取每一薄层片截面轮廓及实体信息。分层的厚度就是成型时堆积的单层厚度。由于分层破坏了切片方向 CAD 模型表面的连续性，不可避免地丢失了模型的一些信息，导致零件尺寸及形状误差的产生。

所以分层后需要对数据作进一步的处理，以免断层的出现。切片层的厚度直接影响零件的表面粗糙度和整个零件的型面精度，每一层面的轮廓信息都是由一系列交点顺序连成的折线段构成。所以，分层后所得到的模型轮廓是近似的，但层与层之间的轮廓信息已经丢失，层厚越大丢失的信息越多，导致在成型过程中产生了型面误差。

（3）成型制作：把分层处理后的数据信息传至设备控制机，选用具体的成型工艺，在计算机的控制下，逐层加工，然后反复叠加，最终形成三维产品。

（4）后处理：根据具体的工艺，采用适当的后处理方法，改善样品性能。

**3. 特点**

与传统的切削加工方法相比，快速原型加工具有以下特点：

（1）自由成型制造：自由成型制造也是快速成型技术的另外一个用语。作为快速成型技术的特点之一的自由成型制造的含义有两个方面，一是指不需要使用工模具而制作原型或零件，由此可以大大缩短新产品的试制周期，并节省工模具费用；二是指不受形状复杂程度的限制，能够制作任何形状与结构、不同材料复合的原形或零件。

（2）制造效率快：从CAD数模或实体反求获得的数据到制成原形，一般仅需要数小时或十几小时，速度比传统成型加工方法快得多。该项目技术在新产品开发中改善了设计过程的人机交流，缩短了产品设计与开发周期。以快速成型机为母模的快速模具技术，能够在几天内制作出所需材料的实际产品，而通过传统的钢质模具制作产品，至少需要几个月的时间。该项技术的应用，大大降低了新产品的开发成本和企业研制新产品的风险。

（3）由CAD模型直接驱动：无论哪种RP制造工艺，其材料都是通过逐点、逐层添加的方式累积成型的。无论哪种快速成型制造工艺，也都是通过CAD数字模型直接或者间接地驱动快速成型设备系统进行制造的。这种通过材料添加来制造原形的加工方式是快速成型技术区别传统的机械加工方式的显著特征。这种由CAD数字模型直接或者间接地驱动快速成型设备系统的原形制作过程也决定了快速成型的制造快速和自由成型的特征。

（4）技术高度集成：当落后的计算机辅助工艺规划一直无法实现CAD与CAM一体化的时候，快速成型技术的出现较好的填补了CAD与CAM之间的缝隙。新材料、激光应用技术、精密伺候驱动技术、计算机技术以及数控技术等的高度集成，共同支撑了快速成型技术的实现。

（5）经济效益高：快速成型技术制造原型或零件，无须工模具，也与成型或零件的复杂程度无关，与传统的机械加工方法相比，其原型或零件本身制作过程的成本显著降低。此外，由于快速成型在设计可视化、外观评估、装配及功能检验以及快速模具母模的功用，能够显著缩短产品的开发试制周期，也带来了显著的时间效益。也正是因为快速成型技术具有突出的经济效益，才使得该项技术一经出现，便得到了制造业的高度重视和迅速而广泛的应用。

（6）精度不如传统加工：数据模型分层处理时不可避免的一些数据丢失，外加分层制造必然产生台阶误差，堆积成形的相变和凝固过程产生的内应力也会引起翘曲变形，这从根本上决定了RP造型的精度极限。

### 25.6.2 RP工艺方法

目前快速成型主要工艺方法及其分类如图25-8所示。下面主要介绍目前较为常用的工艺方法。

**1. 典型RP工艺方法简介**

（1）光固化成型（SLA，Stereo Lithography Apparance）。SLA是目前最为成熟和广泛应用的一种快速成型制造工艺。这种工艺以液态光敏树脂为原材料，在计算机控制下的紫外激光按预定零件各分层截面的轮廓轨迹对液态树脂逐点扫描，使被扫描区的树脂薄层产生光聚合（固化）反应，从而形成零件的一个薄层截面。完成一个扫描区域的液态光敏树脂固化层后，工作台下降一个层厚，使固化好的树脂表面再敷上一层新的液态树脂然后重复扫描、固化，新固化的一层牢固地粘接在一层上，如此反复直至完成整个零件的固化成型，如图 25-9 所示。

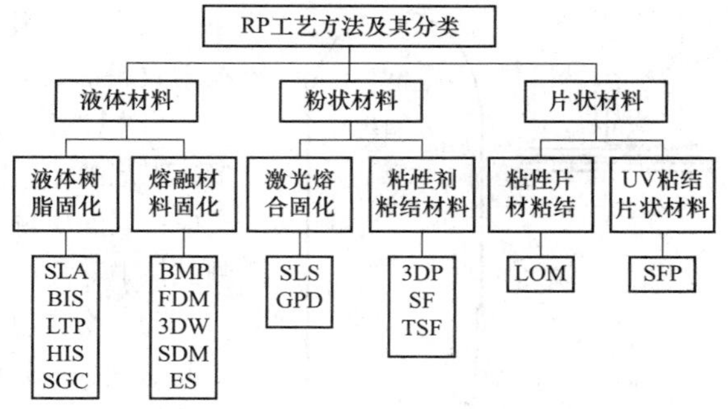


图 25-8　快速成型主要工艺方法及其分类

SLA 工艺的优点是精度较高，一般尺寸精度可控制在 0.01mm；表面质量好；原材料利用率接近 100%；能制造形状特别复杂、精细的零件；设备市场占有率很高。缺点是需要设计支撑；可以选择的材料种类有限；制件容易发生翘曲变形；材料价格较昂贵。

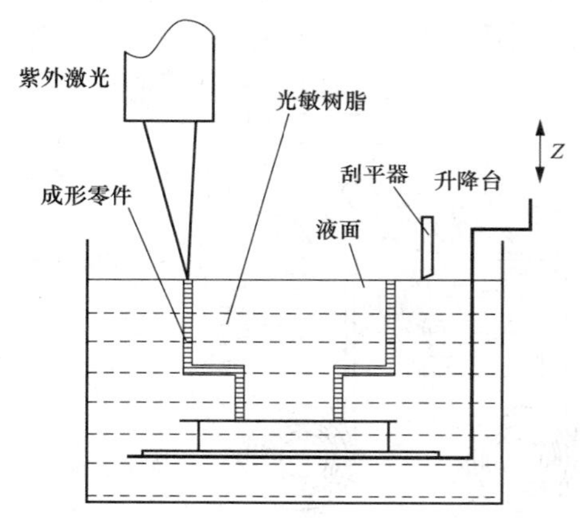


图 25-9　立体光固化成型法原理图

该工艺适合比较复杂的中小型零件的制作。

（2）选择性激光烧结法（SLS，Selective Laser Sintering）。SLS 是在工作台上均匀铺上一层很薄（100～200μm）的非金属（或金属）粉末，激光束在计算机控制下按照零件分层截面轮廓逐点地进行扫描、烧结，使粉末固化成截面形状。完成一个层面后工作台下降一个层厚，滚动铺粉机构在已烧结的表面再铺上一层粉末进行下一层烧结。未烧结的粉末保留在原位置起支撑作用，这个过程重复进行直至完成整个零件的扫描、烧结，去掉多余的粉末，再进行打磨、烘干等处理后便获得需要的零件，如图 25-10 所示。用金属粉或陶瓷粉进行直接烧结的工艺正在实验研究阶段，它可以直接制造工程材料的零件，如图 25-10 所示。

SLS 工艺的优点是原型件机械性能好，强度高，无须设计和构建支撑，可选材料种类多且利用率高（100%）。缺点是制件表面粗糙，疏松多孔，需要进行后处理，制造成本高。

采用各种不同成分的金属粉末进行烧结，经渗铜等后处理特别适合制作功能测试零件；也可直接制造金属型腔的模具。采用蜡粉直接烧结适合于小批量的比较复杂的中小型零件的熔模铸造生产。

（3）熔融沉积成型法（FDM，Fused Deposition Modeling）。这种工艺是通过将丝状材料，如热塑性塑料、蜡或金属的熔丝从加热的喷嘴挤出，按照零件每一层的预定轨迹，以固定的速率进行熔体沉积。每完成一层，工作台下降一个层厚进行叠加沉积新的一层，如此反复最终实现零件的沉积成型，如图 25-11 所示。FDM 工艺的关键是保持半流动成型材料的温度刚好

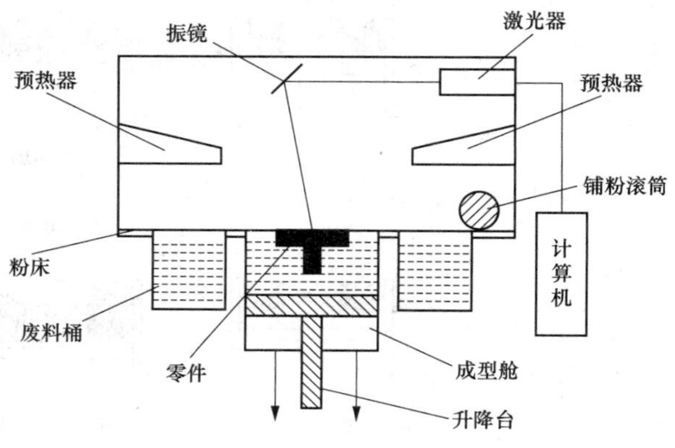


图 25-10　选择性激光烧结法原理图

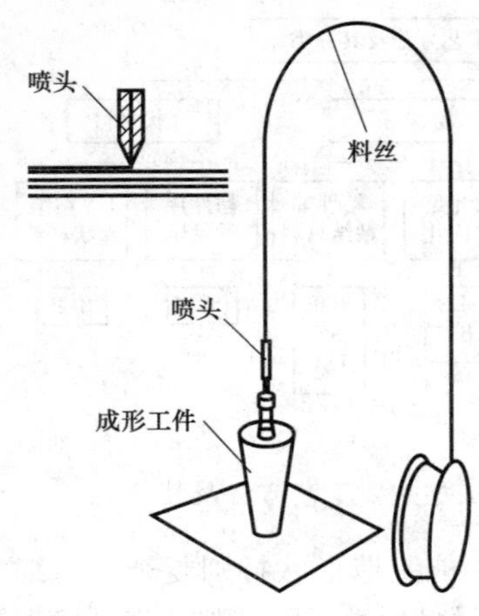

图 25-11　熔融沉积成型法原理图

在熔点之上（比熔点高 1℃左右）。其每一层片的厚度由挤出丝的直径决定，通常是 0.25～0.50mm。

FDM 的优点是材料利用率高、材料成本低、可选材料种类多、工艺简洁。缺点是精度低，复杂构件不易制造，悬臂件需加支撑；表面质量差。该工艺适合于产品的概念建模及形状和功能测试，中等复杂程度的中小原型，不适合制造大型零件。

（4）分层实体制造法（LOM，Laminated Object Manufacturing）。LOM 工艺是将单面涂有热溶胶的纸片通过加热辊加热粘接在一起，位于上方的激光切割器按照 CAD 分层模型所获数据，用激光束将纸切割成所制零件的内外轮廓，然后新的一层纸再叠加在上面，通过热压装置和下面已切割层粘合在一起，激光束再次切割，如此反复逐层切割、粘合，直至整个模型制作完成，如图 25-12 所示。

LOM 工艺优点是无须设计和构建支撑；只需切割轮廓，无须填充扫描；制件的内应力和翘曲变形小；制造成本低。缺点是材料利用率低，种类有限；表面质量差；内部废料不易去除，后处理难度大。该工艺适合于制作大中型、形状简单的实体类原型件，特别适用于直接制作砂型铸造模。

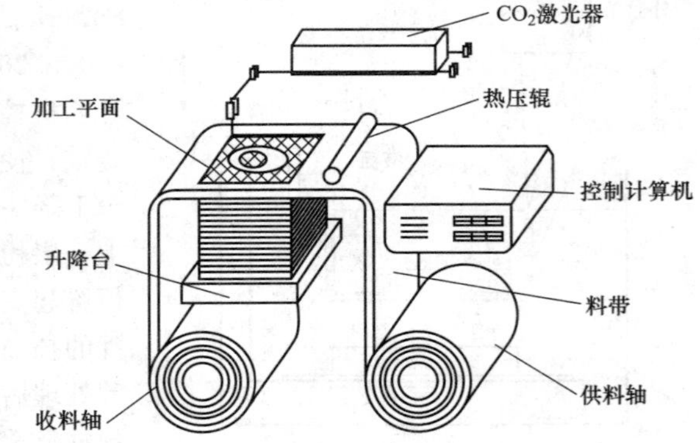

图 25-12　分层实体制造法原理图

（5）3D 打印技术（3DP，Three Dimension Printing）。3D 打印技术是利用喷墨打印头逐点喷射粘合剂来粘结粉末材料的方法制造原型。3D 打印的成型过程与 SLS 相似，只是将 SLS 中的激光变成喷墨打印机喷射结合剂，如图 25-13 所示。

该技术制造致密的陶瓷部件具有较大的难度，但在制造多孔的陶瓷部件（如金属陶瓷复合材多孔坯体或陶瓷模具等）方面具有较大的优越性。

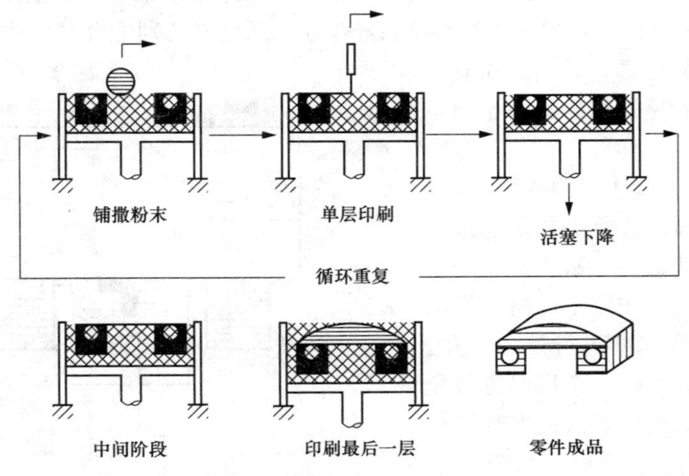

图 25-13　三维印刷法原理图

**2. 典型快速成型工艺比较**

几种典型的快速成型工艺比较见表 25-1。

**表 25-1　几种典型的快速成型工艺比较**

| | 光固化成型（SLA） | 分层实体制造（LOM） | 选择性激光烧结（SLS） | 熔融沉积成型（FDM） | 3D 打印技术（3DP） |
|---|---|---|---|---|---|
| 优点 | （1）成型速度快，自动化程度高，尺寸精度高；<br>（2）可成形任意复杂形状；<br>（3）材料的利用率接近 100%；<br>（4）成型件强度高 | （1）无须后固化处理；<br>（2）无须支撑结构；<br>（3）原材料价格便宜，成本低 | （1）制造工艺简单，柔性度高；<br>（2）材料选择范围广；<br>（3）材料价格便宜，成本低；<br>（4）材料利用率高，成型速度快 | （1）成型材料种类多，成型件强度高；<br>（2）精度高，表面质量好，易于装配；<br>（3）无公害，可在办公室环境下进行 | （1）成型速度快；<br>（2）成型设备便宜 |
| 缺点 | （1）需要支撑结构；<br>（2）成型过程发生物理和化学变化，容易翘曲变形；<br>（3）原材料有污染；<br>（4）需要固化处理，且不便进行 | （1）不适宜做薄壁原型；<br>（2）表面比较粗糙，成型后需要打磨；<br>（3）易吸湿膨胀；<br>（4）工件强度差，缺少弹性；<br>（5）材料浪费大，清理废料比较困难 | （1）成型件的强度和精度较差；<br>（2）能量消耗高；<br>（3）后处理工艺复杂，样件的变形较大 | （1）成型时间较长；<br>（2）需要支撑；<br>（3）沿成型轴垂直方向的强度比较弱 | （1）一般需要后序固化；<br>（2）精度相对较低 |
| 应用领域 | 复杂、高精度、艺术用途的精细件 | 实体大件 | 铸造件设计 | 塑料件外形和机构设计 | 应用范围广泛 |
| 常用材料 | 热固性光敏树脂 | 纸、金属箔、塑料薄膜等 | 石蜡、塑料、金属、陶瓷粉末等 | 石蜡、塑料、低熔点金属等 | 各种材料粉末 |

**3. 其他快速成型工艺**

除以上 5 种方法外，其他许多快速成型方法也已经实用化，如实体自由成形（Solid freeform fabrication，SDM）、形状沉积制造（Shape Deposition Manufacturing，SDM）、实体磨削固化（Solid Ground Curing，SGC）、分割镶嵌（Tessellation）、数码累计成型（Digital Brick Laying，DBL）、三维焊接（Three Dimensional Welding，3DW）、直接壳法（Direct Shell Production Casting，DSPC）、直接金属成型（Direct Metal Deposition，DMD）等快速成型工艺方法。

**练习与思考**

**一、单选题**

1. 工业设计之所以成为一种系统设计，因为工业设计是以人们需求为依据，为维护人类（　　）而服务的。

A. 生存环境　　B. 生存理念

C. 精神需求　　D. 生存环境和生存理念

2. 工业设计促进了企业（　　）的开发。

A. 新理念　B. 新思想　C. 新技术　D. 新材料

3. 驻厂设计师也称（　　）。

A. 企业设计师　B. 校园设计师　C. 自由设计师　D. 聘用设计师

4. （　　）是企业发展策略和经营思想计划的实现。

A. 企业文化　B. 民族文化　C. 经济基础　D. 设计管理

5. 设计管理的核心是“以（　　）为着眼点”。

A. 企业利润　B. 使用者　C. 社会发展　D. 市场

6. （　　）是设计过程中最精细的构化和创造，是一个复杂而反复的过程。

A. 修饰　B. 色彩　C. 构思　D. 探究

7. 在设计管理过程中，强调设计的一致性、连贯性，每个设计师都会根据（　　）形成各自的风格和设计特征。

A. 对社会的理解　B. 地域特征

C. 地域特征和民族文化　D. 民族文化

8. 美国农民出身的（　　），在 1896 年造出第一辆福特车。

A. 保尔・亚莱　B. 卡尔・布利

C. 瓦尔特・克莱斯勒　D. 亨利・福

9. 1927 年著名的（　　）T 型车在新型雪佛兰轿车的压力下被迫停产。

A. 福特　B. 奔驰　C. 劳斯莱斯　D. 雪铁龙

10. 奔驰是（　　）出产的。

A. 法国　B. 英国　C. 意大利　D. 德国

**二、多选题**

11. 在接到手板的制作任务后，手板制作部门首先分析客户所提供的资料，明确手板所需的（　　）等。

A. 材料　B. 品牌　C. 数量　D. 交货期

E. 包装

12. 以下哪些属于典型的产品手板制作步骤？（　　）

A. 分析客户资料　B. 测图　C. 开模　D. 装配

E. 打磨或抛光

13. 以下关于产品手板制作过程中，完成测图后的“装配”步骤的描述正确的是（　　）。

A. 零件验证无问题后便可进行装配

B. 此时的装配极为关键，是验证产品设计是否合理是否达到预期功能的必不可少的环节

C. 对功能无影响的零件可以不进行装配，直接进入下一步

D. 装配过程中如发现问题可尝试手工修改

E. 装配过程中如发现问题则必须重做零件

14. 下面关于产品模型表面处理的描述错误的是（　　）。

A. 喷油上色属于表面处理工艺

B. 电镀不属于表面处理工艺

C. 最终产品组装完毕后不可见的零件也必须进行表面处理

D. 最终产品组装完毕后不可见的零件可以选择不作表面处理，但前提是客户同意

E. 表面处理必须在打磨或抛光之前完成

15. 下面关于产品模型制作“打磨或抛光”步骤描述正确的是（　　）。

A. 经过前面几步均无问题后便可将零件打磨或抛光

B. 执行打磨抛光前有可能需先对前一步所组装的零件进行拆卸

C. 打磨抛光是为下一步表面处理作准备

D. 最终产品组装完毕后不可见的零件也必须进行打磨抛光处理

E. 最终产品组装完毕后不可见的零件可以选择不作打磨抛光或只作简单的处理

16. 以下哪些工艺属于对产品模型表面的点缀装饰？(　　)。

A. 编程　　B. 翻模　　C. 丝印　　D. 移印

E. 烫金

17. 以下对于快速成型（Rapid Prototyping）技术描述正确的是（　　)。

A. 快速成型是 20 世纪 20 年代初发展起来的新兴制造技术

B. 快速成型是三维 CAD 模型直接驱动的快速制造任意复杂形状三维实体技术的总称

C. 快速成型集成了 CAD 技术、数控技术、激光技术和材料技术等现代科技成果，是先进制造技术的重要组成部分

D. 快速成型无助于提高生产效率和制造柔性

E. 快速成型可以在不用模具和工具的条件下生成几乎任意复杂的零部件

18. 以下哪些属于快速成型技术的应用领域？(　　)

A. 航空航天　　B. 金融　　C. 汽车　　D. 餐饮

E. 家电

19. 以下对于快速成型技术基本原理描述正确的是（　　)。

A. 快速成型技术是靠逐层融接增加材料来生成零件的，是一种“材料迭加”的方法

B. 快速成型技术主要基于“生长”或“添加”材料原理一层一层地离散叠加，从底至顶完成零件的制作过程

C. 快速成型技术的工艺方法比较单一

D. 快速成型加工之前需将三维数字模型变成厚度很薄的二维平面模型

E. 快速成型技术的基本特征是“分层增加材料”，即三维实体由一系列连续的二维薄切片堆叠融接而成

20. 以下哪些属于典型的快速成型工艺方法？(　　)

A. 光固化法　　B. 选择性激光烧结法

C. 熔融沉积成型法　　D. 分层实体制造法

E. 三维印刷法

**三、判断题**

21. 局部自由度是与机构运动无关的自由度。(　　)

22. 一部机器可以只含有一个机构，也可以由数个机构组成。(　　)

23. 构件可以由一个零件组成，也可以由几个零件组成。(　　)

24. 尺寸公差是指允许尺寸的变动量。(　　)

25. 物体受到的浮力（$F$）=液体的密度（$\rho$）×重力加速度（$g$）×该物体排开液体的体积（$V$）。(　　)

26. 机构平衡问题在本质上是一种以动态静力分析为基础的动力学综合，或动力学设计。(　　)

27. 平衡是在运动设计完成之前的一种动力学设计。(　　)

28. 优化平衡就是采用优化的方法获得一个绝对最佳解。(　　)

29. 在动力分析中主要涉及的力是驱动力和生产阻力。(　)

30. 平衡的实质就是采用构件质量再分配等手段完全或部分地消除惯性载荷。(　)

## 练习与思考题参考答案

| 1. D | 2. C | 3. A | 4. D | 5. B | 6. A | 7. C | 8. D | 9. A | 10. D |
|---|---|---|---|---|---|---|---|---|---|
| 11. ACDE | 12. ABDE | 13. ABCD | 14. BCE | 15. ABCE | 16. CDE | 17. BCE | 18. ACE | 19. ABDE | 20. ABCDE |
| 21. Y | 22. Y | 23. Y | 24. Y | 25. Y | 26. Y | 27. N | 28. N | 29. Y | 30. Y |

# 附录　训练任务评分标准表

## 任务1　行业职业道德认知与训练

评　分　标　准

| 评价项目 | 评价内容 | 配分 | 完成情况 | 得分 | 合计 | 评价标准 |
|---|---|---|---|---|---|---|
| 安全操作 | 未按安全规范操作，出现设备及人身安全事故，则评价结果为0分。 | | | | | |
| 能力目标 | 1. 任务完成并符合质量要求 | 50 | 是□　否□ | | | 若完成情况为“是”，则该项得满分，否则得0分 |
| | 2. 完成知识准备 | 10 | 是□　否□ | | | |
| | 3. 懂得关于商业保密和竞业限制的有关规定 | 20 | 是□　否□ | | | |
| | 4. 懂得职业道德和法律的关系 | 20 | 是□　否□ | | | |
| 评价结果 | | | | | | |

## 任务2　工业设计师岗位《职业规划书》编制

评　分　标　准

| 评价项目 | 评价内容 | 配分 | 完成情况 | 得分 | 合计 | 评价标准 |
|---|---|---|---|---|---|---|
| 安全操作 | 未按安全规范操作，出现设备及人身安全事故，则评价结果为0分。 | | | | | |
| 能力目标 | 1. 任务完成并符合质量要求 | 50 | 是□　否□ | | | 若完成情况为“是”，则该项得满分，否则得0分 |
| | 2. 完成知识准备 | 10 | 是□　否□ | | | |
| | 3. 了解工业设计师职业规划的步骤 | 10 | 是□　否□ | | | |
| | 4. 了解职业规划的三个维度 | 10 | 是□　否□ | | | |
| | 5. 会制定工业设计师职业规划 | 20 | 是□　否□ | | | |
| 评价结果 | | | | | | |

## 任务3　行　业　现　状

评　分　标　准

| 评价项目 | 评价内容 | 配分 | 完成情况 | 得分 | 合计 | 评价标准 |
|---|---|---|---|---|---|---|
| 安全操作 | 未按安全规范操作，出现设备及人身安全事故，则评价结果为0分。 | | | | | |
| 能力目标 | 1. 任务完成并符合质量要求 | 50 | 是□　否□ | | | 若完成情况为“是”，则该项得满分，否则得0分 |
| | 2. 完成知识准备 | 10 | 是□　否□ | | | |
| | 3. 了解我国制造业的基本情况 | 20 | 是□　否□ | | | |
| | 4. 了解当今工业设计发展的国际趋势 | 20 | 是□　否□ | | | |
| 评价结果 | | | | | | |

## 任务4　设计方法与流程认知及训练

评　分　标　准

| 评价项目 | 评价内容 | 配分 | 完成情况 | 得分 | 合计 | 评价标准 |
|---|---|---|---|---|---|---|
| 安全操作 | 未按安全规范操作，出现设备及人身安全事故，则评价结果为0分。 | | | | | |
| 能力目标 | 1. 任务完成并符合质量要求 | 50 | 是□　否□ | | | 若完成情况为“是”，则该项得满分，否则得0分 |
| | 2. 完成知识准备 | 10 | 是□　否□ | | | |
| | 3. 了解工业设计方法 | 20 | 是□　否□ | | | |
| | 4. 了解并能制定典型工业设计流程 | 20 | 是□　否□ | | | |
| 评价结果 | | | | | | |

## 任务5　透视基础训练

评　分　标　准

| 评价项目 | 评价内容 | 配分 | 完成情况 | 得分 | 合计 | 评价标准 |
|---|---|---|---|---|---|---|
| 安全操作 | 未按安全规范操作，出现设备及人身安全事故，则评价结果为0分。 | | | | | |
| 能力目标 | 1. 任务完成并符合质量要求 | 50 | 是□　否□ | | | 若完成情况为“是”，则该项得满分，否则得0分 |
| | 2. 完成知识准备 | 10 | 是□　否□ | | | |
| | 3. 会采用一点透视图法、二点透视图法、三点透视图法等绘制物体的基本形态 | 10 | 是□　否□ | | | |
| | 4. 会合理规划图纸线条 | 10 | 是□　否□ | | | |
| | 5. 会绘制透视准确、没有视觉缺陷的产品透视图稿 | 20 | 是□　否□ | | | |
| 评价结果 | | | | | | |

## 任务6　手绘草图绘制

评　分　标　准

| 评价项目 | 评价内容 | 配分 | 完成情况 | 得分 | 合计 | 评价标准 |
|---|---|---|---|---|---|---|
| 安全操作 | 未按安全规范操作，出现设备及人身安全事故，则评价结果为0分。 | | | | | |
| 能力目标 | 1. 任务完成并符合质量要求 | 50 | 是□　否□ | | | 若完成情况为“是”，则该项得满分，否则得0分 |
| | 2. 完成知识准备 | 10 | 是□　否□ | | | |
| | 3. 会收集资料并整理参考图稿 | 10 | 是□　否□ | | | |
| | 4. 会进行初稿勾勒 | 10 | 是□　否□ | | | |
| | 5. 会快速表达设计创意 | 10 | 是□　否□ | | | |
| | 6. 会对设计创意进行深化 | 10 | 是□　否□ | | | |
| 评价结果 | | | | | | |

## 任务7　手绘效果图绘制

**评　分　标　准**

| 评价项目 | 评价内容 | 配分 | 完成情况 | 得分 | 合计 | 评价标准 |
|---|---|---|---|---|---|---|
| 安全操作 | 未按安全规范操作，出现设备及人身安全事故，则评价结果为0分。 | | | | | |
| 能力目标 | 1. 任务完成并符合质量要求 | 50 | 是□　否□ | | | 若完成情况为“是”，则该项得满分，否则得0分 |
| | 2. 完成知识准备 | 10 | 是□　否□ | | | |
| | 3. 会利用少量明暗关系体现产品效果立体感 | 10 | 是□　否□ | | | |
| | 4. 会在图稿中进行颜色区分、材质与表面处理 | 20 | 是□　否□ | | | |
| | 5. 会对效果图内容进行整体版面排布 | 10 | 是□　否□ | | | |
| 评价结果 | | | | | | |

## 任务8　矢量软件效果图制作

**评　分　标　准**

| 评价项目 | 评价内容 | 配分 | 完成情况 | 得分 | 合计 | 评价标准 |
|---|---|---|---|---|---|---|
| 安全操作 | 未按安全规范操作，出现设备及人身安全事故，则评价结果为0分。 | | | | | |
| 能力目标 | 1. 任务完成并符合质量要求 | 50 | 是□　否□ | | | 若完成情况为“是”，则该项得满分，否则得0分 |
| | 2. 完成知识准备 | 10 | 是□　否□ | | | |
| | 3. 会使用二维软件设定页面确定尺寸及比例 | 10 | 是□　否□ | | | |
| | 4. 会使用二维软件基本命令绘制产品线框图 | 10 | 是□　否□ | | | |
| | 5. 会使用二维软件进行色彩填充及材质塑造 | 10 | 是□　否□ | | | |
| | 6. 会使用二维软件统一协调光影关系 | 5 | 是□　否□ | | | |
| | 7. 会使用二维软件进行产品效果图排版制作 | 5 | 是□　否□ | | | |
| 评价结果 | | | | | | |

## 任务9　PhotoShop软件效果图制作

评　分　标　准

| 评价项目 | 评价内容 | 配分 | 完成情况 | 得分 | 合计 | 评价标准 |
|---|---|---|---|---|---|---|
| 安全操作 | 未按安全规范操作，出现设备及人身安全事故，则评价结果为0分。 | | | | | |
| 能力目标 | 1. 任务完成并符合质量要求 | 50 | 是□　否□ | | | 若完成情况为“是”，则该项得满分，否则得0分 |
| | 2. 完成知识准备 | 10 | 是□　否□ | | | |
| | 3. 会理解各种产品材质的表现方式 | 10 | 是□　否□ | | | |
| | 4. 会表现产品三视图 | 10 | 是□　否□ | | | |
| | 5. 会细化表现产品细节 | 10 | 是□　否□ | | | |
| | 6. 会熟练操作 PhotoShop 软件 | 10 | 是□　否□ | | | |
| 评价结果 | | | | | | |

## 任务10　三维软件建模训练

评　分　标　准

| 评价项目 | 评价内容 | 配分 | 完成情况 | 得分 | 合计 | 评价标准 |
|---|---|---|---|---|---|---|
| 安全操作 | 未按安全规范操作，出现设备及人身安全事故，则评价结果为0分。 | | | | | |
| 能力目标 | 1. 任务完成并符合质量要求 | 50 | 是□　否□ | | | 若完成情况为“是”，则该项得满分，否则得0分 |
| | 2. 完成知识准备 | 10 | 是□　否□ | | | |
| | 3. 了解结构产品的组成结构 | 10 | 是□　否□ | | | |
| | 4. 会完成建模环境的设置 | 10 | 是□　否□ | | | |
| | 5. 能够操作软件完成产品的造型建模 | 10 | 是□　否□ | | | |
| | 6. 会合理规划和调整产品的建模思路 | 10 | 是□　否□ | | | |
| 评价结果 | | | | | | |

## 任务11　三维效果图制作

评　分　标　准

| 评价项目 | 评价内容 | 配分 | 完成情况 | 得分 | 合计 | 评价标准 |
|---|---|---|---|---|---|---|
| 安全操作 | 未按安全规范操作，出现设备及人身安全事故，则评价结果为0分。 | | | | | |
| 能力目标 | 1. 任务完成并符合质量要求 | 50 | 是□　否□ | | | 若完成情况为“是”，则该项得满分，否则得0分 |
| | 2. 完成知识准备 | 10 | 是□　否□ | | | |
| | 3. 会移动、旋转、缩放对象与物件 | 10 | 是□　否□ | | | |
| | 4. 会用材质面板调整材质参数 | 10 | 是□　否□ | | | |
| | 5. 会调整渲染环境的灯光及反光效果 | 10 | 是□　否□ | | | |
| | 6. 会完成输出渲染文件及相应设置 | 10 | 是□　否□ | | | |
| 评价结果 | | | | | | |

## 任务 12 产品设计输出文件制作

评 分 标 准

| 评价项目 | 评价内容 | 配分 | 完成情况 | 得分 | 合计 | 评价标准 |
|---|---|---|---|---|---|---|
| 安全操作 | 未按安全规范操作，出现设备及人身安全事故，则评价结果为 0 分。 | | | | | |
| 能力目标 | 1. 任务完成并符合质量要求 | 50 | 是□ 否□ | | | 若完成情况为“是”，则该项得满分，否则得 0 分 |
| | 2. 完成知识准备 | 10 | 是□ 否□ | | | |
| | 3. 会标注并制作产品效果图尺寸文件 | 10 | 是□ 否□ | | | |
| | 4. 会标注并制作产品效果图工艺文件 | 10 | 是□ 否□ | | | |
| | 5. 会使用矢量软件制作产品的菲林文件 | 10 | 是□ 否□ | | | |
| | 6. 会标注并制作产品效果图配色方案文件 | 5 | 是□ 否□ | | | |
| | 7. 会使用三维软件导出手板需求的相关三维文件 | 5 | 是□ 否□ | | | |
| 评价结果 | | | | | | |

## 任务 13 产品纸模型制作

评 分 标 准

| 评价项目 | 评价内容 | 配分 | 完成情况 | 得分 | 合计 | 评价标准 |
|---|---|---|---|---|---|---|
| 安全操作 | 未按安全规范操作，出现设备及人身安全事故，则评价结果为 0 分。 | | | | | |
| 能力目标 | 1. 任务完成并符合质量要求 | 50 | 是□ 否□ | | | 若完成情况为“是”，则该项得满分，否则得 0 分 |
| | 2. 完成知识准备 | 10 | 是□ 否□ | | | |
| | 3. 掌握纸模型的材料的种类与特性 | 10 | 是□ 否□ | | | |
| | 4. 会使用纸模型的造型工具 | 10 | 是□ 否□ | | | |
| | 5. 了解纸模型的制作过程与方法 | 10 | 是□ 否□ | | | |
| | 6. 会完成纸模型的后期处理与交付 | 10 | 是□ 否□ | | | |
| 评价结果 | | | | | | |

## 任务 14 产品油泥模型制作

评 分 标 准

| 评价项目 | 评价内容 | 配分 | 完成情况 | 得分 | 合计 | 评价标准 |
|---|---|---|---|---|---|---|
| 安全操作 | 未按安全规范操作，出现设备及人身安全事故，则评价结果为 0 分。 | | | | | |
| 能力目标 | 1. 任务完成并符合质量要求 | 50 | 是□ 否□ | | | 若完成情况为“是”，则该项得满分，否则得 0 分 |
| | 2. 完成知识准备 | 10 | 是□ 否□ | | | |
| | 3. 掌握油泥模型的材料的种类与特性 | 10 | 是□ 否□ | | | |
| | 4. 会使用油泥模型的造型工具 | 10 | 是□ 否□ | | | |
| | 5. 了解油泥模型的制作过程与方法 | 10 | 是□ 否□ | | | |
| | 6. 会完成油泥模型的后期处理与交付 | 10 | 是□ 否□ | | | |
| 评价结果 | | | | | | |

# 任务 15 产品泡沫模型制作

评 分 标 准

| 评价项目 | 评价内容 | 配分 | 完成情况 | 得分 | 合计 | 评价标准 |
|---|---|---|---|---|---|---|
| 安全操作 | 未按安全规范操作，出现设备及人身安全事故，则评价结果为 0 分。 | | | | | |
| 能力目标 | 1. 任务完成并符合质量要求 | 50 | 是□ 否□ | | | 若完成情况为“是”，则该项得满分，否则得 0 分 |
| | 2. 完成知识准备 | 10 | 是□ 否□ | | | |
| | 3. 掌握泡沫模型的材料的种类与特性 | 10 | 是□ 否□ | | | |
| | 4. 会使用泡沫模型的造型工具 | 10 | 是□ 否□ | | | |
| | 5. 懂得泡沫模型的制作过程与方法 | 10 | 是□ 否□ | | | |
| | 6. 会完成泡沫模型的后期处理与交付 | 10 | 是□ 否□ | | | |
| 评价结果 | | | | | | |

# 任务 16 产品 3D 打印制作

评 分 标 准

| 评价项目 | 评价内容 | 配分 | 完成情况 | 得分 | 合计 | 评价标准 |
|---|---|---|---|---|---|---|
| 安全操作 | 未按安全规范操作，出现设备及人身安全事故，则评价结果为 0 分。 | | | | | |
| 能力目标 | 1. 任务完成并符合质量要求 | 50 | 是□ 否□ | | | 若完成情况为“是”，则该项得满分，否则得 0 分 |
| | 2. 完成知识准备 | 10 | 是□ 否□ | | | |
| | 3. 会用三维软件将现有产品电子模型导出为 STL 格式文件 | 10 | 是□ 否□ | | | |
| | 4. 会熟练使用三维打印数据处理软件完成印前数据处理 | 10 | 是□ 否□ | | | |
| | 5. 会操作工业级 SLS 工艺 3D 打印机完成实物打印操作 | 20 | 是□ 否□ | | | |
| 评价结果 | | | | | | |

# 任务 17 产品宣传文案制作

评 分 标 准

| 评价项目 | 评价内容 | 配分 | 完成情况 | 得分 | 合计 | 评价标准 |
|---|---|---|---|---|---|---|
| 安全操作 | 未按安全规范操作，出现设备及人身安全事故，则评价结果为 0 分。 | | | | | |
| 能力目标 | 1. 任务完成并符合质量要求 | 50 | 是□ 否□ | | | 若完成情况为“是”，则该项得满分，否则得 0 分 |
| | 2. 完成知识准备 | 10 | 是□ 否□ | | | |
| | 3. 会根据产品定位收集整理文案资料 | 10 | 是□ 否□ | | | |
| | 4. 会对用户和市场进行研究分析 | 10 | 是□ 否□ | | | |
| | 5. 会针对品牌宣传进行创意表达 | 20 | 是□ 否□ | | | |
| 评价结果 | | | | | | |

# 任务 18　产品展示多媒体制作

评 分 标 准

| 评价项目 | 评价内容 | 配分 | 完成情况 | 得分 | 合计 | 评价标准 |
|---|---|---|---|---|---|---|
| 安全操作 | 未按安全规范操作，出现设备及人身安全事故，则评价结果为 0 分。 | | | | | |
| 能力目标 | 1. 任务完成并符合质量要求 | 50 | 是□　否□ | | | 若完成情况为“是”，则该项得满分，否则得 0 分 |
| | 2. 完成知识准备 | 10 | 是□　否□ | | | |
| | 3. 会利用素材进行动画合成 | 20 | 是□　否□ | | | |
| | 4. 会运用软件进行交互演示动画创意性的表达 | 10 | 是□　否□ | | | |
| | 5. 会多媒体作品的打包和发布 | 10 | 是□　否□ | | | |
| 评价结果 | | | | | | |

# 任务 19　产品设计演示文件制作

评 分 标 准

| 评价项目 | 评价内容 | 配分 | 完成情况 | 得分 | 合计 | 评价标准 |
|---|---|---|---|---|---|---|
| 安全操作 | 未按安全规范操作，出现设备及人身安全事故，则评价结果为 0 分。 | | | | | |
| 能力目标 | 1. 任务完成并符合质量要求 | 50 | 是□　否□ | | | 若完成情况为“是”，则该项得满分，否则得 0 分 |
| | 2. 完成知识准备 | 10 | 是□　否□ | | | |
| | 3. 会合理安排 PPT 的内容构架 | 10 | 是□　否□ | | | |
| | 4. 会合理组织 PPT 的语言文字 | 10 | 是□　否□ | | | |
| | 5. 能够完成 PPT 图文排列 | 20 | 是□　否□ | | | |
| 评价结果 | | | | | | |

# 任务 20　产品配色制作与表现

评 分 标 准

| 评价项目 | 评价内容 | 配分 | 完成情况 | 得分 | 合计 | 评价标准 |
|---|---|---|---|---|---|---|
| 安全操作 | 未按安全规范操作，出现设备及人身安全事故，则评价结果为 0 分。 | | | | | |
| 能力目标 | 1. 任务完成并符合质量要求 | 50 | 是□　否□ | | | 若完成情况为“是”，则该项得满分，否则得 0 分 |
| | 2. 完成知识准备 | 10 | 是□　否□ | | | |
| | 3. 会根据需求定位合理选择并搭配产品色彩 | 10 | 是□　否□ | | | |
| | 4. 会运用软件充分表现产品色彩 | 10 | 是□　否□ | | | |
| | 5. 能够制作完成产品 CMF 相关配色信息表 | 20 | 是□　否□ | | | |
| 评价结果 | | | | | | |

## 任务 21　产品表面处理效果表现

评　分　标　准

| 评价项目 | 评价内容 | 配分 | 完成情况 | 得分 | 合计 | 评价标准 |
|---|---|---|---|---|---|---|
| 安全操作 | 未按安全规范操作，出现设备及人身安全事故，则评价结果为 0 分。 | | | | | |
| 能力目标 | 1. 任务完成并符合质量要求 | 50 | 是□　否□ | | | 若完成情况为“是”，则该项得满分，否则得 0 分 |
| | 2. 完成知识准备 | 10 | 是□　否□ | | | |
| | 3. 会根据需求定位合理选择并搭配产品表面处理效果 | 10 | 是□　否□ | | | |
| | 4. 会运用软件充分表现产品表面处理效果 | 20 | 是□　否□ | | | |
| | 5. 能够制作完成产品 CMF 相关表面处理信息表 | 10 | 是□　否□ | | | |
| 评价结果 | | | | | | |

## 任务 22　产品材料效果表现

评　分　标　准

| 评价项目 | 评价内容 | 配分 | 完成情况 | 得分 | 合计 | 评价标准 |
|---|---|---|---|---|---|---|
| 安全操作 | 未按安全规范操作，出现设备及人身安全事故，则评价结果为 0 分。 | | | | | |
| 能力目标 | 1. 任务完成并符合质量要求 | 50 | 是□　否□ | | | 若完成情况为“是”，则该项得满分，否则得 0 分 |
| | 2. 完成知识准备 | 10 | 是□　否□ | | | |
| | 3. 会根据需求定位合理选择并搭配产品材料 | 10 | 是□　否□ | | | |
| | 4. 会运用软件充分表现产品材料 | 20 | 是□　否□ | | | |
| | 5. 能够制作完成产品 CMF 相关材料信息表 | 20 | 是□　否□ | | | |
| 评价结果 | | | | | | |

## 任务 23　产品结构爆炸图制作

评　分　标　准

| 评价项目 | 评价内容 | 配分 | 完成情况 | 得分 | 合计 | 评价标准 |
|---|---|---|---|---|---|---|
| 安全操作 | 未按安全规范操作，出现设备及人身安全事故，则评价结果为 0 分。 | | | | | |
| 能力目标 | 1. 任务完成并符合质量要求 | 50 | 是□　否□ | | | 若完成情况为“是”，则该项得满分，否则得 0 分 |
| | 2. 完成知识准备 | 10 | 是□　否□ | | | |
| | 3. 了解塑胶件、钣金和压铸件等的零件设计原理 | 10 | 是□　否□ | | | |
| | 4. 会进行产品的装配设计 | 20 | 是□　否□ | | | |
| | 5. 了解材料、模具和表面处理工艺等原理 | 10 | 是□　否□ | | | |
| 评价结果 | | | | | | |

## 任务 24　产品工艺说明文件制作

评　分　标　准

| 评价项目 | 评价内容 | 配分 | 完成情况 | 得分 | 合计 | 评价标准 |
|---|---|---|---|---|---|---|
| 安全操作 | 未按安全规范操作，出现设备及人身安全事故，则评价结果为 0 分。 | | | | | |
| 能力目标 | 1. 任务完成并符合质量要求 | 50 | 是□　否□ | | | 若完成情况为“是”，则该项得满分，否则得 0 分 |
| | 2. 完成知识准备 | 10 | 是□　否□ | | | |
| | 3. 会对产品设计方案进行零部件的工艺分析 | 20 | 是□　否□ | | | |
| | 4. 会使用矢量软件制作产品的菲林文件 | 10 | 是□　否□ | | | |
| | 5. 会标注并制作产品效果图工艺文件 | 10 | 是□　否□ | | | |
| 评价结果 | | | | | | |

## 任务 25　设计后期现场跟踪训练

评　分　标　准

| 评价项目 | 评价内容 | 配分 | 完成情况 | 得分 | 合计 | 评价标准 |
|---|---|---|---|---|---|---|
| 安全操作 | 未按安全规范操作，出现设备及人身安全事故，则评价结果为 0 分。 | | | | | |
| 能力目标 | 1. 任务完成并符合质量要求 | 50 | 是□　否□ | | | 若完成情况为“是”，则该项得满分，否则得 0 分 |
| | 2. 完成知识准备 | 10 | 是□　否□ | | | |
| | 3. 了解工业设计文件交付以后的工作流程 | 20 | 是□　否□ | | | |
| | 4. 能够和后续结构、手板等工作部门进行工作沟通 | 10 | 是□　否□ | | | |
| | 5. 能够对设计后期工作进行评估和小结 | 10 | 是□　否□ | | | |
| 评价结果 | | | | | | |